U0266626

丛书编委会

天文地球动力学丛书

高精度导航卫星辐射压建模技术

王小亚　胡小工　赵群河　席克伟　张　言　著

科 学 出 版 社

北　京

内 容 简 介

本书系统地介绍了导航卫星辐射压，包括太阳辐射压（即太阳光压）、地球辐射压、卫星热辐射压和卫星天线电磁辐射压等建模现状、机理、方法，结合实测数据进行建模试验和结果分析，并针对太阳辐照度变化和考虑地球扁率与大气效应的地影模型进行了深入研究，指出目前的精密定轨精度必须考虑它们的影响，形成了适用于导航卫星特别是我国北斗卫星精密定轨的综合辐射压摄动模型，为进一步提高卫星导航系统定轨定位的精度及可用性提供支撑。

本书可供天文、测绘、地球物理、航空航天、军事、气象等领域从事卫星精密定轨及其应用的科技人员参考，也可作为高等院校有关专业师生的教学参考书。

图书在版编目(CIP)数据

高精度导航卫星辐射压建模技术/王小亚等著. —北京：科学出版社，2023.6

(天文地球动力学丛书)

ISBN 978-7-03-073032-9

Ⅰ. ①高…　Ⅱ. ①王…　Ⅲ. ①导航卫星-辐射压力摄动-系统建模　Ⅳ. ①P133

中国版本图书馆 CIP 数据核字(2022)第 158143 号

责任编辑：刘凤娟　郭学雯／责任校对：彭珍珍

责任印制：张　伟／封面设计：无极书装

科学出版社 出版

北京东黄城根北街 16 号

邮政编码：100717

http://www.sciencep.com

北京中科印刷有限公司印刷

科学出版社发行　各地新华书店经销

*

2023 年 6 月第　一　版　开本: 720 × 1000　1/16

2023 年 6 月第一次印刷　印张: 16

字数：314 000

定价: 129.00 元

(如有印装质量问题，我社负责调换)

丛 书 序

天文学是一门古老的科学，自有人类文明史以来，天文学就占据着重要地位。从公元前 2137 年中国最早日食记录、公元前 2000 左右年木星运行周期测定、公元前 14 世纪的日食月食常规记录、公元前 11 世纪黄赤交角测定、公元前 722 年干支记日法、公元前 700 年左右的彗星和天琴座流星群最早记载等，到公元后东汉张衡制作的浑象仪和提出的浑天说、古希腊托勒密编制当时较完备的星表、中国《宋史》的第一次超新星爆发记载、波兰哥白尼所著《天体运行论》、丹麦第谷・布拉赫发现仙后座超新星、德国开普勒提出行星运动三定律、意大利物理学家伽利略制造第一台天文望远镜、中国明朝徐光启记录的当时中国较完备全天恒星图、荷兰惠更斯发现土星土卫六、法国卡西尼发现火星和木星自转、英国牛顿提出经典宇宙学说、法国拉普拉斯出版《宇宙体系论》和《天体力学》、德国高斯提出行星轨道的计算方法等，再到现代河外星系射电的发现、人造卫星的出现、电子望远镜和光电成像技术的发明、月球探测器的发射等，天文学已经朝太空技术发展，朝高科技发展，朝计算科学发展。21 世纪天文学已进入一个崭新的阶段，不再限制在地球上，而是望眼于太空，天文学家已可以通过发射航天探测器来了解某些太空信息。天文地球动力学就是在这样的背景环境下从诞生到发展，不断壮大，为我国卫星导航、深空探测、载人航天、大地测量、气象、地震、海洋探测等做出了卓越贡献。编此丛书序就是希望读者可以系统掌握天文地球动力学的理论和研究方法，能够为我国天文学和地球科学的后续持续发展提供保障。

天文地球动力学是 20 世纪 90 年代新兴的一门学科，是天文学与地学 (地球物理学、大地测量学、地质学)、大气科学和海洋科学等的交叉学科。自 20 世纪 70 年代以来，现代空间对地观测技术甚长基线干涉测量 (very long baseline interferometry，VLBI)、卫星激光测距 (satellite laser ranging，SLR)、激光测月 (lunar laser ranging，LLR)、全球定位系统 (global positioning system，GPS) 等得到迅猛发展，使得测量地球整体性和大尺度运动变化精度有了量级提高，也使得对地球各圈层 (大气圈、水圈、岩石圈、地幔、地核) 运动变化的单个研究发展到把地球各圈层的完整体系，综合研究其间的相互作用和动力学过程成为可能。

天文地球动力学是研究地球的整体性、大尺度形变和运动的动力学过程，它所包含的内容多样而丰富。包括地球形状变化、地壳形变和运动、地球磁场和重力场的起源、变化；包括用天文手段高精度、高时空分辨率探测和研究地球整体和各圈层物质运动状态；包括建立和维持高精度地球和天球参考系；包括综合研究地球和其他行星动力学特性及演化过程；包括空间飞行器深空探测、精密定轨和导航定位等理论、技术及应用；包括现代空间技术数据处理的理论、方法；包括相应的大型软件系统的建立和应用等等。因此天文地球动力学是一门兼具基础理论和实际应用的综合性学科，“天文地球动力学丛书”即将从有关方面给予细致描述，每个研究方向不仅含有其基本发展过程、研究方法、最新研究成果，还含有存在的问题和未来发展的方向，是从事天文地球动力学研究不可缺少的专著。“天文地球动力学丛书”将系统讲述各个研究方向，有利于研究生和有关科研人员尽快掌握该研究方向和整体把握“天文地球动力学”这门学科。同时，该学科的研究和应用有利于我国卫星导航、深空探测、载人航天、参考架建立、板块运动、地壳形变、地球大气科学、海洋科学、地球内部结构等的发展，可以成为相关方面研究人员的教科书和工具书。

叶叔华

中国科学院院士

2018 年 8 月

前　　言

近年来，卫星导航及其应用发展迅猛，已成为军事、航空航天、科学研究、工程测量、大地测量、数字地球、地理信息、地球物理、气象和环境监测等众多领域研究的工具和手段。精密定轨是卫星导航系统最重要的业务之一，在很大程度上决定了导航系统的服务能力，卫星定轨精度越高，卫星导航性能就越好，其应用也越广泛和重要，作用也越大。太阳光压即太阳辐射压，是影响卫星精密定轨的主要因素，自 20 世纪 80 年代以来，传统固定面质比的太阳光压已不能满足高精度定轨的要求，围绕导航卫星的不同光压模型相继出现。光压辐射不同于一般摄动力，其与卫星本身的状态参数、太阳辐照度、地影模型等有着密切关系。不同导航系统甚至同一导航系统，由于其卫星的形状、结构、材料及姿态控制模式等不同，其太阳光压也有所差异。因此，在诸多因素需考虑的条件下，如何建立高精度太阳光压模型是卫星精密定轨需要重点解决的难题。另外，随着对导航卫星精密定轨精度要求的不断提高，特别是 1mm 时空基准建立的需要，要求卫星精密定轨精度也要迈向毫米级，为此，导航卫星精密定轨还需要考虑地球辐射压、卫星热辐射和卫星天线电磁辐射引起的摄动力，由于这些力有一个共同之处，即都是由不同源或者机制产生的辐射造成的，所以，本书将它们都归于卫星辐射压，其理论和方法不仅适用于导航卫星，也适用于其他高精度精密定轨卫星。

我国北斗卫星导航系统 (BDS) 建设近年取得了长足进步，实现了高精度卫星导航、定位与授时服务，建立了集基本导航和增强导航于一体的多层级服务体系。为此，本书在研究卫星辐射压建模理论和方法的基础上，不仅仅是以 GPS 等全球导航系统为研究对象，更重要的是以我国北斗卫星导航系统 BDS-2 和 BDS-3 为研究和分析对象，希望通过研究，提高我国北斗卫星导航系统的精密定轨精度。与 GPS、格洛纳斯导航卫星系统 (global navigation satellite system，GLONASS) 等其他全球导航系统相比，北斗卫星导航系统在信号体制设计、布站方案以及导航星座构型等多方面存在差异，这些差异一方面源自于导航系统建设的基本需求和基本国情，另一方面也向导航系统主要业务处理提出了巨大挑战。对于北斗卫星导航系统，由于早期仅采用有限范围内的区域跟踪站，所以星座的观测覆盖能力和定轨几何构型均受到一定影响。同时，混合星座中高轨地球静止轨道 (GEO) 卫星相对地面静止的特性，也给定轨精度提升带来了困难，本书就此也进行了分析。

本书第 1 章绪论，主要介绍多模 GNSS 卫星导航系统及试验组网情况、辐射压建模研究现状和必要性，以及本书结构；第 2 章主要介绍了精密定轨相关的时空基准与卫星精密定轨理论，以及定轨精度评定方法；第 3 章太阳辐射压建模理论与在轨测试，主要介绍了太阳辐射压建模理论、主要导航卫星光压模型、可调节参数盒翼模型建模方法、卫星姿态对太阳光压的影响和在轨数据验证及结果分析；第 4 章太阳辐照度变化对导航卫星精密定轨的影响分析，针对太阳辐射压用到的“太阳常数”，从太阳辐照度的基本概念出发，推导了太阳辐照度理论计算公式，介绍了其与太阳光压模型的关系，研究了其变化特征及对精密定轨的影响，指出目前精密定轨必须考虑“太阳常数”变化的影响；第 5 章北斗卫星地影模型精化，研究针对太阳辐射压建模中的蚀因子，介绍了地影模型及其建模方法，并针对北斗卫星，建立了考虑地球扁率与大气效应的地影模型，进行了定轨测试和分析，指出目前定轨精度需要考虑地球扁率和大气效应对地影模型的影响；第 6 章地球辐射压建模理论与在轨测试，介绍了地球辐射压影响机理和建模方法，给出了 GPS 和北斗卫星地球辐射压模型试验及精度分析情况；第 7 章卫星热辐射压建模理论与在轨测试，从模型的物理机制出发，介绍了热辐射致力的基本模型和计算方法，研究了星体热辐射摄动建模理论，并对模型进行了测试和精度分析；第 8 章卫星天线电磁辐射压建模理论与在轨测试，从卫星天线电磁辐射压影响物理机制出发，介绍了卫星天线电磁辐射压建模方法和误差及其处理，给出了 GPS 和北斗卫星电磁辐射压试验和精度分析；第 9 章综合辐射压建模与试验分析，介绍了综合辐射压及其试验数据与测试方案，并针对 GPS 和北斗卫星进行了模型测试和结果分析。

本书的撰写基于作者二十多年导航卫星精密定轨的积淀和我国北斗卫星导航精密定轨摄动建模的需要及研究成果，在此非常感谢中国科学院上海天文台朱文耀研究员、吴斌研究员、黄珹研究员、周旭华研究员、陈艳玲研究员、黄勇研究员，中国科学院微小卫星创新研究院陈宏宇研究员，山东大学徐天河教授，西安卫星测控中心王家松研究员，中国测绘科学研究院赵春梅研究员，北京卫星导航中心刘利研究员、郭睿高级工程师等多年来对相关研究的大力支持和有益讨论。感谢中国科学院上海天文台查明高级工程师和李亚博工程师对本书的修改和校正。作者系中国科学院大学岗位教授，感谢中国科学院大学领导和该校空间天文学院老师对作者教学的帮助和支持。最后，衷心感谢中国科学院上海天文台领导和同事长期以来对作者的帮助、大力支持和关心！

本书的出版得到国家自然科学基金面上项目 (资助号: 11973073，11173048，12373076)、国家重大专项课题“导航卫星高精度光压摄动建模研究”(项目编号: GFZX0301020316)、国家重大专项课题“精密定轨所需卫星关键参数精确标定技术”(项目编号: GFZX0301030114)、国家重点研发计划“毫米级全球历元地球参考架构建技术”(资助号: 2016YFB0501405)、上海市空间导航与定位技术重点实

验室 (项目编号：06DZ22101) 和国家重大基础设施项目“中国大陆构造环境监测网络”的大力资助，在此一并感谢！

王小亚

2022 年 7 月

目　录

第 1 章 绪　论

1.1 多模 GNSS 卫星导航系统

自 1964 年美国第一代三维定位卫星系统——子午仪系统投入运行以来，卫星导航系统经历了半个多世纪的发展，包含美国 GPS、俄罗斯 GLONASS、欧盟伽利略 (Galileo) 和我国 BDS 在内的多个导航系统，已经可以提供全球覆盖、全天候和高精度的导航定位授时 (positioning navigation timing，PNT) 服务。与其他全球卫星导航系统不同，北斗卫星导航系统在体制设计、监测网布设和星座构型等方面均存在较大差异 (杨元喜等, 2014; 刘基余, 2013; 杨元喜, 2010)，系统地面段采用区域监测网提供预报轨道和预报钟差服务，空间段采用包含 GEO、IGSO 和 MEO 三种类型卫星在内的混合星座设计。其中，MEO 轨道周期约为 12h，区域监测网无法覆盖卫星运行轨道的全弧段；GEO 卫星则存在高轨和静地特性，定轨处理中卫星轨道与钟差之间存在参数相关性，上述因素对北斗卫星导航系统的精密定轨 (POD) 提出了较大的挑战 (Steigenberger et al., 2016)。

GPS 是第一个全球卫星导航系统，1973 年起由美国国防部开始启动论证和试验工作，第一颗 GPS 卫星发射于 1978 年，到 20 世纪 90 年代中期整个系统全部建成并投入使用。GPS 系统由空间部分、地面控制部分和用户部分组成。GPS 星座由 6 个轨道面上的 24 颗卫星组成，每个轨道面分布 4 颗卫星，相邻轨道面的升交点赤经相差 60°，卫星轨道倾角约为 55°，轨道高度约 20000km，卫星运动周期约为 12h。随着 GPS 卫星的不断完善更新，从 1978 年第一颗 GPS 卫星发射至今，卫星型号包括：Block Ⅰ、Block Ⅱ、Block ⅡA、Block ⅡR、Block ⅡR-M 和 Block ⅡF，目前已经开始发射 Block Ⅲ 卫星。GPS 卫星信号采用码分多址，在 Block ⅡF 之前，GPS 卫星提供两个频率测距信号 L1 和 L2，分别为 1575.42MHz 和 1227.60MHz。从 Block ⅡF 开始，GPS 卫星开始提供第三个频率的测距信号 L5，其频率为 1176.45MHz(葛茂荣, 1995; Springer et al., 1999a; 王小亚, 2002; Beutler et al., 2003)。

经过一段时间的建设和发展，GPS 的监测站数量也逐步增加，最初的地面观测站只有 5 个，2005 年末，美国国家地理空间情报局 (National Geospatial-Intelligence Agency，NGA) 的 6 个监测站纳入 GPS 的卫星地面监测网络，到 2006 年又增加了 5 个 NGA 监测站，这样 GPS 的地面监测站数量达到了 16 个，从而改善了定轨观测几何，显著提高了定轨精度。实际服务结果表明，用户距离误差 (user range error, URE) 已经从 1990 年的 4.6 m 提高到 2005 年的 1.1 m(图 1.1)。

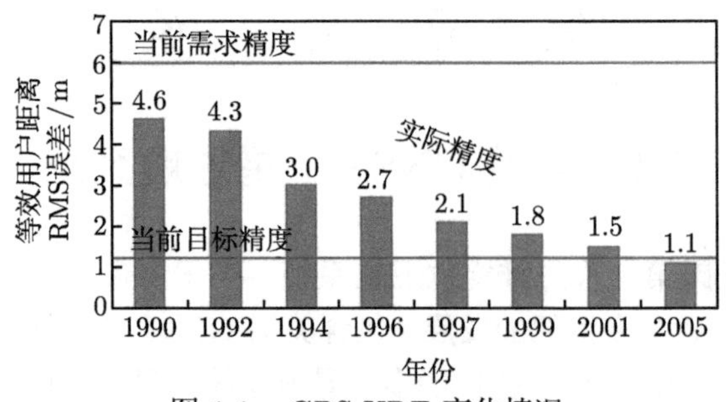

图 1.1　GPS URE 变化情况

到 2008 年，GPS 混合星座 URE 的估计值平均为 0.72m，单纯 GPS Block ⅡR/ⅡR-M 卫星的 URE 的估计值平均已达到 0.46m(图 1.2)。

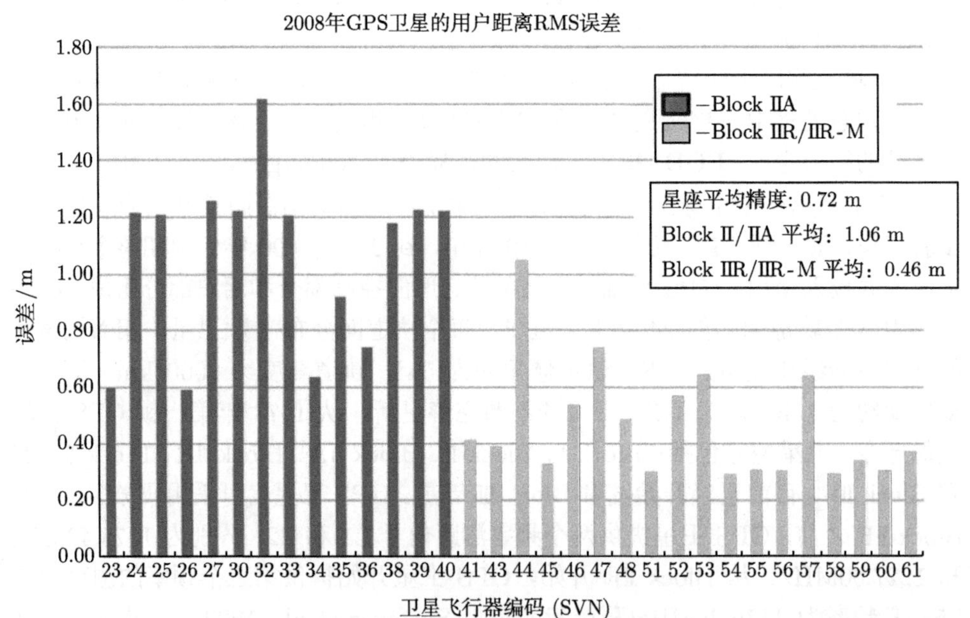

图 1.2　2008 年 GPS 星座 URE 评估结果

在整个 GPS 的建设、发展和现代化的过程中，轨道与钟差精度的提高主要与以下三方面的改进有关：①跟踪网的全球扩展；②滤波算法的改进；③注入频度的提高。这对于其他在建导航系统精密定轨性能的优化与提升具有重要的参考意义。

GLONASS 是 1976 年由苏联开始组建的，第一颗 GLONASS 卫星于 1982

年发射进入轨道，系统由处于 3 个轨道面上的 24 颗卫星组成，其中包含 3 颗在轨备份星。每个轨道面倾角为 64.8°，每个轨道面的升交点与上一轨道面相差 120°，而在同一轨道面内的卫星均间隔 45°，两个轨道面上相同通道内卫星的纬度幅角相差 15°。每颗卫星在长半轴为 25510 km 的近圆轨道上运行，卫星高度约 19000km，大约 11 h 16 min 绕轨运行一周。随着卫星设计的完善更新，GLONASS 卫星包括三种类型：GLONASS 卫星、GLONASS-M 卫星和 GLONASS-K 卫星。GLONASS-K 卫星于 2011 年 2 月 26 日发射并投入使用。最新型卫星质量小、寿命长，可播发 5 个频率的导航信号，其中 4 个军用信号调制在 L1 和 L2 波段上，1 个民用信号调制在 L3 波段上 (Otsubo et al., 2001; Dach et al., 2009)。

GLONASS 地面跟踪控制网包括系统控制中心和布设在俄罗斯整个领土上的跟踪控制站，其中地面控制中心位于莫斯科的戈利岑诺，地面控制中心同时维持 GLONASS 的时间基准，遥测和跟踪站位于圣彼得堡、Ternopol、Eniseisk 和共青城。地面跟踪控制网负责搜集、处理 GLONASS 卫星的轨道和信号信息，并向每颗卫星发射控制指令和导航信息。虽然 GLONASS 的地面跟踪站没有实现全球分布，但俄罗斯国土面积东西跨度很大，跟踪站的分布也相当广阔，而且卫星上装有人造卫星激光测距 (SLR) 反射器，可以利用高精度的 SLR 对其进行跟踪。因此，GLONASS 导航卫星可以实现较高精度的轨道和钟差确定。GLONASS 以卫星的位置、速度以及日月摄动加速度参数通过数值积分来计算卫星星历，每 15min 更新，外推时间为 30min，广播星历精度为 10~25m，径向精度优于 5m(Urschl et al., 2005)。

目前，GLONASS 的建设取得显著进展。第一，经过补网发射，使 GLONASS 系统的在轨卫星数量达到 22 颗，其中 19 颗能够维持正常运行。俄罗斯计划再发射 3 颗 GLOANSS-M 卫星。届时，在轨卫星将达到 25 颗。第二，完成了轨道监测和时间同步子系统，地面控制段的第一阶段的现代化改进，大大提高了 GLONASS 系统的全球可用性。目前，GLONASS 系统的全球可用性基本可达到 90%~97%，其时钟稳定性均优于接口控制文件要求的 1×10^{-13}，空间信号用户距离误差平均缩小到 1.8m，大大低于接口控制文件的 3.7m。第三，GLONASS 的大地测量参考框架升级至 PZ-90.02 版本，GLONASS 也根据具体国情，采用了相应的技术措施，从而保证了在区域布站条件下实现高精度的全球导航服务。资料显示，目前 GLONASS 新发射的卫星已经具备了星间观测的能力 (Gurtner et al., 2005; Chen et al., 2014)。

Galileo 系统是由欧盟和欧洲航天局 (ESA) 发起建设的全球卫星导航系统。第一颗 Galileo 卫星于 2005 年 12 月发射，预计于 2023 年完成卫星组网。Galileo 星座由 30 颗中轨地球卫星组成，这些卫星分别在 3 个轨道面上，每个轨道面上等间距部署 9 颗工作星和 1 颗不激活的备份星。每个轨道面的升交点赤经与上一轨道面均间隔 120°，各轨道面倾角为 56°，卫星高度约 23000 km。每颗 Galileo 卫星在近圆轨道上运行，轨道半长轴为 29600 km，绕轨道一周为 14 h。2005 年 12 月，欧洲航天局发射了 Galileo 第一颗试验卫星 GIOVE-A，并进行了轨道确定与时间同步 (ODTS) 试验。Galileo 单星定轨试验的本质是利用 2 个导航卫星跟踪站和 14 个激光站实现 Galileo 卫星的精密定轨与时间同步，利用 GPS 卫星确定导航跟踪站的接收机钟差，进而解决站间同步问题 (Dow et al., 2007; Dach et al., 2010; Steigenberger et al., 2013a)。ODTS 试验结果表明，所有测量类型的残差都比较理想，且 GIOVE-A 和 GPS 的平滑伪距及相位残差水平一致。卫星激光测距的残差为几个厘米，解算的 GPS 轨道与国际导航卫星系统服务 (IGS) 的精密轨道之差为分米级。GIOVE-A 重叠弧段轨道径向差异 RMS 小于 10cm，沿迹方向差异 RMS 为 50 cm 量级，钟差差异 RMS 为 0.15 ns(Steigenberger et al., 2013a; Steigenberger et al., 2013b; Steigenberger et al., 2015a; Steigenberger et al., 2016)。

Galileo 导航系统也采用了星间观测的导航方案。该系统运用星间测量实现在轨自主导航，考虑星载计算能力有限，不能采用过于复杂的动力学模型，因此采用将星间和星地测量结果综合进行平时星历的更换，以提高卫星星历和钟差的预报精度。通过地面仿真试验，用户测距误差达到分米级，该精度远高于目前 GPS 卫星 Block ⅡA 的用户测距误差 6m(胡志刚, 2013; Steigenberger et al., 2015b; Steigenberger et al., 2016)。从上述 Galileo 系统的测量体制进展可看出，各导航系统在进行更新换代时，均把星间链路作为一种重要的观测技术和系统性能的提升手段，以期在未来应用于系统中，提高业务处理精度，完善导航服务性能，增强导航作战能力。

与 GPS、Galileo、GLONASS 卫星导航系统相比，北斗卫星导航系统在星座构型、监测网设计以及技术机制上都存在显著差别。在星座设计上，与 GPS 和 GLONASS 星座单一的卫星类型不同，北斗卫星导航系统采用中高轨卫星混合的星座，包括地球中高轨道 (MEO) 卫星、地球静止轨道 (GEO) 卫星和倾斜地球同步轨道 (IGSO) 卫星三种卫星混合；在导航信号设计方面，采用三个频点的码分多址卫星无线电导航服务 (RNSS) 编码体制，既与 GLONASS 的频分多址不同，又区别于 GPS 最初的双频信号体制；在提供的导航服务方面，建立了包含多层级的系统服务体系，将导航定位授时等基本服务与差分等授权用户服务统一考虑。针对北斗卫星导航系统的精密定轨，采用单颗卫星定轨和多站多星联合定轨两种模式，采用国内分布的连续跟踪站对单颗 MEO 卫星进行轨道和钟差解算，利用鑫诺一号卫星实现跟踪站站间时间同步，同步准确度优于 1 ns，稳定度约 0.1 ns。评估结果表明，单颗 MEO 卫星定轨精度可以达到 5 m 左右。针对高轨的 GEO 卫星定轨，北斗跟踪网的观测几何不佳，需要通过一些特殊的方式提升观测精度、增强定轨约束，完成高精度轨道确定。

利用多源观测数据进行精密定轨验证，基于伪距相位测量的卫星精密定轨中，测距中包含的钟差信息，在北斗网观测几何较差的条件下，不利于轨道参数的求解。虽然通过历元差分和钟差建模的方式，能够在一定程度改善轨道精度，但离导航系统的服务性能要求还有一定距离，尤其对于高轨的 GEO 卫星，同时求解钟差与轨道参数得到的结果精度不稳定 (郭睿等, 2010; 周建华等, 2010; 郭睿等, 2012)。通过采用高精度载波相位数据，能够有效改善轨道精度，定轨结果通过 SLR 检核，残差 RMS 平均为 0.28 m，预报 24 h 轨道平均精度在 0.5 m 左右，基于相位数据定轨解算中，最大的难题是解决周跳和模糊度问题，同时，对先验时间同步信息的精度也有很高要求，郭睿等 (2012) 提出了通过多模全球导航系统观测数据实现站间钟差确定的方法，为时间同步支持下的精密定轨提供了有益的技术途径。

与传统伪距测量相比，基于转发式测距体制的 GEO 卫星测定轨技术具有不含钟差、测距精度高和系统差容易标定等优势。同时，基于激光、L 波段伪距和转发式测距数据的联合定轨，将 SLR 数据的基准性、C 波段转发式测距数据的连续稳定性和伪距/相位数据的广域覆盖性相结合，通过调整三种观测技术的权比，形成了优势互补的定轨策略。其中，基于激光测距和转发式测距数据的 GEO 卫星单星定轨残差为 0.205 m，激光视向评估精度达到分米量级，三维位置精度优于 5 m，短期预报视向精度可以优于 0.5 m。基于转发式测距的 GEO 单颗卫星定轨模式，需要定期进行设备时延标定，该种模式需要卫星安装转发器，应用范围受到一定限制。同时，基于伪距相位数据的单星定轨需要高精度先验钟差信息的支持，钟差信息的获取也是需要重点克服的技术难点。当星座中卫星数据足够多时，可以采用多站多星联合定轨算法，同时解算所有卫星动力力学参数和各历元卫星与接收机的钟差，通过站星之间的观测约束，可以最大限度地降低钟差随机性对精密定轨的影响，为卫星导航系统提供稳定、高精度的预报轨道。计算结果表明，联合定轨条件下，能够有效提升轨道确定精度，实现米级的 URE 性能，在增加海外布站的情况下，定轨精度还能有所提高 (Lou et al., 2015; Tang et al., 2016)。图 1.3 给出了区域监测网联合定轨条件下，北斗部分卫星的用户距离误差结果。

在动力学模型精化方面，对于混合导航星座中的中高轨道卫星来说，太阳辐射压模型误差是影响定轨与预报精度的重要误差源。对于太阳光压模型的建立，需要通过积累长期的观测数据，形成有效的经验模型。北斗卫星导航系统中，不同类型卫星采用的控制模式还存在差异，采用同一种经验模型势必存在光压模制误差，因此可以考虑在优化光压模型的同时，通过其他途径来削弱模制误差的影响。在系统性能优化方面，定轨精度是改善系统服务性能的重要因素。北斗卫星导航系统在精密定轨与服务性能方面已经取得了显著的进展，能够实现一定精度条件下的导航、定位和授时服务，但要扩展到全球服务，在精密定轨、星座设计、技术体制和服务模式等方面还面临许多困难和挑战，需要多方面开展深入研究。

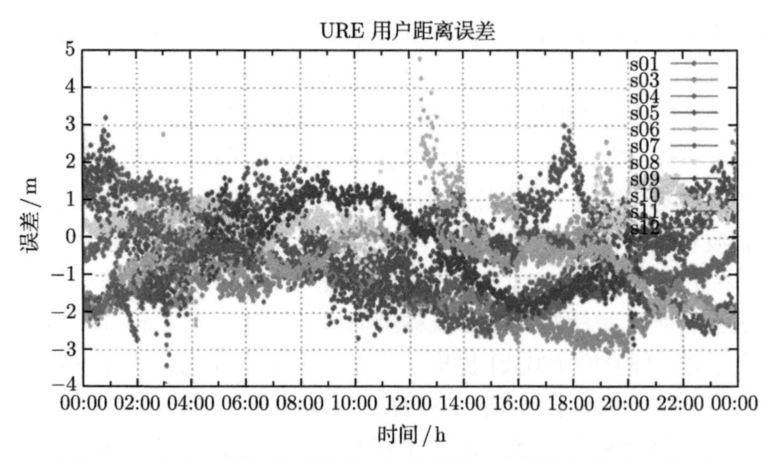

图 1.3　北斗卫星导航系统用户距离误差 (彩图请扫封底二维码)

1.2　多模 GNSS 试验 MGEX 介绍

随着多模全球导航卫星系统 (global navigation satellite system，GNSS) 的发展，国际导航卫星系统服务 (International GNSS Service，IGS) 组织于 2003 年成立多模 GNSS 工作组 (Multi-GNSS Working Group)，并于 2012 年开始建立全球多模 GNSS 监测网络以促进多模 GNSS 试验 (Multi-GNSS EXperiment，MGEX) 的开展，MGEX 的目的在于使全球民用和科研用户尽快研究和熟悉各个导航系统的特性，并最终提供高精度多模 GNSS 卫星轨道、钟差、地球定向参数 (earth orientation parameter，EOP) 和码偏差等产品 (Montenbruck et al., 2013; Steigenberger et al., 2013b)。除了 IGS 全球站数据实现的全球网络采集多模 GNSS 跟踪数据外，MGEX 促进了专用多模 GNSS 轨道和时钟产品的产生以及先进的处理算法及软件的开发 (Rizos et al., 2013)。目前 MGEX 多模 GNSS 测站已分布于全球，可以作为我们进行四个导航系统精密定轨的数据来源，具体数据产品可用性见图 1.4，各个导航卫星系统轨道分类见图 1.5，主要分布在中轨道高度。

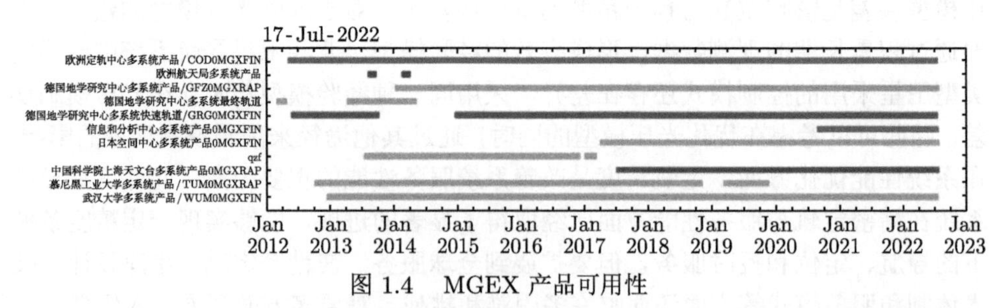

图 1.4　MGEX 产品可用性

https://www.igs.org/mgex/analysis/

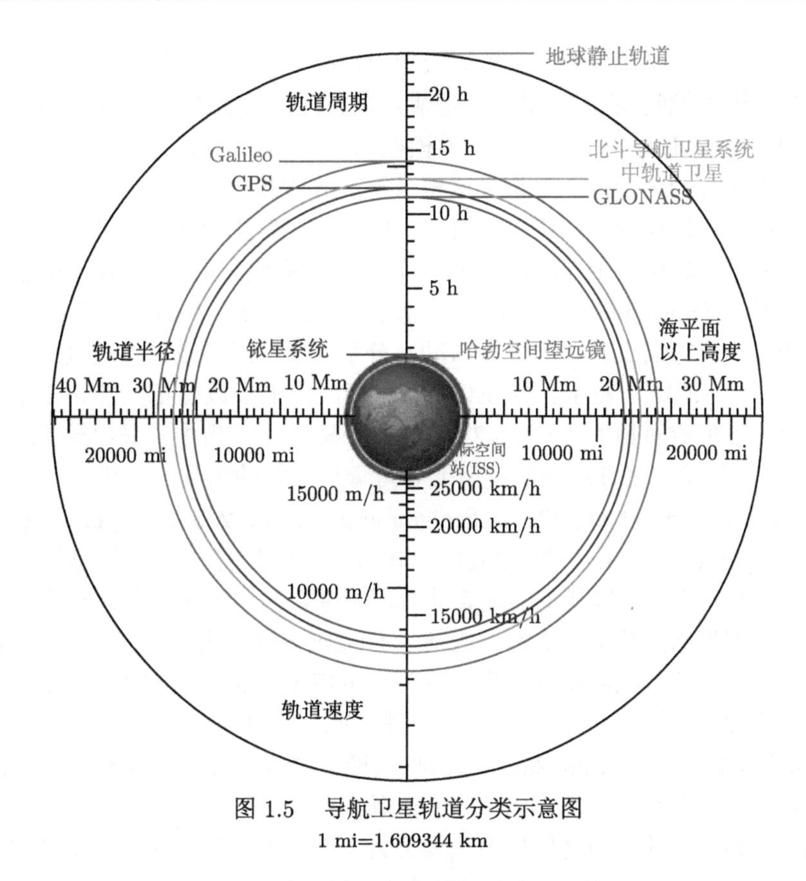

图 1.5 导航卫星轨道分类示意图

1 mi=1.609344 km

1.3 辐射压建模研究现状

太阳辐射压广义可以包括两部分。一部分是太阳直接辐射压，它同太阳辐射强度、卫星的几何形状结构、卫星的受照面积、受照面与太阳光的几何关系，以及卫星表面材料的物理特性 (如照射面的反射和吸收特性等) 有关，即通常所说的太阳光压 (SRP)。另一部分是由从地面反射的太阳辐射引起的反照辐射压和红外辐射压，即地球辐射压。由于卫星表面材料的不均匀和老化、太阳能量随太阳活动的变化以及卫星姿态控制系统的误差等因素的影响，所以太阳辐射压是 GNSS 定轨中最难以精确模拟的摄动力 (姜国俊, 1998; 董大南, 2012; 郭靖, 2014)。导航卫星精密轨道确定中的太阳光压建模一直是一个重要的研究课题，尤其在长弧定轨中更是如此 (宋小勇等, 2009)。

在 GPS 卫星定轨中应用广泛的模型有标准光压模型 (又称 Cannon-ball)、ROCK 模型 (ROCK4、ROCK42)、Rim 模型 (Box-Wing)、Colombo 经验共振模型、BERNESE 模型 (BERNE、BERN1、BERN2) 等。ROCK 模型是 Rockwell 公司基于简化的卫星表面形状及卫星表面不同部分反射性质而建立的一种半经验模型，该模型考虑了光压直射影响以及散射影响的一阶项，使用此模型只能使定轨光压模型误差控制在 3% 以内，不能满足高精度定轨的需求。早期的 Block I 采用的模型为 ROCK4，Block Ⅱ 采用的模型为 ROCK42，ROCK 模型计算的摄动加速度误差在 $3\times10^{-9}\mathrm{m/s^2}$ 量级，这相当于 24h 卫星轨道误差可达 3 m，后面第 3 章会具体讲述该模型。BERNE 模型、BERN1 模型、BERN2 模型是由 Bern 大学基于欧洲定轨中心 (CODE)1992 年以来的数据建立的，是 ROCK 模型的改进型光压模型 (Springer et al., 1999a; 宋小勇等, 2009)。Beulter 等 (1994) 认为在三个相互正交方向上存在周期性摄动，分别使用三组参数来吸收残余摄动力的影响。其中，BERN2 模型又称 ECOM 模型，由于参数的相关性并非采用全部的九参数，可使定轨精度达到 1~2 cm。大多数 IGS 分析中心采用经验或者半经验的 BERN 模型或者 ECOM 模型或者可调节参数的盒翼光压模型 Adjustable Box Wing (Springer et al., 1999b; Steigenberger et al., 2009; Steigenberger et al., 2013b)。Rodriguez-Solano 等 (2011b, 2012a) 根据卫星本身的特性建立了 Box-Wing 分析模型，该模型基于卫星表面物理特性，简化卫星的复杂结构，反映了较为真实的卫星结构信息，基本上达到了 CODE 模型的精度，证明了在 GPS 定轨中用物理模型代替纯经验模型也能达到与 IGS 相当的精度要求，但是该模型依赖于太阳高度角，估计参数之间有较强的相关性 (Rodriguez-Solano et al., 2011b; Rodriguez-Solano et al., 2012a)。美国喷气推进实验室 (JPL) 也建立了相应的太阳光压模型，目前在用的是 GSPM.04 模型。

综上所述，目前太阳光压模型主要分为下面三大阵营，其代表模型和优缺点如下所述。

1) 物理分析模型 (physics analytical model)

其代表模型有：Cannon-ball 模型、Rockwell 模型、UCL 模型。优点有：①模型及参数具有特定物理意义；②对于在轨实测数据不多的情况下可以给出很好的近似摄动力 (这对于新卫星很重要，如北斗、Galileo 等)；③适合高精度的轨道预报。缺点有：①需要精确的卫星结构信息，如形状、几何、热力学属性等 (这对于老卫星是困难的，因为参数不全)；②对于影响光压误差的因素考虑不全，存在未知误差源；③分析物理模型的假设不合理，会引入误差 (比如某些物理参数被假设不变)。

2) 半经验模型 (half-empirical model)

其代表模型有：JPL 模型、BERNE、BERN1、ECOM、Colombo 模型。优点有：①能考虑到绝大多数与 SRP 有关的误差；②能补偿由几何、热力学等参数测量不准确或未知导致的误差；③模型易于修改及调整。缺点有：①需要大量在轨观测数据支持；②模型没有特定的物理意义，不同卫星模型的参数不一样。

3) 经验模型 (empirical model)

不考虑光压模型的物理意义，通过在一个或者多个方向上增加经验力来吸收卫星轨道的摄动误差，其模型较简单，估计精度较高，但是缺乏物理背景，吸收了其他摄动误差，难以预报，特别是长期预报精度很差。目前，北斗一号系统定轨软件就采用该模型处理光压等摄动误差。

通常情况下，近地轨道的航天器与深空航天器有较大的差异，近地轨道条件下，太阳、地球乃至月球为主要的辐射源，深空条件则可以仅考虑太阳以及最近的行星或卫星。不同姿态控制的卫星也存在较大的差异，自旋稳定的卫星，因为变换受照的表面，其总体上达到热平衡后存在较小的温差；而一些三轴稳定控制的卫星由于存在长时间的阳照面与背阴面，而存在较大的温差，以 GPS 卫星为例，其 $+Z$ 面始终朝向地球，而太阳能帆板和本体的旋转式的帆板长期正对太阳，这样导致不同星体部件受太阳辐照强度不同，同时由于卫星相对于太阳的方位、星体材质、反射特性的差异，所以太阳辐射压随卫星运动而动态变化。

地影和月影在太阳辐射压和地球反照辐射压计算中必须考虑，它们对卫星轨道长期演化具有较大影响，为此，在第 5 章除介绍传统的圆柱地影模型、圆锥地影模型外，系统地讲述了近三年才发展起来的考虑地球扁率与大气效应的两种地影模型，并针对北斗卫星进行了模型测试与比较。另外，太阳光压和地球辐射压中经常将使用的太阳辐照度当作 “太阳常数”，而长期实测数据的研究表明太阳辐照度并非常数，其变化具有显著特征，对卫星轨道的影响在当前定轨精度下不能忽略，需要考虑，为此本书将其引入太阳光压并进行了测试。

太阳辐射压模型的建立和模制对轨道预报是非常有好处的，一个好的光压模型比用经验力来拟合预报的精度要高，但是在没有好的光压模型的时候，只能采用经验力来进行轨道拟合和预报，这也是我国北斗卫星导航系统早期所用的估计策略，它会降低轨道预报精度，从而影响广播星历的精度。因此在北斗二号系统 (BDS-2) 后期和北斗三号系统 (BDS-3) 中，多数依照我国北斗导航卫星的形状和有关参数及实测数据建立适合北斗导航卫星的太阳光压模型及其参数系统，在此基础上，如果有参数测量不准确，则采用可调节参数的盒翼光压模型。

由于卫星与地球距离较远，卫星受到地球的辐射压摄动很小，而对于 GNSS 卫星，地球辐射压摄动对定轨精度在径向有 1~2 cm 的影响，在沿迹方向和法向方向的影响更小。尽管其影响很小，但 Ziebart 等 (2004) 仍利用 SLR 观测数据对地球辐射压做了改正，吸收了部分残差，提高了定轨精度，目前 SLR 等低轨卫星的数据处理中都考虑了地球的反照辐射压。Rodriguez-Solano 等将地球辐射压摄动引入 GPS 定轨中，经过对 GPS ⅡA 和 ⅡR 的 9 年数据的测试，发现其可以提高定轨精度，建议 IGS 分析中心 GNSS 数据重处理中引入该摄动模型，期望可以减少 SLR 和 GPS 之间的不一致性，对 GPS 定位精度也有所提高 (Rodriguez-Solano,

2009; Rodriguez-Solano et al., 2011a; Rodriguez-Solano et al., 2012b)。

卫星自身热辐射压 (TRR) 来自于卫星与环境的相互作用，是由于卫星吸收了太阳辐射发热或冷热不均，在向外辐射能量的过程中会对卫星产生摄动力。其中主要有两种能量交换作用与之相关：辐射与传导，而与流体相应的对流传导在外太空条件下不存在。当辐射与物体相互作用时，有三种可能的结果：反射、透射、吸收，当能量被反射或者透射时，物体的热能就不会受到影响，如果被吸收，就转换为物体的热能，通常造成一定的物体材料的温升，而实际上以上过程是复杂的，是集中现象的综合，而且通常与辐射的功率谱频率分布有很大的关联。这也是在进行光压建模时必须考虑的因素。对于 GPS 卫星，TRR 产生的摄动加速度为 SRP 摄动的 2%～5%，最高可达 10%(Vigue，1994；Fliegel et al., 1996；Adhya，2005)。对于卫星的“白天”和“黑夜”两种过程需要分开考虑。卫星在零偏时，$+X$ 和 $-X$ 轮流受照，类似的交替受照情况过程中，都会发生热量传递及交换，由此产生的热辐射摄动力在高精度的定轨任务中不可忽略。目前在高精度导航卫星精密定轨中卫星自身热辐射已逐步被考虑，其建立的方法主要有表面平衡温度法和数值方法，具体见第 7 章。

卫星电磁辐射压来自直发的 L 波段的赋形天线，它是由一系列按一定规则排布的螺旋天线合成的，在理论的相位中心处，特定频段的射频信号按照一定的功率分布要求，经过功率放大单元等，形成一定形状、一定功率分布的发射波束，这些调制的波束实际上是以特定波长的光子形式，向外部空间进行辐射，由于光子动量的存在，光子离开卫星天线时，会对卫星产生一个反向的动量，此时引起卫星动量的变化，因此就会产生对应的辐射反力 (外部文献称为 antenna thrust)(Hugentobler et al., 2003; Rodriguez-Solano et al., 2012)。实际远场天线的辐射反力的建模需要实验手段进行测量，不同的方向有不同的响应，围绕这一个功率电平有一定范围的波动，有些时候还要考虑地球的球形效应。将几何中心的辐射电平降低，抬高边缘处的辐射电平，从而在波束的要求范围内接收机接收到的信号不会产生较大的差异 (胡志刚, 2013; 郭靖, 2014)。严格的天线方向图的测试需要在实验室条件或者远场的外场试验条件下测得，是比较复杂的。对理想的天线辐射反力建模，可以假设天线的辐射在规定的波束内是均匀的。

要进一步改进北斗卫星的轨道精度，发展以北斗系统为依托的精密定位服务和应用，改进现有的北斗卫星轨道的扰动模型，光压模型是很重要的一环。胡小工 (1998) 基于 Vokrouhlicky 等提出的一种新的建立太阳辐射压摄动模型的方法，以辐射转移方程为基本数学工具，运用相应的物理概念，通过对太阳辐射场和辐射流量的计算来求出太阳辐射压摄动。此方法既适用于卫星处于地球半影区内和地球阴影之外的情形，也适用于地球反照辐射压的计算。陈俊平和王解先 (2006) 详细阐述了目前主要的 7 种太阳辐射压摄动模型，给出了各种光压摄动的计算模型，并利用不同的摄动模型积分卫星轨道，得到不同模型在 GPS 卫星轨道积分中的精度。结果表明，Bern 大学提供的 3 种模型对太阳辐射压的模拟较为准确，相对于其他 4 种模型，由其得到的 GPS 轨道精度有将近一个量级的提高。杨洋等 (2012) 采用光压宏观模型描述了卫星受力中的光压模型问题，分析了光压宏观模型的数学模型，研究了地基定轨的理论方法，并建立了地基定轨的可见性分析模型，通过采用积分滤波的分析方法，分别研究了基于光压模型与基于球形模型对地球静止轨道 (geostationary earth orbit，GEO)、地球中高轨道 (medium earth orbit，MEO) 及倾斜地球同步轨道 (inclined geosynchronous orbit，IGSO) 卫星地基定轨的影响，通过仿真证明了光压宏观模型的应用对于这 3 类卫星的定轨精度有明显的提高，由此可以得到更加稳定的轨道解。张卫星等 (2013) 以 GPS 卫星为例，提出了一种光压模型精化方法，明显地提高了导航卫星升交点赤经和轨道倾角的长期预报精度，进而有效地提高了自主定轨中卫星轨道的切向和法向精度，并最终改善了用户测距误差，但对轨道径向和卫星钟差的改善不明显。陈润静等 (2013) 对 GRACE 卫星的太阳光压与地球反照辐射压模型进行了初步研究，应用 GRACE 产品说明书中的粗略模型参数，将模型计算结果与加速度计在径向与法向的非保守力实测值进行比较，结果显示两者之间具有较好的吻合性；通过改变卫星侧面的镜面反射以及漫反射系数，观察模型计算结果与实测数据之间的吻合度变化情况，发现模型给出的反射系数可能较真实情况相差偏大。

目前，国内对于我国自主研发的北斗导航卫星系统太阳光压模型的研究，主要还是沿用 GPS 的光压模型，或者基于数据拟合的纯经验模型。而对于光压建模理论和建模方法的讨论和研究更需系统性的考虑，基于太阳光压分体建模研究，利用辐射转移理论和相关的物理概念，不同程度地简化卫星本体的构型，通过对太阳辐射场强度和辐射流量的计算求出太阳辐射压摄动，建立盒翼形状和精细化结构的理论太阳辐射压物理分析模型。目前还缺乏北斗卫星导航系统的精细光压模型，从而需要研究从 GPS 卫星到北斗导航卫星系统的转化和姿态控制模式的转变，从物理参数出发，建立北斗导航卫星的物理分析模型，然后通过分析周期性项参数的变化特点，建立半经验模型，要求所解算参数要少且具有明确的物理意义。

在导航卫星精密轨道确定中，辐射压摄动是非保守力中最重要的摄动源。因此，从物理源头分析，研究影响辐射压的因素及相关问题是非常重要的，这些问题如下所述。

(1) 太阳常数变化 (solar flux) 引起的摄动力变化。

(2) 太阳直接辐射压 (solar direct radiation pressure)：包括镜面反射、漫反射、地影、月影、吸收对摄动力的影响；对面积简化程度的定量计算；姿态误差 (尤其是太阳翼板指向)；遮挡问题 (光线追踪) 和二级反射 (secondary reflection)

的影响，需要根据特定的卫星来确定。

(3) 地影 (post-shadow)、月影模型建模的考虑中，需考虑地球扁率和大气效应 (atmosphere effects) 对地影的影响。这些都是相当复杂的，是需要仔细研究和细化处理及长期验证进行改进的。

(4)Y-bias 摄动：在考虑了姿态误差和机动策略后，需要引入类 GPS 卫星摄动力中的 Y-bias 影响。这是导航卫星普遍存在的摄动力，一般都在太阳光压模型中给予考虑。

(5) 地球辐射压 (earth radiation pressure，ERP)：考虑地球可见光反照辐射压和红外波段辐射压，特别是，利用卫星实测的地面反照率 (albedo) 和红外发射率 (infrared radiation) 数据建立更符合实际的高精度地球辐射压模型尤其重要。

(6) 来自卫星自身辐射产生的摄动力：包括卫星自身的热辐射 (thermal re-radiation) 和卫星天线电磁辐射，目前都已被高精度测定轨所考虑。

上面的这些问题，在进行辐射压建模过程中，需要定量细化分析，结合工程需要及任务的特殊性进行影响量级评定，对其合理取舍，形成一套也适用于其他卫星的辐射压建模理论，从而得出比较合理和完善的建模方案和模型。

1.4　辐射压建模必要性

我国北斗卫星导航系统于 2012 年底区域组网完成，建成了具有自主知识产权的 16 颗三类 (GEO/IGSO/MEO) 混合星座的导航卫星服务系统——第二代北斗导航定位系统 (COMPASS)，开通了快速定位、实时导航、精密授时、位置报告、短信服务“五位一体”的保障服务，目前该系统主要服务于亚太区域导航，其定位服务精度为 10 m，授时精度为 50 ns，测速精度为 0.2 m/s(杨元喜等, 2014; 杨元喜, 2010; 谭述森, 2008)。为进一步改进我国北斗卫星导航系统的服务精度，重要的是要提高我国北斗导航卫星的轨道精度，提升广播星历的精度，而太阳光压模型是目前导航卫星最难以模拟的最大摄动误差源，为此需要开展光压摄动建模研究，提高定轨特别是轨道预报的精度，这样才可能发展和提高以北斗卫星导航系统为依托的精密定位服务和其他应用服务。目前北斗三号系统 (BDS-3) 已扩展为全球导航卫星系统，在全球范围内提供基本的导航定位和授时服务，并在我国及周边地区提供增强服务，这就对北斗卫星的轨道精度有了更高的要求，其定轨精度需与 GPS 等相当，这离不开太阳光压的精细建模，只有提高了北斗卫星的太阳光压模型精度，才能提高它的预报轨道精度，生成高精度的广播星历，才能为北斗全球导航系统在全球范围内定轨精度达到厘米级做好准备，为广大导航用户提供更好的服务。

混合星座光压的复杂度决定了需要加大高精度光压建模的研究。我国第二代卫星导航系统二期工程中将继续采用三类混合星座的设计，中高轨卫星的轨道确定与低轨卫星有一定的差异，地球非球形摄动力学模型误差的影响随着高度的影响急剧降低，同时大气密度模型误差的影响也不需考虑，因此，最大的误差源在于太阳光压摄动。而对不同类卫星，甚至是同一类卫星的不同卫星研制方或者不同批卫星都需要建立不同的光压摄动模型，为此，需要加大研究和试验测试力度及科研投入，建立高精度的导航卫星光压摄动模型，改进现有的导航卫星轨道摄动经验力模型，以提高广播星历精度。

在对 GPS 卫星、GEO 卫星等中高轨道卫星的动力学定轨中，太阳辐射压模型误差是主要误差源，如表 1.1 所示。导航卫星精密轨道确定中，太阳光压建模一直是一个重要的研究课题，尤其在长弧定轨中更是如此。

表 1.1 GPS 卫星在地心惯性系 (earth centered inertial frame, ECI) 坐标系下的瞬时摄动加速度 (单位: m/s^2)

摄动力	x 方向加速度	y 方向加速度	z 方向加速度
地球引力	1.18×10^{-1}	2.50×10^{-1}	-5.48×10^{-1}
地球引力 U2,0	-3.58×10^{-5}	-7.58×10^{-5}	5.50×10^{-5}
月球引力	-6.34×10^{-7}	-3.29×10^{-6}	-1.97×10^{-6}
太阳引力	-6.49×10^{-7}	8.07×10^{-7}	-8.65×10^{-8}
太阳辐射压	-5.94×10^{-8}	3.73×10^{-8}	1.52×10^{-8}
地球引力 U4,0	4.48×10^{-9}	9.48×10^{-9}	1.63×10^{-9}
卫星热辐射压	-1.21×10^{-9}	-7.05×10^{-10}	-3.06×10^{-10}
地球辐射压	6.33×10^{-10}	-1.36×10^{-9}	4.72×10^{-11}
固体潮摄动 (由月球引起)	-9.31×10^{-10}	7.72×10^{-10}	-5.77×10^{-10}
固体潮摄动 (由太阳引起)	1.21×10^{-10}	-4.33×10^{-10}	-2.17×10^{-12}
地球引力 U6,0	-3.71×10^{-11}	-7.88×10^{-11}	-2.20×10^{-10}
行星引力 (金星)	-7.15×10^{-11}	8.90×10^{-11}	-9.53×10^{-12}
地球引力 U7,0	-2.45×10^{-12}	-5.17×10^{-12}	4.29×10^{-11}
行星引力 (木星)	-8.22×10^{-12}	1.02×10^{-11}	-1.10×10^{-12}
行星引力 (火星)	-1.68×10^{-12}	2.10×10^{-12}	-2.25×10^{-13}

从表 1.1 中可以看出，太阳辐射压对卫星的影响是比较大的，尤其是对于中高轨卫星，如图 1.6 所示。类似于太阳辐射压的地球辐射压，其对于 LEO 卫星影响更为显著，如表 1.2 所示。

数值模拟表明，太阳光压对 GPS 卫星轨道的半长轴有周期为半日的扰动，全振幅达 16 m，造成轨道偏心率的持续增加，量级为 1.5×10^{-6} 天 $^{-1}$，卫星轨道近日点和远日点之间距离的变动达 40 km，轨道倾角及升交点也发生周期性的变化。轨道近地点的漂移量为 0.02(°)/天，轨道倾角呈现周期为半个恒星日、全振幅为 1.2×10^{-5}(°) 的变化，升交点的变化也是周期为半日、全振幅为 1.6×10^{-5}(°)(董大南, 2012)。除此之外，还有地球辐射压摄动，发现其可改进 GPS 卫星轨道。

由此可见，高精度的光压建模对轨道确定的重要性。精密定轨是用户进行精密定位的基础，对北斗系统的推广应用有重大意义。

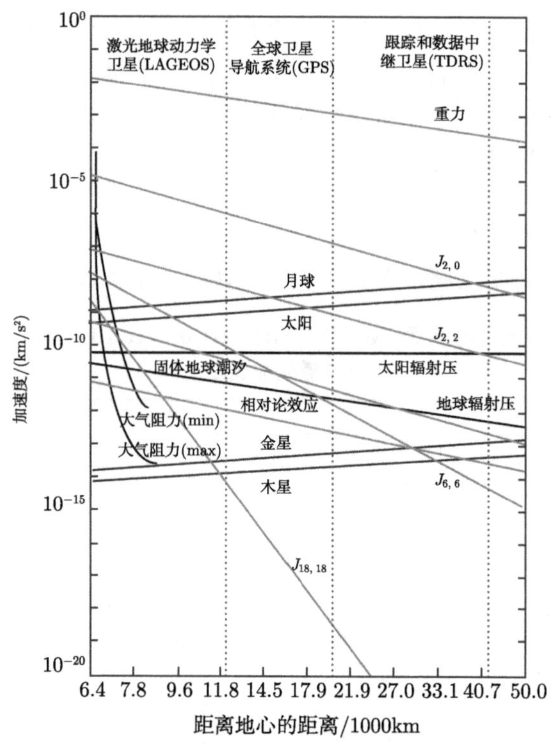

图 1.6　卫星轨道摄动力与卫星高度的关系 (改自文献 (Montenbruck et al.，2001))

表 1.2　LEO 卫星摄动加速度量级

摄动力	加速度/(m/s^2)
地球重力场 (完美球形)	7.7
地球重力场扁率校正	2.0×10^{-2}
月球引力	1.1×10^{-6}
太阳引力	5.7×10^{-7}
由月球引力引起的固体潮摄动	2.8×10^{-7}
由太阳引力引起的固体潮摄动	1.4×10^{-7}
太阳辐射压	6.5×10^{-8}
大气阻力	2.1×10^{-8}
地球辐射压	1.4×10^{-8}
卫星热辐射压	6.2×10^{-9}
卫星天线电磁辐射压	4.1×10^{-10}
金星引力	6.3×10^{-11}

1.5 本书结构

本书第 1 章绪论主要介绍多模 GNSS 卫星导航系统及试验组网情况、辐射压建模研究现状和必要性，让读者对四个全球卫星导航系统和多模 GNSS 测站分布情况有个基本了解，清楚辐射压建模的现状和重要性；第 2 章主要介绍了精密定轨相关的时空基准与卫星精密定轨理论，以及定轨精度评定方法；第 3～8 章分别从太阳辐射压、太阳辐照度变化、地影模型精化、地球辐射压、卫星热辐射压、卫星天线电磁辐射压的建模理论和试验测试及精度分析，进行了系统和细致的研究和介绍；第 9 章综合辐射压建模与试验分析，介绍了综合辐射压及其试验数据与测试方案，并针对 GPS 和北斗卫星进行了模型测试和结果分析。

第 2 章　时空基准与卫星精密定轨理论

对于卫星精密定轨 (POD) 来说，时间系统和坐标系统是两个重要的因素，是进行精密定轨研究的基础。同时，卫星导航也是建立和实现时空基准的重要手段。本章主要介绍卫星精密定轨理论中涉及的时间系统与坐标系统。

2.1　时 间 系 统

时间系统由时间原点和时间单位定义，时间系统可以有多种定义方式，然而只有根据某种可观测的规律性的物理现象定义的时间系统在实践中才便于维持。到目前为止，广泛使用的时间系统有三类：一是以地球自转运动为基础的世界时系统 (如恒星时、太阳时)；二是以地球公转运动为基础的历书时系统；三是以原子内部电子跃迁时辐射的电磁波的振荡频率为依据的原子时系统。

2.1.1　时间系统定义

1. 恒星时

以春分点为参考点，由春分点的周日视运动所确定的时间称为恒星时 (sidereal time，ST)。春分点连续两次经过本地子午圈的时间间隔，即为一个恒星日，一个恒星日为 24 个恒星时，原点取为春分点 (地球赤道与其绕太阳公转轨道的交点) 在当地子午圈的时刻。同一瞬间不同测站的恒星时各异，所以恒星时具有地方性，有时也称为地方恒星时。恒星时是以地球自转为基础并与地球的自转角度相对应的时间系统。

2. 平太阳时

由于地球的公转轨道为一椭圆，根据天体运动的开普勒定律，太阳的视运动速度是不均匀的。如果以真太阳作为观察地球自转运动的参考点，那将不符合建立时间系统的基本要求。为此，假设一个参考点的视运动速度等于真太阳周年运动的平均速度，且其在天球赤道上做周年视运动。这个假设的参考点，在天文学中称为平太阳。平太阳连续两次通过本地子午线圈的时间间隔，为一个平太阳日，而一个平太阳日包含 24 个平太阳时。与恒星时一样，平太阳时也具有地方性，故常称为地方平太阳时或地方平时。

3. 世界时

格林尼治平太阳时称为世界时 (universal time，UT)，世界时是以地球自转为基准的时间尺度。由于平太阳是个假想点，是观测不到的，因此，世界时实际上是通过观测恒星的周日运动来得到的。地球除了绕轴自转外，其瞬时旋转轴在地面上也有极移，因此直接进行天文观测计算的世界时 UT0 需要经过修正才能更加精确。考虑到地球的极移，UT0 需要通过极移修正得到 UT1。由于地球自转存在长期、周期和不规则变化，则对 UT1 进行周期性季节变化修正之后得到 UT2。

4. 轨道力学时

随着时间测量以及轨道确定精度的提高，传统的牛顿框架已经不能满足需要。1991 年第 21 届国际天文学联合会 (International Astronomical Union，IAU) 决议中，提出了在广义相对论框架下时空坐标的概念。爱因斯坦广义相对论引入了两种时间尺度。一种是可以被观测的原时 (proper time)，它随钟所处位置 (引力场) 以及钟运动速度的不同而不同，因而在确定的坐标系内，固有时不能唯一确定。另一种时间尺度为坐标时，它是存在于整个参考架中均匀的时间系统，是抽象的，是不可观测的时间尺度。动力学时是用于描述天体在引力场运动的唯一时间尺度。质心力学时 (barycentric dynamic time，TDB) 质心惯性坐标系以质心为坐标原点，地球动力学时 (terrestrial dynamic time，TDT) 为准惯性系，例如以地球质心为坐标原点。由于地球围绕太阳运动，TDT 相对于 TDB 具有周期性变化。在人造卫星轨道理论中通常以 TDT 描述卫星运动，以 TDB 描述行星位置。

5. 原子时

原子 (或分子) 钟依据的是微波信号的周期振荡，该信号与某一特定的原子或分子的低能级状态跃迁产生共振。1948 年，美国国家标准局利用氨分子吸收线来控制频率的产生，建造了第一台原子钟，现在的原子钟则一般是基于铯、氢或铷。在这些原子钟里，铯钟具有最好的长期稳定性，因此在原子时尺度的实际实现中用作主要标准。

国际原子时 (international atomic time，TAI) 由原子钟维持，它是地球上的时间基准，它由国际时间局 (Bureau International de l’Heure，BIH) 从多个国家的原子钟分析得出，是一个连续的时间基准，可作为 TDT 的具体实现，它与 TDT 的关系是

$$\mathrm{TDT} = \mathrm{TAI} + 32.184^{\mathrm{s}} \tag{2.1}$$

TAI 的秒长由铯原子在能级间的跃迁次数决定。

由于 TAI 是一个均匀的时间基准，在使用时会出现一个不可避免的问题：地球绕太阳的旋转不均匀地减慢，目前每年约减慢 1s，故它与太阳年将不同步。因此需

引入协调世界时 (universal time coordinated，UTC)，它与 TAI 的秒长相等，在需要的时候选在 6 月或 12 月的最后一天加入 1s 的跳跃，称之为跳秒 (leap second)。

为了 GPS 数据处理方便，人们又定义了 GPS 时 (GPS time，GPST)。它使用 TAI 的秒长基准，而又避免了 UTC 跳秒的麻烦。在 1980 年 1 月 6 日零时 (星期六与星期日的子夜)，GPST 被设置成与 UTC 完全一致，而 GPST 不受跳秒的影响，GPST 与 TAI 之差是一个常数 (式 (2.2))，GPS 卫星发布的时间信号是 GPST。

$$\mathrm{GPST} + 19^{\mathrm{s}} = \mathrm{TAI} \tag{2.2}$$

GPST 也是原子时，通常以 GPS 星期和星期中秒数的形式给出，也以年月日时分秒，或儒略日 (JD) 与日中的秒数等形式给出。GPST 与 TAI 之间相差常数 19s，它与 UTC 之间的差数将随着跳秒出现次数的增加而越来越大，但总是一个整数秒数。

北斗卫星导航系统采用以 TAI 为基础的时间系统 BDT(BDS time)，BDT 采用国际单位制 (SI) 秒为基本单位连续累计，不闰秒，起始历元为 2006 年 1 月 1 日 UTC 0 时 0 分 0 秒，采用周和周内秒计数，目前与 UTC 之差为 2s，BDT 与 GPST 之间相差常数 14s，即 $\mathrm{BDT} = \mathrm{GPST} - 14^{\mathrm{s}}$。

2.1.2 时间系统转换关系

几种时间系统的转换关系如图 2.1 所示。

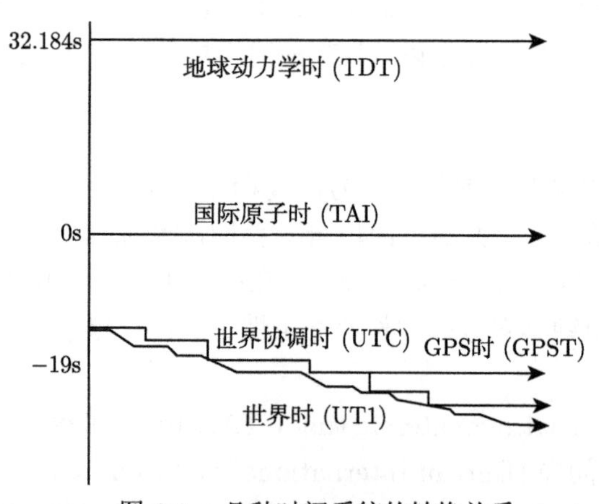

图 2.1 几种时间系统的转换关系

TDB 与 TDT 之间的差异是由相对论效应引起的。根据相对论原理，TDB 与 TDT 之间可以选取转换公式中任意常数而使两者之差不存在长期项，只存在微小的周期性变化，其简化后 (精度为微秒量级) 的转换关系如下：

$$\mathrm{TDB} = \mathrm{TDT} + 0.001658\,(\mathrm{s})\sin(g) + 0.000014\,(\mathrm{s})\sin(2g) \tag{2.3}$$

$$g = 357.53 + 0.98560028\,(\mathrm{JD} - 2451545.0) \tag{2.4}$$

2.2 坐 标 系 统

2.2.1 坐标系统定义

精密定轨中使用的坐标系统主要分为描述相对地球运动的地心地固系和描述相对绝对空间运动的地心惯性系两大类，具体坐标系的定义如下。

1. 地心地固坐标系

地心地固坐标系 (earth-centered earth-fixed, ECEF) 通常用于描述地面测站坐标。其坐标原点定义在地球质心，Z 轴指向北极的国际协议原点 (conventional international origin，CIO)，基本平面与 Z 轴垂直，X 轴在基本平面内由地球质心指向格林尼治子午圈。$X/Y/Z$ 轴构成右手系。

2. 准地球固定坐标系

准地球固定坐标系以地球质心为坐标原点，地球瞬时赤道面为基准面，X 轴在基本面内由地心指向格林尼治子午圈，Z 轴指向地球自转的瞬时北极，由于极移的影响，Z 轴与地球表面的交点随时间而变。$X/Y/Z$ 轴构成右手系。

3. 瞬时真赤道坐标系

瞬时真赤道坐标系 (true of date equatorial system，TDS) 以地球质心为坐标原点，观测时刻的真赤道面为基本面，X 轴在基本面内由地球质心指向观测时刻的真春分点，Z 轴为基准面法向，指向北极方向。$X/Y/Z$ 轴构成右手系。

4. 瞬时平赤道坐标系

瞬时平赤道坐标系 (mean of date equatorial system，MDS) 以地球质心为坐标原点，观测时刻平赤道面为基准面，X 轴在基准面内由地球质心指向观测时刻平春分点，Z 轴为基准面法向，指向北极方向。$X/Y/Z$ 轴构成右手系。

5. 地心惯性坐标系

地心惯性坐标系 (earth-centered inertial，ECI)，又称地心天球坐标系，以地球质心为坐标原点，基本面为 J2000.0 地球平赤道面，X 轴在基本面内由地球指向 J2000.0 的春分点，Z 轴为基准面法向，指向北极方向。$X/Y/Z$ 轴构成右手系。

6. 卫星轨道坐标系

卫星轨道坐标系，又称为 RTN 地心轨道平面坐标系，以地心为原点，以轨道平面为参考平面，R 方向称为轨道径向，从地心指向卫星位置方向；N 方向称为轨道法向，是轨道径向与速度方向的正交方向；T 方向称为轨道沿迹方向，是 R、N 方向的正交方向，且与卫星速度同向，北斗卫星在轨示意图见图 2.2。

图 2.2 北斗卫星在轨示意图

7. 星固坐标系

星固坐标系原点为卫星质心，Z 轴沿信号发射天线方向指向地心，Y 轴为太阳帆板旋转并垂直于卫星至太阳方向，X 轴垂直于 Y 轴和 Z 轴构成右手坐标系，正方向指向太阳方向。

8. CGCS2000 大地坐标系

北斗卫星导航系统采用 2000 国家大地坐标系 (China Geodetic Coordinate System 2000，CGCS2000)。CGCS2000 大地坐标系是地心地固坐标系的一种，以地球质心为原点，Z 轴指向国际地球自转和参考系服务 (International Earth Rotation and Reference System Service，IERS) 组织定义的参考极 (IRP) 方向；X 轴为 IERS 定义的参考子午面 (IRM) 与通过原点且同 Z 轴正交的赤道面交线；Y 轴与 Z、X 轴构成右手直角坐标系。CGCS2000 与国际地球参考架 (International Terrestrial Reference Frame，ITRF)ITRF97 接轨，截至目前，ITRF97 已超过 20 年，其现时坐标改正数约为 70 cm，因此，已不适合高精度的北斗卫星导航系统，北斗将建立和采用自己独立的精确坐标系——北斗坐标系。

2.2.2 坐标系统转换关系

图 2.3 给出了上述其中五类坐标系之间的转换关系。PR 表示岁差旋转矩阵，NR 表示章动旋转矩阵，B_1 表示地球自转旋转矩阵，B_2 表示极移旋转矩阵。其中岁差、章动旋转均值可以根据模型计算而得，地球自转和极移旋转矩阵通过读取地球定向参数 (EOP) 文件获得。

下面给出地心天球坐标系与卫星轨道坐标系之间的转换关系：

$$\boldsymbol{e}_R = \frac{\boldsymbol{r}}{r}, \quad \boldsymbol{e}_N = \frac{\boldsymbol{r} \times \boldsymbol{v}}{|\boldsymbol{r} \times \boldsymbol{v}|}, \quad \boldsymbol{e}_T = \boldsymbol{e}_N \times \boldsymbol{e}_R \tag{2.5}$$

则卫星地心天球坐标系坐标 $(x\ y\ z)^{\mathrm{T}}$ 与轨道坐标系坐标 $(r\ t\ n)^{\mathrm{T}}$ 之间存在如下转换关系：

$$\begin{pmatrix} r \\ t \\ n \end{pmatrix} = (\boldsymbol{e}_R, \boldsymbol{e}_T, \boldsymbol{e}_N) \cdot \begin{pmatrix} x \\ y \\ z \end{pmatrix} \tag{2.6}$$

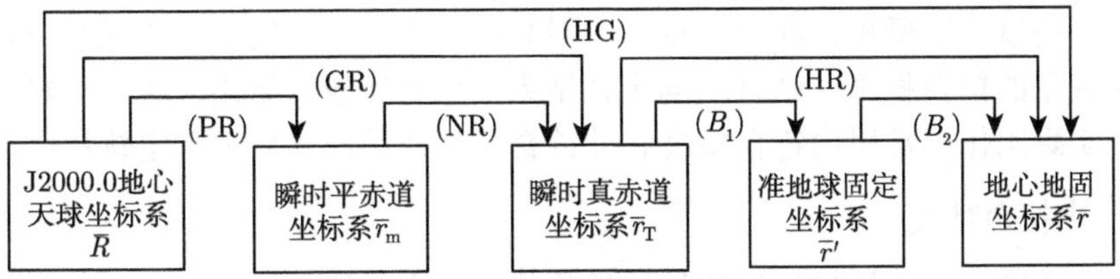

图 2.3 坐标系转换关系

2.3 卫星精密定轨理论

卫星精密定轨理论实际是一个复杂过程，主要包括动力学模型、观测模型、观测方程、定轨解算原理、方法及策略等，这里不详细介绍，可参考《导航卫星精密定轨技术》一书 (王小亚等, 2017)。但为保证完整性，这里大致介绍精密定轨的过程。

首先，要建立卫星运动学方程，卫星在没有任何摄动力下的运动方程为

$$\ddot{\boldsymbol{r}} = \frac{-\mu}{r^3}\boldsymbol{r} \tag{2.7}$$

其中，$\boldsymbol{r}$ 是卫星位置矢量；$\ddot{\boldsymbol{r}}$ 是 $\boldsymbol{r}$ 对时间的二阶导数，即 $\mathrm{d}^2\boldsymbol{r}/\mathrm{d}t^2$；$\mu$ 是地球引力常量，$\mu = GM$。这是一个二体问题，比较简单，有精确解析解。但是通常，卫星都是要受到各种摄动力的影响的，如 N 体摄动、太阳辐射压、地球辐射压等，其运动变为受摄运动，运动方程变为

$$\ddot{\boldsymbol{r}} = \frac{-\mu}{r^3}\boldsymbol{r} + \boldsymbol{a}_p \tag{2.8}$$

其中，$\boldsymbol{a}_p$ 为所有摄动力加速度之和，即 $\sum_i \boldsymbol{a}_p(i)$，如 N 体摄动、太阳辐射压、地球辐射压等产生的摄动力加速度的影响之和 (Beutler et al., 2003)。

对这样的二阶微分方程，通常利用数值积分方法进行解算，在已知卫星初始状态和有关摄动力的情况下，卫星在任何时刻的位置速度是轨道参数初始矢量的函数，则可以通过数值积分获得卫星在任何时刻的状态参数。数值积分器有多种，通常分为线性和非线性两种。线性积分器大致分为单步法积分器、多步法积分器和变步长变阶积分器等；非线性积分器包括 Chebyshev 迭代法等，可根据需要选择。这样就可以根据卫星的位置速度、测站坐标和观测模型等建立观测方程，解算卫星轨道及有关模型参数，更新轨道及有关参数，再进行迭代以达到轨道改进的目的，直到收敛，就可以输出有关轨道参数，达到精密定轨的目的。

2.4　定轨精度评定方法

2.4.1　定轨精度定义

定轨精度的准确评价非常困难，一般只能近似，在一定的假设条件下，通过与实测数据的拟合程度，结合不同定轨结果的相互比较，给出一种综合精度评定结果。实际工作中常用内符合精度和外符合精度两种形式来定义定轨精度。

2.4.2　内符合精度

内符合精度通常指将估计的最似然估值或者内部提供的参考值作为比对基准的精度评定方法。主要有测量残差的均方根 (root mean square，RMS) 误差、估计参数协方差矩阵、轨道重叠精度、轨道预报精度等。内符合精度取决于定轨方法的精密程度、测量数据的精度、各种误差模型的精度、定轨数据时间弧段的长短、定轨过程中求解未知量的数目以及定轨过程中对测量数据的使用情况等诸多因素。

1) 测量残差的均方根误差

对于观测序列，采用加权最小二乘法来估计状态量 X 时，定轨迭代收敛后，可输出单一观测元素残差的单位权均方根 (RMS) 误差：

$$\mathrm{RMS}=\sqrt{\frac{1}{n-N}\sum_{l=1}^{n}\left[Y_l-(Y_\mathrm{c})_l\right]^2} \tag{2.9}$$

其中，N 表示待估状态量的数目；n 表示参加改进 (未被剔除) 的该观测元素数据总数；Y_c 表示由定轨结果计算的观测量。RMS 反映了定轨结果的内符合程度，可作为定轨精度评定的一个依据。

2) 估计参数协方差矩阵

定轨迭代收敛后，还可输出估计协方差矩阵

$$P=E\left[\left(X-\hat{X}\right)\left(X-\hat{X}\right)^\mathrm{T}\right]=\left(H^\mathrm{T}WH\right)^{-1} \tag{2.10}$$

其中，$\hat{X}$ 表示状态量 X 的最佳估值；H 表示观测数据对状态量的偏导数矩阵；W 表示权矩阵。将估计协方差矩阵 P 的对角元素求平方根，即为估计误差或定轨结果的内符合精度。

3) 轨道预报精度

由前段观测数据定轨结果的预报轨道，与后段实测数据确定相应时段的轨道进行比较，其符合程度可用于判定定轨精度。由于预报值包含初始定轨误差以及外推误差，所以可以以后段测量数据定轨结果作为比对标准，来评估前段定轨结果的误差，其评定方法见图 2.4 (Zhao et al., 2013)。

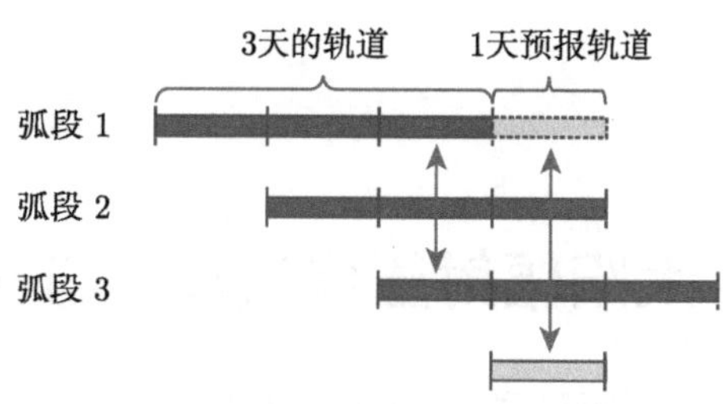

图 2.4 轨道预报精度评定方法示意图

4) 轨道重叠弧段精度

利用有重叠观测弧段的观测数据分别进行定轨，将两次定轨结果进行比对，其重叠时间段轨道位置的互差程度可以作为轨道精度的一个标志。

2.4.3 外符合精度

通过外部提供的参考值作为比对基准的精度评定方法，主要包括 SLR 轨道检核精度、其他外部定轨方法或技术检核精度。一般来说，只有当使用其他方法获得的轨道确定结果比被评估的轨道确定结果的精度高或相当时，才能得出比较符合实际情况的评定精度 (丁月蓉等, 1990)。

外符合精度 = 轨道确定结果 − (其他方法获得的轨道确定结果 $\pm\Delta$)

其中，Δ 表示其他方法获得的轨道结果的误差。

1) SLR 轨道检核精度

利用 SLR 观测的星地距离与卫星轨道定轨结果计算的星地距离残差，其残差 RMS 即 SLR 轨道检核精度，可用于评定模型精度。

2) 其他定轨方法或技术检核精度

若卫星上搭载了可进行高精度运动学定轨的设备 (如 GNSS 接收机)，可利用其运动学定轨结果与动力学轨道进行比较，其符合程度可判定轨道精度。

2.4.4 局限性

内符合精度的局限性：由于定轨过程中，均方根误差和估计协方差矩阵 P 因为受诸多因素的影响，所以以这两种形式表达的内符合精度，仅可作为定轨精度评定的参考，代表参数拟合的好坏。

轨道预报精确评定方法比内符合法的均方根误差和协方差矩阵评估客观可靠，但由于预报精度与预报时间长短等有关，所以预报比较方法给出的外符合精度并不十分严格。轨道重叠弧段精度无法考虑系统自身偏差的影响。

外符合精度的局限性：SLR 轨道检核精度可靠性强，但通常 SLR 观测较少，有些卫星甚至无 SLR 观测来进行外部精度检核。这时可以找一些其他技术或定轨方法结果进行比对评估，如星间链路数据进行轨道精度检核 (Zhang et al., 2022)。

第 3 章　太阳辐射压建模理论与在轨测试

太阳直接辐射压同太阳辐射强度、卫星的几何形状结构、卫星的受照面积、受照面与太阳光的几何关系，以及卫星表面材料的物理特性 (如照射面的反射和吸收特性等) 有关。本章从卫星结构特性出发，详细地阐述了导航卫星太阳辐射压建模方法，并使用在轨数据对建立的太阳辐射压模型进行了精度评定。

3.1　太阳辐射压建模理论

太阳辐射压加速度由两部分组成：

$$\boldsymbol{a}_{\mathrm{SRP}}=\boldsymbol{a}_{\mathrm{SRB}}+\boldsymbol{a}_{\mathrm{SRW}} \tag{3.1}$$

其中，$\boldsymbol{a}_{\mathrm{SRB}}$ 是卫星星体部分的太阳辐射压加速度；$\boldsymbol{a}_{\mathrm{SRW}}$ 是卫星太阳翼板部分的太阳辐射压加速度。太阳辐射压建模中通常会涉及卫星轨道坐标系和星固坐标系，具体见图 3.1。

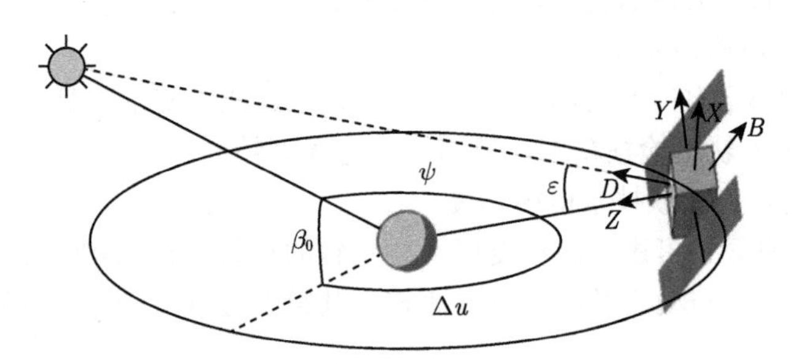

图 3.1　卫星轨道坐标系及星固坐标系示意图

3.1.1　卫星直接太阳辐射摄动加速度

1. 简单模型

先从理想条件出发，假设：

(1) 卫星受到太阳光线照射的截面积不变；

(2) 地影为圆柱体形状；

(3) 光线入射到卫星表面发生镜面反射。

由质能方程出发：

$$E=mc^2 \tag{3.2}$$

其中，E 是光子能量，单位为 J；m 是光子质量，单位为 kg；c 是光速，单位为 m/s。

令 $\Delta H = mc$，表示光子增加的动量，式 (3.2) 就可写成

$$\frac{E}{c} = \Delta H \tag{3.3}$$

若 Φ_0 表示在地球上接收到太阳光子能量的平均量，单位为 $\mathrm{W/m^2}$，那么能量 (E) 重新定义后式 (3.3) 写成

$$\frac{\Phi_0 A \Delta t}{c} = \Delta H \tag{3.4}$$

其中，A 表示卫星上接收太阳辐射的面积，单位为 $\mathrm{m^2}$；Δt 表示受照时间间隔，单位为 s。则

$$\frac{\Phi_0 A}{c} = \frac{\Delta H}{\Delta t} \tag{3.5}$$

由牛顿第二定律：

$$\boldsymbol{F} = m\boldsymbol{a} \tag{3.6}$$

其中，m 为卫星的质量，单位为 kg；$\boldsymbol{a}$ 表示卫星的加速度，单位为 $\mathrm{m/s^2}$。

在电磁辐射理论中，光子的动量 $\boldsymbol{H}$ 可以表示成 $m\boldsymbol{v}$，则

$$\boldsymbol{F} = \frac{\mathrm{d}}{\mathrm{d}t}(m\boldsymbol{v}) = \frac{\mathrm{d}\boldsymbol{H}}{\mathrm{d}t} \tag{3.7}$$

在数值计算中，引入 Δ，式 (3.7) 写成

$$F = \frac{\Delta H}{\Delta t} \tag{3.8}$$

再结合前面的式子，有

$$F = \frac{\Phi_0 A}{c} \tag{3.9}$$

左边代入有

$$ma = \frac{\Phi_0 A}{c} \tag{3.10}$$

则

$$a = \frac{\Phi_0}{m}\frac{A}{c} \tag{3.11}$$

如果太阳光垂直入射光滑表面发生镜面反射，如图 3.2 所示，则入射光线产生的力的加速度为

$$\boldsymbol{a} = -\frac{\Phi_0}{m}\frac{A}{c}\hat{n} \tag{3.12}$$

其中，$\hat{n}$ 为光线入射平面的法线方向。

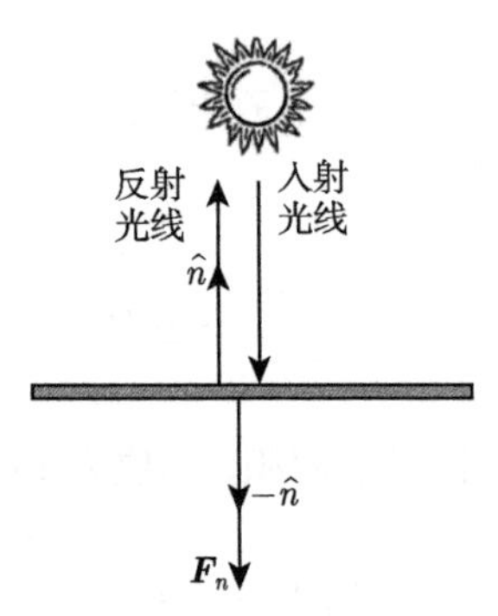

图 3.2　太阳光线垂直入射示意图

要注意的是，$\boldsymbol{a}$ 仅仅是入射光线产生的加速度，反射光线产生的加速度也要另外考虑。

在实际过程中，太阳光线并不是垂直入射卫星表面，考虑到星体的特性，在物体的表面发生的不完全是镜面反射 (图 3.3)，还有漫反射。

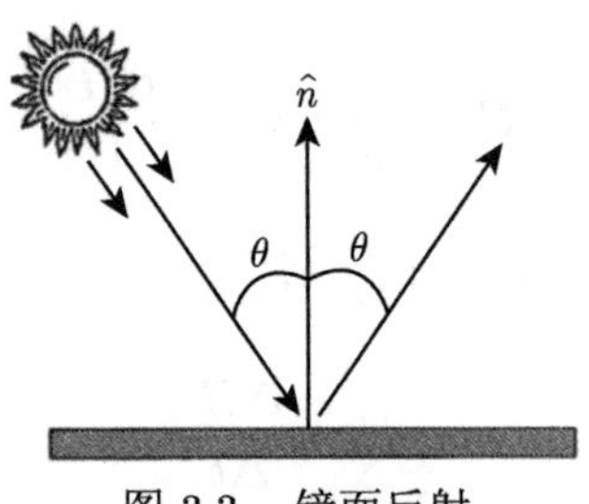

图 3.3　镜面反射

如果太阳光线的入射角 (和法线之间的夹角) 为 θ，卫星某部件表面的吸收率为 α，反射率为 β，则 $\alpha + \beta = 1$。

再考虑图 3.1 的情况，$\theta = 0$，由镜面入射光线产生的加速度为

$$\boldsymbol{a}_{\mathrm{i}} = -\frac{\Phi_0}{m}\frac{A}{c}\hat{n} \tag{3.13}$$

由镜面反射光线产生的加速度为

$$\boldsymbol{a}_{\mathrm{r}} = -\beta\frac{\Phi_0}{m}\frac{A}{c}\hat{n} \tag{3.14}$$

则总共的摄动加速度为

$$\begin{aligned}\boldsymbol{a}_{\mathrm{p}} &= \boldsymbol{a}_{\mathrm{i}} + \boldsymbol{a}_{\mathrm{r}} \\ &= -\frac{\Phi_0}{m}\frac{A}{c}\hat{n} - \beta\frac{\Phi_0}{m}\frac{A}{c}\hat{n} \\ &= -(1+\beta)\frac{\Phi_0}{c}\frac{A}{m}\hat{n}\end{aligned} \tag{3.15}$$

以上推导均基于太阳辐射为常数 Φ_0 不变的假设，实际中太阳辐射水平是变化的，并且地球公转的轨道呈椭圆形，偏心率 $e\approx 0.0167$，地球到太阳的距离在 1 AU 附近。

太阳辐射在球体空间各向同性向外发散辐射 (图 3.4)，则在距离太阳 1AU 处的单位面积接收到的辐射能量为 Φ，即

$$\Phi = \frac{P_{\odot}}{4\pi r_{\odot}^2} \tag{3.16}$$

其中，$P_{\odot}$ 为太阳的辐射功率，约为 3.805×10^{26}W。

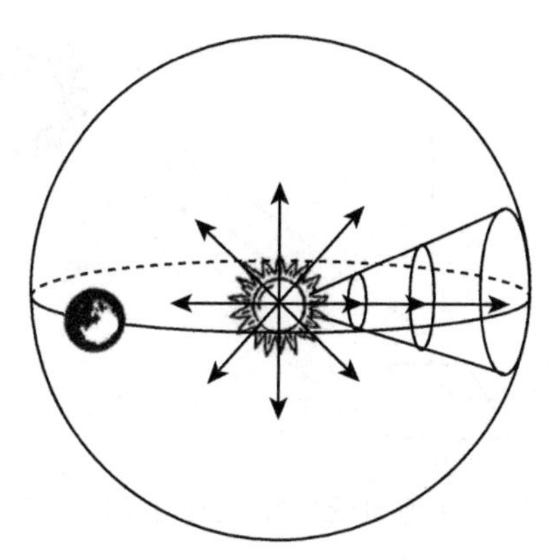

图 3.4 太阳各向同性辐射能量

由前面分析，现假设 Φ_0 为在地球轨道半长轴 $(a_{\odot})$ 距离处的平均辐射能量值，即

$$\Phi_0 = \frac{P_{\odot}}{4\pi a_{\odot}^2} \tag{3.17}$$

在以后的计算中为了方便，建立 Φ 与 Φ_0 之间的关系。

式 (3.17) 两端均乘上 $\left(\dfrac{a_{\odot}}{r_{\odot}}\right)^2$，推导如下：

$$\begin{aligned}\varPhi_0\left(\frac{a_\odot}{r_\odot}\right)^2 &= \frac{P_\odot}{4\pi a_\odot^2}\left(\frac{a_\odot}{r_\odot}\right)^2 \\ &= \frac{P_\odot}{4\pi r_\odot^2} \\ &= \varPhi\end{aligned} \tag{3.18}$$

即

$$\varPhi = \left(\frac{a_\odot}{r_\odot}\right)^2 \varPhi_0 \tag{3.19}$$

考虑 $\varPhi_0$ 随 $r_\odot$ 的变化影响后，摄动加速度公式变为

$$\boldsymbol{a}_\mathrm{p} = -(1+\beta)\frac{\varPhi_0}{c}\frac{A}{m}\left(\frac{a_\odot}{r_\odot}\right)^2 \hat{n} \tag{3.20}$$

2. 受照截面积变化

基于简单模型，假设太阳入射到卫星某部件表面时有一定角度 θ，则原部件面积 $\mathrm{d}A$ 相应的受照截面积变化为 $\mathrm{d}A\cdot\cos\theta$，如图 3.5 所示：

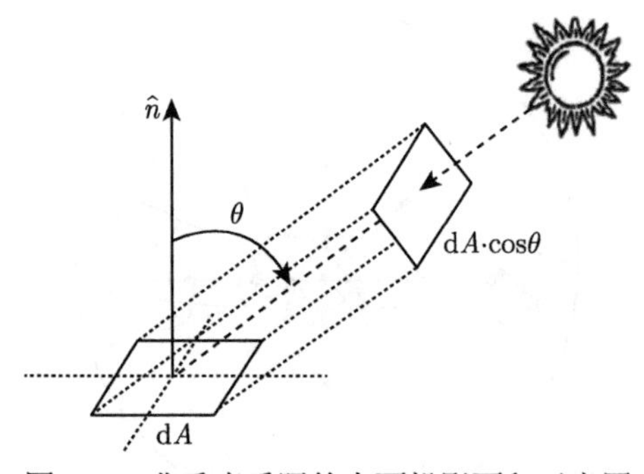

图 3.5　非垂直受照的表面投影面积示意图

相应地，受照表面的受力分析如图 3.6 所示。

入射到单位面积上的光线产生的力为 $\mathrm{d}\boldsymbol{F}_\mathrm{i}$：

$$\mathrm{d}\boldsymbol{F}_\mathrm{i} = \frac{\varPhi_0}{c}\mathrm{d}A\cdot\cos\theta\left(\frac{a_\odot}{r_\odot}\right)^2 \hat{u}_\mathrm{i} \tag{3.21}$$

其中，$\hat{u}_\mathrm{i}$ 表示光线入射方向的单位矢量，式 (3.21) 还可写成

$$\mathrm{d}\boldsymbol{F}_\mathrm{i} = \beta\frac{\varPhi_0}{c}\mathrm{d}A\cdot\cos\theta\left(\frac{a_\odot}{r_\odot}\right)^2 \hat{u}_\mathrm{i} + (1-\beta)\frac{\varPhi_0}{c}\mathrm{d}A\cdot\cos\theta\left(\frac{a_\odot}{r_\odot}\right)^2 \hat{u}_\mathrm{i} \tag{3.22}$$

该式右端两项分别表示反射部分和吸收部分。

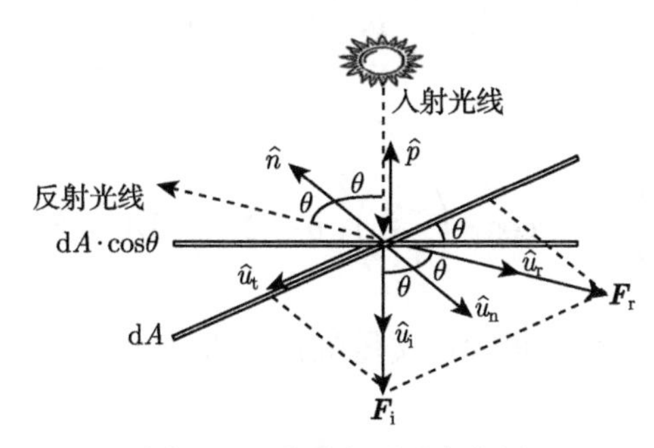

图 3.6　受照表面受力分析

由镜面反射光线产生的力 $\mathrm{d}\boldsymbol{F}_\mathrm{r}$ 为

$$\mathrm{d}\boldsymbol{F}_\mathrm{r} = \beta\frac{\Phi_0}{c}\mathrm{d}A\cdot\cos\theta\left(\frac{a_\odot}{r_\odot}\right)^2\hat{u}_\mathrm{r} \tag{3.23}$$

由图 3.6 中几何关系得知:

$$\hat{u}_\mathrm{i} = \cos\theta\hat{u}_\mathrm{n} + \sin\theta\hat{u}_\mathrm{t} \tag{3.24}$$

$$\hat{u}_\mathrm{r} = \cos\theta\hat{u}_\mathrm{n} - \sin\theta\hat{u}_\mathrm{t} \tag{3.25}$$

代入 $\hat{u}_\mathrm{i}$ 有

$$\begin{aligned}\mathrm{d}\boldsymbol{F}_\mathrm{i} = {} & \beta\frac{\Phi_0}{c}\mathrm{d}A\cdot\cos^2\theta\left(\frac{a_\odot}{r_\odot}\right)^2\hat{u}_\mathrm{n} + \beta\frac{\Phi_0}{c}\mathrm{d}A\cdot\cos\theta\sin\theta\left(\frac{a_\odot}{r_\odot}\right)^2\hat{u}_\mathrm{t} \\ & + (1-\beta)\frac{\Phi_0}{c}\mathrm{d}A\cdot\cos\theta\left(\frac{a_\odot}{r_\odot}\right)^2\hat{u}_\mathrm{i}\end{aligned} \tag{3.26}$$

代入 $\hat{u}_\mathrm{r}$ 有

$$\mathrm{d}\boldsymbol{F}_\mathrm{r} = \beta\frac{\Phi_0}{c}\mathrm{d}A\cdot\cos^2\theta\left(\frac{a_\odot}{r_\odot}\right)^2\hat{u}_\mathrm{n} - \beta\frac{\Phi_0}{c}\mathrm{d}A\cdot\cos\theta\sin\theta\left(\frac{a_\odot}{r_\odot}\right)^2\hat{u}_\mathrm{t} \tag{3.27}$$

该光线产生的合力为

$$\begin{aligned}\mathrm{d}\boldsymbol{F}_\mathrm{p} &= \mathrm{d}\boldsymbol{F}_\mathrm{i} + \mathrm{d}\boldsymbol{F}_\mathrm{r} \\ &= (1-\beta)\frac{\Phi_0}{c}\mathrm{d}A\cdot\cos\theta\left(\frac{a_\odot}{r_\odot}\right)^2\hat{u}_\mathrm{i} + 2\beta\frac{\Phi_0}{c}\mathrm{d}A\cdot\cos^2\theta\left(\frac{a_\odot}{r_\odot}\right)^2\hat{u}_\mathrm{n}\end{aligned} \tag{3.28}$$

根据几何关系有

$$\hat{u}_{\mathrm{i}} = -\hat{p}, \quad \hat{u}_{\mathrm{n}} = -\hat{n} \tag{3.29}$$

代入式 (3.29) 有

$$\mathrm{d}\boldsymbol{F}_{\mathrm{p}} = -(1-\beta)\frac{\Phi_0}{c}\mathrm{d}A\cdot\cos\theta\left(\frac{a_\odot}{r_\odot}\right)^2\hat{p} - 2\beta\frac{\Phi_0}{c}\mathrm{d}A\cdot\cos^2\theta\left(\frac{a_\odot}{r_\odot}\right)^2\hat{n} \tag{3.30}$$

对式 (3.30) 两边积分，再除以质量就得到摄动加速度：

$$\boldsymbol{a}_{\mathrm{p}} = \frac{\displaystyle\int \mathrm{d}\boldsymbol{F}_{\mathrm{p}}}{m} \tag{3.31}$$

3. 漫反射

前面推导过程均基于光线入射到卫星表面只发生镜面反射，实际情况却不是如此，反射中会有漫反射，见图 3.7。

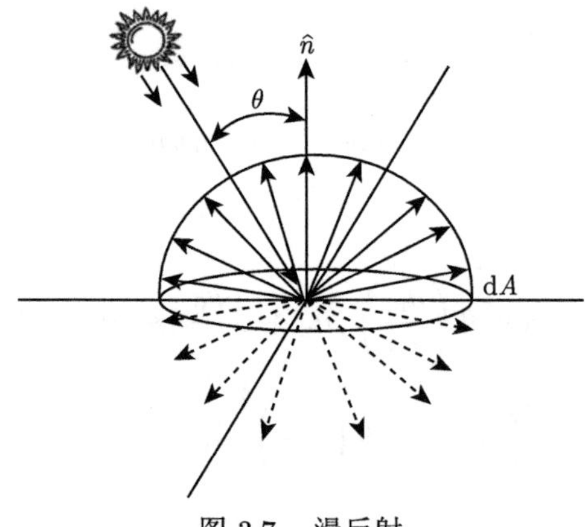

图 3.7　漫反射

如前面所定义：β 为反射率；$\alpha = 1-\beta$ 为吸收率；δ 为镜面反射系数；$\delta\beta$ 为镜面反射率；$(1-\delta)\beta$ 为漫反射率。则有关系式：

$$\delta\beta + (1-\delta)\beta + (1-\beta) = 1 \tag{3.32}$$

根据式 (3.32) 可以重新计算镜面反射产生的摄动力为

$$\mathrm{d}\boldsymbol{F}_{\mathrm{sr}} = \delta\beta\frac{\Phi_0}{c}\mathrm{d}A\cdot\cos\theta\left(\frac{a_\odot}{r_\odot}\right)^2\hat{u}_{\mathrm{r}} \tag{3.33}$$

根据朗伯 (Lambert) 定律，漫反射光线的能量密度与 $\cos\gamma$ 成比例，漫反射光线产生的力为

$$\mathrm{d}\boldsymbol{F}_{\mathrm{dr}}=(1-\delta)\beta\frac{\Phi_0}{c}\cos\gamma\mathrm{d}A\cdot\cos\theta\left(\frac{a_\odot}{r_\odot}\right)^2 \tag{3.34}$$

如图 3.8 所示，力的方向为

$$\begin{bmatrix}\sin\gamma\cos\phi\hat{u}_0\\ \sin\gamma\sin\phi\hat{u}_{\mathrm{t}}\\ \cos\gamma\hat{u}_{\mathrm{n}}\end{bmatrix} \tag{3.35}$$

则式 (3.34) 变为

$$\mathrm{d}\boldsymbol{F}_{\mathrm{dr}}=(1-\delta)\beta\frac{\Phi_0}{c}\cos\gamma\mathrm{d}A\cdot\cos\theta\left(\frac{a_\odot}{r_\odot}\right)^2\begin{bmatrix}\sin\gamma\cos\phi\hat{u}_0\\ \sin\gamma\sin\phi\hat{u}_{\mathrm{t}}\\ \cos\gamma\hat{u}_{\mathrm{n}}\end{bmatrix} \tag{3.36}$$

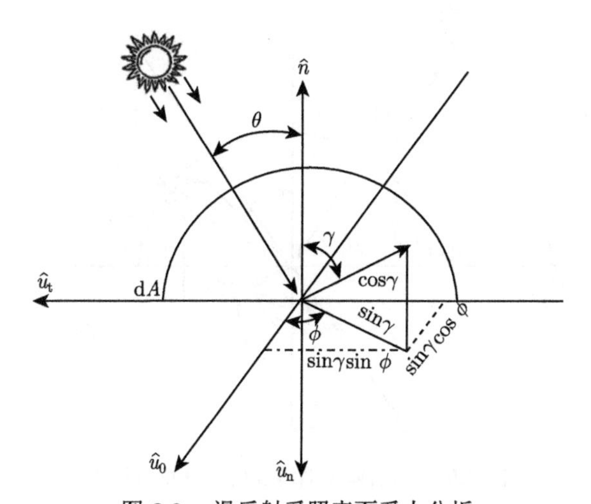

图 3.8 漫反射受照表面受力分析

上面的 $\mathrm{d}\boldsymbol{F}_{\mathrm{dr}}$ 只是单束漫反射光线产生的摄动力，则对于单束入射光线发生漫反射产生的摄动力为式 (3.37)，在 $\phi\in[0,2\pi]$，$\gamma\in[0,\pi/2]$ 上，积分因子为 $(\sin\gamma)\mathrm{d}\phi\mathrm{d}\gamma$。

$$\mathrm{d}\boldsymbol{F}_{\mathrm{dr}}=\int_0^{\frac{\pi}{2}}\int_0^{2\pi}(1-\delta)\beta\frac{\Phi_0}{c}\cos\gamma\mathrm{d}A\cdot\cos\theta\left(\frac{a_\odot}{r_\odot}\right)^2\begin{bmatrix}\sin\gamma\cos\phi\hat{u}_0\\ \sin\gamma\sin\phi\hat{u}_{\mathrm{t}}\\ \cos\gamma\hat{u}_{\mathrm{n}}\end{bmatrix}\sin\gamma\mathrm{d}\phi\mathrm{d}\gamma \tag{3.37}$$

因为积分是求和 (图 3.9)，类似于温度，强度是一个平均值，所以式 (3.37) 需要除以总和，有

$$\mathrm{d}\boldsymbol{F}_{\mathrm{dr}}=\frac{\displaystyle\int_0^{\frac{\pi}{2}}\int_0^{2\pi}(1-\delta)\beta\frac{\varPhi_0}{c}\cos\gamma\mathrm{d}A\cdot\cos\theta\left(\frac{a_\odot}{r_\odot}\right)^2\begin{bmatrix}\sin\gamma\cos\phi\hat{u}_0\\\sin\gamma\sin\phi\hat{u}_\mathrm{t}\\\cos\gamma\hat{u}_\mathrm{n}\end{bmatrix}\sin\gamma\mathrm{d}\phi\mathrm{d}\gamma}{\displaystyle\int_0^{\frac{\pi}{2}}\int_0^{2\pi}\cos\gamma\sin\gamma\mathrm{d}\phi\mathrm{d}\gamma}$$

$$=\frac{\displaystyle(1-\delta)\beta\frac{\varPhi_0}{c}\mathrm{d}A\cdot\cos\theta\left(\frac{a_\odot}{r_\odot}\right)^2\int_0^{\frac{\pi}{2}}\int_0^{2\pi}\cos\gamma\begin{bmatrix}\sin\gamma\cos\phi\hat{u}_0\\\sin\gamma\sin\phi\hat{u}_\mathrm{t}\\\cos\gamma\hat{u}_\mathrm{n}\end{bmatrix}\sin\gamma\mathrm{d}\phi\mathrm{d}\gamma}{\displaystyle\int_0^{\frac{\pi}{2}}\int_0^{2\pi}\cos\gamma\sin\gamma\mathrm{d}\phi\mathrm{d}\gamma} \tag{3.38}$$

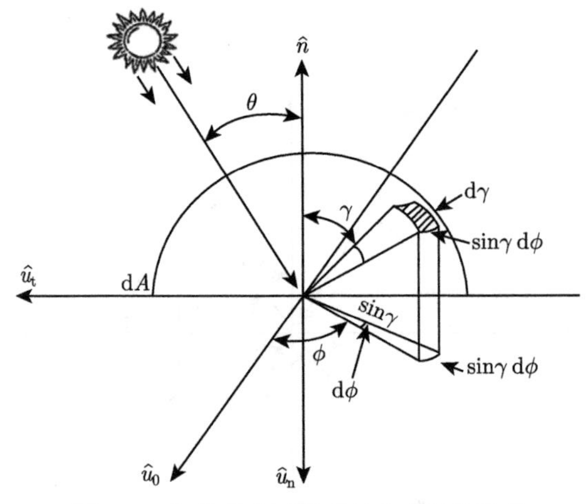

图 3.9　朗伯体表面漫反射半球积分模型

由于 $\hat{u}_0$、$\hat{u}_\mathrm{t}$ 方向积分为 0，即

$$\int_0^{\frac{\pi}{2}}\int_0^{2\pi}\cos\gamma(\sin\gamma\cos\phi\hat{u}_0)\sin\gamma\mathrm{d}\phi\mathrm{d}\gamma=0 \tag{3.39}$$

$$\int_0^{\frac{\pi}{2}}\int_0^{2\pi}\cos\gamma(\sin\gamma\sin\phi\hat{u}_\mathrm{t})\sin\gamma\mathrm{d}\phi\mathrm{d}\gamma=0 \tag{3.40}$$

且

$$\int_0^{\frac{\pi}{2}}\int_0^{2\pi}\cos\gamma(\cos\gamma\hat{u}_\mathrm{n})\sin\gamma\mathrm{d}\phi\mathrm{d}\gamma=\frac{2\pi}{3}\hat{u}_\mathrm{n} \tag{3.41}$$

$$\int_0^{\frac{\pi}{2}}\int_0^{2\pi}\cos\gamma\sin\gamma\mathrm{d}\phi\mathrm{d}\gamma=\pi \tag{3.42}$$

则剩下 $\hat{u}_\mathrm{n}$ 方向的合力为

$$\begin{aligned}\mathrm{d}\boldsymbol{F}_\mathrm{dr}&=\frac{(1-\delta)\beta\dfrac{\varPhi_0}{c}\mathrm{d}A\cdot\cos\theta\left(\dfrac{a_\odot}{r_\odot}\right)^2\dfrac{2\pi}{3}\hat{u}_\mathrm{n}}{\pi}\\&=(1-\delta)\beta\frac{2}{3}\frac{\varPhi_0}{c}\mathrm{d}A\cdot\cos\theta\left(\frac{a_\odot}{r_\odot}\right)^2\hat{u}_\mathrm{n}\end{aligned} \tag{3.43}$$

至此，入射光线产生的合力为

$$\begin{aligned}\mathrm{d}\boldsymbol{F}&=\mathrm{d}\boldsymbol{F}_\mathrm{i}+\mathrm{d}\boldsymbol{F}_\mathrm{sr}+\mathrm{d}\boldsymbol{F}_\mathrm{dr}\\&=\delta\beta\frac{\varPhi_0}{c}\mathrm{d}A\cdot\cos\theta\left(\frac{a_\odot}{r_\odot}\right)^2\hat{u}_\mathrm{i}+(1-\delta)\beta\frac{\varPhi_0}{c}\mathrm{d}A\cdot\cos\theta\left(\frac{a_\odot}{r_\odot}\right)^2\hat{u}_\mathrm{i}\\&\quad+(1-\beta)\frac{\varPhi_0}{c}\mathrm{d}A\cdot\cos\theta\left(\frac{a_\odot}{r_\odot}\right)^2\hat{u}_\mathrm{i}+\delta\beta\frac{\varPhi_0}{c}\mathrm{d}A\cdot\cos\theta\left(\frac{a_\odot}{r_\odot}\right)^2\hat{u}_\mathrm{r}\\&\quad+(1-\delta)\beta\frac{2}{3}\frac{\varPhi_0}{c}\mathrm{d}A\cdot\cos\theta\left(\frac{a_\odot}{r_\odot}\right)^2\hat{u}_\mathrm{n}\end{aligned} \tag{3.44}$$

根据关系式：$\hat{u}_\mathrm{i}=\cos\theta\hat{u}_\mathrm{n}+\sin\theta\hat{u}_\mathrm{t}$，$\hat{u}_\mathrm{r}=\cos\theta\hat{u}_\mathrm{n}-\sin\theta\hat{u}_\mathrm{t}$，$\hat{u}_\mathrm{i}=-\hat{p}$，$\hat{u}_\mathrm{n}=-\hat{n}$，有

$$\begin{aligned}\mathrm{d}\boldsymbol{F}=&-\left[2\delta\beta\frac{\varPhi_0}{c}\mathrm{d}A\cdot\cos^2\theta+(1-\delta)\beta\frac{2}{3}\frac{\varPhi_0}{c}\mathrm{d}A\cdot\cos\theta\right]\left(\frac{a_\odot}{r_\odot}\right)^2\hat{n}\\&-(1-\delta\beta)\frac{\varPhi_0}{c}\mathrm{d}A\cdot\cos\theta\left(\frac{a_\odot}{r_\odot}\right)^2\hat{p}\end{aligned} \tag{3.45}$$

对式 (3.45) 两边积分，再除以质量就得到摄动加速度：

$$\boldsymbol{a}_\mathrm{p}=\frac{\displaystyle\int\mathrm{d}\boldsymbol{F}}{m} \tag{3.46}$$

根据以上推导，对卫星各部件进行微分，计算每个小部件受到的太阳辐射压的力，然后再积分求矢量和，从而计算该卫星的太阳辐射压的摄动加速度 $\boldsymbol{a}_\mathrm{sat}$。

3.1.2 星体自身遮挡和阴影对有效面积的影响

根据光线入射角的范围判断，在卫星在轨运行过程中，一般不会发生太阳翼板与本体之间有互相遮挡的情况，其微小遮挡面积为小量，可以采用 Ray-Tracing 方法模拟，如图 3.10 所示 (Feng et al., 2014)。

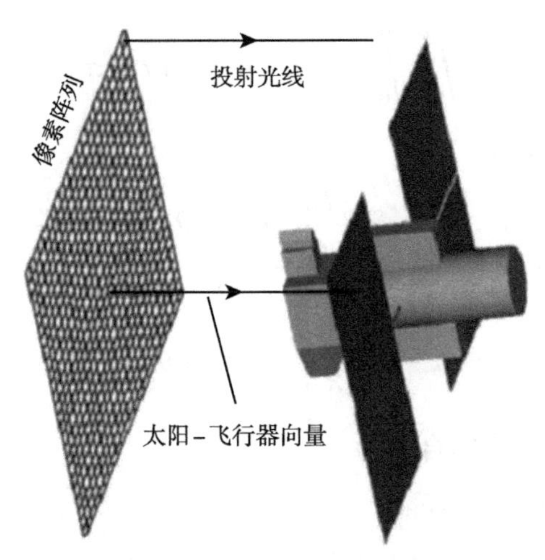

图 3.10　模拟光线跟踪模型

北斗二号卫星采用连续偏航姿态，太阳在卫星的 $+X$ 方向上，卫星本体与太阳帆板之间不会产生遮挡。卫星在轨运行中，星体上的翼板展开天线会对星体产生遮挡。为了考虑类似遮挡的影响，需要将卫星各部分的几何形转投影到太阳方向上，并计算投影后的各个面的相交情况。这需要根据卫星实际情况计算。面积过小的部件产生的遮挡对目前的定轨精度没有明显提高，反而会增加计算复杂度。

对于地影，一般有线性和标准两种建立锥形地影模型的方法。线性锥形地影模型的地影因子在半影区内线性变化，而标准锥形地影考虑了半影时可视日盘面积的变化。线性锥形地影算法简单，而标准锥形地影更接近光照的真实变化，因此，本书采用标准锥形地影模型。根据可视日盘面积变化的规律，推导了一组简单的标准锥形地影模型的公式，这组公式也可以用来计算月影。

3.1.3　对轨道根数长半轴、偏心率的影响

数值模拟表明，光压对 GPS 卫星轨道的半长轴有周期为半日的扰动，全振幅达 16m，造成轨道偏心率持续增加，量级为 1.5×10^{-6} 天 $^{-1}$，由此造成卫星轨道近日点和远日点之间距离的变动约为 40 km。

轨道近地点的漂移量为 0.02(°)/天，轨道倾角呈现周期为半个恒星日、全振幅为 1.2×10^{-5}(°) 的变化，升交点的变化也是周期为半日、全振幅为 1.6×10^{-5}(°)，如图 3.11 所示。

3.1.4　截面积变化对精密定轨的影响分析

在轨卫星受照时有效截面积不断变化，受照面积是影响太阳光压摄动的直接因素。在试验中，在太阳翼板加上测量误差，分别为 0.02m^2、0.1m^2、0.5m^2，即相当于有效截面积的测量误差，采用带一个吸收系数的物理模型 (IIF model) 进

行轨道确定，计算时间为 2013 年 253 天，弧段为 1 天，其他摄动模型及解算参数同 3.5 节中的 GPS 卫星光压摄动分析。

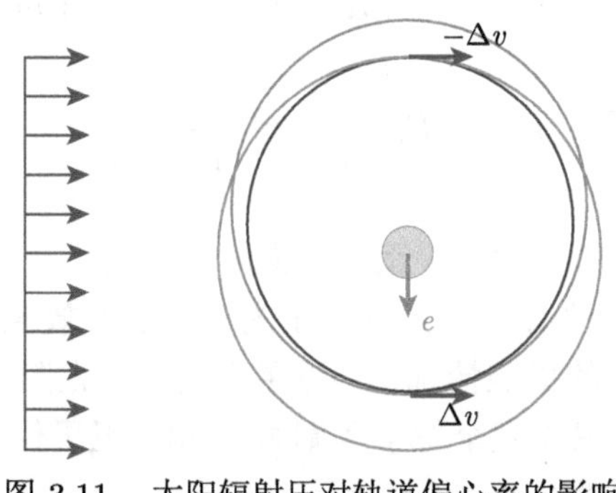

图 3.11 太阳辐射压对轨道偏心率的影响

利用 253 天的 4 颗 Block ⅡF 卫星和 8 颗 Block ⅡA 卫星的数据进行试验，结果如表 3.1 所示。从表中看出，由于模型中估计了 1 个光压系数，对于定轨的结果影响不大，对轨道 1D 残差 RMS 影响在毫米量级。

表 3.1 GPS 卫星受照面积测量误差对精密定轨的影响 (RMS：mm)

面积/m^2	G01	G03	G04	G06	G08	G09	G10	G24	G25	G26	G27	G32	平均值
初始值	125	148	276	130	173	141	216	227	223	357	130	368	209
+0.02	126	150	263	129	172	138	216	225	195	350	129	369	205
+0.1	125	150	262	129	172	139	217	227	195	350	128	369	205
+0.5	122	150	263	129	173	140	216	223	187	350	126	367	204

3.2 导航卫星光压模型

目前导航卫星光压模型研究较多的是 GPS 卫星的光压模型，其包括对 Block I 卫星采用的 ROCK4 模型、对 Block Ⅱ 卫星采用的 ROCK42 模型，这是基本的太阳光压模型，其精度大概在 $3\times10^{-9}\mathrm{m/s^2}$，相当于 24 小时卫星轨道的中误差将达到 3 m，一般处理时将其作为初始的先验值。目前精密定轨中常用的太阳辐射压模型有 SPHRC、SRDYZ、SRDYB、BERNE、BERN1 和 BERN2 模型，其对不同的 Block 卫星的模型参数不同，其中 BERNE、BERN1 和 BERN2(ECOM) 模型精度比其他四种精度高一个量级，主要原因是这三种模型引入了周期项参数估计，因此，本书采用这三种模型针对北斗卫星的结构和形状，利用北斗卫星的在轨数据建立自己的导航卫星系统光压模型 (Wang et al., 2016; 赵群河, 2017)。

3.2.1 经典理论光压模型

太阳光压与太阳辐照强度和受照面积成正比，也与卫星表面的反射特性有关。低精度应用中可以采用经典的理论光压模型 (Seeber，1993)：

$$\ddot{\boldsymbol{r}}_{\rm s} = \nu P_{\rm s} C_{\rm r} \frac{A}{m} \cdot r_{\rm s}^2 \frac{\boldsymbol{r} - \boldsymbol{r}_{\rm s}}{\|\boldsymbol{r} - \boldsymbol{r}_{\rm s}\|^3} \tag{3.47}$$

其中，ν 为地影因子；$P_{\rm s}$ 为 1AU 距离的太阳光压力；$r_{\rm s}$ 为太阳的地心距；$\boldsymbol{r}$ 和 $\boldsymbol{r}_{\rm s}$ 分别为卫星和太阳的地心位置矢量；A 为卫星的有效截面积；m 为卫星质量。地影因子 ν 体现了卫星的受照情况，当卫星完全位于太阳光中时 ν=1；当阳光完全被地球或月球遮挡，卫星完全位于阴影时 ν=0；卫星位于半阴影区时 $0<\nu<1$。地影因子 ν 的计算公式为

$$\nu = 1 - \frac{A_{\rm SS}}{A_{\rm S}} \tag{3.48}$$

其中，$A_{\rm S}$ 是在 GPS 卫星上能看到的太阳视面积；$A_{\rm SS}$ 是在 GPS 卫星上能看到的太阳蚀面积 (即地影或月影蚀面积)。

设 $\boldsymbol{r}$ 为卫星的地心位置矢量，太阳、地球、月球的地心位置矢量分别为 $\boldsymbol{r}_{\rm s}$、$\boldsymbol{r}_{\rm e}$ 和 $\boldsymbol{r}_{\rm m}$，其在卫星上的视半径分别为 $\boldsymbol{a}_{\rm s}$、$\boldsymbol{a}_{\rm e}$ 和 $\boldsymbol{a}_{\rm m}$，则太阳、地球、月球在卫星上的可见视角可按下式计算 (Xu，2004)：

$$\alpha_{\rm s} = \arcsin \frac{a_{\rm s}}{\|\boldsymbol{r}_{\rm s} - \boldsymbol{r}\|} \tag{3.49}$$

$$\alpha_{\rm e} = \arcsin \frac{a_{\rm e}}{\|\boldsymbol{r}_{\rm e} - \boldsymbol{r}\|} \tag{3.50}$$

$$\alpha_{\rm m} = \arcsin \frac{a_{\rm m}}{\|\boldsymbol{r}_{\rm m} - \boldsymbol{r}\|} \tag{3.51}$$

又设地心与日心的角距为 $\theta_{\rm es}$，月心与日心间的角距为 $\theta_{\rm ms}$，则：

当 $\theta_{\rm es} \geqslant \alpha_{\rm e} + \alpha_{\rm s}$ 时，地球未对卫星造成遮挡；

当 $\theta_{\rm es} \leqslant |\alpha_{\rm e} - \alpha_{\rm s}|$ 时，地球处于卫星和太阳之间，如果地球视面积大于太阳视面积，则卫星完全位于地球阴影区内；若地球视面积小于太阳的视面积，则太阳对地球的蚀面积就是地球的视面积；

当 $|\alpha_{\rm e} - \alpha_{\rm s}| \leqslant \theta_{\rm es} \leqslant |\alpha_{\rm e} + \alpha_{\rm s}|$ 时，太阳被地球部分遮挡，卫星处于地球的半影区，地影因子 ν 为

$$\nu = 1 - \frac{A_1 + A_2}{\pi \alpha_{\rm s}^2} \tag{3.52}$$

其中，

$$
\begin{cases}
A_1 = \dfrac{1}{2}\phi_1\alpha_{\mathrm{s}}^2 \pm ab, & \begin{cases} \text{当}b_1 \leqslant \alpha_{\mathrm{e}}\text{时取} - \text{号} \\ \text{当}b_1 > \alpha_{\mathrm{e}}\text{时取} + \text{号} \end{cases} \\
A_2 = \dfrac{1}{2}\phi_2\alpha_{\mathrm{e}}^2 - ab_1
\end{cases}
$$

类似地可以求出月影因子。

3.2.2 ROCK4/42 理论光压模型

ROCK4/42 模型是 Rockwell 公司专门为 Block I/Block Ⅱ 卫星研制的理论光压模型。其研制思路是，根据卫星的具体形状结构及卫星表面材料的反射和吸收特性将卫星分成若干部分，在考虑各部分之间的遮挡关系的情况下，分别计算各部分在星固坐标系 X 轴和 Z 轴方向的光压摄动力分量，然后对其求和，模型公式为 (Fliegel et al., 1992)

$$
\begin{aligned}
\ddot{\boldsymbol{r}} = & G_D \nu P_{\mathrm{s}} r_{\mathrm{s}}^2 \frac{A}{m} \frac{\boldsymbol{r} - \boldsymbol{r}_{\mathrm{s}}}{\|\boldsymbol{r} - \boldsymbol{r}_{\mathrm{s}}\|^3} + G_Y \nu P_{\mathrm{s}} r_{\mathrm{s}}^2 \frac{A}{m} \frac{\boldsymbol{Y}}{\|\boldsymbol{r} - \boldsymbol{r}_{\mathrm{s}}\|^2 \boldsymbol{Y}} \\
& + G_Z \nu P_{\mathrm{s}} r_{\mathrm{s}}^2 \frac{A}{m} \frac{-\boldsymbol{r}}{\|\boldsymbol{r} - \boldsymbol{r}_{\mathrm{s}}\|^2 \|\boldsymbol{r}\|}
\end{aligned} \tag{3.53}
$$

其中，ν 为地影因子；P_{s} 为 1AU 距离的太阳光压力；r_{s} 为太阳的地心距；$\boldsymbol{r}$ 和 $\boldsymbol{r}_{\mathrm{s}}$ 分别为卫星和太阳的地心位置矢量；A 为卫星的有效截面积；m 为卫星质量；$\boldsymbol{Y}$ 代表星固坐标系中的 Y 轴的方向；G_D、G_Y、G_Z 为待估的光压系数的比例因子。式中第一项为太阳直接光压摄动，力的方向由太阳指向卫星；第二项称为 Y 轴偏差，由卫星的机械安装误差引起，力的方向是卫星位置矢量与卫星到太阳的矢量的叉乘方向；第三项为 Z 轴偏差，由卫星上的未知残余力构成，力的方向是由卫星指向地球。ROCK4/42 模型所用的星固坐标系如图 3.12 所示。

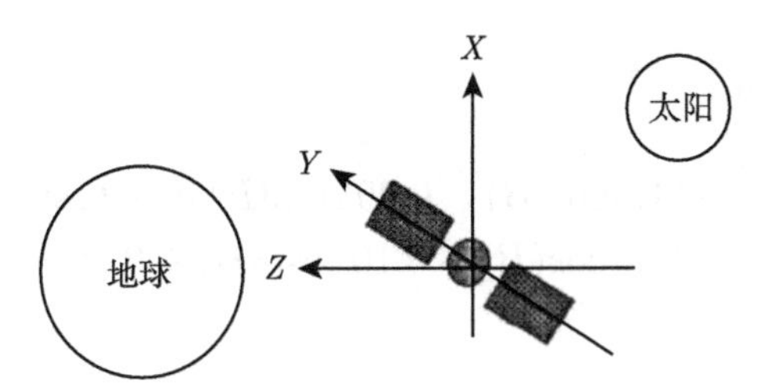

图 3.12 ROCK4/42 模型所用的星固坐标系

其坐标原点位于卫星质心，Z 轴指向地心，X 轴位于太阳–卫星–地球构成的平面内，正向指向太阳的一侧；Y 轴与 X 轴和 Z 轴构成右手直角坐标系，且与太阳翼板主轴平行。

ROCK4/42 模型是为早期的 Block I/Block Ⅱ 卫星研制的，后来又陆续推出了 ROCK S 模型 (Block I 是 S10，Block Ⅱ/Block ⅡA 是 S20，Block ⅡR 是 S30) 和 ROCK T 模型 (Block I 是 T10，Block Ⅱ/Block ⅡA 是 T20，Block ⅡR 是 T30)，模型公式为 (Fliegel et al., 1996)

$$\begin{aligned}\ddot{\boldsymbol{r}} &= (f_1 \cdot E_1 + f_{\text{sun}} \cdot E_{\text{sun}} + f_3 \cdot E_3) \cdot M_{\text{s}} \cdot 10^{-5} \\ &\quad + [P_{\text{rad}}(1) \cdot E_{\text{sun}} + P_{\text{rad}}(2) \cdot E_2 + P_{\text{rad}}(3) \cdot E_X] \cdot S_f\end{aligned} \tag{3.54}$$

其中，E_1、E_2、E_3、E_{sun}、E_X 为五个方向上的单位矢量，具体地，E_2 表示卫星的太阳翼板对称轴方向，E_3 表示卫星–地球方向，E_{sun} 表示卫星–太阳方向，E_1 为 E_2 和 E_3 的向量积，E_X 为 E_{sun} 和 E_2 的向量积；f_1、f_{sun}、f_3 分别为 E_1、E_{sun}、E_3 方向上的光压力；M_{s} 和 P_{rad} 为卫星质量和太阳光压系数，可由卫星定轨组织 (如 JPL、CODE 等) 提供的卫星状态参数文件中读取；S_f 是光压模型的尺度因子，$S_f = (1.49597870 \times 10^{11}/d)^2$，这里 d 为卫星与太阳之间的距离。ROCK T 模型与 ROCK S 模型之间除了太阳光压系数不同之外，还体现在 f_1、f_{sun} 以及 f_3 的计算公式不同，具体如下。

在 S10 模型中

$$\begin{cases} f_1 = 0.10\sin(2B + 1.1) - 0.05\cos(4B) + 0.06 \\ f_3 = 0.17\sin(2B - 0.4) - 0.05\sin(4B) - 0.06 \\ f_{\text{sun}} = -4.34 \end{cases} \tag{3.55}$$

在 S20 模型中

$$\begin{cases} f_1 = -0.15\sin(B) + 0.05\cos(2B) - 0.056\sin(4B + 1.4) + 0.07 \\ f_3 = 0.150\cos(B) + 0.024\sin(2B - 0.8) - 0.047\sin(4B + 0.9) + 0.02 \\ f_{\text{sun}} = -7.95 \end{cases} \tag{3.56}$$

在 S30 模型中

$$\begin{cases} f_1 = -11.0\sin(B) - 0.20\sin(3B) + 0.20\sin(5B) \\ f_3 = -11.3\cos(B) + 0.10\cos(3B) + 0.20\cos(5B) \\ f_{\text{sun}} = 0.0 \end{cases} \tag{3.57}$$

在 T10 模型中

$$\begin{cases} f_1 = -0.01\sin(B) + 0.08\sin(2B + 0.9) - 0.06\cos(4B + 0.08) + 0.08 \\ f_3 = 0.20\sin(2B - 0.3) - 0.03\sin(4B) \\ f_{\text{sun}} = -4.54 \end{cases} \tag{3.58}$$

在 T20 模型中

$$\begin{cases} f_1 = -2.65\sin(B) + 0.16\sin(3B) + 0.10\sin(5B) - 0.07\sin(7B) \\ f_3 = 2.65\cos(B) \\ f_{\text{sun}} = -8.695 \end{cases} \tag{3.59}$$

在 T30 模型中

$$\begin{cases} f_1 = -11.0\sin(B) - 0.20\sin(3B) + 0.20\sin(5B) \\ f_3 = -11.3\cos(B) + 0.10\cos(3B) + 0.20\cos(5B) \\ f_{\text{sun}} = 0.0 \end{cases} \tag{3.60}$$

以上各式中，角度 B 的计算公式均为

$$B = \arccos\left(\frac{-x_{\text{sat}}x_{\text{sun}} - y_{\text{sat}}y_{\text{sun}} - z_{\text{sat}}z_{\text{sun}}}{d \cdot r}\right) \tag{3.61}$$

其中，r 为卫星的地心距；d 为卫星与太阳之间的距离。

3.2.3 ECOM 九参数光压模型

ROCK4/42、ROCK S 以及 ROCK T 模型均是为广播星历而研制的，难以满足高精度 GPS 应用的需要。1994 年，伯尔尼大学天文研究所（Astronomical Institute of the University of Bern，AIUB)Beutler 等 (1994) 利用 IGS 精密星历在 ROCK 模型的基础上，研制出 ECOM 九参数光压模型：

$$\boldsymbol{a}_{\text{SRP}} = \boldsymbol{a}_{\text{ROCK}} + D(u) \cdot \boldsymbol{e}_D + Y(u) \cdot \boldsymbol{e}_Y + B(u) \cdot \boldsymbol{e}_B \tag{3.62}$$

其中，$\boldsymbol{a}_{\text{ROCK}}$ 是利用上述 ROCK 模型计算的太阳光压力；u 是卫星的升交点角距，$D(u)$、$Y(u)$、$B(u)$ 分别是 $\boldsymbol{e}_D$、$\boldsymbol{e}_Y$、$\boldsymbol{e}_B$ 方向上的加速度；$\boldsymbol{e}_D$ 是直接光压的方向，由太阳指向卫星；$\boldsymbol{e}_Y$ 是太阳翼板主轴方向，与 ROCK 模型的轴方向相反；$\boldsymbol{e}_B = \boldsymbol{e}_Y \times \boldsymbol{e}_D$。具体地 (Beutler et al., 1994)：

$$\begin{cases} D(u) = D + D_{Cu} \cdot \cos(u) + D_{Su} \cdot \sin(u) \\ Y(u) = Y + Y_{Cu} \cdot \cos(u) + Y_{Su} \cdot \sin(u) \\ B(u) = B + B_{Cu} \cdot \cos(u) + B_{Su} \cdot \sin(u) \end{cases} \tag{3.63}$$

式 (3.63) 右端的 D、D_{Cu}、D_{Su}、Y、Y_{Cu}、Y_{Su}、B、B_{Cu}、B_{Su} 是 ECOM 模型的 9 个光压参数。

尽管九参数 ECOM 模型在研制之时尚未发射 Block ⅡR 卫星，但随后的应用中发现该模型同样适用于 Block ⅡR 卫星。1996 年，AIUB 在 Bernese 软件中实现了九参数 ECOM 模型，CODE 用其明显提高了日常定位定轨结果的精度。尽

管 ECOM 模型有 9 个参数，但 AIUB 在长弧定轨应用中发现仅解算其中一部分参数也能获得较好的定轨结果，因而 AIUB 于 1997 年又研制了六参数光压模型，模型公式为式 (3.64)(Springer et al., 1999a)。

定义变量：

Δu 为卫星在轨道平面上与太阳投影间的夹角 (弧度)；

β_0 为太阳相对于卫星轨道平面的高度角 (弧度)；

ε 为从卫星上看日心与地心间的角距 (弧度)。

$$\begin{aligned}\boldsymbol{a}_{\mathrm{SRP}} &= D(\beta_0)\cdot\boldsymbol{e}_D + Y(\beta_0)\cdot\boldsymbol{e}_Y + B(\beta_0)\cdot\boldsymbol{e}_B + Z_1(\beta_0)\sin(u-u_0)\cdot\boldsymbol{e}_Z \\ &\quad + [X_1(\beta_0)\sin(u-u_0) + X_3(\beta_0)\sin(3u-u_0)]\cdot\boldsymbol{e}_X \end{aligned} \tag{3.64}$$

其中，$\boldsymbol{e}_X$ 是星固坐标系的 X 轴方向 (其正向指向包含太阳的那一侧太阳翼板)；$\boldsymbol{e}_Z$ 是星固坐标系 Z 轴方向 (指向地球)；u_0 是太阳在卫星轨道面内的右升交点角；u 是卫星的右升交点角 (图 3.13)；β_0 是太阳在卫星轨道面上的高度角；$D(\beta_0)$、$Y(\beta_0)$、$B(\beta_0)$ 是三个常量性参数，与具体卫星有关。

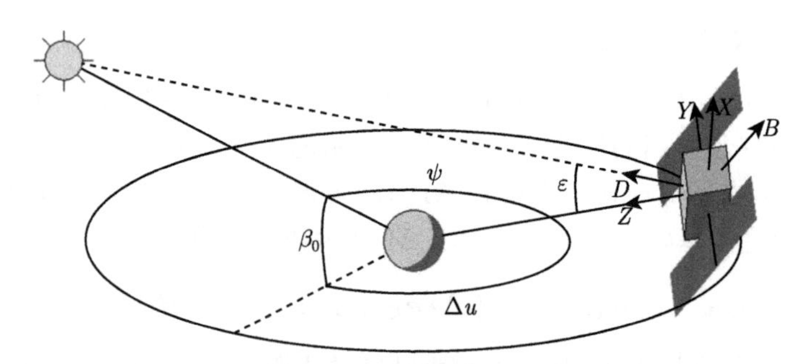

图 3.13 太阳–地球–卫星及各参数变量示意图

3.2.4 JPL 的 GSPM.04 模型

JPL 的 Bar-Sever 等 (2005) 通过对 IGS 精密星历的拟合研究，也建立了高精度的经验光压模型——GSPM.04。其主要特点是将太阳光压表示为太阳与地球的卫星质心夹角的傅里叶 (Fourier) 级数形式，即

$$\left\{\begin{aligned} F_x &= \left(\frac{s}{m}\right)\cdot 10^{-5}\left(\frac{r_{\mathrm{s}}}{r}\right)^2[S_{X_1}\sin\varepsilon + S_{X_2}\sin(2\varepsilon) + S_{X_3}\sin(3\varepsilon) \\ &\qquad + S_{X_5}\sin(5\varepsilon) + S_{X_7}\sin(7\varepsilon)] \\ F_y &= C_{Y_0} + \left(\frac{1}{m}\right)\cdot 10^{-5}\left(\frac{r_{\mathrm{s}}}{r}\right)^2[C_{Y_1}\cos\varepsilon + C_{Y_2}\cos(2\varepsilon)] \\ F_z &= \left(\frac{s}{m}\right)\cdot 10^{-5}\left(\frac{r_{\mathrm{s}}}{r}\right)^2[C_{Z_1}\cos\varepsilon + C_{Z_3}\cos(3\varepsilon) + C_{Z_5}\cos(5\varepsilon)] \end{aligned}\right. \tag{3.65}$$

其中，s 是比例因子 (通常为 1)；r_s 是日地距离 (即 1AU 距离)；r 是太阳到卫星的距离；m 是卫星的质量。式中光压单位为 10^{-5}N。

需要指出，太阳光压在星固坐标系中计算比较方便，而轨道积分往往是在地心惯性系中进行，因而光压摄动力计算之后还需要将其由星固坐标系转换到地心惯性系中。此外，计算光压摄动力时，还应注意不同的光压模型所采用的星固坐标系及其轴的指向有所不同。

本书对以上目前国际上精度较高的几种光压模型进行比较，并通过 GPS 卫星实测数据进行检验，然后再通过北斗卫星全球模拟仿真数据或北斗卫星实测区域数据进行建模验证。

3.3　可调节参数盒翼模型建模方法

3.3.1　建模方法概述

轨道的确定过程主要包含批处理方式和滤波方式，两种方式相比较各有各的优势。一般说来，批处理方式在地面事后定轨中应用较为广泛，主要包括沿参考状态的线性化和待估参数的偏导数计算两大部分。通过放大数值积分器的维数 (是状态变量的整数倍)，一些复杂的偏导数也可在数值求解的过程中一起求解。而状态变量的选取不仅仅包含卫星的位置速度，一些力学模型、观测模型参数也可一起进行估计，而这些模型参数的不确定性在得到修正后，不仅能够提高参数修正后状态与测量弧段内的符合度，还可以在数据弧段外提高预报精度。由于测量手段与测量精度的不同，同样轨道对待估参数的选取是不一样的，一些测量残差大的数据不能修正本身就十分微小的系统参数。

在分体建模用于刻画卫星的受照特性时，由于帆板对日面是表面均匀无其他纹理的太阳能电池片，所以太阳帆板的建模相对容易得多。而本体表面有大面积的包覆层，即多层隔热材料，这种材料用于保持星体的外部辐射热量。在分体建模过程中，由于多层隔热材料具有很强的反射特性，其散射系数较低，但其由于在包覆的过程中，出现了大量不规则的褶皱和其他的纹理特性，导致星体表面与均匀材质无纹理单一平面材料表面有较大的差异，再加上散热面的存在，给分体建模带来不少的问题。然而由于卫星本体所占整个反射面的比例较小，从而本体表面的反射和散射特性的误差影响能够进一步减小。

光压物理分析型模型是基于卫星发射前的基本信息，包括卫星的构型尺寸和姿态控制规律，通过分析太阳光与卫星表面部件的相互作用，计算并合成作用在卫星的光压摄动力，建立卫星的光压摄动模型。因此，分析型光压模型物理背景清晰，模型输入参数明确，便于进行轨道预报。但是需要考虑卫星机动模式和正常模式下的姿态变化、卫星受照过程中的遮挡问题、二次反射问题等，需要研究地影月影模型及卫星姿态控制规律。

光压摄动力的影响因素包括光子二次撞击效应、卫星姿态控制误差、表面光学特性参数变化、太阳辐射常数和整星质量误差等。其中，光子二次撞击效应可通过仿真计算进行分析；卫星姿态控制误差分析主要包括太阳翼控制误差对定轨精度的影响和卫星偏航角控制误差对定轨精度的影响；表面光学性能参数的老化只能假设或通过热控相关学科获取经验参数，检验比较困难。除了同自身的光照面积、照射面与太阳的几何关系以及照射面的反射和吸收特性有关之外，太阳光压摄动还与太阳的辐射强度有关，而太阳的辐射强度本身不是固定值，而是与太阳活动周期、太阳风、黑子与耀斑等喷发有一定的关系。卫星的表面反射系数将作为重要的待估参数，而受照面积可以根据不同应用在分体建模时考虑。

本书针对我国导航卫星，利用卫星的详细参数及数据，根据分体建模的基本原理，建立简化盒翼光压模型及精细化模型，并利用在轨观测数据，进行精密定轨，分析定轨结果，给出精度评估，比较以上模型的计算时间和定轨精度，分析模型参数的变化规律以及轨道根数的变化情况，形成最终试验模型。

太阳在单位时间内发出的光子量基本相同。在距太阳为 1AU 处，太阳的辐射流量的平均值为 $4.56\times10^{-6}\ \mathrm{N/m^2}$。对于球状卫星和形状比较复杂的卫星分别使用不同的方法计算太阳直射辐射压摄动，对形状复杂的卫星可以将其分为若干个平面分别计算。球形卫星太阳辐射压摄动加速度可用下式计算：

$$\boldsymbol{A}_{\mathrm{R}} = P_{\mathrm{SR}} a_{\mathrm{U}}^2 C_{\mathrm{R}} \left(\frac{A}{m}\right) \gamma \frac{\boldsymbol{\Delta}_{\mathrm{S}}}{\Delta_{\mathrm{S}}} \tag{3.66}$$

其中，P_{SR} 为作用在离太阳 1AU 处黑体上的太阳辐射压强；C_{R} 为卫星的表面反射系数，待估参数；γ 为地影因子。

$$\gamma = \begin{cases} 1, & \text{卫星在日光中} \\ 0, & \text{在地本影之中} \\ 0 < \gamma < 1, & \text{在地半影与地伪本影之中} \end{cases}$$

$$\gamma = 1 - \frac{\text{太阳被蚀的视面积}}{\text{太阳视面积}}$$

γ 的计算问题需考虑：地本影、地半影、地伪本影；地、日扁率效应，大气衰减以及大气折射效应；月影。据 Haley 研究，大气折射效应非常微小，无考虑必要；大气衰减效应可以等效于地球半径增大 20 km。

$$a'_{\mathrm{e}} = a_{\mathrm{e}} + 20000(\mathrm{m}) \tag{3.67}$$

地球、太阳的扁率效应：可把地球看成是旋转椭球体，自卫星看到的地球具有椭圆视面 $(a'_{\mathrm{e}}, b'_{\mathrm{e}})$。

由椭圆方程：

$$\frac{x^2}{(a'_{\mathrm{e}})^2} + \frac{y^2}{b^2} = 1 \tag{3.68}$$

卫星位置：

$$\begin{cases} x = -b'_{\mathrm{e}} \sin\phi \\ y = b'_{\mathrm{e}} \cos\phi \end{cases} \tag{3.69}$$

代入式 (3.68)，并注意：

$$b = a'_{\mathrm{e}}(1-f) \tag{3.70}$$

得

$$b'_{\mathrm{e}} \approx \frac{a'_{\mathrm{e}}(1-f)}{\sqrt{1+(f^2-2f)\sin^2\phi}} \tag{3.71}$$

于是卫星所见的地球视椭圆面积为

$$S = \pi a'_{\mathrm{e}} b'_{\mathrm{e}} \doteq \pi (a'_{\mathrm{e}})^2 (1 - f\cos^2\phi) \tag{3.72}$$

将地球仍处理成圆盘，则圆盘的有效半径为

$$a''_{\mathrm{e}} = a'_{\mathrm{e}} \sqrt{1 - f\cos^2\phi} \tag{3.73}$$

由于太阳的自转轴基本垂直于黄道面，从而卫星与太阳质心的连线几乎垂直于太阳的自转轴。利用式 (3.73) 可知太阳视圆盘的有效半径为

$$a'_{\mathrm{s}} = a_{\mathrm{s}} \sqrt{1 - fs} \tag{3.74}$$

月球扁率效应不需考虑。fs 为扁率与地影因子的乘积。考虑地影与月影的圆锥阴影，卫星在轨示意图如图 3.14 所示。

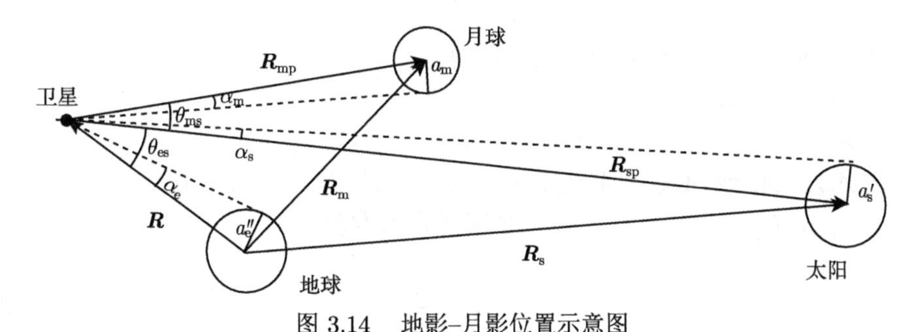

图 3.14 地影–月影位置示意图

前面已经计算出了卫星本体受照部分的摄动力，进而得出了太阳辐射压的摄动加速度，同理，翼板上的摄动力情况更为简单。但是卫星在运转过程中，会经过地球的阴影区，这部分的太阳辐射压就会发生变化或消失。实际情况中，地影是近似锥形，因此这里考虑锥形地影情况下的卫星受摄情况。

视角半径：

$$\alpha_{\mathrm{s}}=\arcsin\left(\frac{a'_{\mathrm{s}}}{|\boldsymbol{R}_{\mathrm{sp}}|}\right),\quad \alpha_{\mathrm{e}}=\arcsin\left(\frac{a''_{\mathrm{e}}}{|\boldsymbol{R}|}\right),\quad \alpha_{\mathrm{m}}=\arcsin\left(\frac{a_{\mathrm{m}}}{|\boldsymbol{R}_{\mathrm{mp}}|}\right) \tag{3.75}$$

角距：

$$\theta_{\mathrm{ms}}=\arccos\left(\frac{\boldsymbol{R}_{\mathrm{mp}}\cdot\boldsymbol{R}_{\mathrm{sp}}}{|\boldsymbol{R}_{\mathrm{mp}}|\cdot|\boldsymbol{R}_{\mathrm{sp}}|}\right),\quad \theta_{\mathrm{es}}=\arccos\left(\frac{-\boldsymbol{R}\cdot\boldsymbol{R}_{\mathrm{sp}}}{|\boldsymbol{R}|\cdot|\boldsymbol{R}_{\mathrm{sp}}|}\right) \tag{3.76}$$

卫星所见到的日、地、月视面积分别为

$$A_{\mathrm{s}}=\pi\alpha_{\mathrm{s}}^2,\quad A_{\mathrm{e}}=\pi\alpha_{\mathrm{e}}^2,\quad A_{\mathrm{m}}=\pi\alpha_{\mathrm{m}}^2 \tag{3.77}$$

对地影情况而言，

如果 $-\boldsymbol{R}\cdot\boldsymbol{R}_{\mathrm{sp}}\leqslant 0$，则在日光中，$A_{\mathrm{es}}=0$(太阳被蚀视面积)。

如果 $-\boldsymbol{R}\cdot\boldsymbol{R}_{\mathrm{sp}}>0$，则

当 $\theta_{\mathrm{es}}\geqslant\alpha_{\mathrm{e}}+\alpha_{\mathrm{s}}$ 时，卫星不在地影之中，$A_{\mathrm{es}}=0$；

当 $\theta_{\mathrm{es}}\leqslant|\alpha_{\mathrm{e}}-\alpha_{\mathrm{s}}|$ 时，卫星在地本影或伪本影之中，$A_{\mathrm{es}}=\min(A_{\mathrm{e}},A_{\mathrm{s}})$；

当 $|\alpha_{\mathrm{e}}-\alpha_{\mathrm{s}}|<\theta_{\mathrm{es}}<\alpha_{\mathrm{e}}+\alpha_{\mathrm{s}}$ 时，卫星在地半影中，此时 A_{es}(图 3.15) 计算为

$$\beta=\frac{\theta_{\mathrm{es}}^2+\alpha_{\mathrm{s}}^2-\alpha_{\mathrm{e}}^2}{2\theta_{\mathrm{es}}} \tag{3.78}$$

$$\begin{aligned}A_{\mathrm{es}}&=\alpha_{\mathrm{s}}^2\arccos\left(\frac{\beta}{\alpha_{\mathrm{s}}}\right)+\alpha_{\mathrm{e}}^2\arccos\left(\frac{\theta_{\mathrm{es}}-\beta}{\alpha_{\mathrm{e}}}\right)-\theta_{\mathrm{es}}\sqrt{\alpha_{\mathrm{s}}^2-\beta^2}\\&=\text{两个扇形面积}-\text{四边形面积}\end{aligned} \tag{3.79}$$

对月影的情况，有类似的分类与判别。

即当同时考虑月影与地影时，有：

当 $A_{\mathrm{es}}=A_{\mathrm{ms}}=0$ 时，在日光中，$\gamma=1$；

当 $A_{\mathrm{es}}=A_{\mathrm{s}}$ 或 $A_{\mathrm{ms}}=A_{\mathrm{s}}$ 时，在月本影或地本影中，$\gamma=0$；

当 $A_{\mathrm{es}}=0$，$A_{\mathrm{ms}}\neq 0$ 时，在月半影或月伪本影中，

$$\gamma=1-\frac{A_{\mathrm{ms}}}{A_{\mathrm{s}}} \tag{3.80}$$

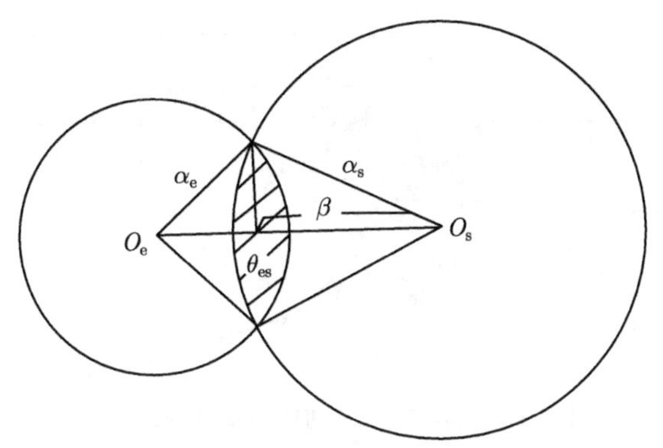

图 3.15　卫星在地半影时的 A_{es} 计算图

当 $A_{es} \neq 0$，$A_{ms} = 0$ 时，在地半影或地伪本影中，

$$\gamma = 1 - \frac{A_{es}}{A_s} \tag{3.81}$$

当 $A_{es} \neq 0$，$A_{ms} \neq 0$ 时，进入地月半影、伪本影或半影之中，

$$\gamma = 1 - \frac{\max(A_{es}, A_{ms})}{A_s} \tag{3.82}$$

其中，γ 即为地影因子。

由于卫星的实际工作情况的复杂性，根据实验室标定后的卫星参数建立的模型，其与卫星实际的受力会产生一定的偏差，则通过对光压摄动参数的估计可以更好地模制。

由于一般配备了帆板的卫星表面形状比较复杂，则在定轨时需要对其进行建模。其中一种方法是精密建模，如图 3.16 中的 GPS Block ⅡF 卫星，其精密模型就将表面划分为几十块，分别测量其每块的面积大小、反射率和散射率，对于太阳光压而言，这样的划分还需要考虑各部分之间的相互遮挡关系，处理起来非常复杂，很多时候会采用一种称为盒翼 (box-wing) 的简化模型 (Ziebart, 2001; Ziebart et al., 2005; Rodriguez-Solano et al., 2010)。在该模型中，卫星的本体被看成是一个长方体，而卫星的太阳能帆板被当作一个围绕卫星 Y 轴旋转的长方形。根据盒翼模型，在处理盒翼卫星的太阳光压摄动时可以将卫星分成八个面 (本体的六个面和帆板的两个面) 分别处理。

对于盒翼形状卫星，太阳直射辐射压摄动可写成

$$A_{\text{solar}} = -P\frac{\alpha\gamma}{m}\sum_{i=1}^{8} A_i \cos\theta_i \left[2\left(\frac{\delta_i}{3} + \rho_i \cos\theta_i\right)\hat{n}_i + (1-\rho_i)\,\hat{s}_i\right] \tag{3.83}$$

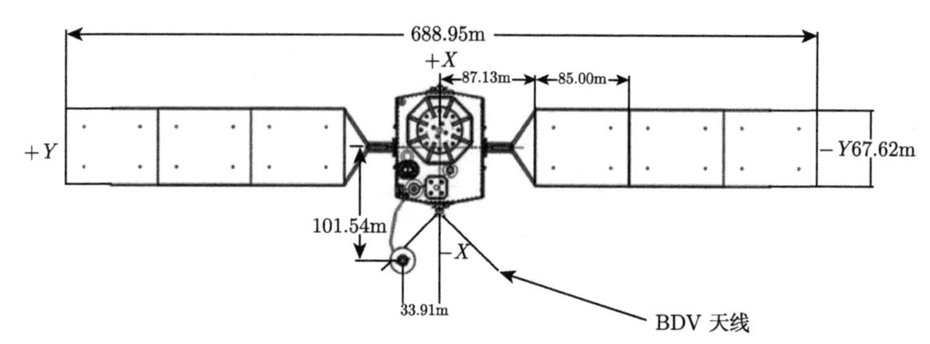

图 3.16 GPS Block ⅡF 卫星几何示意图

见：http://acc.igs.org/orbits/IIF_SV_DimensionsConfiguration.ppt

其中，P 为卫星处的太阳辐射流量；A_i 为平面 i 的面积；$\hat{n}_i, \hat{s}_i$ 分别为平面 i 的法向矢量和卫星到太阳的方向矢量；θ_i 为平面 i 的法向与卫星到太阳方向之间的夹角；α 为平面 i 的方向因子，$\cos\theta_i<0$ 时为 0，$\cos\theta_i>0$ 时为 1；ρ_i, δ_i 分别为平面 i 的反射系数和散射系数；m 为卫星的质量；γ 为卫星的蚀因子。

3.3.2 太阳光压摄动影响因素分析

影响太阳辐射压摄动大小的因素有很多，主要有卫星质量变化、表面物理系数变化、地影和月影、卫星姿态及 Y-bias、太阳常数周期变化等。另外，产生 Y-bias 的机制目前也未有定论，一般解释为太阳翼板没有精确对准太阳，产生了 Y 轴方向的力，这也导致太阳辐射到卫星表面的有效截面积也随之变化 (Ziebart, 2001; Duha et al., 2006; Rodriguez-Solano et al., 2012; Wang et al., 2016)。

如表 3.2 所示，太阳光压模型中面质比误差对地球同步轨道卫星的轨道预报的影响仿真结果表明：若要求由光压摄动引起的地球同步轨道卫星三维位置一天预报误差在 11 m 左右，或者要求由光压摄动引起的地球同步轨道卫星三维速度一天预报误差控制在 1.73 mm/s 以内，那么地球同步轨道卫星面质比参数的标定误差必须优于 20%；类似地，若要求由光压摄动引起的地球同步轨道卫星三维位置一天预报误差在米量级，则地球同步轨道卫星面质比参数的标定误差必须优于 5%~10%(蒋虎, 2013)。

卫星受到的太阳光压摄动力与多种因素相关，其中，太阳辐射强度、卫星光学特性、卫星的姿态及帆板指向对太阳光压的影响 (Y-bias) 比较显著 (图 3.17)，因此需要进行标定。这里使用标称姿态和标称帆板指向计算光压摄动，轨道预报 24h，将该计算结果作为标称值，在此基础上分别加入姿态角误差、帆板指向误差、反射系数误差，分析各项误差对摄动和轨道预报的影响。MEO 卫星各项参数对太阳光压摄动力的影响见表 3.3，IGSO 卫星的情况与之类似。

表 3.2 不同面质比偏差引起的一天内位置、速度预报差异

面质比相对偏差/%	位置差异/m	速度差异/(mm/s)
−5	2.82	1.414
+5	2.82	1.414
−10	5.64	1.414
+10	5.64	1.414
−20	11.29	1.732
+20	11.29	1.732

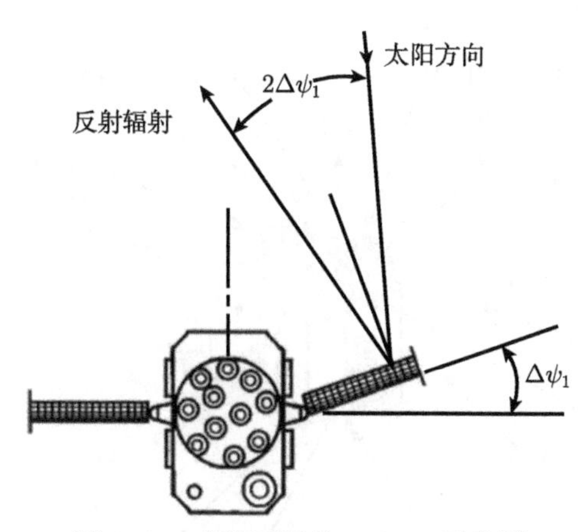

图 3.17 在轨卫星的 Y-bias 示意图

表 3.3 MEO 卫星各项参数对太阳光压摄动力的影响

误差源	摄动力最大差别/($\times10^{-7}$N)	轨道预报 24h 各方向最大误差 (太阳与轨道面夹角 15°)		
		R/m	T/m	N/m
帆板反射系数 +1%	2.8	0.096	0.38	0.0056
本体反射系数 +1%	1.1	0.024	0.098	0.0015
滚动角 +0.1°	2.6	0.036	0.11	0.0057
俯仰角 +0.1°(仅星体，不牵连帆板指向误差)	0.5	0.002	0.011	0.0006
偏航角 +0.1°	14	0.15	0.77	0.15
帆板指向误差 0.5°	11	0.14	0.60	0.068
帆板指向误差 1°	23	0.27	1.2	0.13
帆板指向误差 5°	110	1.2	4.8	0.64

3.3.3 GPS Block ⅡF 卫星的试验光压模型

根据盒翼模型建模方法，在处理类似于长方体的卫星的太阳光压摄动时，可以将此类卫星分成八个面 (本体的六个面和帆板的两个面) 分别处理，对于结构差

异性较大的部件也进行单独处理，再求各个部件受到的摄动力的矢量和，即得到太阳光压的摄动加速度。由于卫星的实际工作情况的复杂性，根据实验室标定后的卫星参数建立的模型，其与卫星实际的受力会产生一定的偏差，则通过对光压摄动参数的估计可以更好地模制。经过误差粗略估计，这里选取了面积大于 0.02 m^2 的星体部件来进行辐射压摄动力的计算。图 3.18 为 GPS ⅡF 卫星的结构信息，其中天线面板端 ($+Z$) 结构复杂，本书将视面积大于 0.02 m^2 的部件考虑在模型内，即半径小于 0.078 m，直径小于 0.160 m 的部件。其中各部件的反射率及面积等信息如表 3.4 所示。

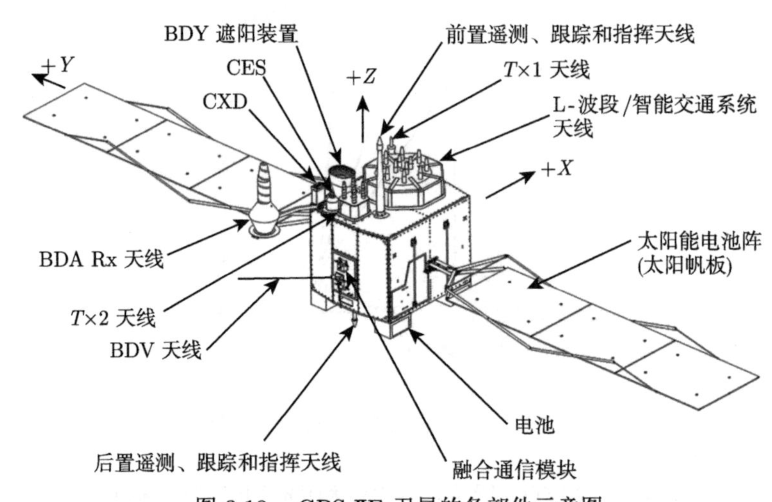

图 3.18　GPS ⅡF 卫星的各部件示意图

见：http://acc.igs.org/orbits/IIF_SV_DimensionsConfiguration.ppt

表 3.4　GPS Block ⅡF 卫星简化结构信息

	卫星组件	面积/m^2	β	δ	面法方向
①	$+X$ 方向	3.69	0.56	0.2	(1，0，0)
②	$-X$ 方向	3.69	0.56	0.2	(−1，0，0)
③	$-Z$(−⑥)	4.46	0.56	0.2	(0，0，−1)
④	$+Z$ (−⑤−⑦−⑧−⑨)	2.74	0.56	0.2	(0，0，1)
⑤	导航天线 ($+Z$)	2.03	0.36	0.2	(0，0，1)
⑥	引擎 ($-Z$)	0.95	0	0	(0，0，−1)
⑦	TX2 Ant($+Z$)	0.21	0.28	0.2	(0，0，1)
⑧	BDARXAnt($+Z$)	0.25	0.28	0.2	(0，0，1)
⑨	BDY SunShade($+Z$)	0.19	0	0	(0，0，1)
⑩	太阳帆板 ×2	22.25	0.23	0.85	—

注：表中定义 β 为反射率，δ 为镜面反射系数，$\delta\beta$ 则为镜面反射率，$(1-\delta)\beta$ 为漫反射率。

在实际计算中，引入了一个比例因子 $\mathrm{SRP_{scale}}$，用来吸收其他未模制的模型

误差，为了后面简便，将包含比例因子的 GPS 盒翼模型记作 IIF model。其计算式为

$$\begin{aligned}\boldsymbol{a}_{\mathrm{SRP}} &= \mathrm{SRP}_{\mathrm{scale}} \times \frac{\boldsymbol{F}_{\mathrm{SRP}}}{m} \\ &= -\mathrm{SRP}_{\mathrm{scale}} \times \frac{\sum\limits_{i} \mathrm{d}\boldsymbol{F}_i}{m}\end{aligned} \tag{3.84}$$

在定轨的过程中，$\mathrm{SRP}_{\mathrm{scale}}$ 作为待估参数一起估计。

3.3.4　北斗卫星半分析经验模型建模

卫星由多个形状不同的部件组成，对于星体部件面积元，定义 ν 为反射率 (reflectivity)，吸收率部分为 $1-\nu$；定义 μ 为镜面反射系数 (specularity)，则 $\nu\mu$ 为镜面反射部分，$\nu(1-\mu)$ 为漫反射部分。则有关系式：$\mu\nu+(1-\mu)\nu+(1-\nu)=1$，那么该面积元受到的太阳辐射压摄动力为

$$\begin{aligned}\mathrm{d}\boldsymbol{F} = &-\lambda\frac{m\varPhi_0}{c}\left(\frac{\mathrm{AU}}{r_{\mathrm{ss}}}\right)^2\cos\theta\mathrm{d}A \\ &\times\left\{2\nu\left[\mu\cos\theta+\frac{(1-\mu)}{3}\right]\hat{n}+(1-\mu\nu)\,\hat{p}\right\}\end{aligned} \tag{3.85}$$

其中，$\varPhi_0$ 为卫星在 1AU 处的太阳辐射流量；$\mathrm{d}A$ 为面积元的面积；$\hat{n}$、$\hat{p}$ 分别为面积元的法向矢量和卫星到太阳的方向矢量；θ 为面积元的法向与卫星到太阳方向之间的夹角；m 为面积元的质量；λ 为卫星的蚀因子；r_{ss} 为太阳到卫星的距离；c 为光速。

太阳直接辐射压摄动加速度为

$$\boldsymbol{a}_{\mathrm{SRP}} = \int_A \mathrm{d}\boldsymbol{F}/m \tag{3.86}$$

前面已经叙及，在定轨时需要对其进行建模，很多时候会采用一种称为盒翼的简化模型 (Fliegel et al., 1992)。在该模型中，卫星的本体被看成是一个长方体 (图 3.19)，而卫星的太阳能帆板被当作一个围绕卫星 Y 轴旋转的长方形，建立精密建模时将表面划分为更多的块，分别测量其每块的面积大小、反射率和散射率，对于太阳光压而言，这样的划分还需要考虑各部分之间的相互遮挡关系，处理起来相对复杂。

为了处理方便，令吸收率部分为 $\alpha=1-\nu$，镜面反射部分为 $\rho=\nu\mu$，漫反射部分为 $\delta=\nu(1-\mu)$，A_i 为第 i 块平面面元的面积，则该面元受到的摄动力由

式 (3.85) 可写为

$$\boldsymbol{f}_i = -\lambda \frac{\varPhi_0}{c} A_i \left(\frac{\mathrm{AU}}{r_{\mathrm{ss}}}\right)^2 \cos\theta \left[2\left(\rho\cos\theta + \frac{\delta}{3}\right)\hat{n} + (1-\rho)\hat{p}\right] \tag{3.87}$$

$$\cos\theta = \hat{n}\cdot\hat{p}, \text{ 且仅当 } \cos\theta \geqslant 0$$

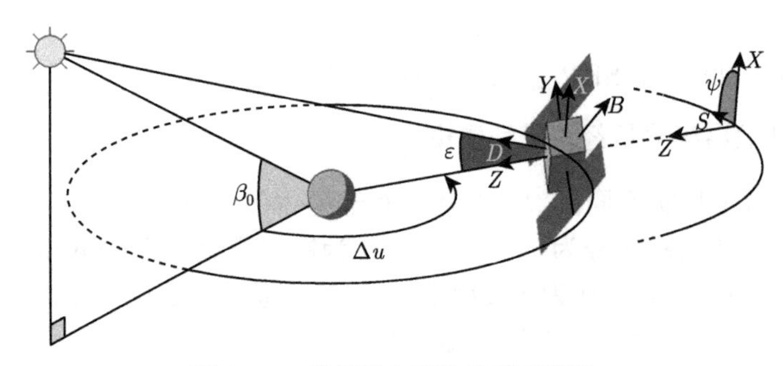

图 3.19　坐标系之间的关系示意图

Fliegel 等 (1992) 提出，由卫星本体吸收的热量会立即以热量的形式重新释放到太空，根据朗伯定律，这部分热能产生的摄动力为

$$\Delta\boldsymbol{f}_i = -\lambda \frac{\varPhi_0}{c} A_i \left(\frac{\mathrm{AU}}{r_{\mathrm{ss}}}\right)^2 \cos\theta \frac{2}{3}\alpha\hat{n} \tag{3.88}$$

则第 i 块面元受到的加速度为

$$\boldsymbol{a}_i = -\lambda \frac{\varPhi_0}{cm} A_i \left(\frac{\mathrm{AU}}{r_{\mathrm{ss}}}\right)^2 \cos\theta \left[(\alpha+\delta)\left(\hat{p} + \frac{2}{3}\hat{n}\right) + 2\rho\cos\theta\hat{n}\right] \tag{3.89}$$

在名义姿态下，卫星天线指向地心，太阳翼板始终指向太阳，根据图 3.19 几何关系有

$$\cos\varepsilon = -\cos\beta_0\cos\Delta u \tag{3.90}$$

为了简便，去掉参数相关性，在求偏导数过程中，对待估计参数进行组合简化处理 (Rodriguez-Solano et al., 2012a, 2014)。对于太阳翼板，$\cos\theta=1$，不考虑热传导部分摄动，仅占翼板所受太阳光压摄动力的 1%，则

$$\frac{\partial \boldsymbol{a}_{\mathrm{SP}}}{\partial\left(1+\rho+\dfrac{2}{3}\delta\right)} = -\lambda \frac{\varPhi_0}{cm} A_{\mathrm{SP}} \left(\frac{\mathrm{AU}}{r_{\mathrm{ss}}}\right)^2 \hat{p} \tag{3.91}$$

对于卫星本体，$+X$ 基板表面 (bus surface) 方向 (设置参数 $+X_{\mathrm{ad}}$，$+X_{\mathrm{r}}$)，有 $\cos\theta=\sin\varepsilon$：

$$\frac{\partial \boldsymbol{a}_{+Xi}}{\partial(\alpha+\delta)}=-\lambda\frac{\Phi_0}{cm}\left(\frac{\mathrm{AU}}{r_{\mathrm{ss}}}\right)^2 A_{+Xi}\sin\varepsilon\left(\hat{p}+\frac{2}{3}\boldsymbol{e}_{+X}\right) \tag{3.92}$$

$$\frac{\partial \boldsymbol{a}_{+Xi}}{\partial\rho}=-\lambda\frac{\Phi_0}{cm}\left(\frac{\mathrm{AU}}{r_{\mathrm{ss}}}\right)^2 A_{+Xi}\cdot 2\sin^2\varepsilon\boldsymbol{e}_{+X} \tag{3.93}$$

在 $+Z$ 基板表面方向 (设置参数 $+Z_{\mathrm{ad}}$，$+Z_{\mathrm{r}}$)，有 $\cos\theta=\cos\varepsilon$：

$$\frac{\partial \boldsymbol{a}_{+Zi}}{\partial(\alpha+\delta)}=-\lambda\frac{\Phi_0}{cm}\left(\frac{\mathrm{AU}}{r_{\mathrm{ss}}}\right)^2 A_{+Zi}\cos\varepsilon\left(\hat{p}+\frac{2}{3}\boldsymbol{e}_{+Z}\right) \tag{3.94}$$

$$\frac{\partial \boldsymbol{a}_{+Zi}}{\partial\rho}=-\lambda\frac{\Phi_0}{cm}\left(\frac{\mathrm{AU}}{r_{\mathrm{ss}}}\right)^2 A_{+Zi}\cdot 2\cos^2\varepsilon\boldsymbol{e}_{+Z} \tag{3.95}$$

3.3.5 参数估计策略

最初 Rodriguez-Solano 等 (2013) 建立盒翼模型的参数估计包括 X、Z 轴方向的四个面的 8 个参数，翼板的 2 个参数，D 方向的比例系数 1 个，Y 轴方向的 Y-bias 参数，B 方向预设 3 个经验系数 (B_0，$B_{\sin}$，$B_{\cos}$)，共计 15 个参数。为了简化参数，合并相同方向轴的物理参数，根据简化不同尝试了九参数模型和五参数模型，同时仿照 BERN 模型建立将物理分析模型作为初始摄动力，加入比例因子、估计 Y-bias 参数、D 方向估计 1 个常量、B 方向估计 3 个经验系数，共 6 个参数的增强半经验模型。

虽然由物理分析法建立的光压摄动模型原理上更接近实际情况，但是模型的精度与选取的卫星表面三维模型复杂度以及网格划分精度等有关，而网格划分精度受计算速度限制，对实时自主定轨软件，太精细的表面网格划分显然不现实。此外，由于卫星姿态控制偏差、表面光学性能老化和物理背景不清的其他摄动力的存在，所以分析型光压模型精度往往不如经验型光压模型。

经验型光压模型基于在轨卫星轨道观测数据，通过多项式拟合寻求符合精密观测轨值的最优待估参数，从而建立卫星的光压摄动模型。所以，经验型光压模型的建模方法决定了其精度可以达到观测手段所提供精度的极限，但是参数拟合的过程吸收了其他非模型化的力，不利于对作用在星体上的力进行机理分析和进行预报，且经验参数无法从理论上或通过地面试验得到精确结果，必须通过长期观测或研究分析才能精确确定。因此，本书开展半经验光压模型的研究，在物理分析盒翼光压模型的基础上，增加调节因子，使其弥补由理论考虑不完善、卫星在轨姿态不确定性、卫星结构及光学特性等参数变化等原因导致的摄动变化的问题。

针对北斗卫星导航系统，这里从物理模型盒翼模型出发，以盒翼模型计算的摄动力为先验力，加入 ECOM 模型使用的五个参数估计，分别对 GEO、IGSO、MEO 卫星进行调整，并且对机动模式下的摄动姿态也进行参数调整。

$$a_{\mathrm{SRP}} = a_{\mathrm{apri}} + D(u) \cdot e_D + Y(u) \cdot e_Y + B(u) \cdot e_B \tag{3.96}$$

式中，a_{apri} 是利用上述盒翼模型计算的太阳光压力；u 是卫星在轨道面内与午夜的轨道夹角；$D(u)$、$Y(u)$、$B(u)$ 分别是 $\boldsymbol{e}_D$、$\boldsymbol{e}_Y$、$\boldsymbol{e}_B$ 方向上的加速度；$\boldsymbol{e}_D$ 是直接光压的方向，由太阳指向卫星；$\boldsymbol{e}_Y$ 是太阳翼板主轴方向；$\boldsymbol{e}_B = \boldsymbol{e}_D \times \boldsymbol{e}_Y$。具体为

$$\begin{cases} D(u) = D_0 + D_{\mathrm{c}} \cdot \cos(u) + D_{\mathrm{s}} \cdot \sin(u) \\ Y(u) = Y_0 + Y_{\mathrm{c}} \cdot \cos(u) + Y_{\mathrm{s}} \cdot \sin(u) \\ B(u) = B_0 + B_{\mathrm{c}} \cdot \cos(u) + B_{\mathrm{s}} \cdot \sin(u) \end{cases} \tag{3.97}$$

式中 D_0、D_{c}、D_{s}、Y_0、Y_{c}、Y_{s}、B_0、B_{c}、B_{s} 是 BERN 模型的 9 个光压参数。其中，D_0、Y_0、B_0、B_{c}、B_{s} 是目前最常使用的太阳光压五参数模型的 5 个参数。

当需建模卫星为 GEO 卫星或卫星处于机动模式零偏时，对于 DYB 坐标系需要做一个角度修正，将 D 方向投影到轨道平面内，形成新的 D' 轴，Y' 轴定义为轨道面法向，B' 轴与 D'、Y' 构成右手坐标系，如图 3.20 所示。估计的 5 个参数变为 D'_0、Y'_0、B'_0、B'_{c}、B'_{s}。为了考虑单次试验的连续轨道，只有当卫星在 3 天轨道内完全处于同一模式状态时才切换估计参数的坐标轴，当姿态转换时间位于处理的弧段中间时不切换估计参数使用的坐标轴方向，新坐标轴表示方式如式 (3.98)，以

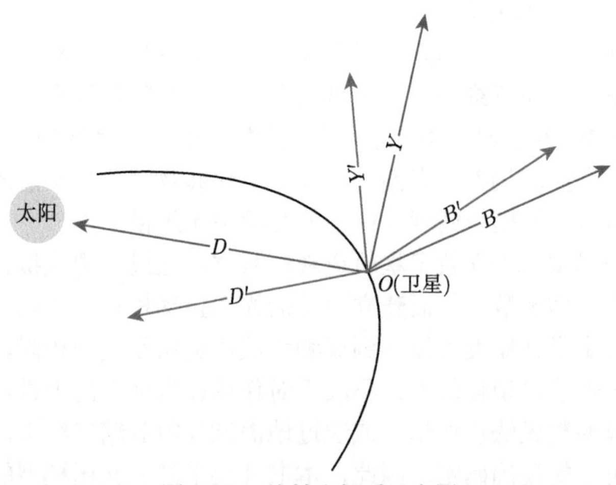

图 3.20　旋转坐标系示意图

上构成本试验的光压模型 (solar radiation pressure model，SRPM)。

$$
\begin{cases}
\boldsymbol{e}_{D'} = \boldsymbol{e}_{Y'} \times \boldsymbol{e}_{B'} \\
\boldsymbol{e}_{Y'} = \boldsymbol{e}_{R} \\
\boldsymbol{e}_{B'} = \boldsymbol{e}_{D} \times \boldsymbol{e}_{Y'}
\end{cases} \tag{3.98}
$$

3.4 卫星姿态对太阳光压的影响

至于卫星姿态控制规律，导航卫星的任务要求决定了其姿态控制模式：导航天线视场中心 (卫星本体系 $+Z$ 轴) 对准地心，便于向地面传输导航信号；为使太阳帆板获得足够能量，保证整星供电，避免单自由度太阳帆板转动而无法保证跟踪太阳精度，则有一个绕 $+Z$ 轴的偏航控制，可以满足太阳帆板绕本体系 Y 轴转动，追踪并垂直于太阳光线。一般情况下，姿态控制系统对卫星偏航姿态进行连续测量与主动控制，使太阳矢量处于本体系的 XOZ 面内，且 $+X$ 轴指向太阳，太阳帆板垂直于太阳入射光线，即为连续动态偏航。当太阳矢量与轨道面的夹角小于某个值 B_0 时，控制系统不再对卫星进行偏航控制，卫星本体系与轨道坐标系重合，太阳帆板转动垂直于太阳矢量在轨道面内的投影，此为零偏航。姿态控制的精度直接影响到光压模型精度，因此姿态控制规律是建立光压模型中必不可少的研究内容 (Li et al., 2014; Dai et al., 2015; Montenbruck et al., 2015)。

卫星姿态指向对精密定轨的影响包含两个方面：一方面是由姿态控制误差引起的天线相对卫星质心在空间位置的变化，进而有可能引起定轨测距误差；另一方面是如果采用偏航机动模式，则在不对姿态影响进行任务修正的情况下，由偏航角引起的天线相位中心的横向偏差 (Xi et al., 2018)。

3.4.1 卫星姿态控制误差对导航伪距的影响

地面站通过对卫星测距，计算卫星精密轨道，从而完成卫星精密定轨，为用户提供高精度空间基准。地面站对卫星测轨原理如图 3.21 所示：地面站通过测距得到天线相位中心到地面站的距离 $\boldsymbol{r}_3$，利用 $\boldsymbol{r}_2 = \boldsymbol{r} - \boldsymbol{r}_4$ 可以得到地面站到卫星质心位置，其中 $\boldsymbol{r}_4$ 为已知的地面站位置矢量，$\boldsymbol{r}$ 为卫星位置矢量。设天线相位中心在卫星本体系下位置为 $\boldsymbol{r}_1$，$\boldsymbol{r}_1$ 和 $\boldsymbol{r}_2$ 之间夹角为 α，则地面站到卫星质心伪距为

$$
\rho = |\boldsymbol{r}_3| + |\boldsymbol{r}_1| \cos\alpha = |\boldsymbol{r}_3| + |\boldsymbol{r}_1| \frac{\boldsymbol{r}_2 \boldsymbol{r}_1}{|\boldsymbol{r}_2||\boldsymbol{r}_1|} = |\boldsymbol{r}_3| + \boldsymbol{r}_1 \frac{\boldsymbol{r}_2}{|\boldsymbol{r}_2|} \tag{3.99}
$$

由于姿态误差，所以在计算伪距过程中使用 $\boldsymbol{r}_1$ 和真实 $\boldsymbol{r}_1$ 有偏差，从而引起测距误差，由姿态误差产生的测距误差为

$$
\Delta\rho = \boldsymbol{r}_1 \frac{\boldsymbol{r}_2}{|\boldsymbol{r}_2|} - \Delta A_{ib} \boldsymbol{r}_1 \frac{\boldsymbol{r}_2}{|\boldsymbol{r}_2|} \tag{3.100}
$$

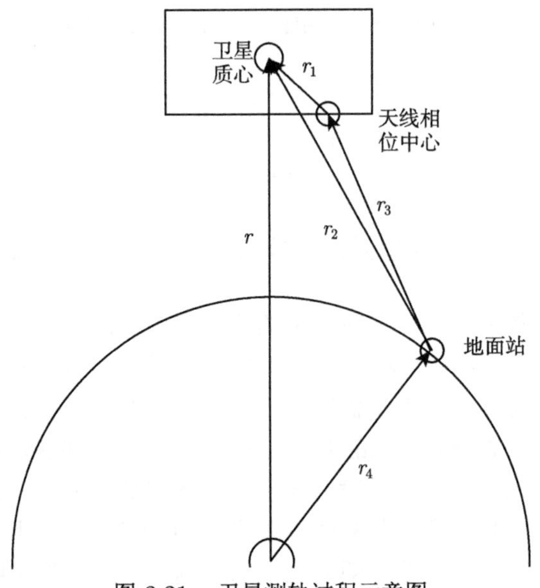

图 3.21　卫星测轨过程示意图

其中，ΔA_{ib} 为由姿态误差产生的坐标转换矩阵：

$$\Delta A_{ib}=\begin{bmatrix}\cos\Delta\theta\cos\Delta\psi-\sin\Delta\phi\sin\Delta\theta\sin\Delta\psi & -\cos\Delta\phi\sin\Delta\psi & \sin\Delta\theta\sin\Delta\psi+\sin\Delta\phi\cos\Delta\theta\sin\Delta\psi\\ \cos\Delta\theta\sin\Delta\psi+\sin\Delta\phi\sin\Delta\theta\sin\Delta\psi & \cos\Delta\phi\cos\Delta\psi & \sin\Delta\theta\sin\Delta\psi-\sin\Delta\phi\cos\Delta\theta\cos\Delta\psi\\ -\cos\Delta\phi\sin\Delta\theta & \sin\Delta\phi & \cos\Delta\phi\cos\Delta\theta\end{bmatrix}$$

其中，$\Delta\phi$、$\Delta\theta$、$\Delta\psi$ 分别为滚动角误差、俯仰角误差、偏航角误差。

如果卫星姿态遥测可以转发给地面导航控制站，则无论卫星采用何种姿态指向模式还是存在何种姿态控制误差，姿态造成的天线相位中心在质心轨道坐标系中的位置误差同样可以按照 3.3 节的修正方法进行修正，降低姿态误差对导航伪距测量的影响。如果导航测站无法得到卫星的姿态遥测信息，则伪距测量将存在如下误差：

由滚动角误差引起的测距误差为

$$\Delta\rho=(\cos\Delta\phi-1)r_{1y}r_{2y}+(\cos\Delta\phi-1)r_{1z}r_{2z}-\sin\Delta\phi r_{1y}r_{2y}+\sin\Delta\phi r_{1y}r_{2z} \quad (3.101)$$

由俯仰角误差引起的测距误差为

$$\Delta\rho=(\cos\Delta\theta-1)r_{1x}r_{2x}+(\cos\Delta\theta-1)r_{1z}r_{2z}+\sin\Delta\theta r_{1z}r_{2x}-\sin\Delta\theta r_{1x}r_{2z} \quad (3.102)$$

同理，由偏航角误差引起的测距误差为

$$\Delta\rho = (\cos\Delta\psi - 1)r_{1y}r_{2y} + (\cos\Delta\psi - 1)r_{1x}r_{2x} - \sin\Delta\psi r_{1y}r_{2x} + \sin\Delta\psi r_{1x}r_{2y} \tag{3.103}$$

从上面公式可以看出：对于测距精度影响除了与姿态误差有关，还与天线相位中心自身位置有关，距离卫星质心越近，即天线相位中心位置矢量越小，则姿态误差越小，测距精度越高；姿态误差引起的测距误差与相位中心在自身轴下位置大小无关，只与在其他两个轴位置大小有关。由此，考虑天线必须对地安装的约束下，减小天线相位中心横向 (X 轴和 Y 轴分量) 距离可以提高测距精度，当天线波束轴过质心时，天线位置矢量最小，且不受偏航角影响。因此对于地面在使用理论姿态计算时，由于卫星进行偏航调整，地面无法得到偏航角姿态，偏航姿态误差很大，该方法可以避免偏航角误差影响。

从测距误差公式可以看出：当姿态角误差为小量时，测距误差公式简化为

$$\Delta\rho = -\sin\Delta\psi r_{1y}r_{2x} + \sin\Delta\psi r_{1x}r_{2y} \tag{3.104}$$

以天线安装在距离质心最远不超过 (1 m，0.5 m，0.5 m) 位置为例，俯仰和滚动角引起的测距修正误差分别为 $1\cdot\theta\cdot\cos(\gamma)$ 和 $0.5\cdot\theta\cdot\cos(\gamma)$，偏航姿态误差引起的测距误差为 $\cos(\gamma)\sin(\varPsi)$。表 3.5 给出不同姿态误差引起的最大测距误差。

表 3.5　姿态误差引起的最大测距误差

俯仰/(°)	测距误差/mm (其中 γ=0°)	滚动/(°)	测距误差/mm (其中 γ=0°)	偏航/(°)	测距误差/mm (其中 γ=8.7°)
0.1	1.7	0.1	0.9	1	2.6
0.2	3.5	0.2	1.7	3	7.9
0.3	5.2	0.3	2.6	5	13.2
0.4	7.0	0.4	3.5	7	18.4
0.5	8.7	0.5	4.3	30	75.6
1.0	17.5	1.0	8.7	60	131.0
2.0	35.0	2.0	17.5	90	151.3

从表 3.5 可以看出，要保证姿态误差引起的测距误差在 10 mm 内，则满足姿态引起的测距误差可以不必修正的姿态控制精度为：滚动姿态角误差控制在 1.0° 以内；俯仰姿态角误差控制在 0.5° 以内；偏航姿态控制在 3° 以内。考虑控制的一致性，卫星滚动和俯仰姿态控制精度为 0.5°，偏航姿态控制精度为 3°。一般卫星控制是容易做到的，当达到该控制精度时，就可以忽略姿态控制误差对伪距的修正。

3.4.2　卫星偏航机动模式下的角度修正误差

如果卫星采用偏航机动模式，则在不考虑偏航误差的情况下，由偏航角引起的天线相位中心的横向偏差为 $[1-\cos(\gamma)]\cdot H$。因此测距误差为 $\sin(\gamma)\cdot\mathrm{d}H=\sin(\gamma)\cdot$

$[1-\cos(\Psi)]\cdot H$。按照最大偏航角调整范围为 $(90^\circ-85^\circ)\sim(90^\circ+85^\circ)$，最大星下点角 $\gamma=8.7^\circ$。表 3.6 给出天线安装的横向偏差 H 与偏航机动时最大的伪距测量误差的关系 (赵群河, 2017)。

表 3.6　天线安装的横向偏差 H 与偏航机动时最大的伪距测量误差的关系

天线安装横向偏差 H/mm	引起天线相位中心横向偏差 dH/mm	伪距测量最大误差/mm
10	20	3.0
20	40	6.0
30	60	9.1
40	80	12.1
50	100	15.1
60	120	18.1

如果天线安装横向位置相对质心小于 30 mm，则由偏航机动造成的伪距最大测量误差小于 10 mm，对应误差可以不必专门修正。对于 RNSS 下行天线一般其安装轴线与星体 Z 轴重合，可以满足此要求，因此地面导航用户不需要另外修正。

对于其他天线，包括激光反射器距离质心 Z 轴横向距离大于 30 mm，则由于偏航机动造成的伪距最大测量误差将大于 10 mm，对应误差需要进行修正。修正方法可以考虑姿态遥测的反馈方法，也可以采用名义姿态的理论模型进行修正。

3.4.3　正常偏航姿态模型

GNSS 卫星偏航姿态模型可以分为三个阶段：①正常运行姿态 (名义姿态)，大部分时间处于这个阶段；②地影区，从进入地影开始，到出地影结束，对于有地影后机动的导航卫星，从地影出来，一直到恢复正常姿态为止；③正午机动，太阳高度角小于 5° 时存在。

根据卫星定向的两个要求，可以产生如下正常偏航姿态的方程：

$$\Psi_{\mathrm{n}} = \arctan^2(-\tan(\beta), \sin(\mu)) \tag{3.105}$$

上式即为名义偏航角的方程。β、μ 分别为轨道太阳高度角以及卫星在轨道面内与午夜点之间的夹角 (图 3.22)，忽略 β 角的缓慢变化，可以得到偏航角速度的方程：

$$\dot{\Psi}_{\mathrm{n}} = \tan(\beta) \times \cos(\mu) \times \frac{\dot{\mu}}{\sin(\mu)^2 + \tan(\beta)^2} \tag{3.106}$$

其中，$\dot{\mu}$ 随时间缓慢变化，可以用 0.0083 (°)/s 来替代，根据仿真计算，在每个周期内，偏航角速度在午夜点和正午点达到局部最大；通过对不同太阳高度角时卫星的偏航角及偏航角速度随轨道高度角的变化情况分析发现，在午夜点和正午点，卫星的偏航角产生急剧变化，随着太阳高度角的减小，变化越来越快，并且在太阳高度角为 0° 时，偏航角发生突变，偏航角速度大小为 0，但其方向已经发生改变。

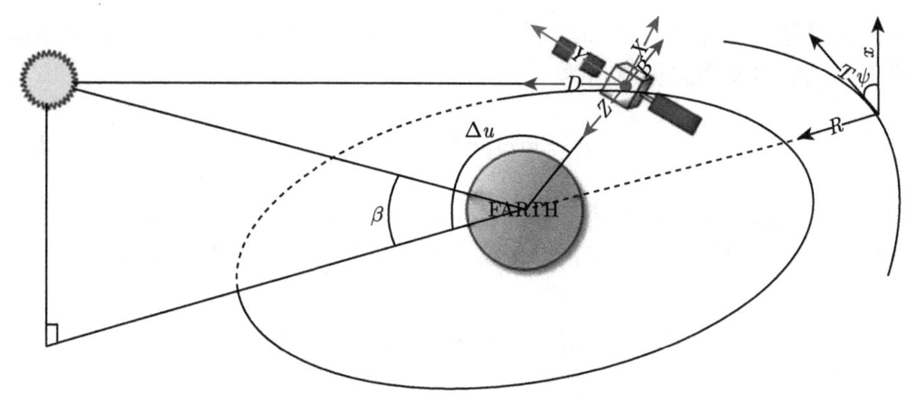

图 3.22 盒翼地影模型涉及坐标系示意图

3.4.4 地影区的偏航姿态

地影的阴影分为本影和半影，本影是一个完全黑暗的区域，半影只是被挡住了部分光线。在地影区，由于没有太阳光，太阳敏感器的输出信号基本为零，则姿态控制系统 (attitude control system, ACS) 将处于开路模式，并被系统噪声所驱动，小的噪声也足以引发卫星姿态以最大速率机动。

GPS 卫星在大部分时间内能维持正确的名义姿态，但在经过地影区时，实际偏航姿态与名义偏航姿态之间有明显的偏离。对于 GPS Block Ⅱ/ⅡA 卫星，进入地影后，由于光照的缺失，其太阳传感器不能继续控制姿态，都会以最大的硬件偏航角速度进行 “偏航”。所以对于 Block Ⅱ/ⅡA 卫星，存在一个地影后机动，即卫星绕 Z 轴旋转使得实际偏航角与名义偏航角重合。Block ⅡR 卫星已经可以在地影中维持其正常的偏航姿态，其偏航姿态模型等同于一个不超过 15 min 的午夜机动，而午夜机动与正午机动的原理是类似的，都是由硬件偏航角速度达不到午夜点和正午点所需要的名义偏航角速度而产生的偏航误差，但能在较短的时间内调整过来。

与 Block ⅡR 卫星相同，Block ⅡF 卫星在进入地影期后也能在一定程度上保持名义姿态，但是当 $|\beta|<8^\circ$ 时，卫星将以约 0.06 (°)/s 的速率进行地影机动，直到卫星退出地影。由于 Block ⅡF 卫星姿态调节速率响度较小，从而机动时长最长可达 55 min，在地影机动期间并非以最大姿态调节速率进行。

与 GPS Block Ⅱ/ⅡA 卫星名义星固系相同，北斗卫星名义星固系原点为卫星质心，Z 轴沿信号发射天线方向指向地心，Y 轴为太阳帆板旋转并垂直于卫星至太阳方向，X 轴垂直于 Y 轴和 Z 轴构成右手坐标系，正方向指向太阳方向。对于北斗 IGSO 卫星，在动态偏航下，卫星偏航姿态动态变化，当太阳高度角以及偏航角小于限值时，卫星偏航姿态控制模式由动态偏置转为零偏置。零偏置状态下，卫星星固系与轨道坐标系重合，Z 轴指向地心，X 轴在轨道面内与 Z 轴垂

直并指向卫星运动方向，Y 轴与 X 轴和 Z 轴垂直并构成右手系。因此动态偏置模式下卫星的名义姿态偏航角为

$$\Psi = \arctan^2(y_{\text{sun}}, x_{\text{sun}}) \tag{3.107}$$

其中，x_{sun}，y_{sun} 为太阳矢量在轨道坐标系下的分量。帆板转角偏置量则根据太阳方位角和卫星轨道位置计算。零偏模式下卫星的名义姿态偏航角为 0。

3.5　在轨数据验证及结果分析

3.5.1　试验数据及解算方案

针对 GPS 卫星的 ⅡF 模型，本书利用 2013 年第 212~242 天共 31 天的全球均匀分布的 59 个国际 IGS 站观测数据进行光压模型验证试验。采用非差相位和伪距观测值，误差改正模型和解算参数可见表 3.7。需要指出的是，由于 GPS 为距离观测量，因此单独利用 GPS 数据不能确定 UT1，而只能确定日长的变化 (DUT1)(或者说是日长 (LOD))，因此在参数解算中对 UT1 进行了 0.1 ms 强约

表 3.7　改正模型与参数估计策略

参数			处理策略
观测值	观测量		非差无电离层观测值相位组合 + 无电离层观测值伪距组合 (LC+PC)
	采样间隔		30s
	高度截止角		5°
	对流层模型	先验模型	DRY_NIELL 模型
		映射函数	DRY_NIELL
	绝对天线相位中心改正		IGS_08.ATX
	相位缠绕改正		模型改正
	相对论效应		IERS 协议
	固体潮		IERS 协议
	海洋潮汐		FES2004(Finith Element Solution tidal model 2004)
	极潮		IERS 协议
	测站坐标		国际地球参考框架 (ITRF)2008
参数估计	卫星轨道		估计
	卫星钟差		估计
	接收机钟差		估计
	模糊度		估计
	测站坐标		强约束 (1 sigma)
	光压参数		BERN 模型 5 参数，ⅡF model 1 个参数
	模糊度		估计
	地球定向参数		估计 XPOLE、YPOLE、DXPOLE、DYPOLE、UT1(强约束) 和 DUT1
	对流层参数		每站一小时估计一个 ZTD 参数

束，而对 XPOLE、YPOLE、DXPOLE、DYPOLE 和 DUT1 施加了松约束，分别为 XPOLE/YPOLE(300mas)、DXPOLE/DYPOLE（30mas/天）和 DUT1(2ms/天)，站坐标加了 1 倍中误差的强约束。考虑的误差改正模型有：绝对天线相位改正、相位缠绕改正、相对论效应、固体潮、极潮等。每天一个弧段进行解算，解算参数包括：卫星初始轨道根数，太阳光压参数 (BERN 模型估算 5 个 Bernese 光压参数，ⅡF model 估算一个 SRP scale 参数)，卫星钟差，测站钟差，模糊参数，每站每小时一个对流层 ZTD(Zenith Total Delay) 参数，EOP 参数。

针对北斗卫星的光压模型，本书采用 2015 年全球分布的 MGEX 站观测数据进行精密定轨，精密定轨所用模型和参数基本同 GPS 试验，其中 2015 年第 152～279 天加入了 6 个区域网的测站的数据。

3.5.2 针对 GPS 卫星的 ⅡF 模型试验

试验分别采用了两种模型 (BERN 模型和 ⅡF 模型)，对两段时间 (2013 年第 212～242 天和 2013 年第 243～258 天) 的不同测站 (59 个国际 IGS 站和 168 个国际 IGS 站) 进行精密定轨计算。从结果图 3.23 中发现，ⅡF 模型在数据比较少时充分发挥了优势，但在测站多、数据充足时比 BERN 模型差，原因是 BERN 模型在 DYB 轴上设置的估计参数吸收未模制的摄动力更好 (赵群河, 2017)。

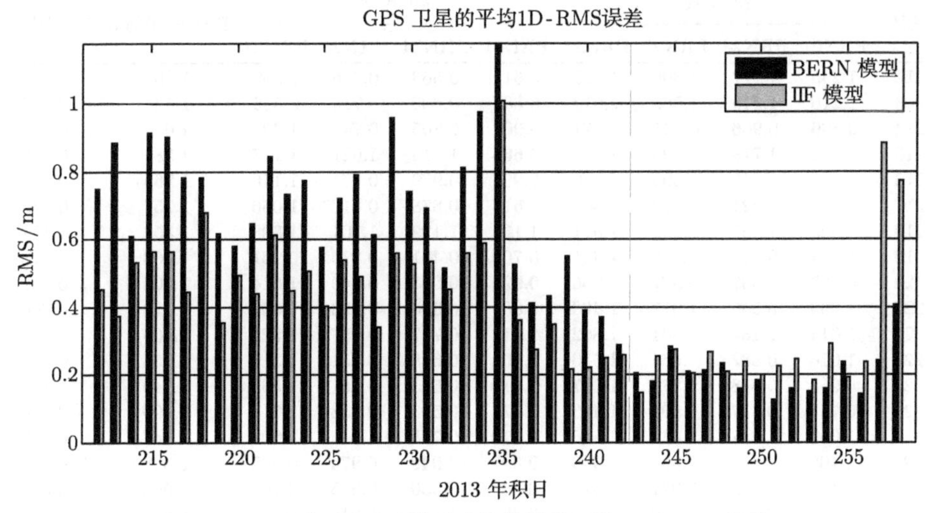

图 3.23 四颗卫星两种模型计算轨道的平均 1D-RMS 比较

从表 3.8 中可以发现，ⅡF 模型进行轨道预报时比较稳定，预报 1 天、3 天、7 天的 3D-RMS 分别为 0.5 m、2 m、10 m 左右；BERN 模型预报 1 天、3 天、7 天的 3D-RMS 分别为 0.9 m、5 m、25 m 左右，相比 ⅡF 模型差别比较大。

表 3.8　对两种光压模型分别预报 1 天/3 天/7 天轨道的平均 3D-RMS 结果

年积日	预报 1 天		预报 3 天		预报 7 天	
	BERN	IIF 模型	BERN	IIF 模型	BERN	IIF 模型
243	0.880	0.430	5.530	2.090	26.940	9.750
244	0.730	0.420	4.030	2.010	19.020	9.510
245	1.060	0.420	7.010	2.050	42.940	9.730
246	1.120	0.440	6.630	2.080	33.240	9.930
247	0.900	0.500	5.950	1.960	42.420	9.680
248	1.200	0.480	6.130	2.140	29.600	10.140
249	0.860	0.420	5.570	2.230	28.380	10.390
250	0.980	0.360	6.050	1.990	29.400	9.650
251	0.460	0.460	3.010	2.240	14.980	10.360

针对 GPS 试验结果进行分析，则太阳光压模型的建立需解算卫星轨道，为此，我们也分别列出了各天的轨道确定结果：各天 GPS 轨道位置分量平均误差 (1D) 和位置总误差 (3D)。表 3.9 表示了两种光压模型使用 59 个测站定轨的 3D-RMS 结果，对应的图为图 3.24～ 图 3.29。从试验结果可以看出，使用 IIF 模型的定轨 3D-RMS 要比 BERN 模型小，均可达到分米级。其中，第 212～242 天只使用 59 个测站的数据，第 243～258 天的试验均使用 168 个测站的数据，在此说明。

表 3.9　两种光压模型使用 59 个测站定轨 3D-RMS 结果

年积日	BERN 模型				IIF 模型				BERN 平均值	IIF 平均值
	PRN01	PRN24	PRN25	PRN27	PRN01	PRN24	PRN25	PRN27		
212	1.295	1.177	1.306	1.421	0.611	0.663	0.866	1.009	1.300	0.787
213	1.216	1.319	1.589	2.013	0.503	0.685	0.716	0.685	1.534	0.647
214	0.836	0.966	0.845	1.571	0.905	0.805	0.744	1.225	1.055	0.920
215	1.347	1.718	1.105	2.164	0.663	1.113	1.021	1.117	1.584	0.979
216	1.137	1.343	1.303	2.470	0.995	0.979	0.771	1.146	1.563	0.973
217	0.982	1.421	0.718	2.307	0.512	0.878	0.617	1.056	1.357	0.766
218	0.993	1.327	1.532	1.571	1.168	1.129	1.101	1.308	1.356	1.177
219	1.084	0.714	1.153	1.321	0.700	0.411	0.379	0.961	1.068	0.613
220	0.867	1.037	0.837	1.266	0.926	0.838	0.645	1.014	1.002	0.856
221	1.039	0.955	1.017	1.463	0.865	0.580	0.593	1.002	1.119	0.760
222	1.014	1.184	1.801	1.862	1.111	0.757	0.857	1.522	1.465	1.062
223	1.016	0.882	1.664	1.510	0.601	0.628	0.551	1.316	1.268	0.774
224	0.951	0.838	1.874	1.697	0.719	0.545	0.661	1.563	1.340	0.872
225	0.794	0.717	0.993	1.493	0.628	0.523	0.638	1.012	0.999	0.700
226	1.053	1.047	1.042	1.846	0.910	0.798	1.005	1.008	1.247	0.930
227	1.105	1.053	1.330	1.983	0.597	0.948	0.974	0.865	1.368	0.846
228	1.188	0.759	0.971	1.322	0.541	0.530	0.575	0.702	1.060	0.587
229	1.666	2.019	1.160	1.821	0.809	1.212	0.915	0.946	1.667	0.971
230	1.041	1.680	1.318	1.087	0.791	0.996	1.060	0.790	1.282	0.909
231	1.163	1.259	1.101	1.267	0.937	0.885	0.656	1.230	1.198	0.927
232	0.488	1.191	0.815	1.077	0.483	1.058	0.660	0.923	0.893	0.781
233	1.100	1.368	1.551	1.594	0.619	0.862	1.186	1.208	1.403	0.969
234	1.194	1.553	1.864	2.156	0.575	0.863	1.282	1.365	1.692	1.021
235	1.717	1.650	2.269	2.543	1.709	1.463	2.075	1.741	2.045	1.747
236	0.611	0.622	1.067	1.335	0.512	0.541	0.500	0.946	0.909	0.625

续表

年积日	BERN 模型				IIF 模型				BERN 平均值	IIF 平均值
	PRN01	PRN24	PRN25	PRN27	PRN01	PRN24	PRN25	PRN27		
237	0.865	0.568	0.477	0.944	0.514	0.356	0.503	0.524	0.714	0.474
238	0.553	0.659	0.866	0.918	0.575	0.450	0.329	1.071	0.749	0.606
239	0.858	0.579	0.982	1.413	0.270	0.322	0.375	0.525	0.958	0.373
240	0.504	0.759	0.822	0.619	0.306	0.400	0.483	0.346	0.676	0.384
241	0.527	0.663	0.629	0.737	0.486	0.377	0.381	0.483	0.639	0.432
242	0.428	0.400	0.626	0.541	0.336	0.408	0.509	0.540	0.499	0.448

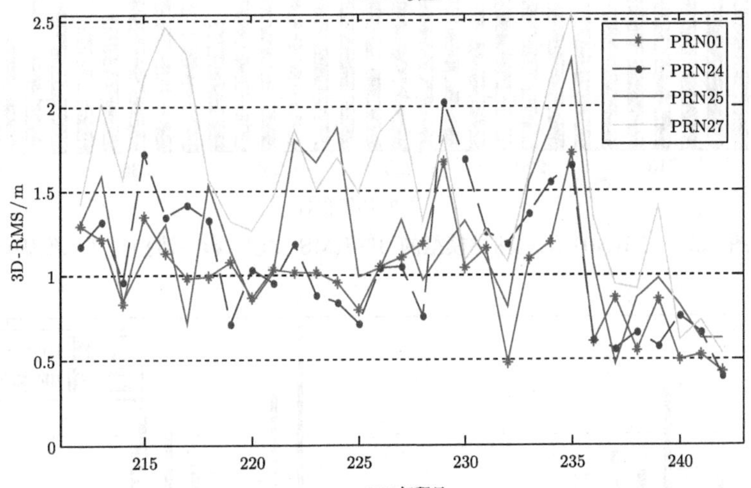

图 3.24　BERN 模型四颗卫星的 3D-RMS(彩图请扫封底二维码)

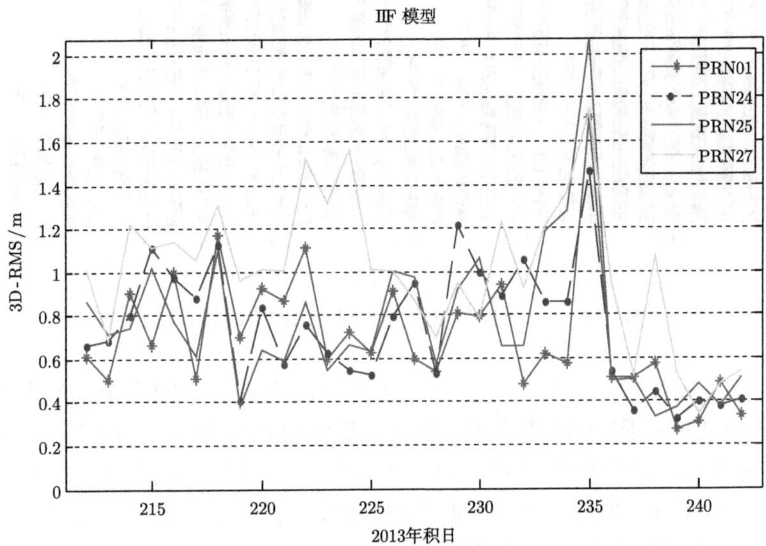

图 3.25　IIF 模型四颗卫星的 3D-RMS(彩图请扫封底二维码)

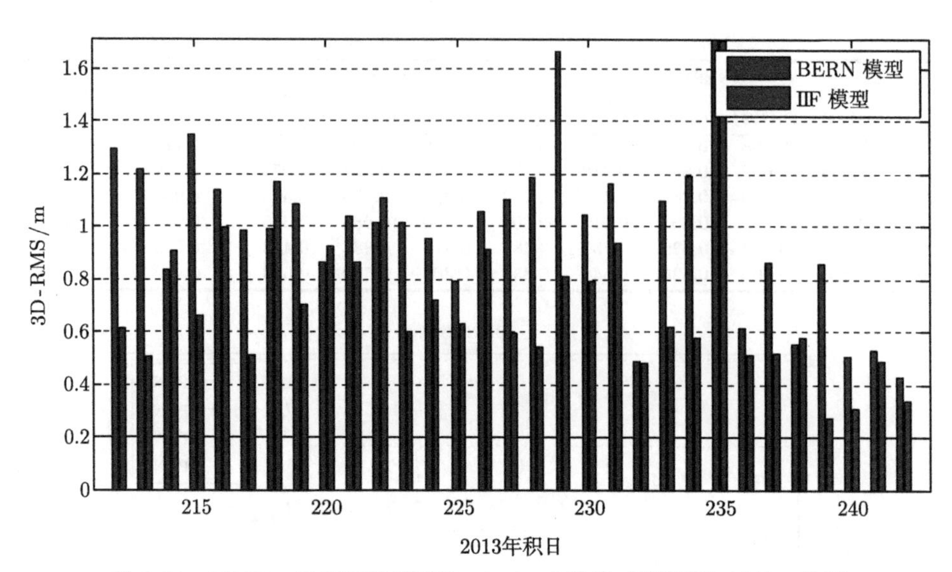

图 3.26 PRN01 卫星两种模型的 3D-RMS 比较 (彩图请扫封底二维码)

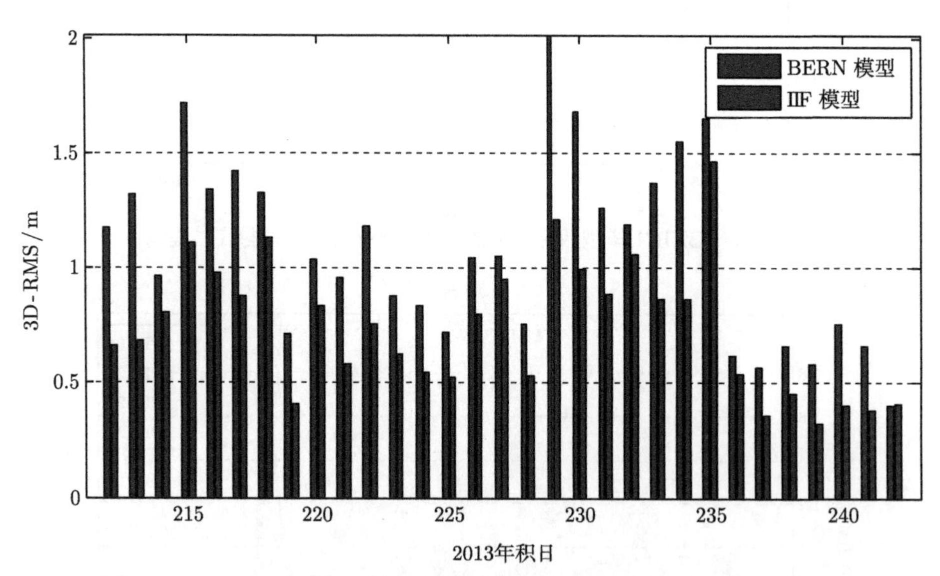

图 3.27 PRN24 卫星两种模型的 3D-RMS 比较 (彩图请扫封底二维码)

从第 243 天开始，增加全球测站，达到 168 个站，其间有个别站不能用。从表 3.10 和图 3.30～ 图 3.36 中发现，两种模型的定轨残差均有明显减小，3D-RMS 达到 0.2~0.5 m；两种模型精度相当，BERN 模型的计算轨道残差略小，比较稳定。由此可以说明，在测站少、数据不充足的情况下，IIF 模型能够获得比较好的定轨结果；当数据充足后，两种模型的定轨精度相当，BERN 模型更稳定。

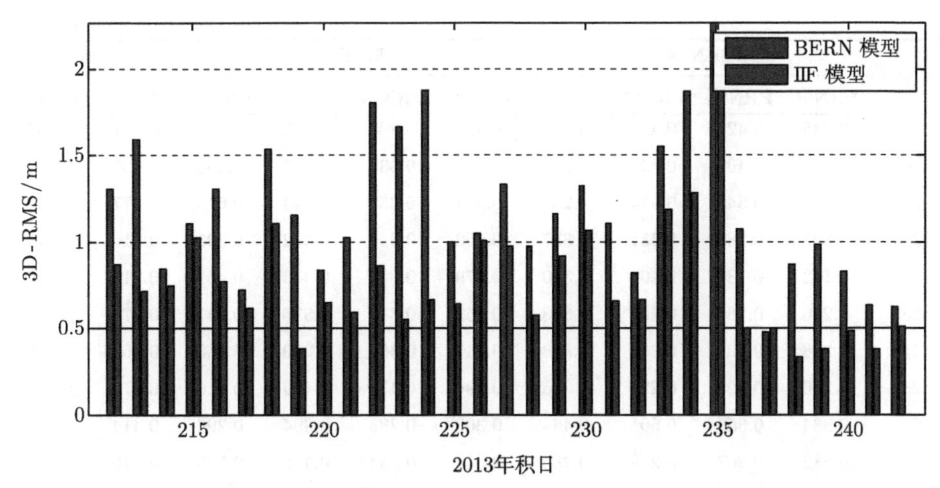

图 3.28 PRN25 卫星两种模型的 3D-RMS 比较 (彩图请扫封底二维码)

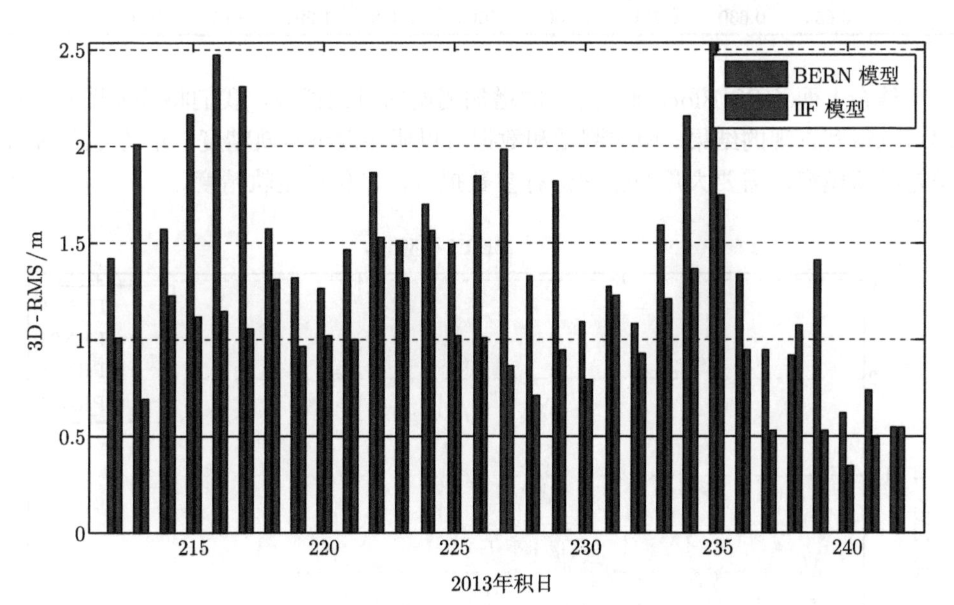

图 3.29 PRN27 卫星两种模型的 3D-RMS 比较 (彩图请扫封底二维码)

表 3.10 两种光压模型使用 168 个测站的定轨 3D-RMS 结果

年积日	BERN 模型				IIF 模型				平均值	
	PRN01	PRN24	PRN25	PRN27	PRN01	PRN24	PRN25	PRN27	BERN	IIF 模型
243	0.338	0.288	0.425	0.376	0.272	0.256	0.208	0.290	0.357	0.257
244	0.449	0.154	0.262	0.375	0.592	0.337	0.411	0.412	0.310	0.438
245	0.490	0.416	0.407	0.656	0.318	0.448	0.396	0.744	0.492	0.477
246	0.354	0.296	0.296	0.492	0.392	0.308	0.241	0.475	0.360	0.354

续表

年积日	BERN 模型				IIF 模型				平均值	
	PRN01	PRN24	PRN25	PRN27	PRN01	PRN24	PRN25	PRN27	BERN	IIF 模型
247	0.335	0.421	0.420	0.307	0.458	0.408	0.483	0.506	0.371	0.464
248	0.317	0.402	0.393	0.516	0.350	0.337	0.324	0.438	0.407	0.362
249	0.182	0.346	0.314	0.264	0.314	0.365	0.344	0.615	0.277	0.410
250	0.327	0.269	0.331	0.337	0.452	0.310	0.302	0.325	0.316	0.347
251	0.162	0.188	0.204	0.310	0.379	0.379	0.345	0.451	0.216	0.389
252	0.256	0.286	0.267	0.303	0.452	0.369	0.336	0.547	0.278	0.426
253	0.228	0.239	0.254	0.318	0.247	0.365	0.290	0.360	0.260	0.316
254	0.226	0.323	0.221	0.346	0.494	0.476	0.436	0.616	0.279	0.506
255	0.334	0.355	0.501	0.464	0.360	0.283	0.394	0.294	0.414	0.333
256	0.232	0.207	0.279	0.266	0.365	0.334	0.415	0.523	0.246	0.409
257	0.427	0.413	0.504	0.319	1.193	1.522	1.436	1.976	0.416	1.532
258	0.654	0.630	0.721	0.800	1.065	1.328	1.291	1.672	0.701	1.339

结合上面 GPS Block IIF 卫星的增加测站的对比试验，我们将残差图画在一起可以得到直观的结果。增加测站和数据可以明显改善定轨精度，并且 BERN 模型是经验模型，需要大量数据来进行参数拟合，以保证定轨精度。

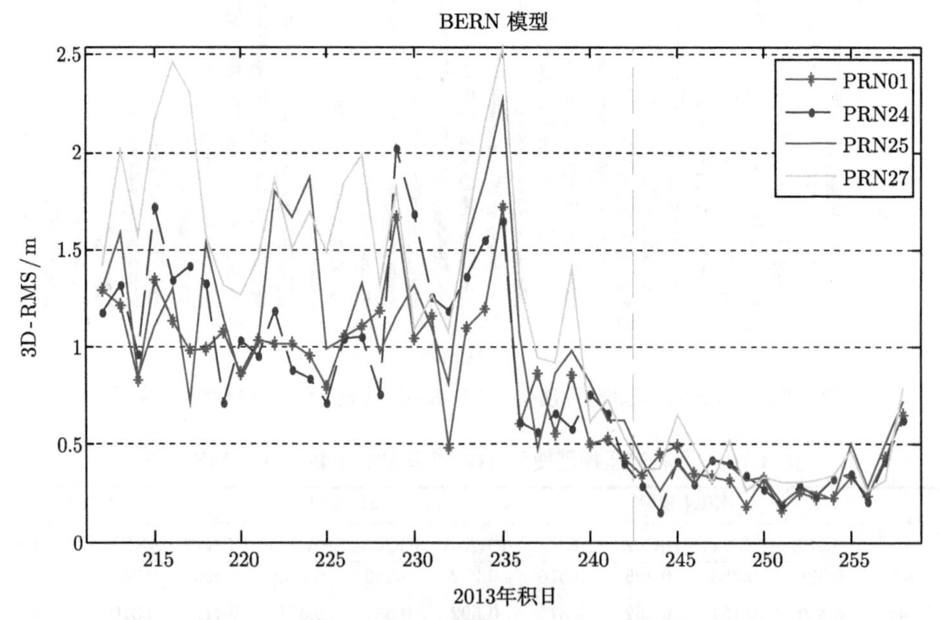

图 3.30　BERN 模型计算四颗卫星的 3D-RMS(彩图请扫封底二维码)

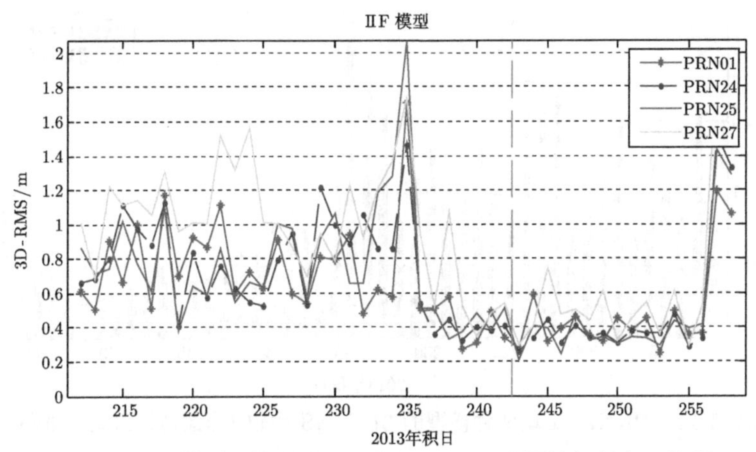

图 3.31 ⅡF 模型计算四颗卫星的 3D-RMS(彩图请扫封底二维码)

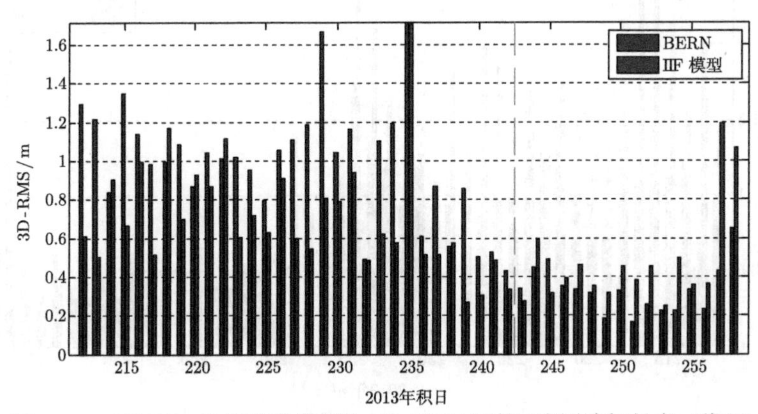

图 3.32 PRN01 卫星两种模型的 3D-RMS 比较 (彩图请扫封底二维码)

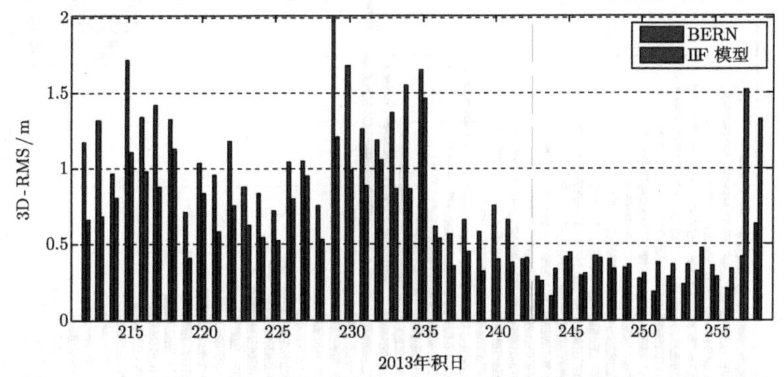

图 3.33 PRN24 卫星两种模型的 3D-RMS 比较 (彩图请扫封底二维码)

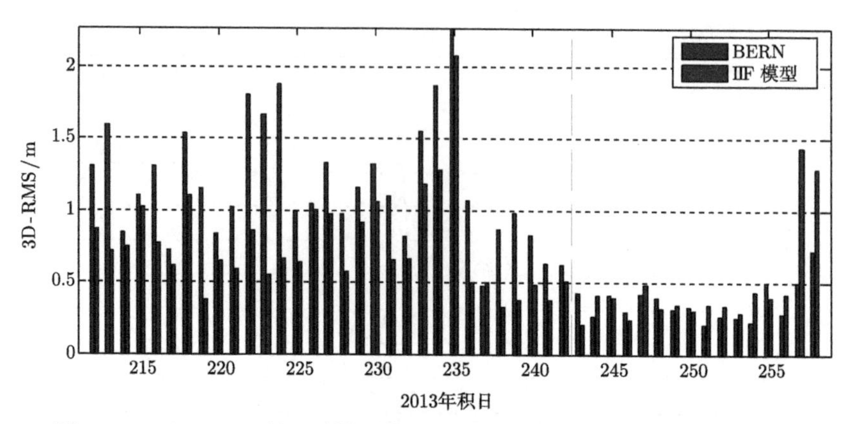

图 3.34　PRN25 卫星两种模型的 3D-RMS 比较 (彩图请扫封底二维码)

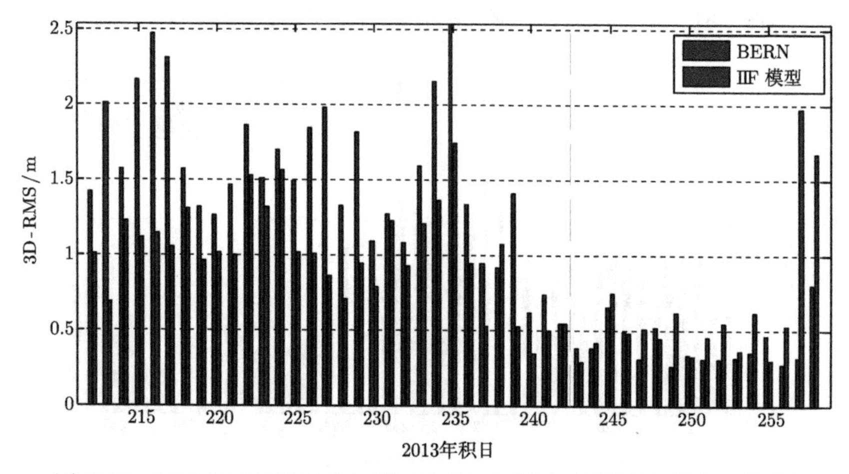

图 3.35　PRN27 卫星两种模型的 3D-RMS 比较 (彩图请扫封底二维码)

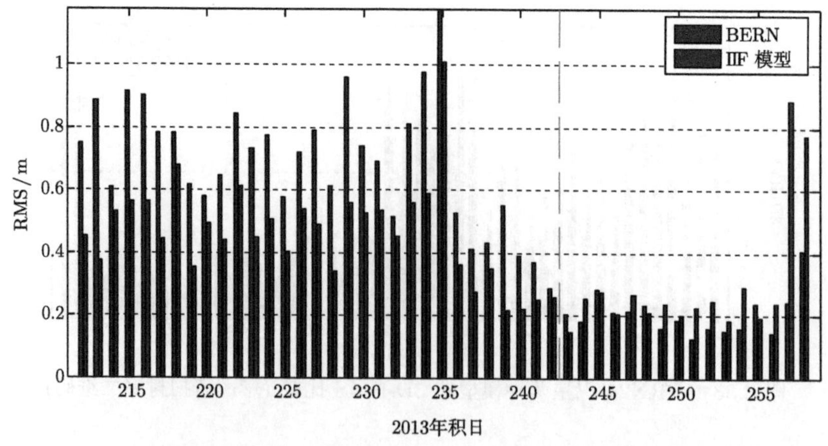

图 3.36　四颗卫星两种模型计算结果均差平均 RMS 比较 (彩图请扫封底二维码)

试验中选取 IIF 模型来进行定轨，并统计四颗卫星在切向 (along)、法向 (cross)、径向 (radial) 三个方向的残差表现，由图 3.37～ 图 3.39 表示。可以发现径向的残差最小，法向次之，切向 (T) 方向最大。

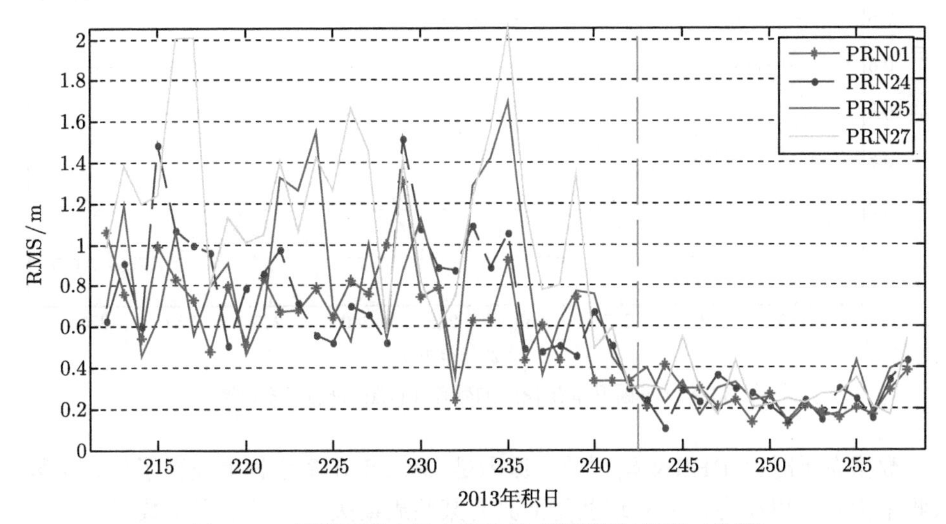

图 3.37 四颗卫星在切向的残差 (彩图请扫封底二维码)

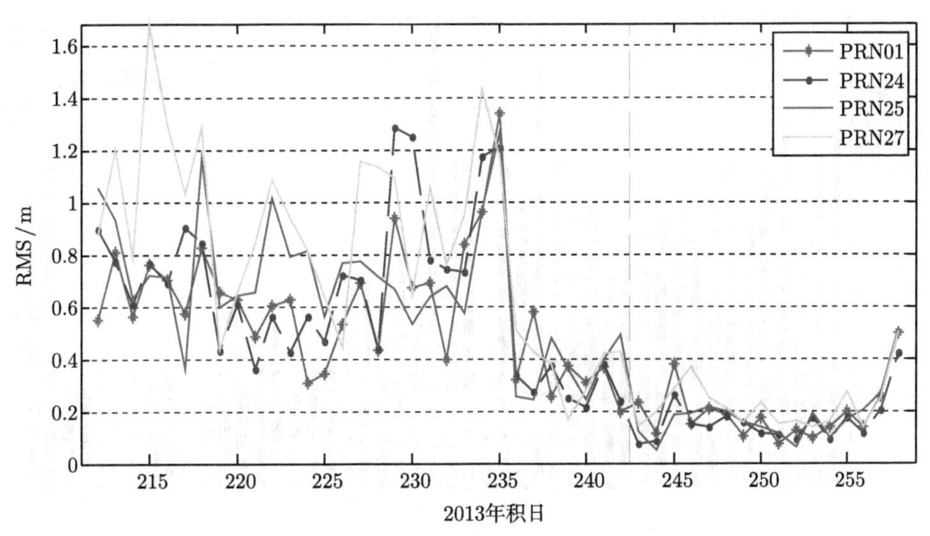

图 3.38 四颗卫星在法向的残差 (彩图请扫封底二维码)

PRN01 卫星用 BERN 模型与 IIF 模型计算结果 1D-RMS 如图 3.40 所示。三个方向的残差 RMS 的比较如图 3.41～ 图 3.43 所示。从图中可以发现，法向残差表现相当，差别主要在径向，IIF 模型在数据比较少时充分发挥了优势，但在测站

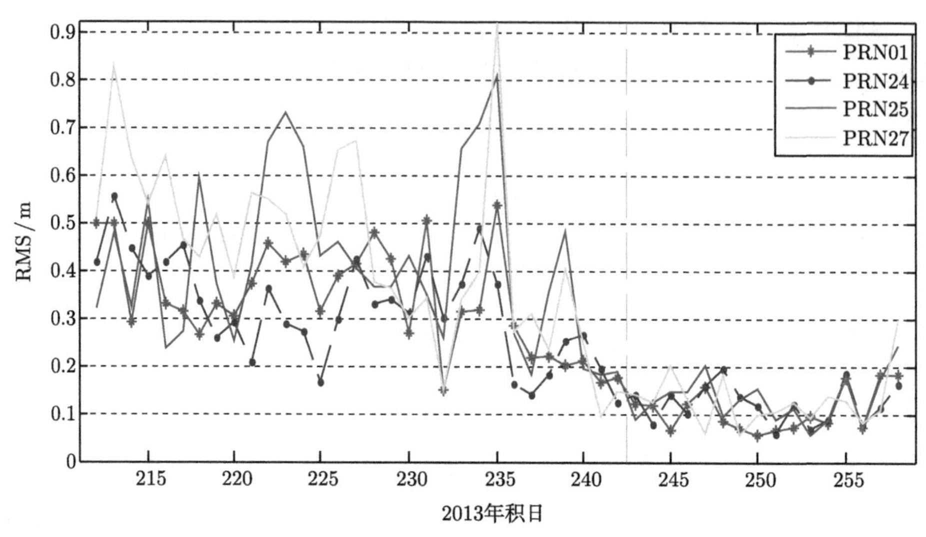

图 3.39　四颗卫星在径向的残差 (彩图请扫封底二维码)

多、数据充足时比 BERN 模型差，原因是 BERN 在多个轴上设置了估计参数去吸收未模制的摄动力，并且这些里面具有某些周期关系，易于用函数表示。

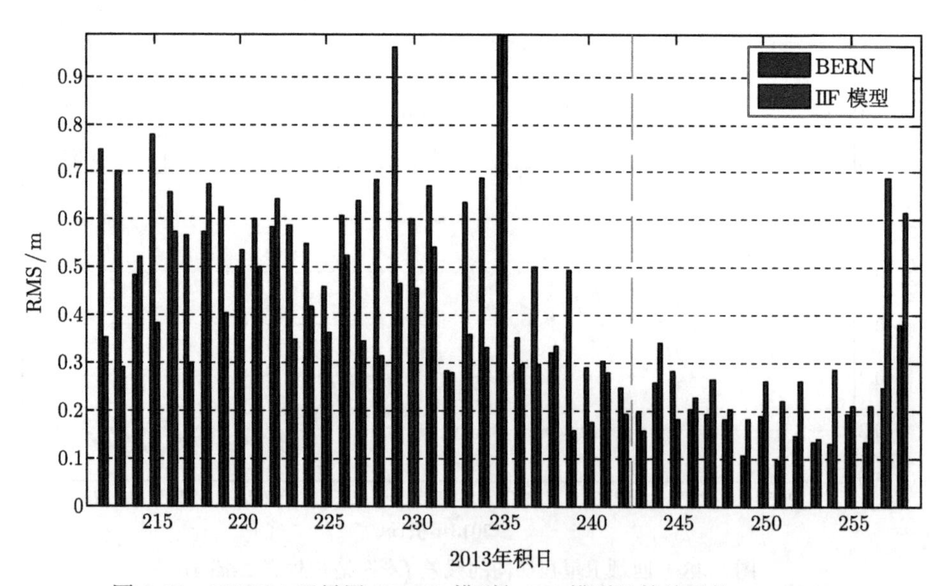

图 3.40　PRN01 卫星用 BERN 模型与 IIF 模型计算结果的 1D-RMS

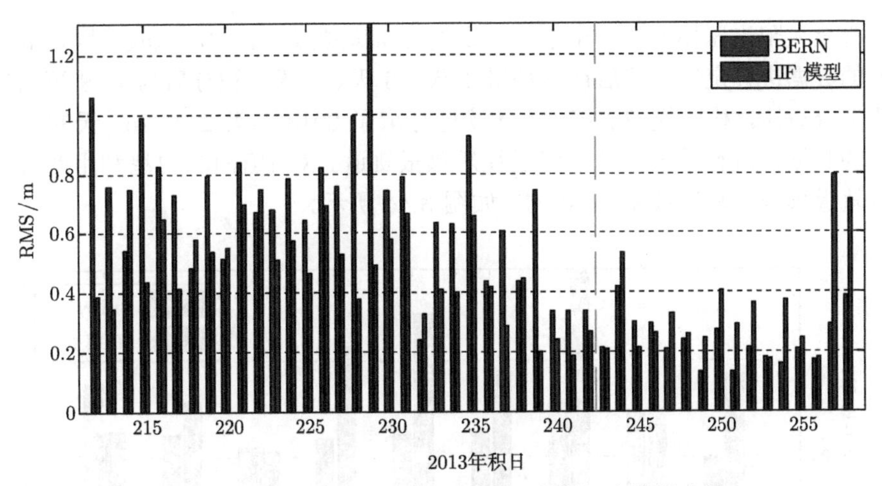

图 3.41 PRN01 卫星用两种模型计算的切向轨道残差

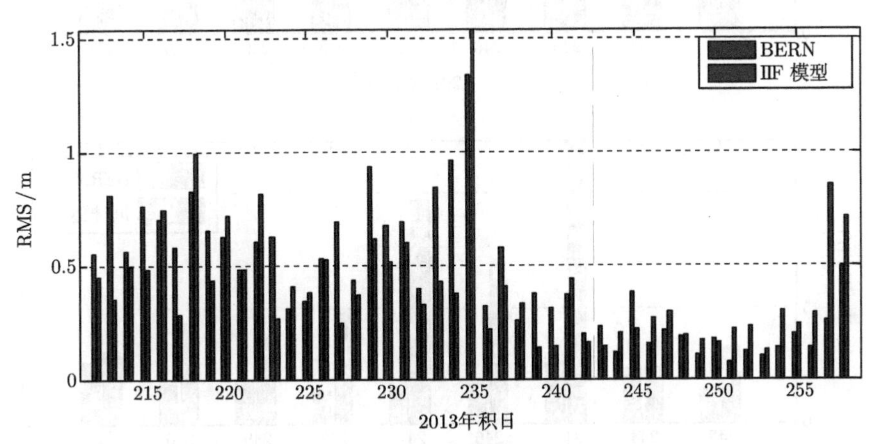

图 3.42 PRN01 卫星用两种模型计算的法向轨道残差

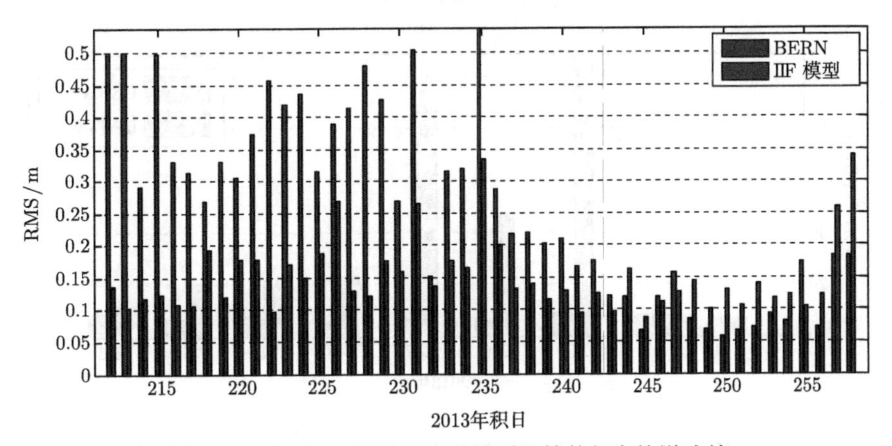

图 3.43 PRN01 卫星用两种模型计算的径向轨道残差

检核太阳光压模型的一个手段就是进行轨道预报。因此，试验分别选取了用单天的数据进行定轨，然后往后预报 1 天、3 天、7 天，积分后与 IGS 事后精密星历拟合对比，检验模型的精度。本实验选取了 2013 年第 243~251 天的 168 个测站的数据，进行单天定轨，然后往后预报轨道。对 PRN01 卫星利用两种模型进行轨道预报，轨道残差 3D-RMS 如图 3.44 所示。

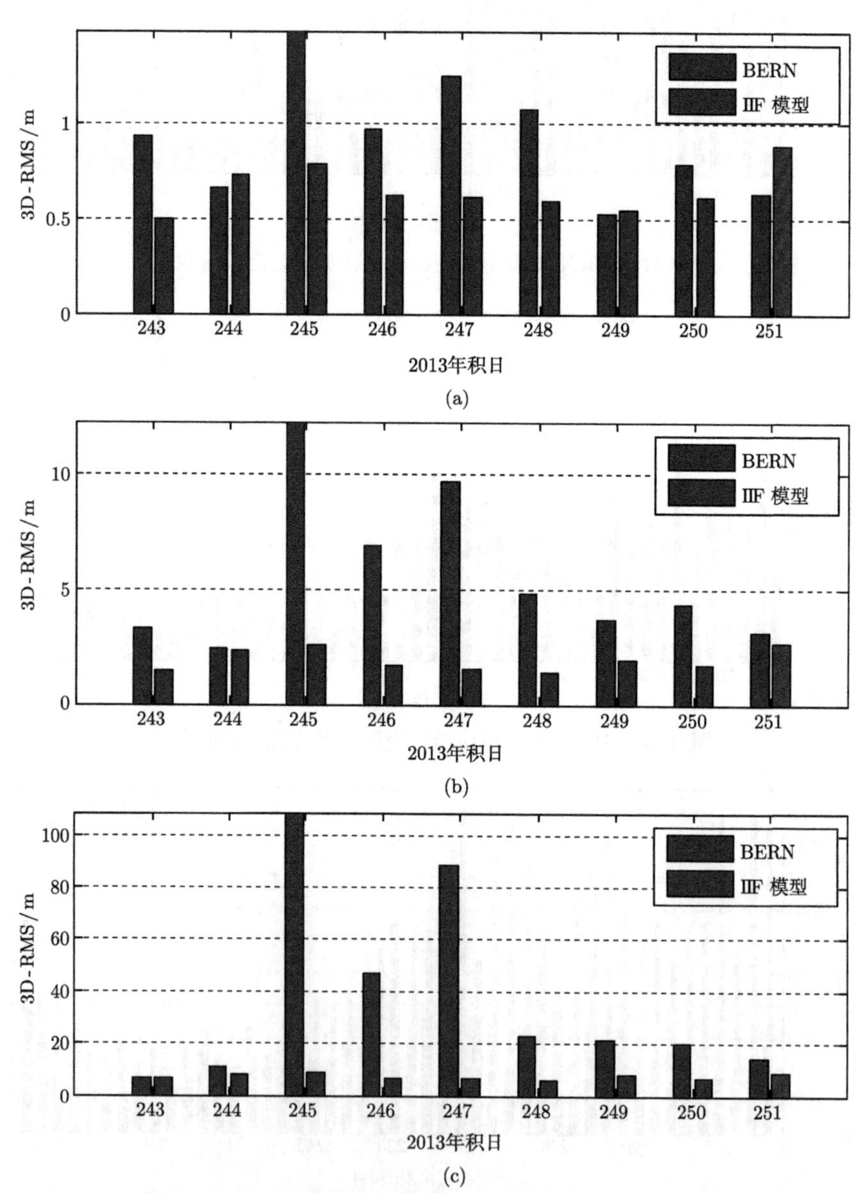

图 3.44　PRN01 卫星用两种模型预报轨道 (a)1 天、(b)3 天、(c)7 天的 3D-RMS

PRN01、PRN24、PRN25、PRN27 四颗卫星预报 1 天、3 天、7 天轨道的拟合平均 RMS 如图 3.45 所示。

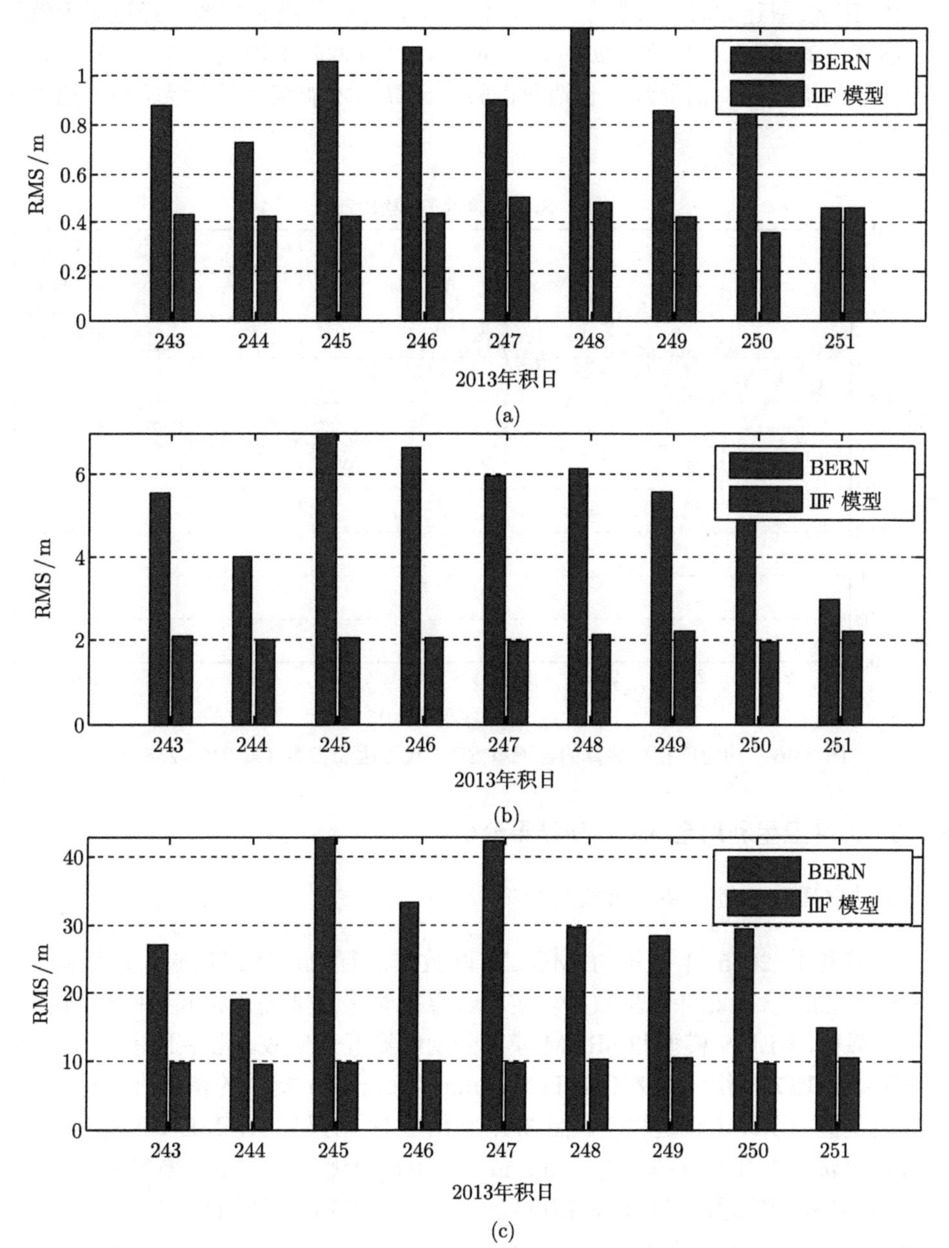

图 3.45 四颗卫星预报 (a)1 天、(b)3 天、(c)7 天轨道的拟合平均 RMS

至此我们可以发现，IIF 模型进行轨道预报时比较稳定，预报 1 天、3 天、7

天的 3D-RMS 分别为 0.5 m、2 m、10 m 左右；BERN 模型预报 1 天、3 天、7 天的 3D-RMS 分别为 0.9 m、5 m、25 m 左右，相比 ⅡF 模型差别比较大。

在 ⅡF 模型建立时，设置了一个比例因子，并作为待估参数，经过多天解算后，估算出的 SRP 尺度因子如图 3.46 所示，通过六阶多项式拟合后，有一定的周期性但是不明显，需要经过长期数据验证计算后才能统计得出经验公式用于工程计算。

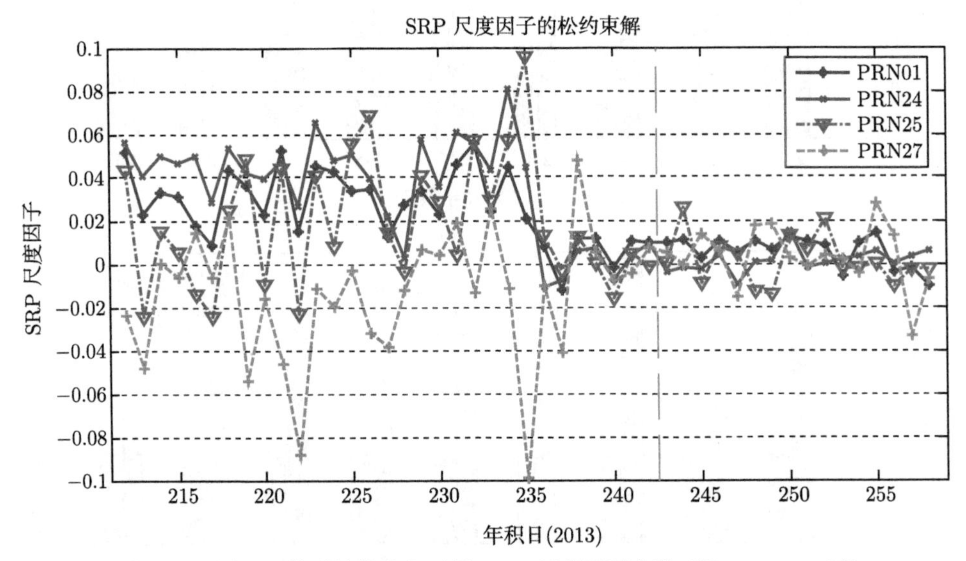

图 3.46　用 ⅡF 模型估算的各卫星 SRP 尺度因子参数 (第 212~258 天)

3.5.3　北斗卫星利用全球网定轨结果分析

1. 与 GFZ 轨道产品比较精度情况

本节利用 2015 年全年的 MGEX 网数据进行轨道确定试验，这期间共有 50~60 个测站含有北斗卫星数据。定轨计算策略采用非差相位和伪距观测值，3 天为一弧段，BERN 模型和 SRPM 模型分别解算五个参数。北斗卫星 (5 GEO+5 IGSO+3 MEO) 利用 GFZ(Geo Forschungs Zentrum) 提供的精密轨道和轨道重叠弧段差值加以评定轨道精度。图 3.47 和图 3.48 结果显示，MEO 卫星和 IGSO 卫星在定轨内重叠弧段精度优于 0.2 m，其中径向优于 10 cm，得到的精密轨道产品与 GFZ 的轨道产品比较，精度优于 30 cm；GEO 卫星 (以 C05 号为例) 外符合精度优于 0.7 m，且径向优于 10 cm。

定轨残差是将模型试验的确定轨道与 GFZ 产品比较，结果见图 3.49 和图 3.50。从比较结果可以看出，BERN 模型和 SRPM 模型 GEO 卫星在全年定轨中

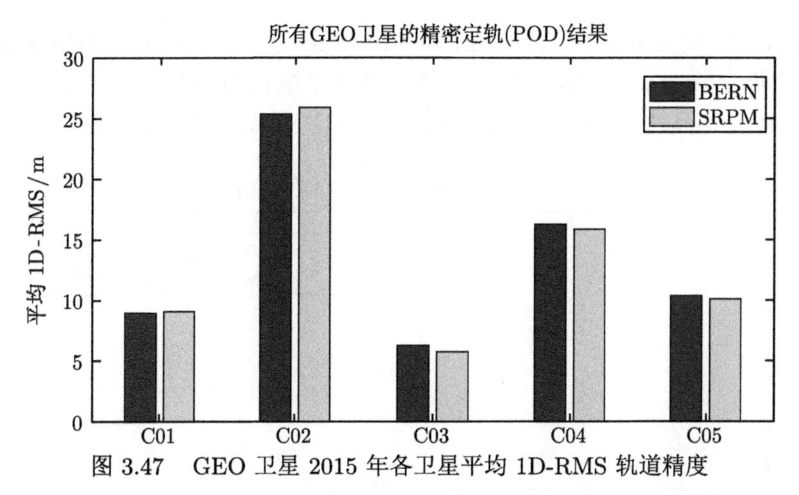

图 3.47　GEO 卫星 2015 年各卫星平均 1D-RMS 轨道精度

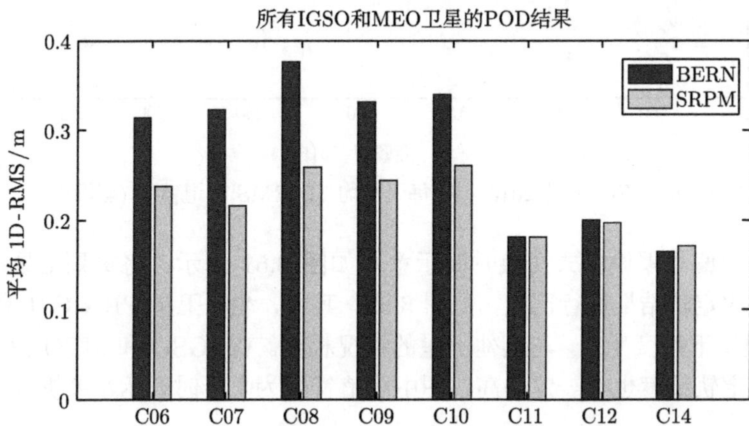

图 3.48　IGSO 和 MEO 卫星 2015 年各卫星的平均 1D-RMS 轨道精度

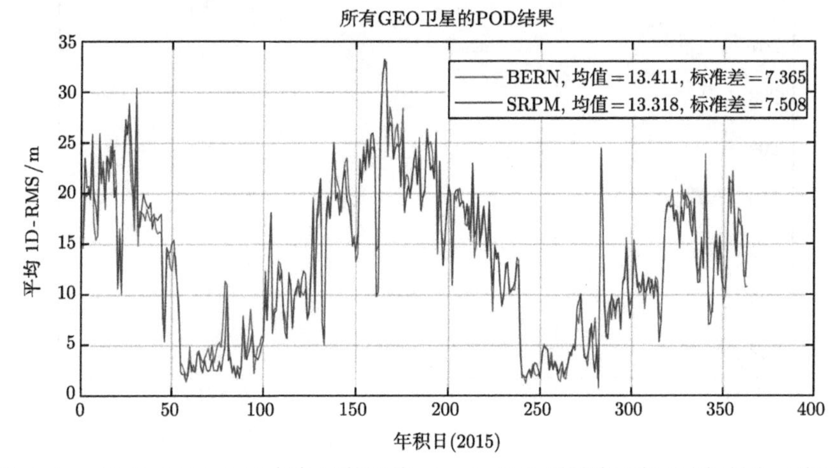

图 3.49　GEO 卫星 2015 年每天的平均 1D-RMS 轨道精度 (彩图请扫封底二维码)

平均 1D-RMS 精度分别为 13.411 m 和 13.318 m，提高约 9.3 cm；IGSO 和 MEO 卫星在全年定轨中平均 1D-RMS 精度分别为 0.279 m 和 0.221 m，提高约 5.8 cm。通过与 GFZ 产品比较的统计结果也反映出 SRPM 模型稍优于 BERN 模型。

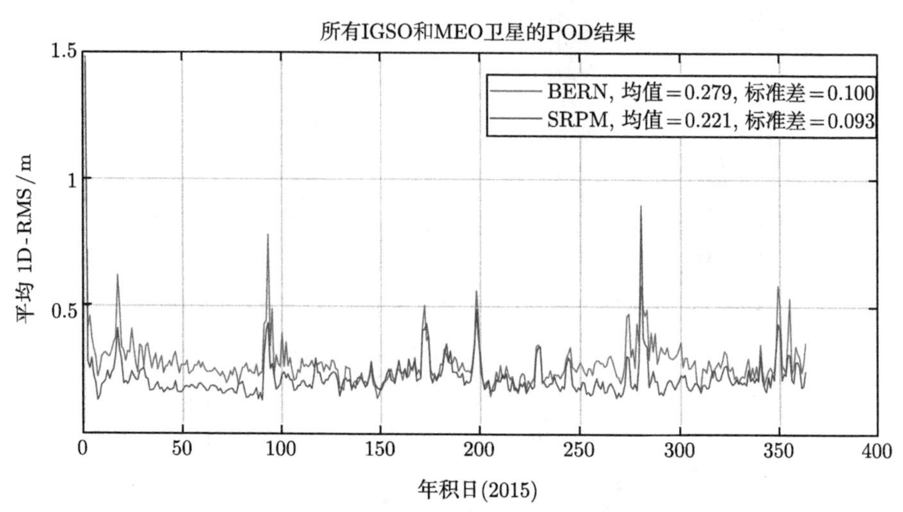

图 3.50　IGSO 和 MEO 卫星 2015 年的每天平均 1D-RMS 轨道精度 (彩图请扫封底二维码)

卫星动偏与零偏模式切换时间示意图如图 3.51 所示。将每颗卫星按类别对两种模型的定轨结果进行比较，见图 3.52。其中，北斗卫星 PRN C01 和 C02 在 SRPM 模型下精度变差，与其他卫星的情况相反。在 IGSO 和 MEO 卫星零偏切换时间，定轨精度也有一定提高，图中均值符号为负号时表示精度提高。

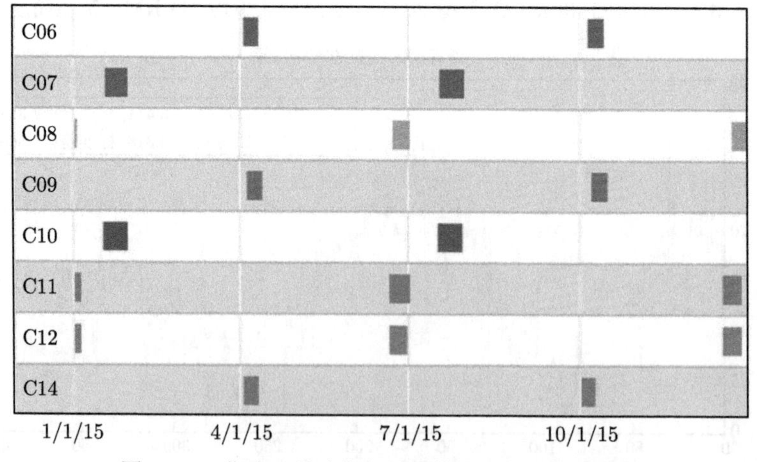

图 3.51　北斗卫星动偏与零偏模式切换时间示意图

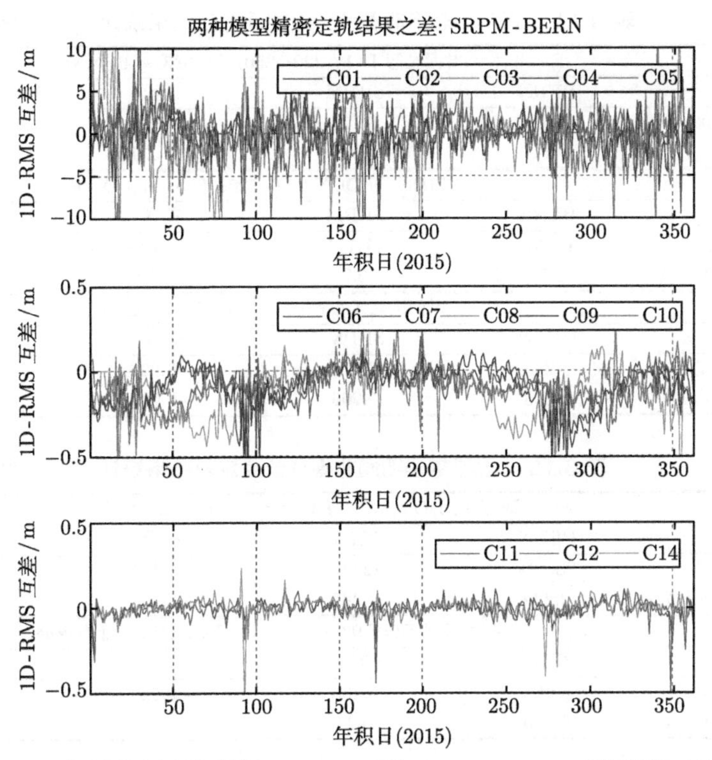

图 3.52　2015 年两种光压模型的 1D-RMS 互差：SRPM-BERN(彩图请扫封底二维码)

我们提取了 GEO 卫星春秋分点期间、卫星零偏机动期间，以及是否加入 6 个区域网测站数据的区间结果，分别分析两种模型对定轨结果的影响。从表 3.11 中可以发现，正常姿态下并且 GEO 卫星在非春秋分点期间，IGSO 和 MEO 卫星采用 SRPM 模型定轨精度有不同程度的提高，但是对于 GEO 卫星来说，在加入 6 个区域网测站数据后，SRPM 模型的定轨精度相比于 BERN 模型略微降低，原因是在数据充足的情况下，纯经验模型 BERN 更有利于摄动力的吸收，在春秋分点期间，GEO 卫星的表现依然如此，表 3.12 也说明 SRPM 模型更有利于新系统初期数据不充足的情况。

对表 3.13 进一步分析可知，在数据相对缺乏的情况下，SRPM 模型对于 GEO 卫星定轨精度提高约 4%，在春秋分点期间提高更多；但是当加入 6 个区域网测站后，无论是否在春秋分期间，精度均有一定程度降低。对于 IGSO 和 MEO 卫星，当卫星处于零偏期间，在未加入区域网测站的时间区间，精度提高量比加入区域网测站后的精度提高量高，由此也证明 SRPM 模型对于数据相对少的定轨试验精度改善更好，对 GEO 卫星处于春秋分点期间和卫星姿态处于零偏状态时的轨道确定精度有很大改善。

表 3.11 正常姿态下非春秋分点期间定轨结果统计 (单位：m)

时间区间 DOY 220~250：MGEX + 6 个测站				
项目	BERN	SRPM	差异	提高率
GEO 卫星	8.605	8.772	0.167	1.9%
IGSO&MEO 卫星	0.248	0.211	−0.037	−14.9%
时间区间 DOY 290~320：仅用 MGEX 站				
项目	BERN	SRPM	差异	提高率
GEO 卫星	11.387	11.111	−0.276	−2.4%
IGSO&MEO 卫星	0.28	0.2	−0.08	−28.6%
时间区间 DOY 125~155：仅用 MGEX 站				
项目	BERN	SRPM	差异	提高率
GEO 卫星	17.946	17.724	−0.222	−1.2%
IGSO&MEO 卫星	0.213	0.206	−0.007	−3.3%

表 3.12 卫星零偏期间非春秋分点定轨结果统计 (单位：m)

时间区间 DOY 172~183: C08、C11、C12 卫星处于零偏姿态				
项目	BERN	SRPM	差异	提高率
GEO 卫星	23.121	22.006	−1.115	−4.8%
IGSO&MEO 卫星	0.299	0.289	−0.01	−3.3%
时间区间 DOY 93~103:C06、C09、C14 处于零偏姿态				
项目	BERN	SRPM	差异	提高率
GEO 卫星	6.665	6.438	−0.227	−3.4%
IGSO&MEO 卫星	0.359	0.24	−0.119	−33.1%

表 3.13 GEO 卫星春秋分点期间正常姿态定轨精度统计 (单位：m)

时间区间 DOY 70~90：仅 MGEX 测站				
项目	BERN	SRPM	差异	提高率
GEO 卫星	4.864	3.669	−1.195	−24.6%
IGSO&MEO 卫星	0.236	0.162	−0.074	−31.4%
时间区间 DOY 256~274：MGEX 测站加 6 个监测站				
项目	BERN	SRPM	差异	提高率
GEO 卫星	4.151	4.501	0.35	8.4%
IGSO&MEO 卫星	0.284	0.191	−0.093	−32.7%

另外，本书针对 SRPM 模型和 BERN 模型的估计参数进行了统计并画图，参见附录 1 和附录 2，分别给出了北斗三类卫星每颗卫星的估计参数随太阳高度角的变化，也揭示了部分参数存在系统差，尤其是 Y 轴方向的估计，Y-bias 差别较大，需要进一步进行统计分析。

2. 重叠弧段精度

重叠 2 天弧段的轨道精度 1D-RMS 提高 6.8 cm，GEO、IGSO、MEO 卫星的精密轨道重叠弧段比较统计结果 (图 3.53~ 图 3.57) 也反映出 SRPM 模型稍优于 BERN 模型，依次提高 17.2 mm、0.2 cm、0.8 cm。GEO 卫星提高最多。

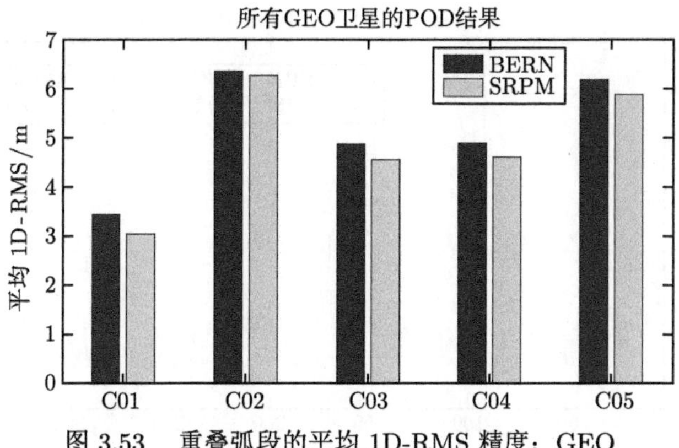

图 3.53 重叠弧段的平均 1D-RMS 精度：GEO

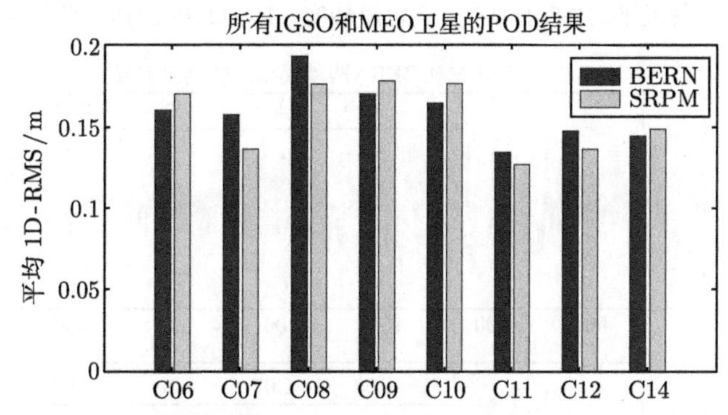

图 3.54 重叠弧段的平均 1D-RMS 精度：IGSO 和 MEO

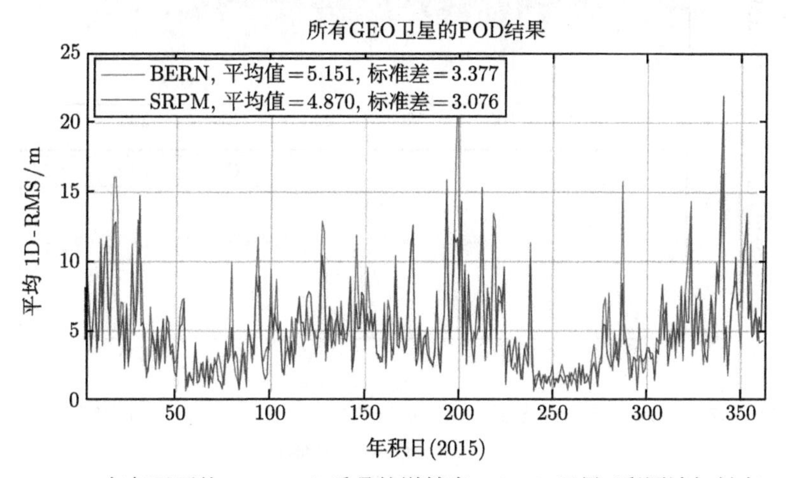

图 3.55 2015 年每天平均 1D-RMS 重叠轨道精度：GEO 卫星 (彩图请扫封底二维码)

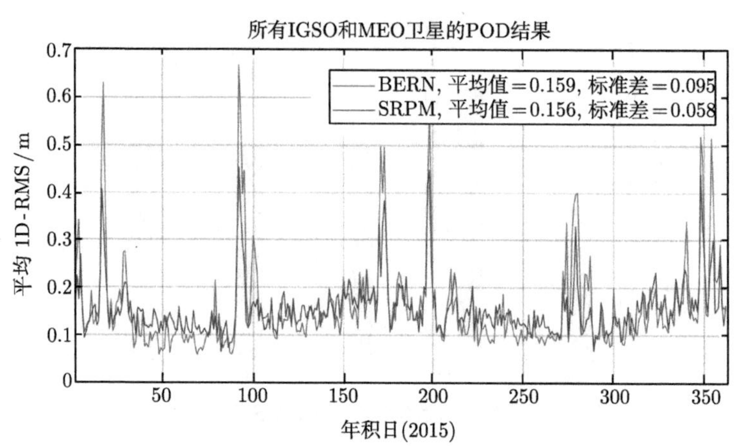

图 3.56　2015 年每天平均 1D-RMS 重叠轨道精度：IGSO 和 MEO(彩图请扫封底二维码)

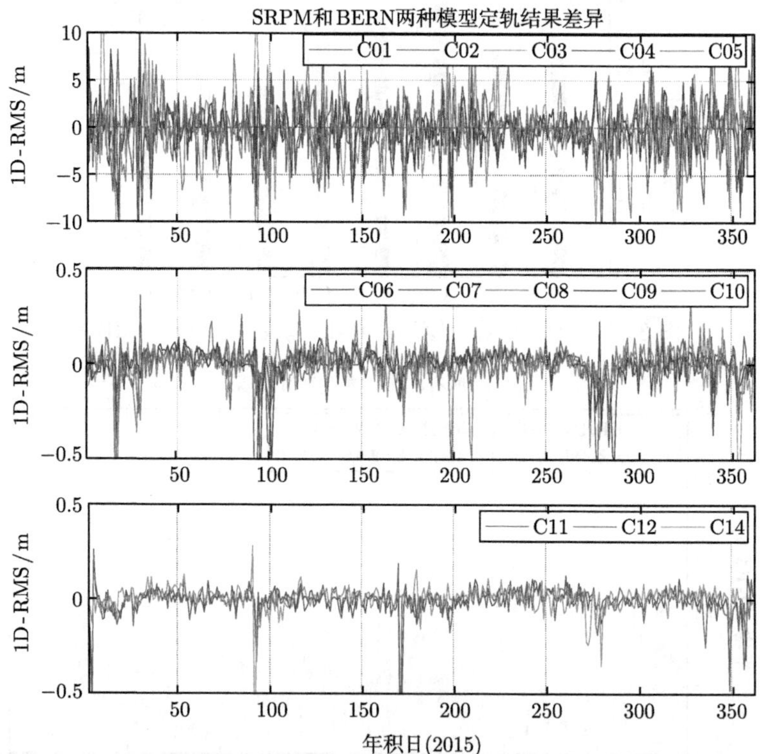

图 3.57　每颗卫星两种光压模型的定轨结果 1D-RMS 互差：SRPM-BERN
(彩图请扫封底二维码)

3. 轨道预报精度

对确定的精密轨道进行轨道预报，预报轨道评估方法见图 3.58。这里分别对两种模型在精密轨道确定后进行轨道预报，统计 2015 年两种光压模型进行预报的精度，轨道预报对比结果见图 3.59～ 图 3.61。对于 IGSO 和 MEO 卫星，预报 6h 时 BERN 模型和 SRPM 模型的平均 1D-RMS 精度分别为 0.296 m 和 0.256 m，提高 0.040 m；预报 24h 时 BERN 模型和 SRPM 模型的平均 1D-RMS 精度分别为 0.583 m 和 0.432 m，提高 0.151 m；预报 48h 时 BERN 模型和 SRPM 模型的平均 1D-RMS 精度分别为 1.436 m 和 0.884 m，提高 0.552 m。对于 GEO 卫星，预报 6h 时、24h 时 SRPM 模型相比 BERN 模型的平均 1D-RMS 精度分别提高 0.082 m、0.128 m，但是预报 48h 时精度衰减。预报 24 h 的平均 1D-RMS 提高 9 cm，其中 GEO、IGSO、MEO 卫星分别提高 7 cm、13 cm、5 cm。具体统计结果参见表 3.14 与表 3.15。

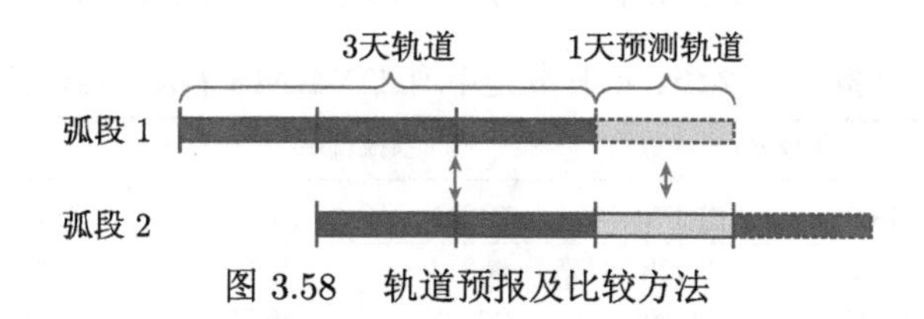

图 3.58 轨道预报及比较方法

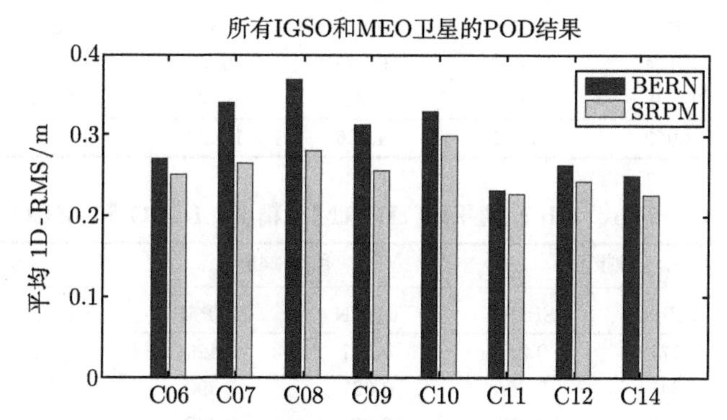

图 3.59 预报 6 h 轨道平均 1D-RMS 精度：IGSO 和 MEO

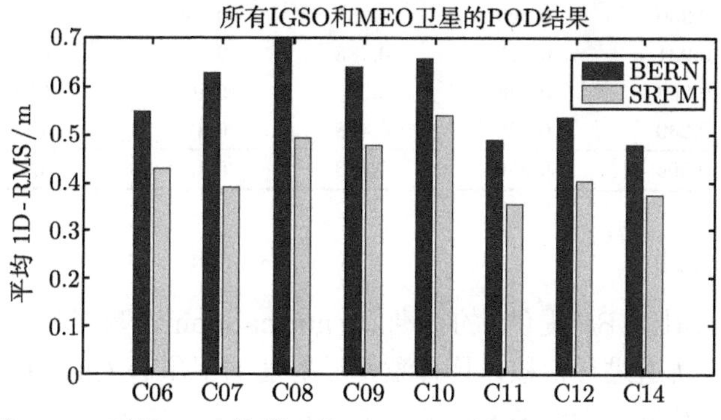

图 3.60 预报 24 h 轨道平均 1D-RMS 精度：IGSO 和 MEO

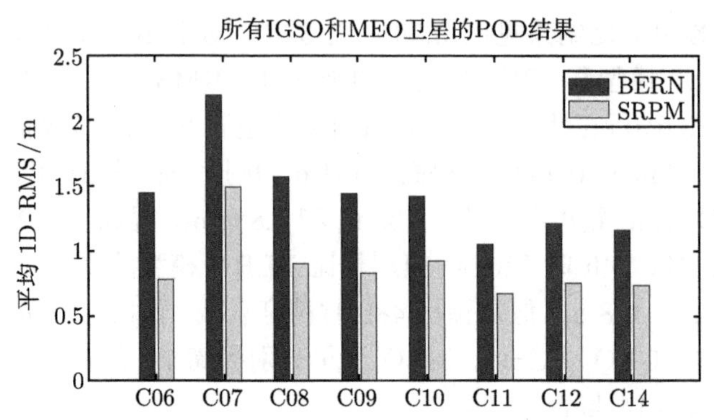

图 3.61 预报 48 h 轨道平均 1D-RMS 精度：IGSO 和 MEO

表 3.14 预报 6h、24h、48h 轨道平均 1D-RMS 精度：GEO (单位：m)

卫星	预报 6h		预报 24h		预报 48h	
	BERN	SRPM	BERN	SRPM	BERN	SRPM
C01	8.312	8.473	9.913	9.958	35.879	59.855
C02	24.400	24.969	26.205	26.739	27.161	27.603
C03	6.179	5.552	10.175	9.535	16.095	15.405
C04	16.184	15.867	16.096	15.679	16.391	15.843
C05	9.719	9.522	9.742	9.578	10.041	9.637
平均值	12.959	12.877	14.426	14.298	21.113	25.669

表 3.15 预报 6h、24h、48h 轨道平均 1D-RMS 精度：IGSO 和 MEO (单位：m)

卫星	预报 6h		预报 24h		预报 48h	
	BERN	SRPM	BERN	SRPM	BERN	SRPM
C06	0.271	0.251	0.547	0.429	1.443	0.777
C07	0.341	0.265	0.627	0.390	2.195	1.489
C08	0.369	0.281	0.696	0.492	1.568	0.898
C09	0.313	0.256	0.639	0.477	1.440	0.827
C10	0.330	0.299	0.657	0.539	1.419	0.919
C11	0.231	0.227	0.488	0.355	1.050	0.672
C12	0.263	0.243	0.535	0.403	1.210	0.753
C14	0.249	0.226	0.478	0.374	1.159	0.736
平均值	0.296	0.256	0.583	0.432	1.436	0.884

4. SLR 检核结果

这里采用 SLR(ILRS 提供) 的标准点 (normal point) 数据和全速率 (full rate) 数据分别对北斗轨道进行检核，具有激光反射器的卫星有 C01、C08、C10、C11。以原始数据检核结果作为参考和补充。图 3.62~ 图 3.65 和表 3.16 表明 IGSO 卫星轨道精度提高最多，为 20%，MEO 和 GEO 卫星精度提高约为 7%。

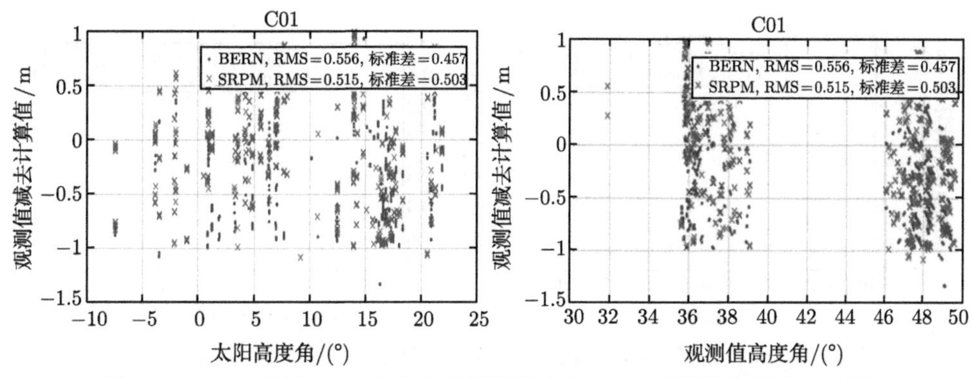

图 3.62 SLR 检核 2015 年北斗卫星轨道结果：C01(彩图请扫封底二维码)

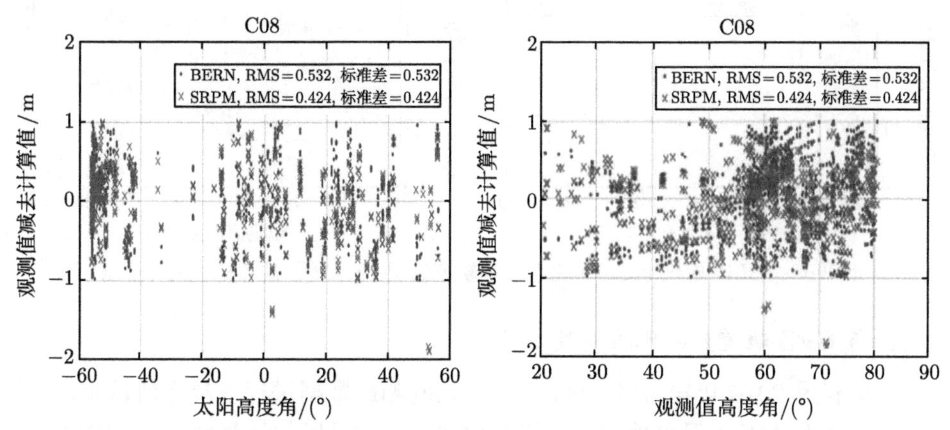

图 3.63 SLR 检核 2015 年北斗卫星轨道结果：C08(彩图请扫封底二维码)

表 3.16 SLR 检核 2015 年轨道结果统计 (单位：m)

卫星	BERN		SRPM		差异	提高率
	RMS	标准差	RMS	标准差		
C01	0.556	0.457	0.515	0.503	−0.041	−7.4%
C08	0.532	0.532	0.424	0.424	−0.108	−20.3%
C10	0.440	0.256	0.345	0.049	−0.095	−21.6%
C11	0.583	0.557	0.544	0.544	−0.039	−6.7%

3.5.4 北斗试验卫星区域网定轨结果分析

试验对比模型为 BERN 与 SRPM 模型，均估计 5 个光压模型参数；估计 EOP 参数，然后分析轨道角 u-高度角 β 的 SLR 检验残差变化情况。

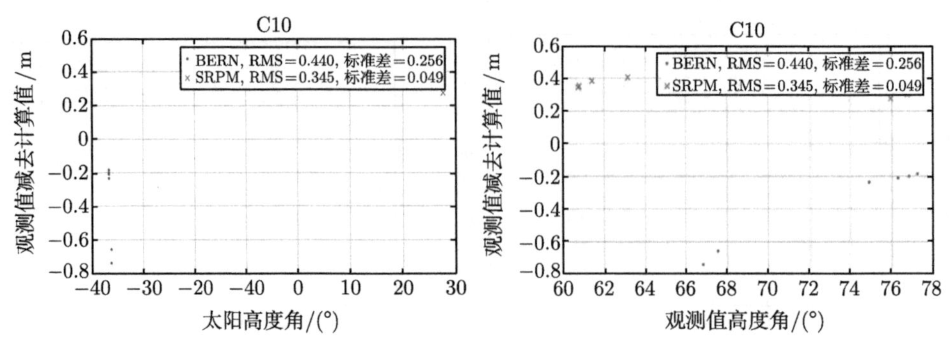

图 3.64 SLR 检核 2015 年北斗卫星轨道结果：C10(彩图请扫封底二维码)

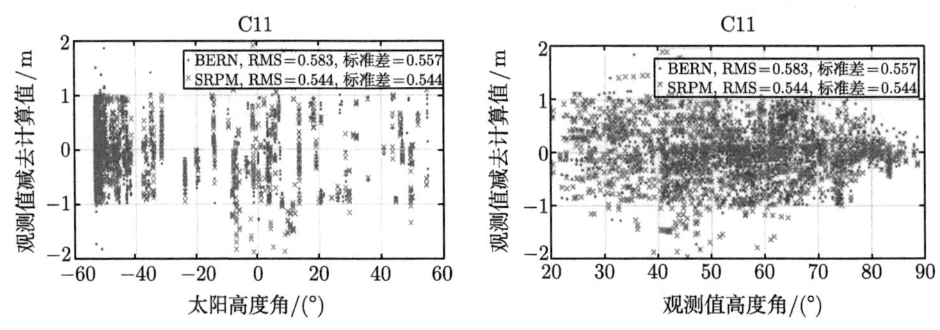

图 3.65 SLR 检核 2015 年北斗卫星轨道结果：C11(彩图请扫封底二维码)

1. 与 GFZ 轨道产品比较精度情况

这里利用 2016 年第 074~085 天的区域网测站数据进行卫星定轨试验，这段时间 IGSO 和 MEO 卫星处于动偏姿态模式，三天弧段的计算轨道与 GBM 产品轨道进行比较，各天的北斗卫星轨道与 GFZ 多系统综合轨道比较的精度结果下面依次给出 (图 3.66~ 图 3.68)。IGSO 和 MEO 卫星的精密轨道比较统计结果反映出 SRPM 模型稍优于 BERN 模型。GEO 卫星 BERN 模型和 SRPM 模型的

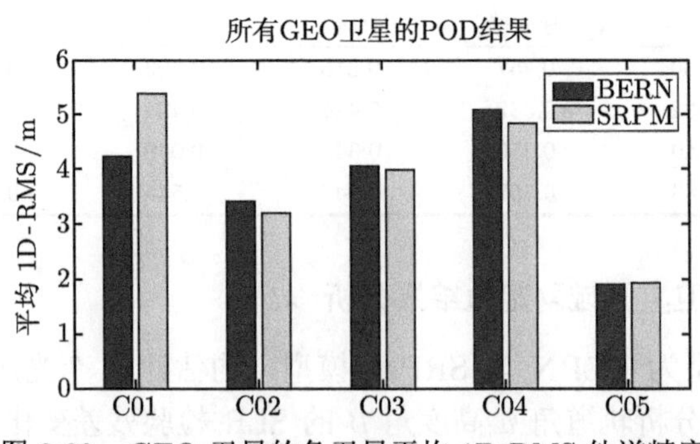

图 3.66 GEO 卫星的各卫星平均 1D-RMS 轨道精度

平均 1D-RMS 轨道精度分别为 3.746 m 和 3.878 m，精度稍有降低 (图 3.69)，IGSO 和 MEO 卫星的平均 1D-RMS 轨道精度分别为 0.683 m 和 0.601 m(图 3.70)。其中 PRN C01 卫星的精度在使用 SRPM 模型后降低明显，原因需要进一步研究。

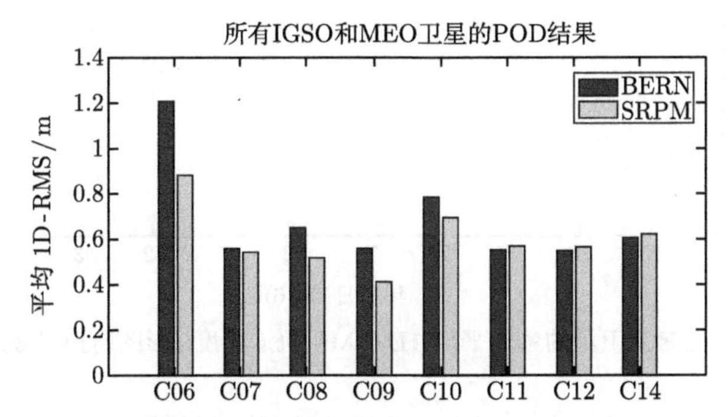

图 3.67　IGSO 和 MEO 卫星的各卫星平均 1D-RMS 轨道精度

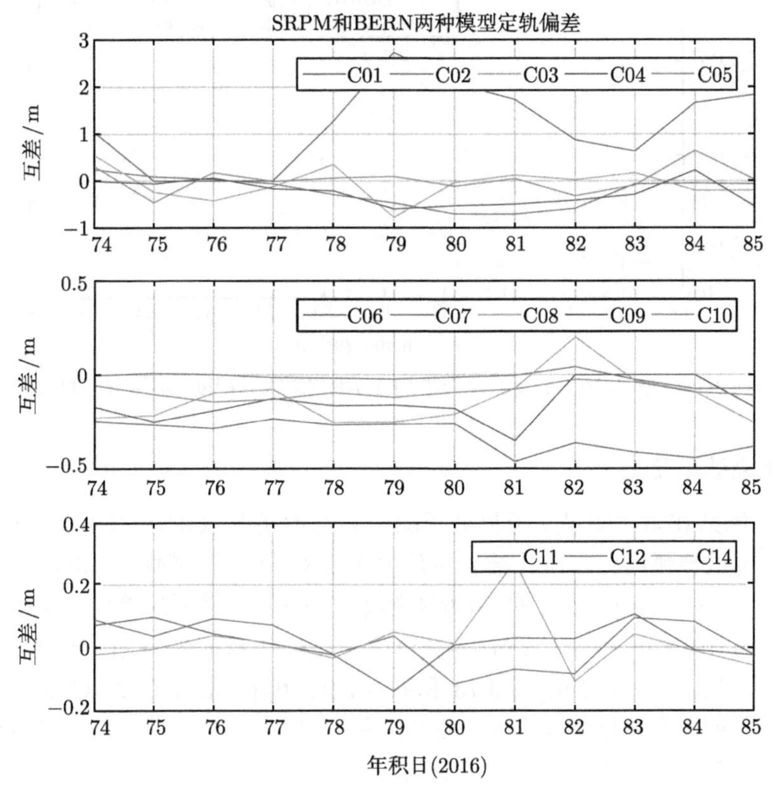

图 3.68　各卫星平均 1D-RMS 轨道精度互差 (SRPM-BERN)(彩图请扫封底二维码)

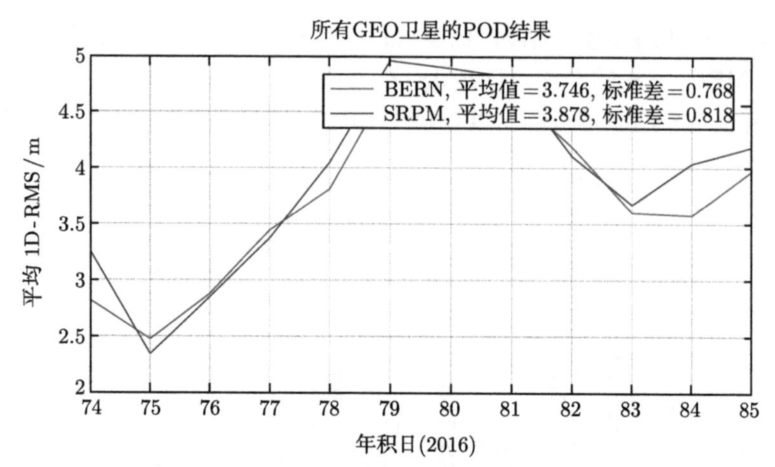

图 3.69　GEO 卫星的各天平均 1D-RMS 轨道精度 (彩图请扫封底二维码)

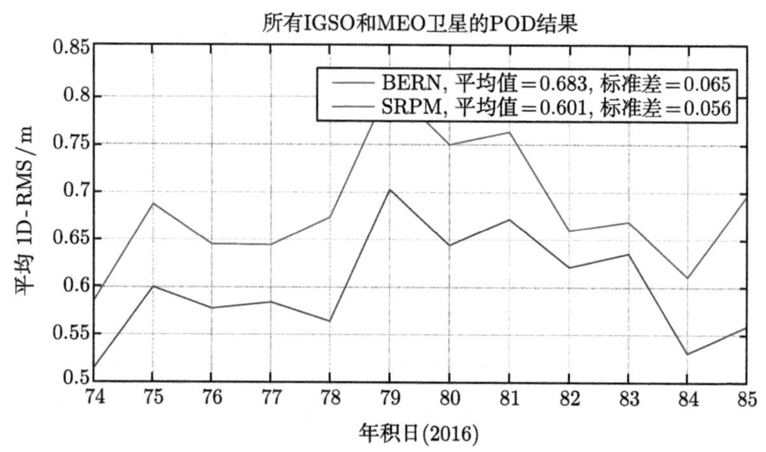

图 3.70　IGSO 和 MEO 卫星的各天平均 1D-RMS 轨道精度 (彩图请扫封底二维码)

2. 重叠弧段精度

2016 年第 074~085 天，卫星处于动偏姿态模式下，GEO、IGSO、MEO 卫星的精密轨道重叠弧段比较统计结果也反映出 SRPM 模型稍优于 BERN 模型 (图 3.71 和图 3.72)，GEO 卫星的 BERN 模型和 SRPM 模型的平均 1D-RMS 轨道精度分别为 0.768 m 和 0.715 m，IGSO 和 MEO 卫星的平均 1D-RMS 轨道精度分别为 0.249 m 和 0.243 m(图 3.73 和图 3.74)。其中 C31、C32、C33、C34 四颗试验卫星两种模型的精度分别为 0.200m 和 0.195 m，I1-s 和 I2-s 卫星重叠弧段轨道精度均有提高 (图 3.75 和图 3.76)。

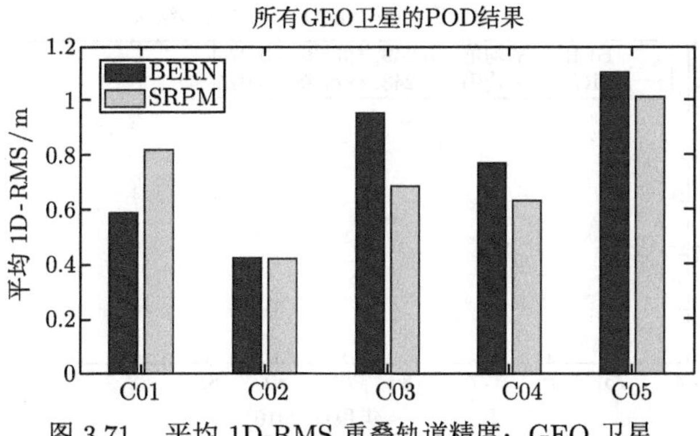

图 3.71 平均 1D-RMS 重叠轨道精度：GEO 卫星

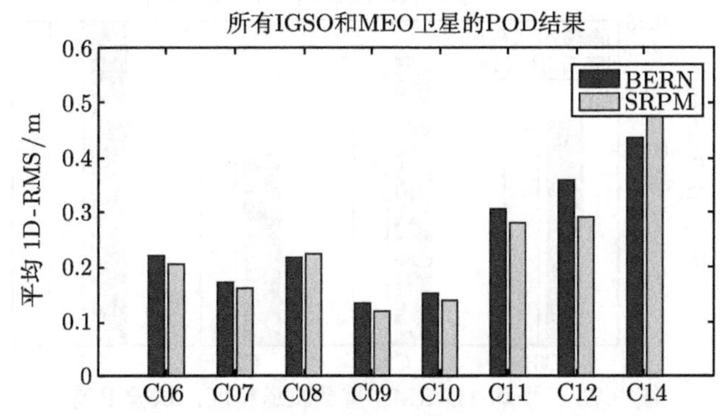

图 3.72 平均 1D-RMS 重叠轨道精度：IGSO 和 MEO 卫星

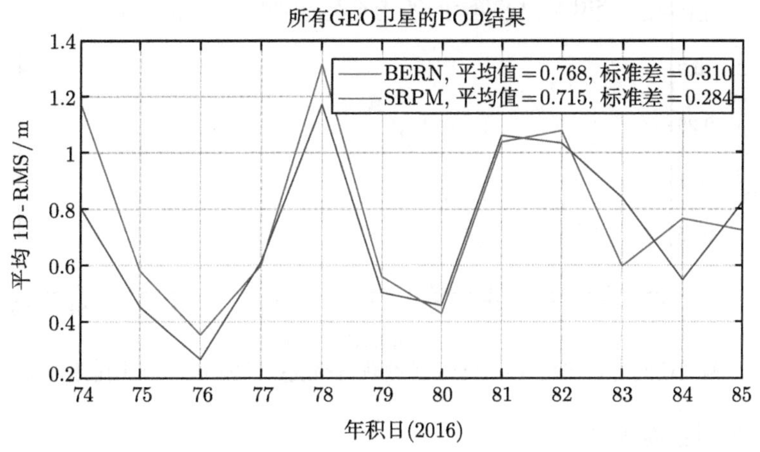

图 3.73 平均 1D-RMS 重叠轨道精度：GEO 卫星 (彩图请扫封底二维码)

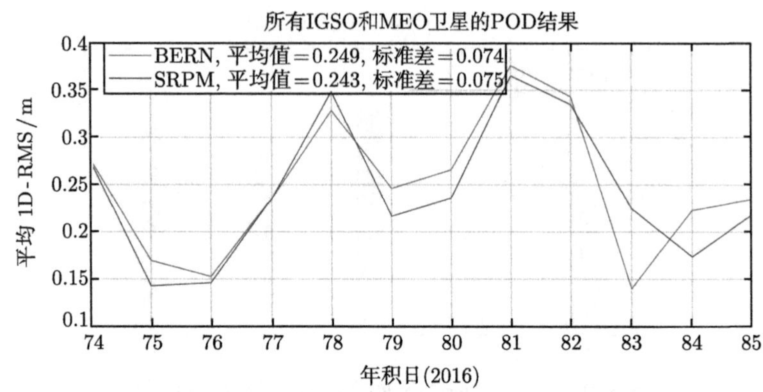

图 3.74 平均 1D-RMS 重叠轨道精度：IGSO 和 MEO 卫星 (彩图请扫封底二维码)

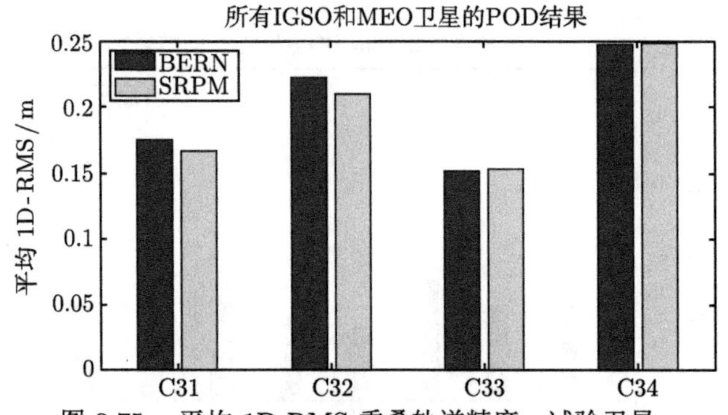

图 3.75 平均 1D-RMS 重叠轨道精度：试验卫星

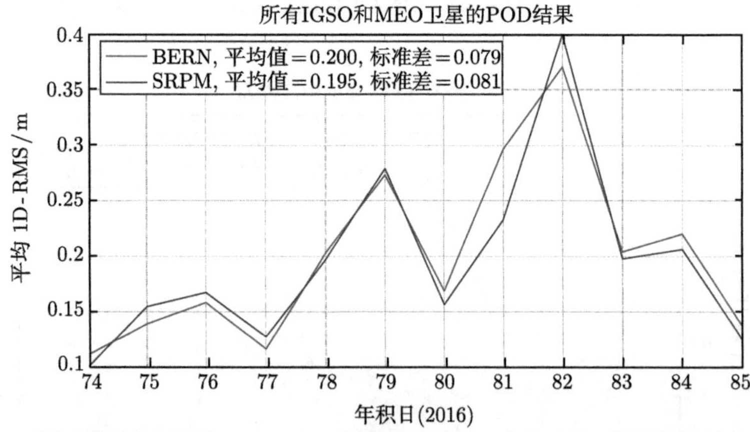

图 3.76 测试期间每日平均 1D-RMS 重叠轨道精度：试验卫星 (彩图请扫封底二维码)

3. 轨道预报精度

对确定的精密轨道进行轨道预报。GEO,IGSO/MEO 卫星采用两种模型预报轨道 1D-RMS 结果如表 3.17，表 3.18 和图 3.77 所示。

表 3.17 预报轨道精度 1D-RMS：GEO

预报时间	模型	C01	C02	C03	C04	C05	平均值
预报 6h	BERN	0.41	0.327	0.197	0.439	0.18	0.311
	SRPM	0.519	0.306	0.191	0.424	0.193	0.327
预报 24h	BERN	0.383	0.358	0.324	0.51	0.245	0.364
	SRPM	0.496	0.304	0.291	0.453	0.205	0.350
预报 48h	BERN	0.397	0.351	0.361	0.475	0.245	0.366
	SRPM	0.491	0.321	0.371	0.451	0.232	0.373

表 3.18 预报轨道精度 1D-RMS：IGSO 和 MEO

预报时间	模型	C06	C07	C08	C09	C10	C11	C12	C14	平均值
预报 6h	BERN	0.119	0.055	0.057	0.034	0.089	0.085	0.081	0.09	0.076
	SRPM	0.096	0.052	0.045	0.026	0.079	0.068	0.062	0.077	0.063
预报 24h	BERN	0.171	0.088	0.122	0.052	0.121	0.115	0.113	0.437	0.152
	SRPM	0.096	0.065	0.054	0.042	0.081	0.074	0.061	0.161	0.079
预报 48h	BERN	0.142	0.089	0.084	0.061	0.104	0.139	0.12	0.315	0.132
	SRPM	0.103	0.081	0.06	0.056	0.09	0.114	0.086	0.28	0.109

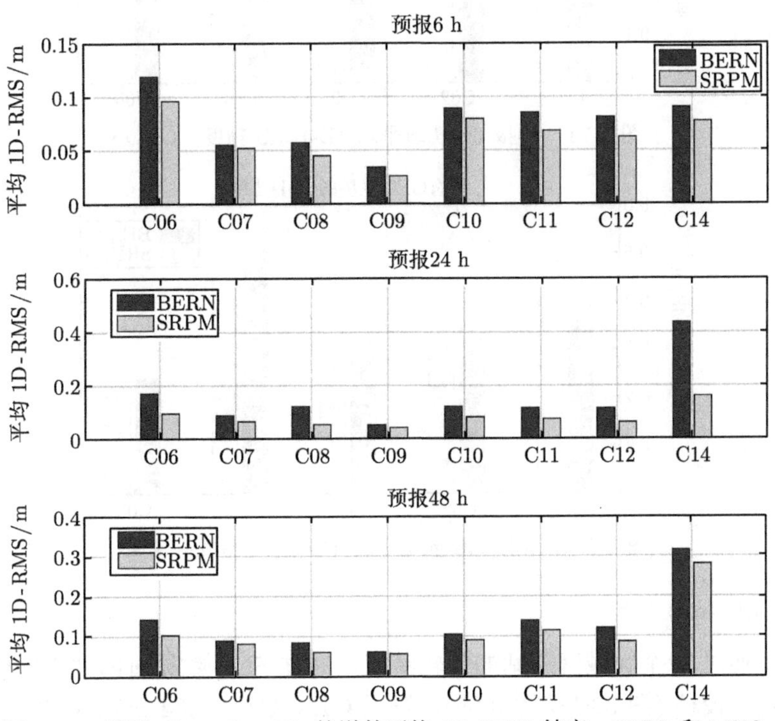

图 3.77 预报 6h、24h、48h 轨道的平均 1D-RMS 精度：IGSO 和 MEO

预报 6h(图 3.78) 的 GEO 卫星的平均 1D-RMS 精度，BERN 模型和 SRPM 模型分别为 0.311 m 和 0.327 m；IGSO 和 MEO 卫星的平均 1D-RMS 精度，BERN 模型和 SRPM 模型分别为 0.076 m 和 0.063 m。预报 24h(图 3.79) 的 GEO 卫星的平均 1D-RMS 精度，BERN 模型和 SRPM 模型分别为 0.364 m 和 0.350 m；IGSO 和 MEO 卫星的平均 1D-RMS 精度，BERN 模型和 SRPM 模型分别为 0.152 m 和 0.079 m。预报 48h(图 3.80) 的 GEO 卫星的平均 1D-RMS 精度，BERN 模型和 SRPM 模型分别为 0.366 m 和 0.373 m；IGSO 和 MEO 卫星的平均 1D-RMS 精度，BERN 模型和 SRPM 模型分别为 0.132 m 和 0.109 m。MEO 卫星预报精度的提高幅度最大。

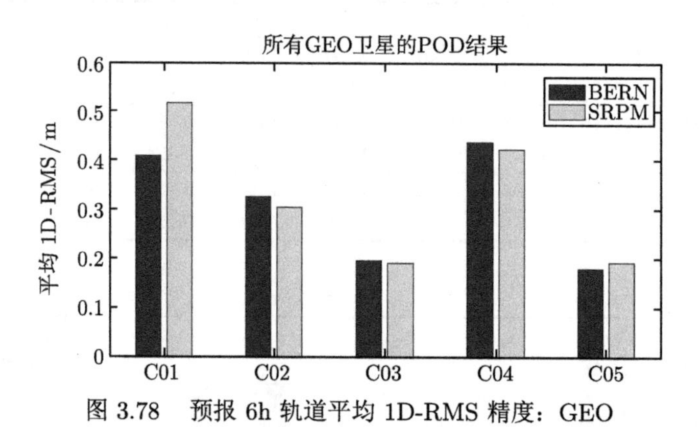

图 3.78　预报 6h 轨道平均 1D-RMS 精度：GEO

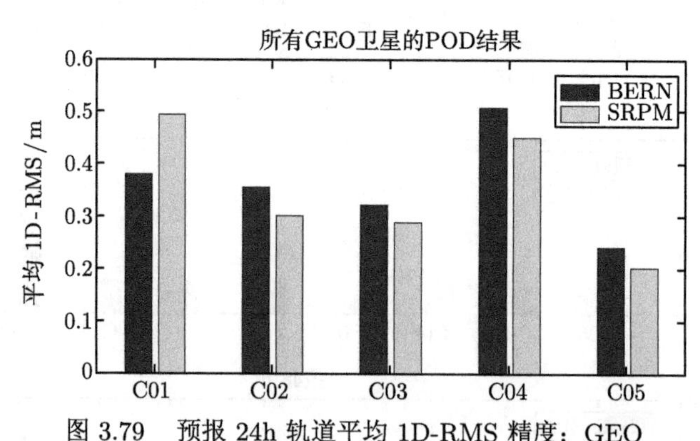

图 3.79　预报 24h 轨道平均 1D-RMS 精度：GEO

4. SLR 检核精度

这里通过 6 个区域网测站的定轨精度，通过 SLR 数据对两种光压模型的定轨结果进行校核 (图 3.81～图 3.85)，发现 C11、C33、C34 三颗 MEO 卫星的标准点数据检核结果分别提高了 0.6cm、3.6cm、8.9cm。C32 为 IGSO 卫星，提高了 25.4cm。

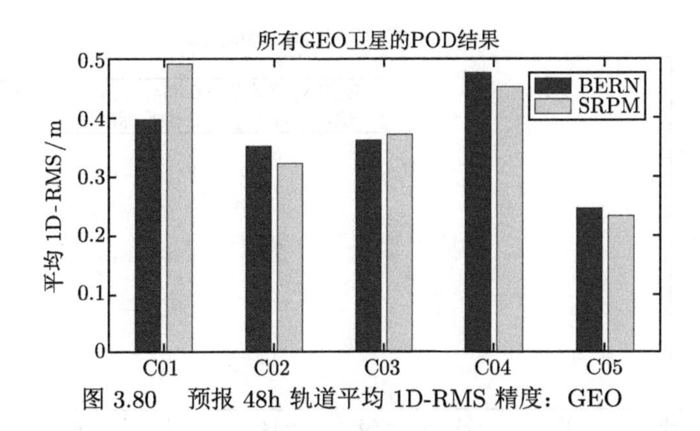

图 3.80 预报 48h 轨道平均 1D-RMS 精度：GEO

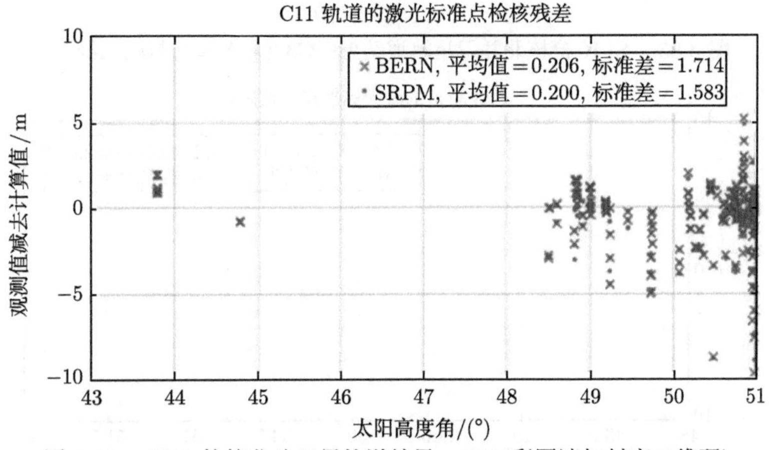

图 3.81 SLR 检核北斗卫星轨道结果：C11(彩图请扫封底二维码)

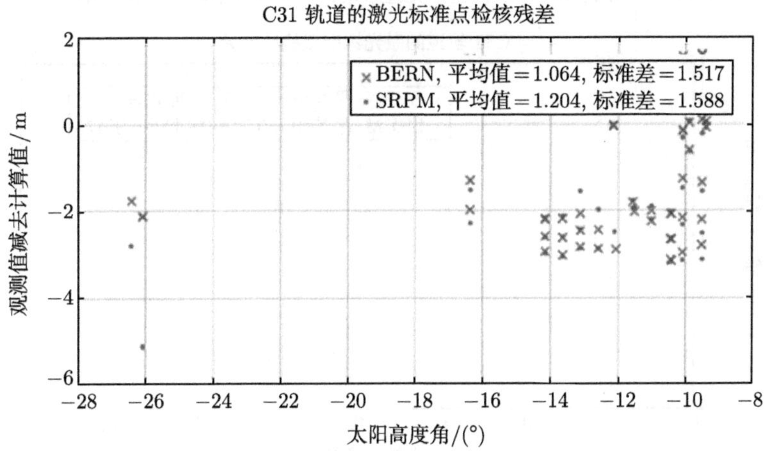

图 3.82 SLR 检核北斗卫星轨道结果：C31(彩图请扫封底二维码)

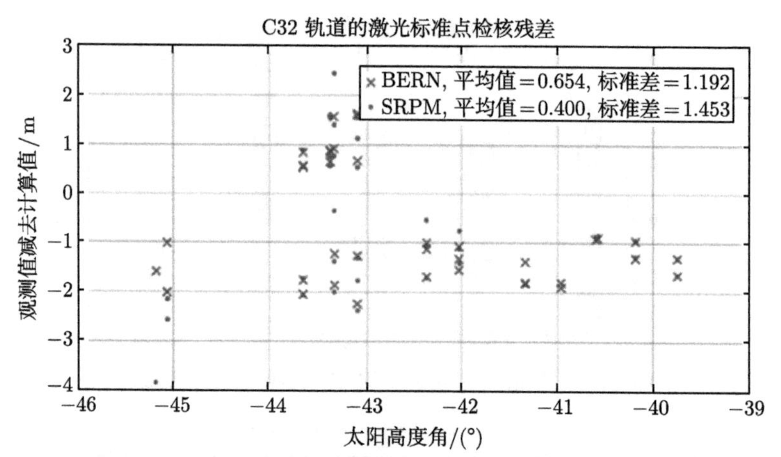

图 3.83　SLR 检核北斗卫星轨道结果：C32(彩图请扫封底二维码)

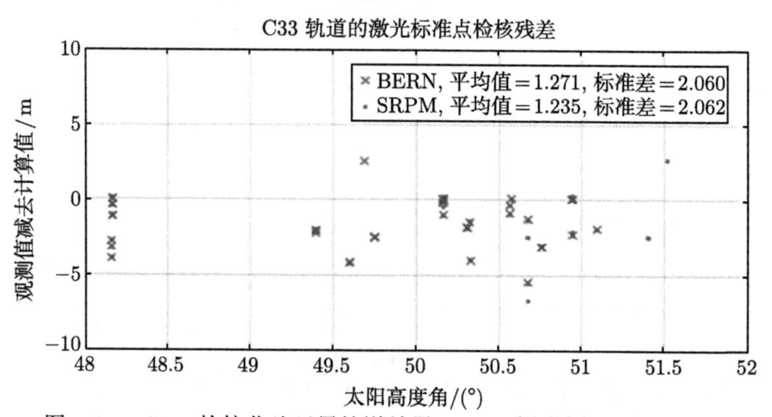

图 3.84　SLR 检核北斗卫星轨道结果：C33(彩图请扫封底二维码)

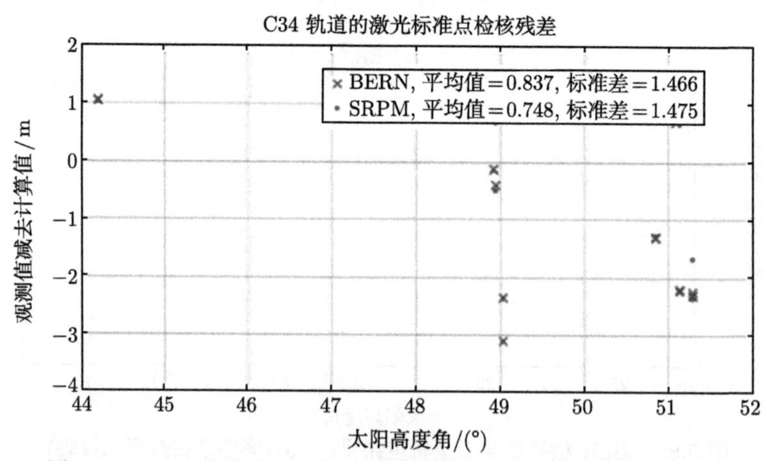

图 3.85　SLR 检核北斗卫星轨道结果：C34(彩图请扫封底二维码)

3.6 太阳辐射压建模总结与建议

从重叠弧段轨道精度和与 GFZ 事后轨道产品比较发现，SRPM 模型定轨结果稍差，SLR 检核亦如此，但是在预报中，SRPM 模型大大优于 BERN 模型，因此，建议在利用轨道预报产品的应用中如卫星导航电文生成宜采用基于物理特性的可调节盒翼模型 SRPM。

在太阳光压摄动建模方法研究中，对于光压物理分析模型来说，可以将卫星本体按照精度指标要求进行分体和简化，确定各部分分体的卫星表面面积大小和简化策略，利用有限元方法及太阳辐射压摄动机理，建立高精度的太阳辐射压模型。由于光压建模中的关键参数测量总是存在较大误差，就需要在太阳光压模型中引入估计参数，建立一个时效性和精度兼顾的半经验太阳辐射压模型，为此考虑参数调节和估计策略，对光压建模的多种估计策略进行测试，确定较优的基于卫星物理特性的太阳光压摄动模型。另外，鉴于卫星姿态控制对光压摄动的影响，本章研究了卫星姿态控制的规律，将其引入光压模型中，进行零偏和正常情况下太阳光压建模精度试验验证，基于盒翼模型的半分析 SRPM 模型在各项试验中基本上都优于传统的经验模型。

第 4 章　太阳辐照度变化对导航卫星精密定轨的影响分析

目前，导航卫星定轨中太阳光压分析模型与半分析半经验模型在计算时，均需使用太阳辐射通量，其值通常取地球上接收太阳光子能量的平均量，称为太阳辐射常数，而太阳辐射常数实际并不是一个真正的常数。本章将会从太阳辐照度理论推导和实测数据，详细分析太阳辐照度变化特征并依此建模，利用 GNSS 实测数据分析其对光压加速度和精密定轨的影响。

4.1　太阳辐照度基本概念

太阳辐照度 (total solar irradiance, TSI) 是指在日地平均距离 (D = 1AU= 1.496×10^8km) 上，大气顶界垂直于太阳光线的单位面积每秒钟接收的太阳辐射通量密度。太阳辐照度是一个相对稳定的常数，依据太阳黑子的活动变化，包括所有形式的太阳辐射，它本身受太阳活动的制约，具有不同时间尺度的变化特征。早期人们对太阳辐照度的测量是将已知质量的水在太阳光下放置一段时间，用温度计测量升温过程，因水的比热已知，则可以计算出光照强度。1837~1838 年，法国物理学家 Claude Pouillet 和英国天文学家 John Herschel 根据此原理设计了不同的装置，由于没有考虑大气对光的吸收，所以测出的值大约在 680W/m^2。1875 年，美国天文学家、物理学家 Samuel 在加利福尼亚州的惠特尼山首度尝试测量太阳常数，并在不同的日子与时刻进行测量，以试图消除地球大气层吸收的影响，但是他得到的数值并不正确，为 2903 W/m^2，这可能与其计算方法错误有关。1902~1957 年间，由美国 Smithson 研究所的科学家 Abbot (1925) 根据多年高海拔地区观测结果，基于地基法测定太阳辐照度为 $1302\sim1465$W/m^2。

1978 年 11 月，Nimbus-7 气象卫星发射成功，并开始较准确地测定太阳辐照度数值，由此改变了“太阳常数”的误解 (Smith et al., 1983)。1980 年 2 月，瑞士达沃斯物理气象观象台 (Physikalisch-Meteorologische Observatorium Davos, PMOD) 在地球辐射收支试验 (Earth Radiation Budget Experiment, ERBE) 中，发射了 SMM(Solar Maximum Mission) 太阳峰年号卫星，搭载了连续监测太阳辐照度变化的仪器，即主动空腔辐射仪 (active cavity radiometer irradiance monitor, ACRIM)。随后，NASA/ESA 的太阳和日光层天文台 (Solar and Heliospheric

Observatory, SOHO) 在 Virgo 卫星上装载了 PMO6V 与 DIARAD 辐射计，图 4.1 (取自于 https://www.pmodwrc.ch/en/research-development/space/virgo-soho/#Data) 显示了 ACRIM 和 Virgo 所测的太阳辐照度原始时间序列 (左边标尺) 和标效后的新时间序列 (右边标尺)，从图中可以看出新序列比原始序列降低了 5 W/m^2，太阳辐照度随时间有明显的 11 年左右的太阳活动周期。2003 年，美国科罗拉多大学博尔德分校 (University of Colorado Boulder) 大气和空间物理实验室 (Laboratory for Atmospheric and Space Physics) 使用 TIM(total irradiance monitor) 辐射计，可测量出每天每 6 小时的太阳辐照度数值 (Willson, 2003)，如图 4.2 所示，从图中可以看到也有 11 年左右的太阳活动周期。表 4.1 给出了不同年代卫星测量的太阳辐照度均值，从表中看出，SOHO 的均值在 1365W/m^2，TIM 的则在 1361 W/m^2。根据 Kopp(2013) 的发现，这是因为过去在卫星上测量太阳辐照度的仪器与地面所使用的并无差异，在地面测量时，是有大气存在的，而在太空中是近真空测量。正因为地面有大气存在，测量太阳直射时就需要考虑日周华盖 (aureole) 的存在，也就是日面周围特别光亮的部分。因此根据 WMO CIMO① 规范仪器设计时在入射孔径处设计成一个前大后小的腔体，并且张角的大小为 5°。而在太空中，并无日周华盖，太阳自身相对仪器的张角还不到 1°，若继续使用地面仪器设计，就会引起仪器内部的散射和衍射，从而造成太阳辐照度变大。Kopp 设计的 TIM 辐射计减小了入射孔径，这也就是 TIM 的值偏小的原因。此外，过去的仪器大多在发射前同 WRR② 进行对比校准，而现在的仪器依据国际单位制 (SI)，WRR 自身相对 SI 辐射度标准偏高，因此会导致数值偏低

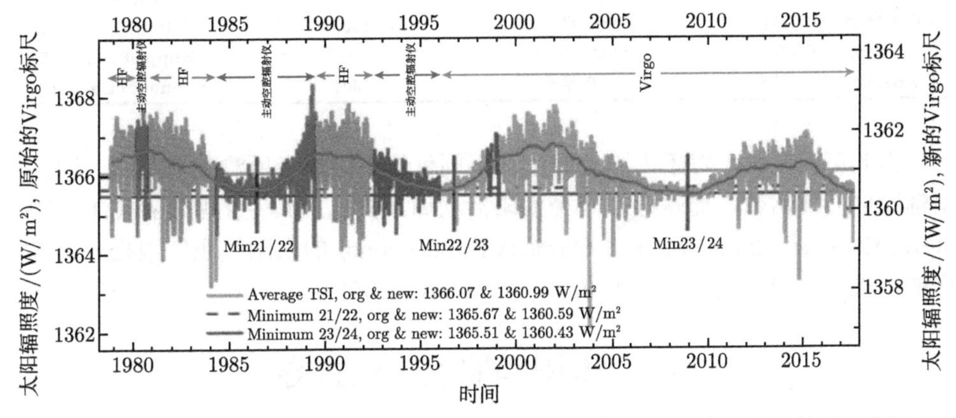

图 4.1 ACRIM 和 Virgo/SOHO 测量的太阳辐照度时间序列 (彩图请扫封底二维码)

① WMO(World Meteorological Organization) CIMO(the Commission for Instruments and Methods of Observation)：世界气象组织仪器和观测方法委员会

② WRR(World Radiometric Reference)：国际辐射测量基准

(王炳忠等, 2016; 王绍武, 2009)。

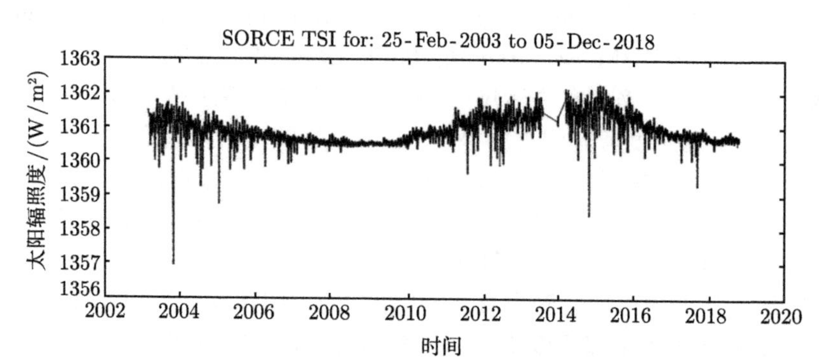

图 4.2　TIM/SORCE 测量的太阳辐照度时间序列

表 4.1　不同年代卫星测量的太阳辐照度均值

探测器/卫星	年份	太阳辐照度/(W/m^2)	作者
ERB/Nimbus-7	1978～1993	1371	Hickey et al., 1980; Hickey et al., 1988
ACRIM-I/SMN	1980～1989	1367	Willson, 1981
ERBE/ERBS	1984～2003	1365	Lee et al., 1987
ERBE/NOAA9	1985～1989	1364	Barksteom et al., 1990
ERBE/NOAA10	1986～1987	1364	Barksteom et al., 1990
ACRIM-II/UARS	1991～2001	1365	Willson&Mordvinov, 2004
SOVA 1/EURECA	1992～1993	1365	Crommelynck et al., 1994
DIARAD/VIRGO on SOHO	1996 至今	1365	Dewitte et al., 2004
PMO6V/VIRGO on SOHO	1996 至今	1365	Froehlich et al., 1986 Fröhlich, 2010
ACRIM-Ⅲ/ACRIMSAT	2000 至今	1365	Willson et al., 1999
TIM/SORCE	2003～2013	1361	Kopp et al., 2005
PREMOS/PICARD	2010 至今	1361	Schmutz et al., 2013

由此可以看出，对于太阳辐照度，不同仪器不同作者所测数值基本一致，太阳辐照度并非常数，而是存在一个太阳活动周期变化，其变化幅度在 0.1%左右，SORCE (Solar Radiation and Climate Experiment) 的太阳辐照度数据在前人工作的基础上，精度提高了 ±0.035%(Rottman, 2005)。

4.2　太阳辐照度理论推导

太阳辐射功率来自太阳的引力自聚能，即太阳的引力势能 (Fitzpatrick, 2018)：

$$\Omega = -0.6 \times GM^2/R \tag{4.1}$$

其中，M 为太阳质量；G 为万有引力常量；R 为太阳半径。考虑太阳和地球的二体问题，时间和空间是运动着的物质存在的基本形式，是物体固有的基本属性，时间和空间与运动着的物质是不可分的，故在二体问题中的物理量中引入时间因子 (Fitzpatrick, 2018)：

$$M = M_0 \times \exp(Ht), \quad R = R_0 \times \exp(-Ht) \tag{4.2}$$

其中，H 为太阳的 Hubble 系数。将式 (4.2) 代入式 (4.1) 后可得

$$\Omega = -0.6 \times (GM_0^2/R_0) \times \exp(3Ht) \tag{4.3}$$

太阳辐射功率是 Ω 对时间 t 的微分，故

$$P = \mathrm{d}\Omega/\mathrm{d}t = -1.8 \times (GM^2/R) \times H \tag{4.4}$$

根据太阳辐照度 Φ_0 与太阳辐射功率的关系：

$$\Phi_0 = 1.8 \times (GM^2/(4\pi Rr^2)) \times H \tag{4.5}$$

其中，Φ_0 为太阳辐照度；r 为日地间距离，取 1AU。

取 G=6.674184×10^{-11}N·m^2/kg^2，1AU=1.49597870 ×10^{11}m，$H\approx$6×10^{-16}s^{-1}，$M = 1.98847 \times 10^{30}$kg，$R = 6.95997 \times 10^{11}$ m，得 $\Phi_0 = 1456.841$W/m^2。

将上述结果与卫星实测值对比，理论计算值较大，这很可能是由于太阳辐射计算中，太阳并不是一个简单的点源，而是一组组的光束阵列，所以使用简单的点源辐射理论并不能完全反映太阳辐射的真实情形，这意味着太阳辐射理论还需要发展，才能够与实际观测相符合。

本书推导太阳辐照度是先求出太阳辐射功率，然后依据辐射传播理论，求出太阳辐照度。根据斯特藩–玻尔兹曼 (Stefan-Boltzmann) 定律，太阳单位面积内辐射能量 E_r 与温度 T 的关系为

$$E_\mathrm{r} = \sigma T^4 \tag{4.6}$$

其中，σ 为 Stefan-Boltzmann 常量。太阳的总辐射能量 E 为

$$E = E_\mathrm{r} S \tag{4.7}$$

其中，S 为太阳的表面积。太阳辐射在球体空间各向同性地向外发散辐射，则在距离太阳 r 处单位面积内接收到的太阳辐射，即太阳辐照度 Φ_0 为

$$\Phi_0 = E/(4\pi r^2) \tag{4.8}$$

将上述公式整理可得

$$\Phi_0 = \sigma T^4 S/(4\pi r^2) \tag{4.9}$$

其中，r 为日地间距离，取 1AU。

根据天文常数，取 $\sigma = 5.67 \times 10^{-8}\mathrm{W/(m^2 \cdot K^4)}$ ，1AU=1.49597870×10^{11}m，$T = 5780\mathrm{K}, S = 6.08735 \times 10^{18}\mathrm{m}^2$，得 $\Phi_0 = 1369.815\mathrm{W/m^2}$。

4.3 太阳辐照度与太阳光压模型

根据盒翼模型的相关原理，可以把卫星分解为多个形状面积不同的部件。对于星体部件微分面积元所受的太阳光压摄动力，可以表示如下 (Rodriguez-Solano et al., 2012a)：

$$\mathrm{d}\boldsymbol{F} = -\lambda\frac{\Phi_0}{c}\left(\frac{\mathrm{AU}}{r_{\mathrm{ss}}}\right)^2 \cos\theta \mathrm{d}A\left\{2\nu\left[\mu\cos\theta + \frac{(1-\mu)}{3}\right]\hat{n} + (1-\mu\nu)\hat{p}\right\} \tag{4.10}$$

其中，λ 为卫星的蚀因子；Φ_0 为 1AU 处的太阳辐照度；c 为光速；r_{ss} 为卫星到太阳的距离；$\mathrm{d}A$ 为该星体微分面积元；$\hat{n}$、$\hat{p}$ 分别为面积元的法向矢量和卫星到太阳的方向矢量；θ 为面积元的法向与卫星到太阳方向之间的夹角；μ 为镜面反射系数；ν 为反射率。则太阳辐射压加速度为

$$\boldsymbol{a}_{\mathrm{SRP}} = \int \frac{\mathrm{d}\boldsymbol{F}}{m} \tag{4.11}$$

ROCK4 和 ROCK42 是由卫星制造商 Rockwell 公司和 IBM 公司针对 GPS Block I 和 Block Ⅱ/ⅡA 卫星建立的第一个分析型光压模型，Fliegel 等 (1992) 对 ROCK 模型进行热辐射修正建立了 T10 和 T20 模型，随后 Fliegel 等 (1996) 利用卫星制造商 Martin Marietta 公司提供的详细物理参数，针对 Block ⅡR 卫星建立了 T30 模型。在 ROCK4、ROCK42、T10、T20 和 T30 模型的建立过程中，太阳辐照度 (此前称为太阳常数) 均取 1368W/m^2。

Ziebart 等 (2004) 建立了用于处理不同类型的低轨道和高轨道卫星的非保守力的精确模型，这些模型相比于 T20 和 T30 模型，进一步考虑了精细化的卫星三维模型，并利用光线追踪方法计算卫星各部件的光压力。在该模型中，太阳常数取 1368 W/m^2。由于分析型模型无法完全描述太阳辐射压力，Rodriguez-Solano 等 (2012) 在 Box-Wing 的基础上，通过调整太阳帆板与受照面板的光学特性参数，建立了半经验半分析 AD- Box-Wing 模型。在该模型中，太阳常数取 1367W/m^2。

Laurent Olivier (2009) 在其博士学位论文里提到了太阳常数并非常数，而是一个不断变化的数值序列，太阳常数约等于 1367.2 W/m^2。赵群河 (2017) 在其博士学位论文中分析了影响太阳光压模型精度的几大要素，其中，太阳常数并非常数是其中的一个要素，在他建立的太阳光压模型 SRPM (solar radiation pressure model) 中，太阳常数取 1368 W/m^2。

4.4 太阳辐照度变化特征及对精密定轨的影响分析

本书采用科罗拉多 (Colorado) 大学 SORCE 的太阳辐照度数据，其采样间隔为 6 小时，分析了其变化特征，并利用线性插值方法得到每个太阳光压计算时刻的太阳辐照度，以及利用分段平均方法得到该时间段太阳辐照度平均值，根据太阳光压物理建模思路，建立了变化的太阳辐照度光压模型 VARSRP (variable solar radiation pressure) 和分段平均的太阳辐照度光压模型 AVESRP (average solar radiation pressure)，并与常数的太阳辐照度光压模型 SPRM 进行太阳辐射压加速度和定轨精度的分析比较，研究其对导航卫星定轨的影响。

4.4.1 太阳辐照度变化特征研究

图 4.3 给出了 PMOD 的 Virgo 探测器数据 (数据长度从 1996.01.30~2002.02.04，采样间隔为 1h) 和 Colorado 大学 SORCE 数据 (数据长度从 2003.2.25~2018.10.11，采样间隔为 6h) 与目前常采用的太阳辐照度常数值 ($\Phi_0 = 1368\text{W/m}^2$) 的差值序列。从图中可以看出，Virgo 的太阳辐照度数据维持在 $-4 \sim 1\ \text{W/m}^2$，SORCE 的数据在 $-12 \sim -5\text{W/m}^2$。根据统计结果，SORCE 数据变化平均值为 -7.09307W/m^2，标准差为 0.41621，最大变化值为 -11.01890W/m^2；Virgo 数据变化的平均值为 -1.28368W/m^2，标准差为 0.60538，最大变化值为 -3.32202W/m^2。前面已经解释了 TIM 辐射计测量值更加准确的依据，此外，从结果来看，使用常数计算与实测数据有一定差距，需要予以考虑 (Zhang et al., 2019)。

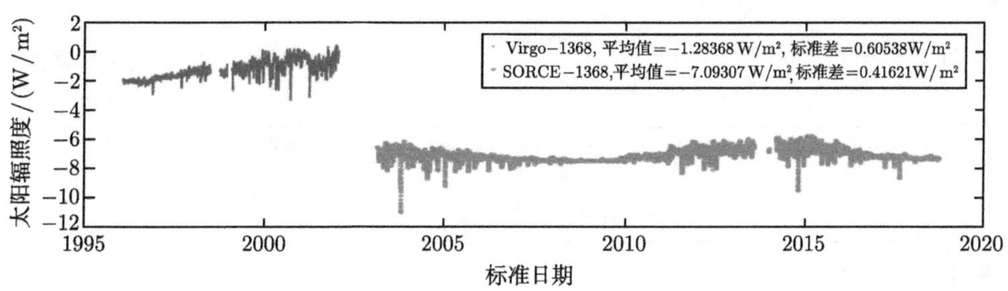

图 4.3 PMOD 的 Virgo 探测器数据和 Colorado 大学 SORCE 数据与目前常采用的太阳辐照度常数值 (1368W/m^2) 的差值序列

图 4.4 给出了 PMOD 的 Virgo 探测器数据 (数据长度从 1996.01.30~2002.02.04，采样间隔为 1h) 和 Colorado 大学 SORCE 数据 (数据长度从 2003.2.25~2018.10.11，采样间隔为 6h) 两种数据源数值前后的差值序列。从图中可以看出，太阳辐照度数值前后差值维持在 $-1 \sim 1\ \text{W/m}^2$。根据统计结果，SORCE 数据变化平均值为 $-4.60857 \times 10^{-5}\text{W/m}^2$，标准差为 0.04160，最大变化值为 1.10450 W/m^2；Virgo 数据变化的平均值为 $1.66994\times10^{-4}\text{W/m}^2$，标准差为 0.02984，最

大变化值为 0.22651 W/m^2。这印证了太阳辐照度变化比较稳定，并且变化幅度在 0.1%左右。同时，这也为接下来太阳辐照度建模选取插值方法提供了理论依据 (Zhang et al., 2019)。

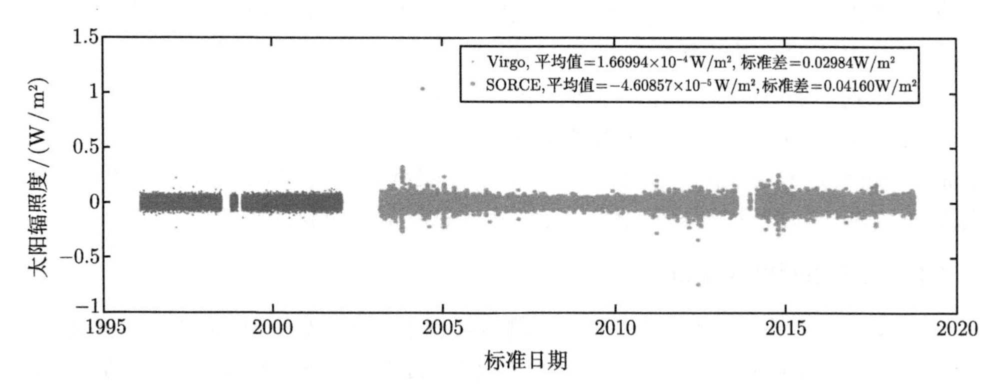

图 4.4 PMOD 的 Virgo 探测器数据和 Colorado 大学 SORCE 数据的差值序列

4.4.2 针对 GPS 卫星的影响测试

这里利用 2015 年第 060~149 天的全球 GPS 数据，分别采用常数的太阳辐照度光压模型 SRPM ($\Phi_0 = 1368\text{W/m}^2$)、变化的太阳辐照度光压模型 VARSRP 和分段平均的太阳辐照度光压模型 AVESRP 进行太阳辐射压加速度计算和精密定轨处理，图 4.5 给出了 VARSRP 和 AVESRP 分别与常数的太阳辐照度光压模

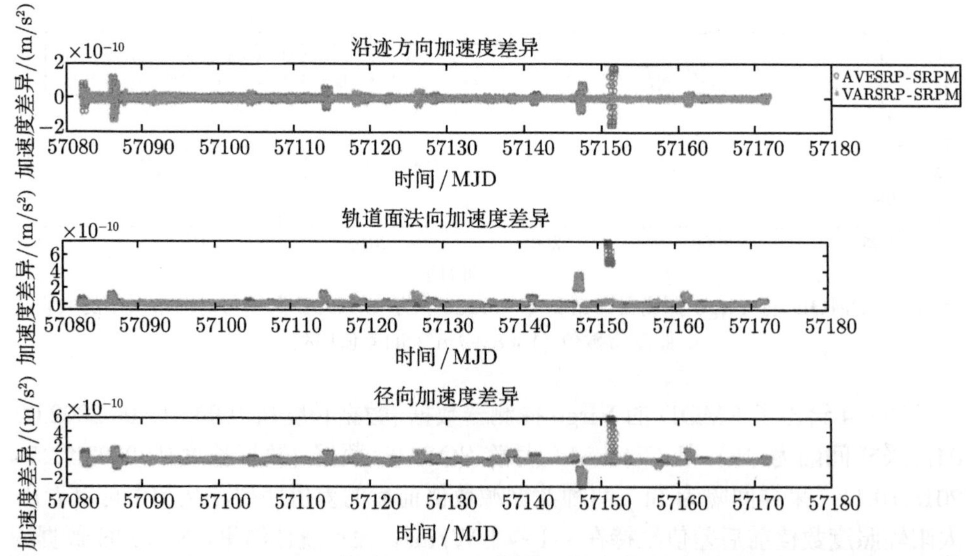

图 4.5 VARSRP 和 AVESRP 模型与 SPRM 模型计算的光压加速度在沿迹 a (上图)、轨道面法向 c (中) 和径向 r (下图) 三个方向之差 (以 PRN01 卫星为例)(彩图请扫封底二维码)

型 SRPM 计算的加速度之差 (以 PRN01 卫星为例)，从图中可以看出，VARSRP 与 SRPM、AVESRP 与 SRPM 的光压加速度之差可达 10^{-10}m/s^2 ，这说明在考虑 10^{-10}m/s^2 量级摄动量时，由太阳辐照度变化引起的误差是需要考虑的因素。

图 4.6 和图 4.7 分别给出了 GPS 不同类型卫星使用 VARSRP、AVESRP 模型与 SRPM 模型的加速度之差，表 4.2 和表 4.3 分别给出了 VARSRP、AVESRP 模型与 SRPM 模型的加速度之差的具体数值，从中可以看出，VARSRP 和 AVESRP 模型是有一点差别的，但是还比较一致，显示了共同的特点。多数 GPS 卫星加速度之差最大可达 10^{-10}m/s^2，个别甚至达到了 10^{-9}m/s^2，但是平均的加速度之差相对较小，基本在 10^{-13}m/s^2 量级，均方差在 10^{-11}m/s^2(由于实测太阳辐照度在修正儒略日 (MJD) 57151 天时变化较大，该数值对分段平均模型影响较大，而对

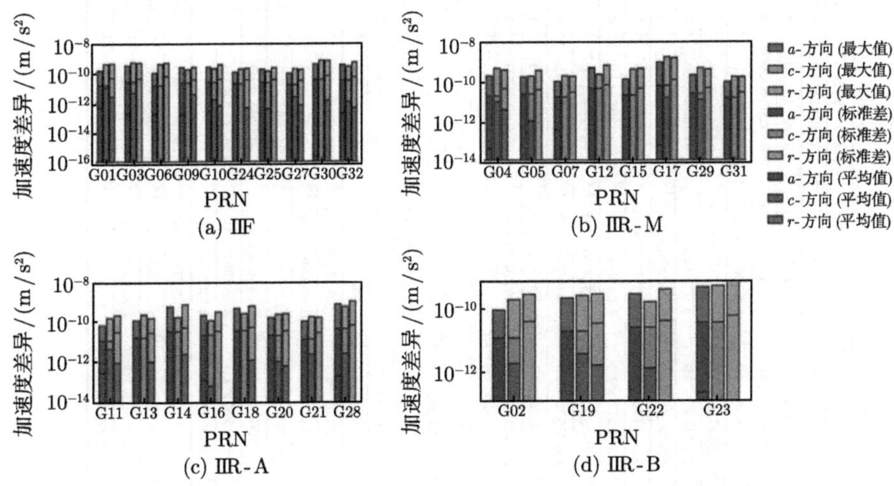

图 4.6 VARSRP 与 SRPM 模型的光压加速度之差 (彩图请扫封底二维码)

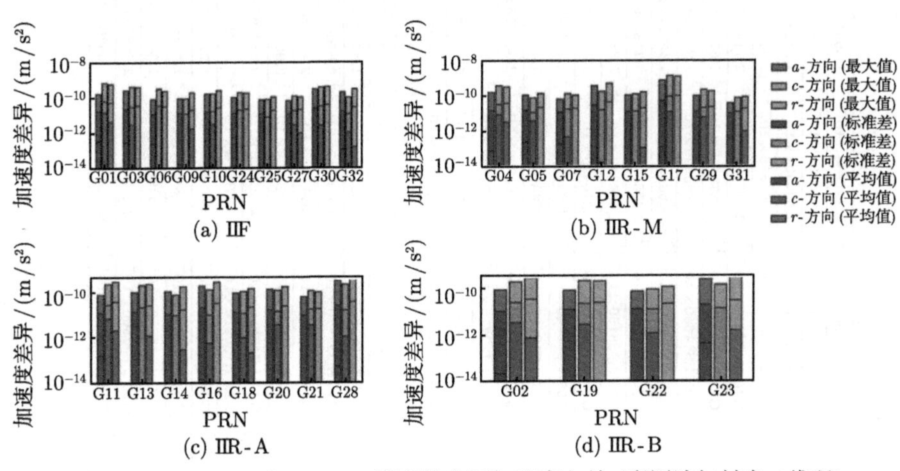

图 4.7 AVESRP 与 SRPM 模型的光压加速度之差 (彩图请扫封底二维码)

表 4.2　VARSRP 模型与 SRPM 模型的光压加速度之差

PRN		a 方向 (最大值) /(m/s^2)	a 方向 (平均值) /(m/s^2)	a 方向 (标准差) /(m/s^2)	c 方向 (最大值) /(m/s^2)	c 方向 (平均值) /(m/s^2)	c 方向 (标准差) /(m/s^2)	r 方向 (最大值) /(m/s^2)	r 方向 (平均值) /(m/s^2)	r 方向 (标准差) /(m/s^2)
IIF	G01	1.27261×10^{-10}	4.321264×10^{-13}	1.353179×10^{-11}	3.597900×10^{-10}	9.353659×10^{-12}	1.353179×10^{-11}	3.751050×10^{-10}	2.357731×10^{-12}	4.251902×10^{-11}
	G03	2.767880×10^{-10}	1.656186×10^{-13}	2.314652×10^{-11}	4.552630×10^{-10}	4.271038×10^{-12}	2.314652×10^{-11}	4.248840×10^{-10}	-7.610950×10^{-14}	3.854262×10^{-11}
	G06	8.841800×10^{-11}	1.586403×10^{-13}	1.302371×10^{-11}	3.461500×10^{-10}	-7.719158×10^{-13}	1.302371×10^{-11}	4.162760×10^{-10}	-3.948590×10^{-12}	5.483400×10^{-11}
	G09	2.116640×10^{-10}	1.507676×10^{-13}	1.947242×10^{-11}	1.521350×10^{-10}	-5.747063×10^{-12}	1.947242×10^{-11}	2.104740×10^{-10}	3.283310×10^{-12}	3.310056×10^{-11}
	G10	2.134400×10^{-10}	2.417104×10^{-13}	2.114489×10^{-11}	1.697560×10^{-10}	1.492670×10^{-12}	2.114489×10^{-11}	3.060410×10^{-10}	5.806592×10^{-13}	3.375981×10^{-11}
	G24	9.653300×10^{-11}	-3.275459×10^{-13}	1.677416×10^{-11}	1.621140×10^{-10}	-2.671718×10^{-12}	1.677416×10^{-11}	1.696100×10^{-10}	4.255048×10^{-13}	2.994415×10^{-11}
	G25	1.511650×10^{-10}	-3.885890×10^{-13}	1.976201×10^{-11}	1.141790×10^{-10}	3.620429×10^{-13}	1.976201×10^{-11}	1.920740×10^{-10}	-1.347634×10^{-12}	3.058601×10^{-11}
	G27	8.207200×10^{-11}	-9.681552×10^{-14}	1.433925×10^{-11}	1.572440×10^{-10}	2.262276×10^{-12}	1.433925×10^{-11}	1.438750×10^{-10}	6.332682×10^{-13}	2.698134×10^{-11}
	G30	3.307140×10^{-10}	2.226802×10^{-16}	3.218219×10^{-11}	5.895170×10^{-10}	-2.032673×10^{-12}	3.218219×10^{-11}	5.612450×10^{-10}	1.304231×10^{-12}	5.531091×10^{-11}
	G32	2.938150×10^{-10}	1.634043×10^{-13}	2.689206×10^{-11}	2.359270×10^{-10}	1.038554×10^{-12}	2.689206×10^{-11}	4.311650×10^{-10}	4.114954×10^{-13}	4.490196×10^{-11}
IIR-M	G04	1.708380×10^{-10}	4.010496×10^{-14}	1.701281×10^{-11}	4.134890×10^{-10}	8.955830×10^{-12}	1.701281×10^{-11}	3.431190×10^{-10}	3.521845×10^{-12}	4.010779×10^{-11}
	G05	1.509940×10^{-10}	-1.990437×10^{-13}	2.114799×10^{-11}	1.629630×10^{-10}	9.449899×10^{-13}	2.114799×10^{-11}	3.144000×10^{-10}	-2.611510×10^{-12}	3.419250×10^{-11}
	G07	8.750800×10^{-11}	3.184520×10^{-13}	1.450376×10^{-11}	1.689020×10^{-10}	-6.263250×10^{-13}	1.450376×10^{-11}	1.599200×10^{-10}	-1.299153×10^{-12}	2.595680×10^{-11}
	G12	4.278260×10^{-10}	-5.665800×10^{-13}	3.854006×10^{-11}	2.024170×10^{-10}	-8.735035×10^{-13}	3.854006×10^{-11}	5.687970×10^{-10}	-5.776732×10^{-13}	5.920958×10^{-11}
	G15	1.132770×10^{-10}	-2.091690×10^{-13}	1.796504×10^{-11}	3.638930×10^{-10}	-1.873485×10^{-12}	1.796504×10^{-11}	3.898090×10^{-10}	-1.974715×10^{-12}	3.880160×10^{-11}
	G17	7.910050×10^{-10}	5.673300×10^{-14}	5.542646×10^{-11}	1.469915×10^{-9}	1.382246×10^{-11}	5.542646×10^{-11}	1.324663×10^{-9}	-1.821496×10^{-12}	1.051059×10^{-10}
	G29	1.803780×10^{-10}	-5.482753×10^{-13}	2.146525×10^{-11}	4.123100×10^{-10}	1.060146×10^{-11}	2.146525×10^{-11}	3.456290×10^{-10}	-1.049890×10^{-12}	4.029306×10^{-11}
	G31	8.297500×10^{-11}	-1.617748×10^{-13}	1.290314×10^{-11}	1.449700×10^{-10}	-3.843834×10^{-12}	1.290314×10^{-11}	1.432230×10^{-10}	-2.714058×10^{-13}	2.386855×10^{-11}
IIR-A	G11	7.361700×10^{-11}	3.029175×10^{-13}	1.287143×10^{-11}	1.719680×10^{-10}	5.034579×10^{-12}	1.287143×10^{-11}	2.358510×10^{-10}	1.039835×10^{-12}	3.461707×10^{-11}
	G13	1.303580×10^{-10}	-6.203873×10^{-14}	1.832035×10^{-11}	2.484510×10^{-10}	-1.341898×10^{-12}	1.832035×10^{-11}	1.664710×10^{-10}	1.127454×10^{-12}	3.155189×10^{-11}
	G14	6.222820×10^{-10}	-3.190445×10^{-13}	3.670668×10^{-11}	1.842390×10^{-10}	-3.127644×10^{-12}	3.670668×10^{-11}	8.115410×10^{-10}	2.668987×10^{-12}	5.602177×10^{-11}
	G16	2.270040×10^{-10}	1.321322×10^{-13}	2.419355×10^{-11}	1.272660×10^{-10}	6.666240×10^{-14}	2.419355×10^{-11}	3.354390×10^{-10}	-1.294899×10^{-12}	3.714303×10^{-11}
	G18	5.076950×10^{-10}	-8.529998×10^{-14}	3.961666×10^{-11}	2.753700×10^{-10}	-2.253396×10^{-12}	3.961666×10^{-11}	6.594440×10^{-10}	1.337493×10^{-12}	5.832097×10^{-11}
	G20	1.743030×10^{-10}	-2.732360×10^{-13}	2.233265×10^{-11}	2.532090×10^{-10}	1.146802×10^{-12}	2.233265×10^{-11}	2.741750×10^{-10}	6.799391×10^{-13}	3.795311×10^{-11}
	G21	1.150910×10^{-10}	-2.375272×10^{-13}	1.447786×10^{-11}	1.832570×10^{-10}	2.488058×10^{-12}	1.447786×10^{-11}	1.742600×10^{-10}	-3.818257×10^{-13}	2.987988×10^{-11}
	G28	8.005890×10^{-10}	1.980406×10^{-13}	4.776104×10^{-11}	6.022690×10^{-10}	2.722238×10^{-12}	4.776104×10^{-11}	1.103261×10^{-9}	-6.936262×10^{-12}	7.100152×10^{-11}
IIR-B	G02	9.033800×10^{-11}	-1.588961×10^{-13}	1.198048×10^{-11}	1.911740×10^{-10}	1.897788×10^{-12}	1.198048×10^{-11}	2.840870×10^{-10}	-1.136852×10^{-12}	3.847766×10^{-11}
	G19	2.116640×10^{-10}	-1.539540×10^{-13}	1.948098×10^{-11}	2.615070×10^{-10}	3.785338×10^{-12}	1.948098×10^{-11}	2.894930×10^{-10}	1.684482×10^{-12}	3.452594×10^{-11}
	G22	2.886860×10^{-10}	-2.473696×10^{-13}	2.568127×10^{-11}	1.614280×10^{-10}	1.335520×10^{-12}	2.568127×10^{-11}	4.005730×10^{-10}	1.264611×10^{-13}	4.055250×10^{-11}
	G23	4.725250×10^{-10}	2.271497×10^{-13}	3.568694×10^{-11}	5.119710×10^{-10}	-7.105745×10^{-12}	3.568694×10^{-11}	7.266160×10^{-10}	-2.224820×10^{-13}	5.865042×10^{-11}

表 4.3 AVESRP 模型与 SRPM 模型的光压加速度之差

PRN		a 方向 (最大值) /(m/s^2)	a 方向 (平均值) /(m/s^2)	a 方向 (标准差) /(m/s^2)	c 方向 (最大值) /(m/s^2)	c 方向 (平均值) /(m/s^2)	c 方向 (标准差) /(m/s^2)	r 方向 (最大值) /(m/s^2)	r 方向 (平均值) /(m/s^2)	r 方向 (标准差) /(m/s^2)
IIF	G01	1.794450×10^{-10}	3.633213×10^{-13}	1.848537×10^{-11}	7.568600×10^{-10}	1.578525×10^{-11}	6.905057×10^{-11}	6.398250×10^{-10}	4.644038×10^{-12}	5.837050×10^{-11}
	G03	2.786330×10^{-10}	2.948960×10^{-13}	2.298413×10^{-11}	4.636930×10^{-10}	3.155455×10^{-12}	3.167179×10^{-11}	4.269850×10^{-10}	-1.038872×10^{-12}	3.795652×10^{-11}
	G06	8.671700×10^{-11}	2.543534×10^{-13}	1.192337×10^{-11}	3.403340×10^{-10}	-4.787324×10^{-13}	3.756773×10^{-11}	2.548280×10^{-10}	-4.641502×10^{-13}	3.379847×10^{-11}
	G09	9.655800×10^{-11}	1.644287×10^{-14}	1.344417×10^{-11}	9.187800×10^{-11}	-3.642039×10^{-12}	1.250239×10^{-11}	2.016890×10^{-10}	1.807777×10^{-12}	2.147670×10^{-11}
	G10	1.724060×10^{-10}	3.711706×10^{-13}	1.649787×10^{-11}	1.727740×10^{-10}	3.230370×10^{-12}	1.738052×10^{-11}	2.694970×10^{-10}	-3.566169×10^{-13}	2.814024×10^{-11}
	G24	1.064610×10^{-10}	-1.891867×10^{-13}	1.341320×10^{-11}	2.023960×10^{-10}	-1.320677×10^{-12}	2.118001×10^{-11}	1.915340×10^{-10}	-1.154451×10^{-12}	2.419547×10^{-11}
	G25	7.785400×10^{-11}	-2.673881×10^{-13}	1.281952×10^{-11}	8.329800×10^{-11}	-4.503659×10^{-13}	8.169145×10^{-12}	1.134380×10^{-10}	-1.675698×10^{-12}	1.992667×10^{-11}
	G27	6.988600×10^{-11}	-4.419068×10^{-14}	1.192807×10^{-11}	1.253470×10^{-10}	3.008448×10^{-12}	1.938302×10^{-11}	1.161560×10^{-10}	1.020610×10^{-12}	2.167827×10^{-11}
	G30	3.171700×10^{-10}	-2.616200×10^{-14}	2.538113×10^{-11}	4.013750×10^{-10}	2.717096×10^{-12}	3.354618×10^{-11}	4.345860×10^{-10}	-3.764515×10^{-13}	4.066609×10^{-11}
	G32	2.076030×10^{-10}	1.124722×10^{-13}	1.770961×10^{-11}	1.074040×10^{-10}	1.092668×10^{-12}	1.214180×10^{-11}	3.190400×10^{-10}	1.608821×10^{-13}	3.017225×10^{-11}
IIR-M	G04	1.738420×10^{-10}	8.189253×10^{-14}	1.661442×10^{-11}	4.161740×10^{-10}	9.478930×10^{-12}	3.556976×10^{-11}	3.498640×10^{-10}	3.496297×10^{-12}	4.145243×10^{-11}
	G05	1.172980×10^{-10}	2.519038×10^{-13}	1.664833×10^{-11}	8.137200×10^{-11}	4.040299×10^{-12}	1.254369×10^{-11}	1.461870×10^{-10}	-1.738665×10^{-13}	2.408307×10^{-11}
	G07	7.062400×10^{-11}	1.886466×10^{-13}	1.264843×10^{-11}	1.412490×10^{-10}	4.854069×10^{-13}	1.904166×10^{-11}	1.170740×10^{-10}	-6.803665×10^{-13}	2.118834×10^{-11}
	G12	4.084030×10^{-10}	-4.394368×10^{-13}	3.257170×10^{-11}	1.912800×10^{-10}	1.761876×10^{-14}	1.696169×10^{-11}	5.452730×10^{-10}	-1.468276×10^{-12}	4.764826×10^{-11}
	G15	1.155590×10^{-10}	-1.806463×10^{-13}	1.363316×10^{-11}	1.330010×10^{-10}	-1.595668×10^{-12}	1.423668×10^{-11}	1.711320×10^{-10}	1.203248×10^{-13}	2.145564×10^{-11}
	G17	7.941620×10^{-10}	1.199771×10^{-13}	5.639401×10^{-11}	1.472192×10^{-9}	1.324281×10^{-11}	9.970362×10^{-11}	1.337900×10^{-9}	-6.751156×10^{-13}	1.075222×10^{-10}
	G29	1.095060×10^{-10}	-4.069228×10^{-13}	1.340677×10^{-11}	2.400380×10^{-10}	6.423670×10^{-12}	2.282393×10^{-11}	1.956340×10^{-10}	-1.460520×10^{-12}	2.494754×10^{-11}
	G31	3.964100×10^{-11}	-4.273410×10^{-14}	1.068896×10^{-11}	7.955900×10^{-11}	-3.557046×10^{-12}	1.337911×10^{-11}	8.813700×10^{-11}	1.007293×10^{-12}	2.011320×10^{-11}
IIR-A	G11	7.845500×10^{-11}	1.669010×10^{-13}	1.268785×10^{-11}	2.309310×10^{-10}	7.140375×10^{-12}	2.909741×10^{-11}	2.928947×10^{-10}	2.144840×10^{-12}	3.853375×10^{-11}
	G13	1.007000×10^{-10}	-7.678678×10^{-14}	1.411714×10^{-11}	2.025760×10^{-10}	-3.045458×10^{-12}	2.213285×10^{-11}	2.328650×10^{-10}	1.207960×10^{-12}	2.610271×10^{-11}
	G14	1.058020×10^{-10}	-2.051594×10^{-13}	1.089958×10^{-11}	7.622300×10^{-11}	-1.412272×10^{-12}	9.712646×10^{-12}	1.791450×10^{-10}	2.969144×10^{-13}	1.697911×10^{-11}
	G16	1.915610×10^{-10}	1.458195×10^{-14}	2.101437×10^{-11}	1.265970×10^{-10}	5.747826×10^{-13}	9.891665×10^{-12}	2.878100×10^{-10}	-5.246990×10^{-13}	3.240024×10^{-11}
	G18	9.084700×10^{-11}	-1.396714×10^{-13}	1.324447×10^{-11}	1.079040×10^{-10}	9.693761×10^{-13}	1.180244×10^{-11}	1.460070×10^{-10}	2.132909×10^{-13}	2.207065×10^{-11}
	G20	1.351810×10^{-10}	-4.257332×10^{-15}	1.594759×10^{-11}	1.241100×10^{-10}	3.612262×10^{-12}	1.404001×10^{-11}	1.756180×10^{-10}	-1.438432×10^{-13}	2.441354×10^{-11}
	G21	6.047900×10^{-11}	-1.374596×10^{-13}	9.657080×10^{-12}	1.151530×10^{-10}	3.504174×10^{-12}	1.677322×10^{-11}	1.008570×10^{-10}	-1.997450×10^{-12}	1.766819×10^{-11}
	G28	3.259890×10^{-10}	5.173943×10^{-14}	2.524366×10^{-11}	2.178810×10^{-10}	1.075575×10^{-12}	1.569336×10^{-11}	4.387570×10^{-10}	-2.340436×10^{-12}	3.629652×10^{-11}
IIR-B	G02	9.064500×10^{-11}	2.199016×10^{-14}	1.071428×10^{-11}	1.979670×10^{-10}	3.425152×10^{-12}	2.535249×10^{-11}	2.937460×10^{-10}	7.529201×10^{-13}	3.588274×10^{-11}
	G19	8.356400×10^{-11}	-1.107112×10^{-13}	1.259105×10^{-11}	2.141300×10^{-10}	2.773995×10^{-12}	2.311212×10^{-11}	2.097170×10^{-10}	-1.642559×10^{-13}	2.559277×10^{-11}
	G22	7.664000×10^{-11}	-6.807185×10^{-14}	1.343570×10^{-11}	9.121400×10^{-11}	1.167837×10^{-12}	1.281138×10^{-11}	1.186890×10^{-10}	-8.908788×10^{-14}	2.238284×10^{-11}
	G23	2.537630×10^{-10}	4.257433×10^{-13}	2.041932×10^{-11}	1.461100×10^{-10}	-4.279049×10^{-12}	1.411727×10^{-11}	3.410860×10^{-10}	1.597079×10^{-12}	3.086991×10^{-11}

插值模型影响较小，故出现图中所示跳变)。

在做精密定轨测试时，只改变太阳辐照度所使用的模型，光压模型不估计经验力，表 4.4 给出了轨道计算时所用的误差改正模型与参数解算策略，包括观测值类型、观测和动力学模型以及估计参数等，其他未给出的观测和动力学模型参见《导航卫星精度定轨技术》(王小亚等, 2017)。图 4.8 给出了三种不同光压模型 (SRPM、VARSRP 和 AVESRP)GPS 卫星定轨的 3D-RMS 值。这里的 3D-RMS 是将模型确定的轨道结果与 IGS 事后精密星历拟合对比得到的残差统计的 RMS，分别选取ⅡF、ⅡR-M、ⅡR-A 与 ⅡR-B 共三十颗卫星将三种模型的定轨精度进行比较，从图 4.8 中可以看出，对于多数 GPS 卫星，AVESRP 模型和 VARSRP 模型相比于 SRPM 模型略有提高 (Zhang et al., 2019)。

表 4.4 误差改正模型与参数解算策略

	误差改正/参数类型	改正模型/解算策略
模型类型	观测值类型	LC+PC(非差组合)
	采样间隔	300s
	定轨弧长	1 天
	高度截止角	7°
	电离层延迟改正	1 阶通过 LC/PC 消除，并考虑了高阶改正 (Xi et al., 2021)
	对流层天顶延迟	Saastamoinen 模型 + 天顶湿延迟估计 (Liu et al., 2017)
	映射函数	GMF(Global Mapping Function) (Böhm et al., 2006)
	固体潮、海潮、极潮改正	IERS 2010 规范 (Petit and Luzum, 2010)
	天线相位中心改正测站先验坐标	IGS14.ATX IGS14(psd) (1sigma)
	EOP 先验值	IERS EOP 14 C04（IAU2000）
	太阳光压模型蚀因子模型	SRPM/AVESRP/VARSRP 圆锥模型
	地球辐射压	考虑
	卫星热辐射压	考虑
	卫星天线电磁辐射压	考虑
估计参数	轨道与卫星钟差	估计
	接收机钟差	估计
	太阳光压参数	估计
	模糊度参数	估计
	EOP	估计极移 (x_p, y_p)、极移变化率 $(\dot{x}_p, \dot{y}_p)$ 和日长变化 (LOD)，每日一组
	对流层参数	天顶延迟及其剃度参数，每小时一组

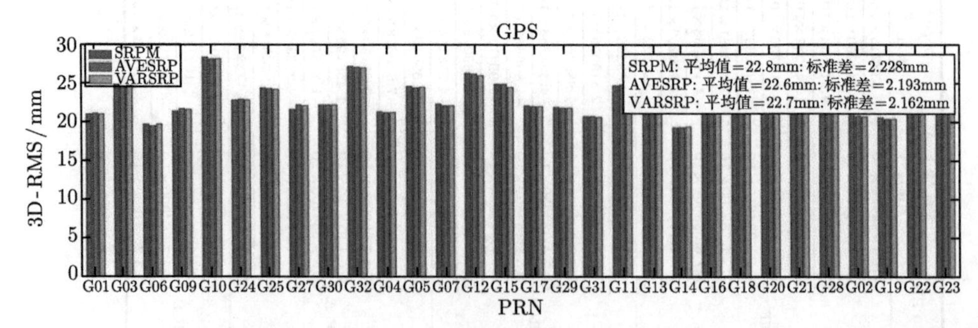

图 4.8 三种不同光压模型 (SRPM、VARSRP 和 AVESRP)GPS 卫星定轨的 3D-RMS 值

为反映 GPS 卫星整体三种不同光压模型下定轨精度的变化情况，表 4.5 统计了 GPS 的 30 颗卫星的定轨精度，从表中可以看出，三种模型对于 GPS 卫星定轨精度的影响差距不大，AVESRP 模型与 VARSRP 模型相比于 SRPM 模型，分别有 10%(3 颗) 和 17%(5 颗) 的卫星没有改变，有 70%(21 颗) 和 73%(22 颗) 的卫星略微有提高，提高幅度在 0.1~0.5mm。此外，从表中统计结果看，太阳辐照度变化对不同类型的 GPS 导航卫星定轨精度的影响无明显规律 (Zhang et al., 2019)。

表 4.5 GPS 卫星在三种不同光压模型下精度定轨的 3D-RMS 值

PRN		SRPM/mm	AVESRP/mm	VARSRP/mm	AVESRP−SRPM/mm	VARSRP−SRPM/mm
ⅡF	G01	20.9	21	20.9	0.1	0.0
	G03	24.8	24.5	24.6	−0.3	−0.2
	G06	19.6	19.4	19.6	−0.2	0.0
	G09	21.3	21.6	21.5	0.3	0.2
	G10	28.3	28.1	28.1	−0.2	−0.2
	G24	22.7	22.8	22.7	0.1	0.0
	G25	24.3	24.2	24.1	−0.1	−0.2
	G27	21.5	22.1	22	0.6	0.5
	G30	22.1	22.1	22.1	0.0	0.0
	G32	27.1	27	26.9	−0.1	−0.2
	平均值	23.3	23.2	23.2	−0.1	−0.1
ⅡR-M	G04	21.2	21.1	21.1	−0.1	−0.1
	G05	24.5	24.3	24.4	−0.2	−0.1
	G07	22.2	22	22	−0.2	−0.2
	G12	26.2	26.1	25.9	−0.1	−0.3
	G15	24.8	24.8	24.4	0.0	−0.4
	G17	22	21.9	21.9	−0.1	−0.1
	G29	21.8	21.7	21.7	−0.1	−0.1
	G31	20.6	20.6	20.5	0.0	−0.1
	平均值	23	22.8	22.7	−0.2	−0.3
ⅡR-A	G11	24.6	24.7	24.6	0.1	0.0
	G13	21.3	21	21.2	−0.3	−0.1
	G14	19.2	19.2	19.3	0.0	0.1
	G16	21.8	21.5	21.5	−0.3	−0.3
	G18	23.4	23.3	23.3	−0.1	−0.1
	G20	26.5	26.3	26.4	−0.2	−0.1
	G21	20.9	21	21	0.1	0.1
	G28	22.4	22.2	22.1	−0.2	−0.3
	平均值	22.5	22.4	22.4	−0.1	−0.1
ⅡR-B	G02	20.8	20.7	20.6	−0.1	−0.2
	G19	20.5	20.3	20.3	−0.2	−0.2
	G22	22.1	22	22	−0.1	−0.1
	G23	23.7	23.4	23.3	−0.3	−0.4
	平均值	21.7	21.6	21.5	−0.1	−0.2

4.4.3 针对北斗卫星的影响测试

这里利用 2015 年第 001~093 天的 MGEX 网数据进行轨道确定试验，这期间共有 50~60 个测站含有北斗卫星数据，定轨计算策略采用非差相位和伪距观测值，

3 天为一个定轨弧段，分别采用三种模型 SRPM($\Phi_0 = 1368\text{W/m}^2$)，VARSRP(插值 Φ_0)，ARSRP(分段平均 Φ_0) 进行光压加速度与精密定轨的计算，分别选取 GEO(C04)、IGSO(C06) 和 MEO(C14) 为北斗三类不同卫星的代表，图 4.9 给出了上述卫星的 VARSRP 和 AVESRP 模型与 SRPM 模型计算的光压加速度在沿迹 a、轨道面法方向 c 和径向 r 三个方向的加速度之差，从图中可以看出，VARSRP 与 SRPM 模型、AVESRP 与 SRPM 模型的光压加速度之差也可达 10^{-10}m/s^2(Zhang et al., 2019)。

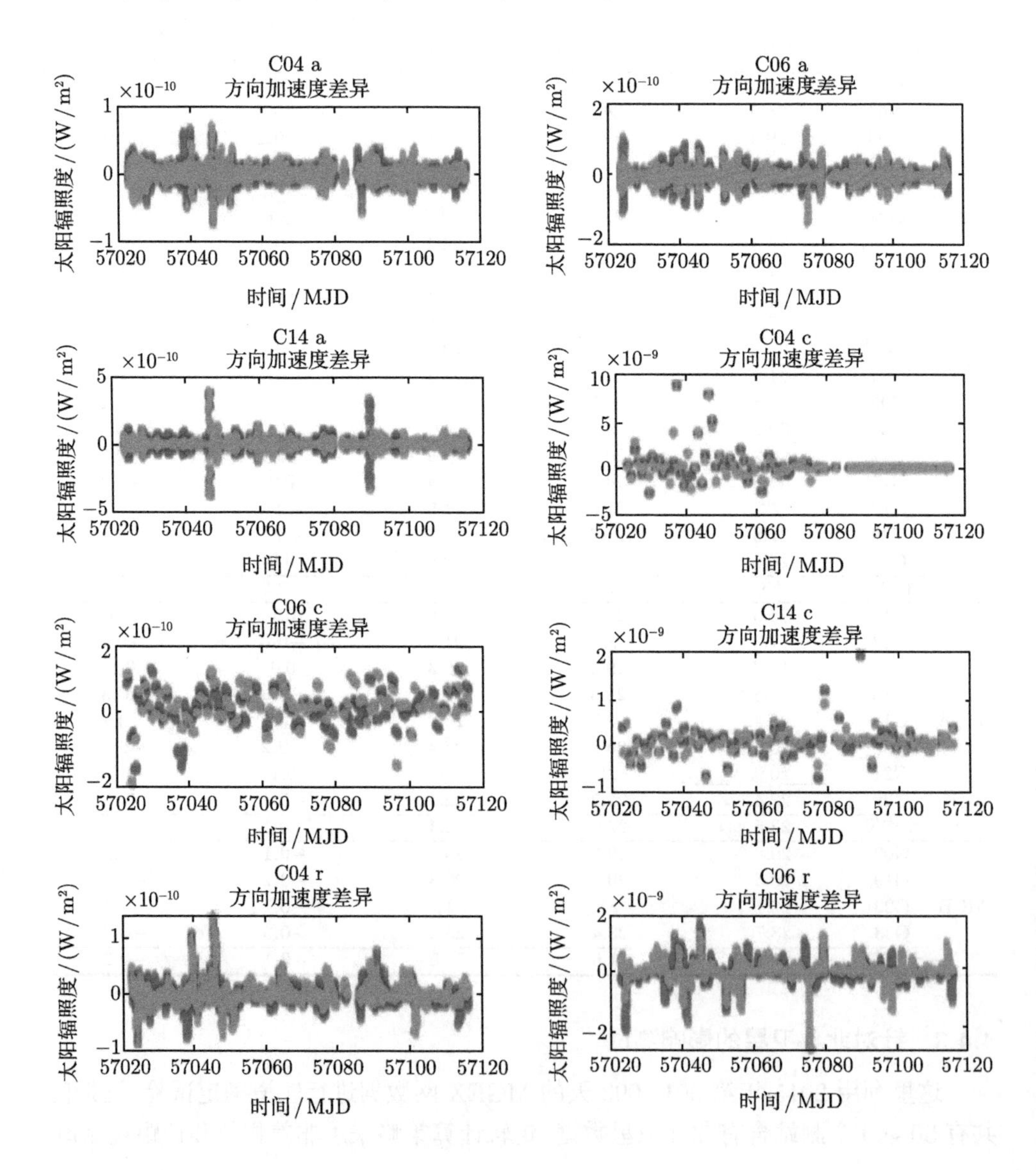

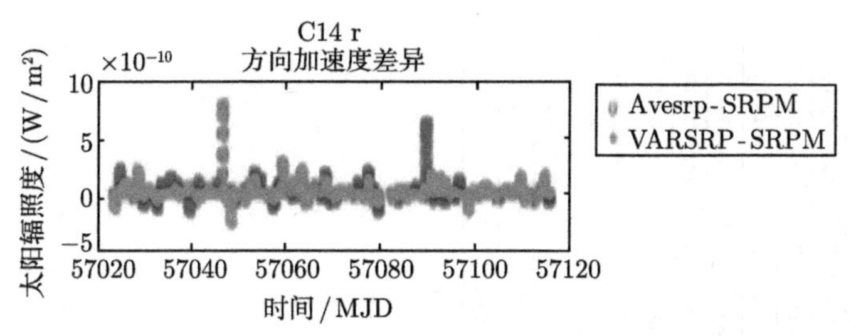

图 4.9 C04 、C06 和 C14 VARSRP 和 AVESRP 模型与 SRPM 模型计算的光压加速度在沿迹 a 、轨道面法方向 c 和径向 r 三个方向之差 (彩图请扫封底二维码)

图 4.10 表示了北斗卫星使用 VARSRP 和 AVESRP 模型与 SRPM 模型的加速度之差，表 4.6 和表 4.7 分别给出了 VARSRP 和 AVESRP 模型与 SRPM

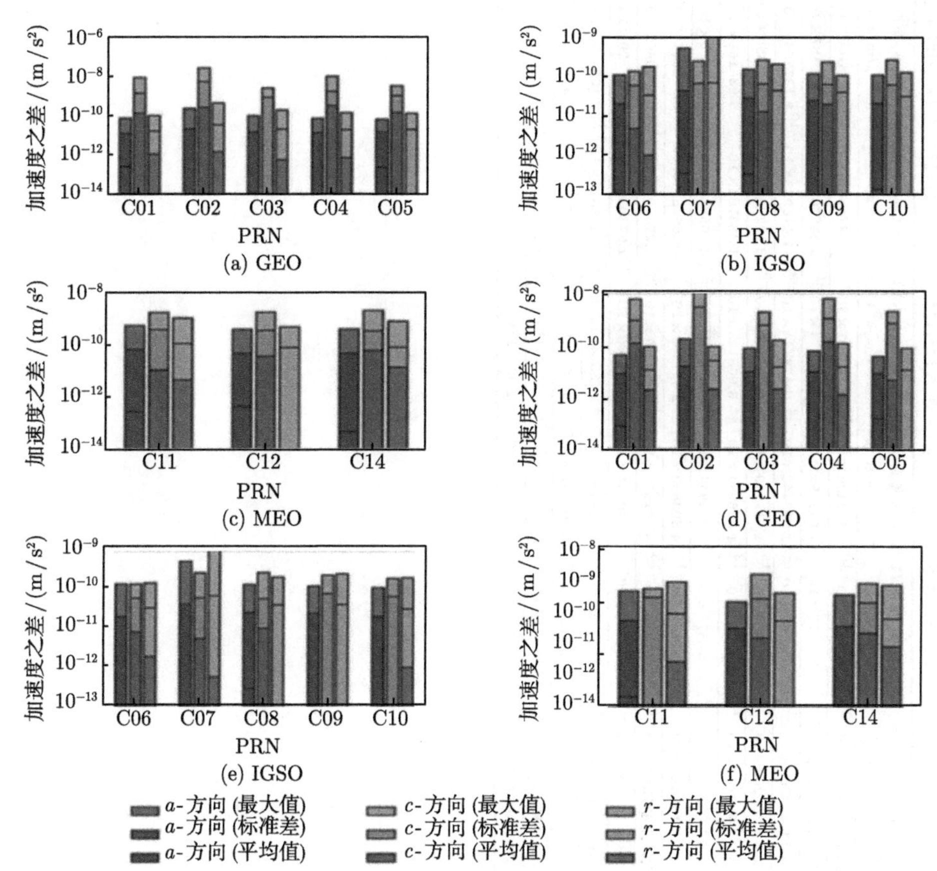

图 4.10 VARSRP 与 SRPM 模型 (a)~(c)、AVESRP 与 SRPM 模型 (b)~(d) 的光压加速度之差 (彩图请扫封底二维码)

表 4.6　北斗卫星中 VARSRP 模型与 SRPM 模型的光压加速度之差

	PRN	a 方向 (最大值) /(m/s^2)	a 方向 (平均值) /(m/s^2)	a 方向 (标准差) /(m/s^2)	c 方向 (最大值) /(m/s^2)	c 方向 (平均值) /(m/s^2)	c 方向 (标准差) /(m/s^2)	r 方向 (最大值) /(m/s^2)	r 方向 (平均值) /(m/s^2)	r 方向 (标准差) /(m/s^2)
GEO 卫星	C01	5.509000×10^{-11}	2.257738×10^{-13}	1.123130×10^{-11}	8.177737×10^{-9}	1.247566×10^{-10}	1.298100×10^{-9}	9.143000×10^{-11}	9.861502×10^{-13}	1.452284×10^{-11}
	C02	2.133660×10^{-10}	-1.575160×10^{-13}	1.942791×10^{-11}	2.532374×10^{-8}	2.468761×10^{-10}	5.240187×10^{-9}	4.169930×10^{-10}	1.260449×10^{-12}	3.058316×10^{-11}
	C03	9.134800×10^{-11}	-7.561744×10^{-14}	1.298443×10^{-11}	2.378744×10^{-9}	-1.616922×10^{-10}	8.137786×10^{-10}	1.755240×10^{-10}	4.991789×10^{-13}	1.820316×10^{-11}
	C04	6.506200×10^{-11}	8.587629×10^{-15}	1.211759×10^{-11}	9.208080×10^{-9}	3.122247×10^{-10}	1.661856×10^{-9}	1.304830×10^{-10}	6.481411×10^{-13}	1.701057×10^{-11}
	C05	5.932100×10^{-11}	2.057778×10^{-13}	1.306284×10^{-11}	3.008123×10^{-9}	1.334701×10^{-10}	9.936161×10^{-10}	1.224000×10^{-10}	-2.445774×10^{-12}	1.754164×10^{-11}
IGSO 卫星	C06	1.083310×10^{-10}	-2.324578×10^{-13}	2.043944×10^{-11}	1.329070×10^{-10}	4.765681×10^{-12}	5.920115×10^{-11}	1.735800×10^{-10}	9.854860×10^{-13}	3.338465×10^{-11}
	C07	5.193080×10^{-10}	3.437065×10^{-13}	4.393893×10^{-11}	2.397250×10^{-10}	-6.552891×10^{-13}	6.636387×10^{-11}	9.975400×10^{-10}	-4.484360×10^{-12}	6.843332×10^{-11}
	C08	1.487540×10^{-10}	3.258684×10^{-13}	2.782610×10^{-11}	2.572017×10^{-10}	1.276188×10^{-11}	6.456040×10^{-11}	2.026500×10^{-10}	-2.335588×10^{-12}	4.407945×10^{-11}
	C09	1.160290×10^{-10}	-9.055366×10^{-13}	2.470241×10^{-11}	2.289200×10^{-10}	1.973036×10^{-11}	6.313129×10^{-11}	1.041040×10^{-10}	-1.096986×10^{-11}	3.938297×10^{-11}
	C10	1.077710×10^{-10}	1.359469×10^{-13}	2.082961×10^{-11}	2.585740×10^{-10}	-3.038813×10^{-12}	6.103229×10^{-11}	1.241000×10^{-10}	-4.531442×10^{-12}	3.132100×10^{-11}
MEO 卫星	C11	5.380100×10^{-10}	2.945261×10^{-13}	6.905841×10^{-11}	1.685951×10^{-9}	1.097712×10^{-11}	3.828292×10^{-10}	1.034890×10^{-9}	4.716614×10^{-12}	1.137112×10^{-10}
	C12	3.807650×10^{-10}	4.553103×10^{-13}	4.816467×10^{-11}	1.744886×10^{-9}	3.687020×10^{-11}	3.571633×10^{-10}	4.715520×10^{-10}	-2.396525×10^{-12}	7.975486×10^{-11}
	C14	3.908810×10^{-10}	4.835739×10^{-14}	4.758301×10^{-11}	1.983842×10^{-9}	6.032283×10^{-11}	3.391858×10^{-10}	7.767980×10^{-10}	1.399408×10^{-11}	8.071293×10^{-11}

表 4.7 北斗卫星中 AVESRP 模型与 SRPM 模型的光压加速度之差

	PRN	a 方向 (最大值) /(m/s^2)	a 方向 (平均值) /(m/s^2)	a 方向 (标准差) /(m/s^2)	c 方向 (最大值) /(m/s^2)	c 方向 (平均值) /(m/s^2)	c 方向 (标准差) /(m/s^2)	r 方向 (最大值) /(m/s^2)	r 方向 (平均值) /(m/s^2)	r 方向 (标准差) /(m/s^2)
GEO 卫星	C01	5.127900×10^{-2}	8.457366×10^{-14}	9.596936×10^{-12}	7.662389×10^{-9}	1.460923×10^{-10}	1.136260×10^{-9}	1.068000×10^{-10}	2.182391×10^{-12}	1.332399×10^{-11}
	C02	2.130730×10^{-10}	-1.909455×10^{-13}	1.865184×10^{-11}	1.457272×10^{-8}	-6.580959×10^{-11}	3.778179×10^{-9}	1.068000×10^{-10}	2.341017×10^{-12}	3.073606×10^{-11}
	C03	9.229200×10^{-11}	-1.972752×10^{-13}	1.141153×10^{-11}	2.399044×10^{-9}	-1.047325×10^{-10}	7.419213×10^{-10}	1.923600×10^{-10}	2.392727×10^{-12}	1.726813×10^{-11}
	C04	7.209100×10^{-11}	-9.598801×10^{-14}	1.145266×10^{-11}	8.110430×10^{-9}	1.664874×10^{-10}	1.360632×10^{-9}	1.413710×10^{-10}	1.445704×10^{-12}	1.727291×10^{-11}
	C05	4.394200×10^{-11}	1.646451×10^{-13}	9.510523×10^{-12}	2.572891×10^{-9}	5.354874×10^{-12}	8.915266×10^{-10}	9.170000×10^{-11}	-1.426655×10^{-12}	1.325868×10^{-11}
IGSO 卫星	C06	1.365190×10^{-10}	-3.062380×10^{-13}	2.054885×10^{-11}	1.362610×10^{-10}	8.319506×10^{-12}	6.065095×10^{-11}	1.440270×10^{-10}	1.992891×10^{-12}	3.406364×10^{-11}
	C07	5.101300×10^{-10}	-5.063416×10^{-14}	4.316892×10^{-11}	2.597330×10^{-10}	5.720728×10^{-12}	6.141390×10^{-11}	9.802000×10^{-10}	5.932907×10^{-13}	6.838684×10^{-11}
	C08	1.323170×10^{-10}	3.017638×10^{-13}	2.571902×10^{-11}	2.645364×10^{-10}	1.025681×10^{-11}	5.869196×10^{-11}	2.022200×10^{-10}	-7.853261×10^{-12}	4.094454×10^{-11}
	C09	1.203260×10^{-10}	-7.831373×10^{-13}	2.503045×10^{-11}	2.263100×10^{-10}	-9.864074×10^{-13}	7.844152×10^{-11}	2.450560×10^{-10}	-7.893809×10^{-12}	4.105401×10^{-11}
	C10	1.089340×10^{-10}	-7.283116×10^{-14}	2.026040×10^{-11}	1.864990×10^{-10}	2.494749×10^{-12}	6.531980×10^{-11}	1.933700×10^{-10}	1.053796×10^{-12}	3.206976×10^{-11}
MEO 卫星	C11	5.266000×10^{-10}	2.539627×10^{-13}	6.251488×10^{-11}	6.193300×10^{-10}	-1.602078×10^{-11}	3.325544×10^{-10}	1.001347×10^{-9}	3.273161×10^{-12}	1.041939×10^{-10}
	C12	2.407500×10^{-10}	1.184069×10^{-13}	3.644370×10^{-11}	1.732426×10^{-9}	1.783910×10^{-11}	3.019685×10^{-10}	4.488710×10^{-10}	-8.185255×10^{-13}	6.139189×10^{-11}
	C14	3.948290×10^{-10}	-7.865990×10^{-14}	4.153946×10^{-11}	8.973750×10^{-10}	2.525985×10^{-11}	2.255663×10^{-10}	7.819390×10^{-10}	9.658034×10^{-12}	7.082147×10^{-11}

模型的加速度之差统计结果，从表中可以看出，北斗卫星使用 VARSRP、AVESRP 模型时，与 SRPM 模型的光压加速度之差可达 10^{-10}m/s^2，甚至有的达 $10^{-9} \sim 10^{-8}\text{m/s}^2$；但是平均的加速度之差相对较小，基本在 10^{-11}m/s^2 量级；均方差在 10^{-11}m/s^2 左右，轨道面法向影响变化较大，有的达到 10^{-9}m/s^2，比 GPS 卫星影响要大。此外，从表中还可以看出，在三类卫星的加速度变化中，GEO 卫星变化最大，而在轨道的径向 (radial)、沿迹方向 (along-track) 以及轨道法方向 (cross-track) 上，轨道法方向上影响最大 (Zhang et al., 2019)。

表 4.8 给出了北斗卫星轨道计算策略与解算参数。图 4.11 给出了北斗三类卫星精密定轨重叠弧段的 3D-RMS 统计分析，图 4.12 (a) 给出了北斗所有卫星 AVESRP、VARSRP 与 SRPM 模型的重叠弧段 3D–RMS 之差，图 4.12 (b) 给出了北斗 VARSRP、AVESRP 与 SRPM 模型定轨残差 RMS 之差，表 4.9 给出了北斗卫星三种模型的重叠弧段 3D-RMS 值。从图表中可以看出，对于 GEO 卫星，利用 AVESRP 与 VARSRP 模型时定轨精度提高较为明显，AVESRP 模型与 VARSRP 模型分别提高 3.5mm 和 4.0mm，VARSRP 模型略优于 AVESRP 模型，尤其是对

表 4.8 北斗卫星定轨策略与解算参数

	参数信息	类型
观测值与主要动力学模型	观测值类型	LC+PC(UD)
	采样间隔	300s
	解算弧长	3 天
	相位中心改正	IGS14.atx
	海潮、固体潮、极潮	IERS Conventions 2010
	测站先验坐标	IGS14(psd)(1sigma)
	EOP 先验	14 C04(IAU2000)
估计参数	轨道与卫星钟差	估计
	接收机钟差	估计
	模糊度参数	估计
	光压模型	SRPM/AVESRP/VARSRP
	对流层参数	每小时一组

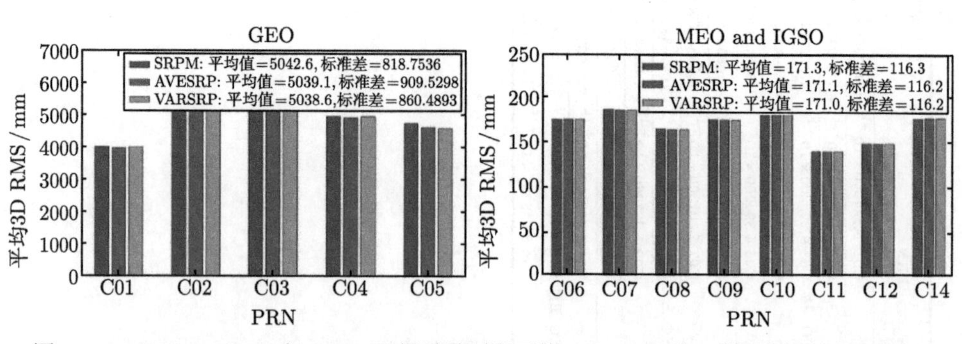

图 4.11 GEO、IGSO 和 MEO 卫星重叠弧段平均 3D-RMS 值 (彩图请扫封底二维码)

C05 卫星的精度提高幅度最大；但对于 C03 卫星，两种模型均表现较差，其中的原因还需继续深入研究。对于 IGSO 与 MEO 卫星，三种模型精度相差不大，这可能是由于 GEO 卫星轨道较高，受太阳辐照度变化影响较为明显。此外，根据图 4.10 中两种模型定轨精度差值统计，分别有 67%和 69%的弧段定轨精度得到提高 (Zhang et al., 2019)。

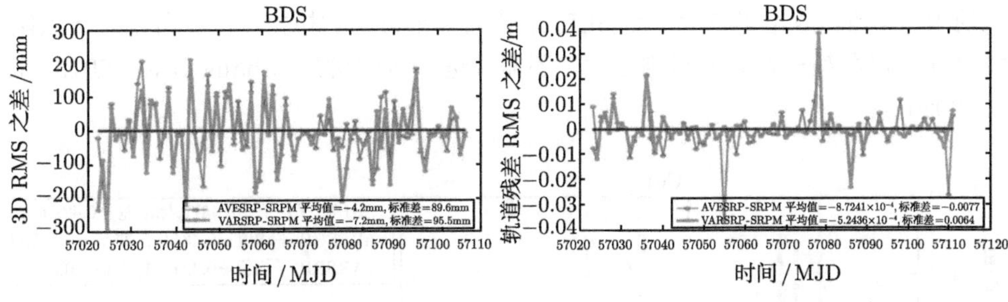

(a) VARSRP、AVESRP 与 SRPM 模型的重叠弧段 3D-RMS之差

(b) VARSRP、AVESRP 与 SRPM 模型的轨道残差 RMS 之差

图 4.12 北斗所有卫星 AVESRP、VARSRP 与 SRPM 平均定轨精度差值 (彩图请扫封底二维码)

表 4.9 北斗卫星三种不同光压模型的重叠弧段 3D-RMS 值

	PRN	SRPM/mm	AVESRP /mm	VARSRP /mm	AVESRP−SRPM/mm	VARSRP−SRPM/mm
GEO 卫星	C01	3997.3	3972.5	3987.2	−24.8	−10.1
	C02	5303.7	5288.4	5299.4	−15.3	−4.3
	C03	6232.1	6420.7	6387.2	188.6	155.1
	C04	4948.2	4900.4	4935.8	−47.8	−12.4
	C05	4731.5	4613.5	4583.5	−118.0	−148.0
	平均值	5042.6	5039.1	5038.6	−3.5	−4.0
IGSO 卫星	C06	175.5	176.1	176.0	0.6	0.5
	C07	187.3	186.5	186.3	−0.8	−1.0
	C08	165.2	164.6	164.6	−0.6	−0.6
	C09	175.9	175.6	175.2	−0.3	−0.7
	C10	203.4	203.6	203.5	0.2	0.1
	平均值	181.5	181.3	181.1	−0.2	−0.4
MEO 卫星	C11	140.2	140.0	139.8	−0.2	−0.4
	C12	149.3	148.8	149.0	−0.5	−0.3
	C14	177.2	177.6	177.5	0.4	0.3
	平均值	155.6	155.5	155.4	−0.1	−0.2

为了更可靠地评估这三种不同太阳辐照度引起的三种不同太阳辐射压模型对北斗卫星定轨的影响，本书采用 SLR(ILRS 提供) 的全速率 (full rate) 数据分别对北斗卫星轨道进行了外部检核，具有激光观测的卫星目前有 C01、C08、C10、

C11，以 full rate 数据检核结果作为参考和补充，由于 C08 与 C11 卫星数据较少，故统计 C01 与 C10 卫星的检核结果，图 4.13 和图 4.14 分别给出了北斗卫星 C01 与 C10 的 SLR 检核轨道结果，从图统计结果可以看出，C01 卫星采用 AVESRP 模型和 VARSRP 模型时定轨精度分别提高了 2.3mm 和 3.5mm；C10 采用 AVESRP 模型和 VARSRP 模型时定轨精度分别提高了 0.2mm 和 0.4mm，定轨精度都有所提高。从重叠弧段与 SLR 检核的结果看，由于重叠弧段是三个方向的 RMS 值，故结果较大，而 SLR 反映的是单方向的检核精度。所以对于太阳辐照度是否在某一方向上影响更大，还需要进一步的研究 (Zhang et al., 2019; 张言, 2020)。

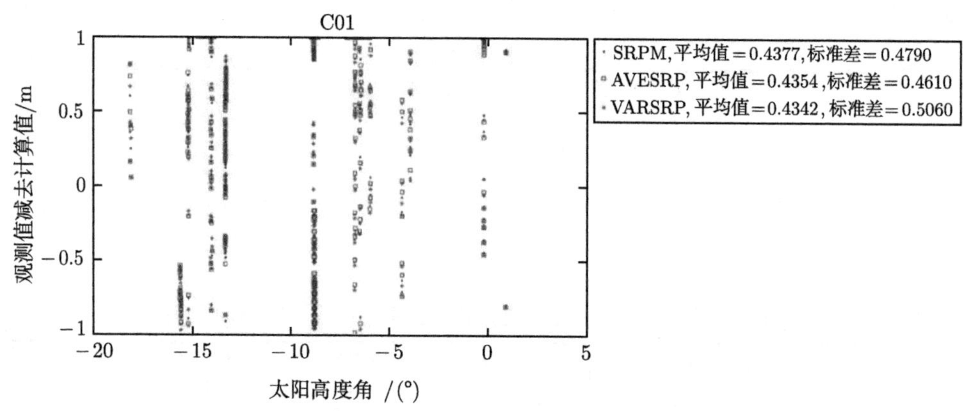

图 4.13　SLR 检核北斗卫星 C01 轨道结果 (彩图请扫封底二维码)

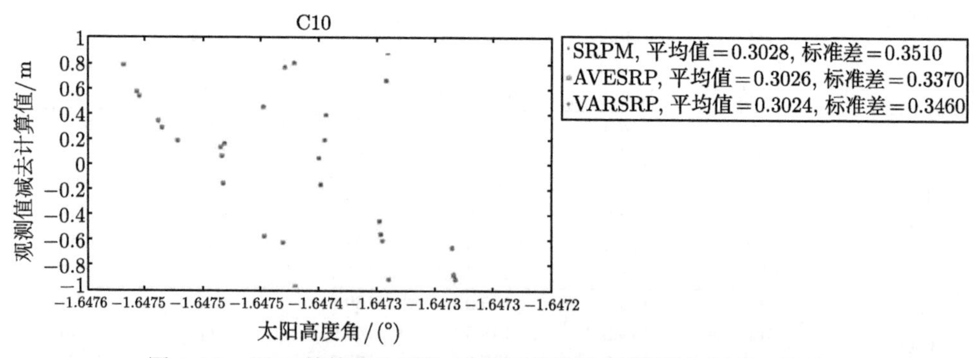

图 4.14　SLR 检核北斗卫星 C10 轨道结果 (彩图请扫封底二维码)

4.5　太阳辐照度变化影响特征总结及建议

本章首先分析了太阳辐照度并非常数的物理机制，从太阳辐照度的研究现状、理论推导入手，利用空间实测数据，分析了太阳辐照度变化特征。然后，利用实测的太阳辐照度数据和物理分析光压建模原理，对 GPS 和北斗导航卫星分别采用常数的太阳辐照度光压模型 SRPM ($\varPhi_0 = 1368\mathrm{W/m^2}$)、变化的太阳辐照度光压模型 VARSRP 和分段平均的太阳辐照度光压模型 AVESRP 进行太阳辐射压加速度计算和精密定轨处理，分析了太阳辐照度对其影响情况。结果表明，VARSRP 与 SRPM、AVESRP 与 SRPM 的光压加速度相差可达 $10^{-10}\mathrm{m/s^2}$，有的卫星甚至达到 $10^{-9} \sim 10^{-8}\mathrm{m/s^2}$，但是平均的加速度之差相对较小，基本在 $10^{-11}\mathrm{m/s^2}$ 量级，均方差在 $10^{-11}\mathrm{m/s^2}$ 左右，轨道面法向影响变化较大，有的达到 $10^{-9}\mathrm{m/s^2}$。

对于 GPS 卫星，三种模型的定轨精度差距不大，AVESRP 模型与 VARSRP 模型相比于 SRPM 模型，分别有 10%(3 颗) 和 17%(5 颗) 的卫星没有改变，有 70%(21 颗) 和 73%(22 颗) 的卫星略微有提高，提高幅度在 0.1~0.5mm，且对不同类型的 GPS 导航卫星定轨精度无明显规律。而对于北斗 GEO 卫星，利用 AVESRP 与 VARSRP 模型时，定轨精度提高较为明显，分别提高了 2.3mm 和 3.5mm，VARSRP 略优于 AVESRP 模型，尤其是对 C05 卫星的精度提高幅度最大，但对于 C03 卫星，两种模型均表现较差，其中的原因还需继续深入研究。对于 IGSO 与 MEO 卫星，三种模型精度相差不大，这可能是由于 GEO 卫星轨道较高，受太阳辐照度变化影响较为明显。北斗所有卫星 AVESRP、VARSRP 对 SRPM 每日定轨精度差值统计，分别有 67%和 69%的天数定轨精度得到了提高。

总之，在考虑 $10^{-10}\mathrm{m/s^2}$ 量级摄动力影响时，由太阳辐照度变化引起的误差是必须考虑的因素。在高精度导航卫星的精确轨道确定，特别是对于精度要求优于 2cm，甚至达毫米级的卫星，也需要考虑由太阳辐照度变化引起的太阳光压摄动力的影响。另外，GNSS 对地球参考架具有加密作用，1mm 时空基准构建急需更高精度的 GNSS 数据处理结果，故建议在高精度 GNSS 数据处理中应考虑太阳辐照度变化影响。本书建议在高精度精密定轨和毫米级时空基准构建中，应使用从卫星测量获得的太阳辐照度观测值来计算太阳光压摄动力。

第 5 章　北斗卫星地影模型精化

太阳光压是导航卫星精密定轨中非保守力的主要误差源之一，它会随卫星、地球和太阳三者之间位置的不同而产生变化。当卫星受照面被地球遮挡时，卫星就进入地影期。这种遮挡现象不仅发生在卫星和地球之间，还会发生在卫星和月球之间。在地影期间，太阳光压摄动力变化包含三个阶段：如果卫星没有处于阻挡区域，则为全光照时期；当卫星被地球部分遮挡时，太阳光压小于全光照时期，则卫星进入半影期；当卫星完全无法接收来自太阳光照时，它将进入本影期。

蚀因子 (也称地影因子) 可以描述卫星在地影期的受照变化。当卫星处于全光照期间时，蚀因子等于 1；当卫星进入半影期间时，蚀因子在 0 和 1 之间；当卫星进入本影期时，蚀因子为 0。精确计算蚀因子可以在地影获得精确的太阳光压摄动力，有助于卫星轨道精度的提高。

本章将简单介绍圆柱模型和圆锥模型两种传统的地影模型，然后详细分析地球扁率和大气影响的组合地影模型，最后根据北斗卫星长期的观测数据，验证改进后的模型与传统模型的轨道精度比较。除了对轨道结果进行激光检核外，还引入了星间链路作为一种新的轨道精度检核和评估方法。

5.1　地影模型概述

1. 圆柱投影

圆柱投影地影模型将地球视为一个圆球体，研究人员根据地球投影的类型来计算卫星地影期间的蚀因子。Kozai 和 Wyatt (1961) 首先发现和讨论了日食对太阳光压的影响，并提出了考虑日食对轨道影响的公式，他们对半影过度使用了不连续的阶跃函数 (Kozai, 1963)。Ferraz-Mello (1964；1972) 引入了连续的阴影函数，在地影期内值为 0，在全日光阶段值为 1。这种阴影方程是将地球对日光遮挡的阴影看作一个圆柱，此时只存在全影和全日光两种情况，以地球投影面为底面的圆柱与卫星运行轨道存在一个相交点，计算时只需判断卫星是否到达该临界点，便可求出相应的地影因子。

2. 圆锥投影

由于圆柱投影没有考虑半影区，这对轨道的计算产生较大的偏差。Hubaux 等 (2012) 提出，地影区域类似于一个阴影锥，使用具有缩放参数的双曲线正切 S 型阴影函数，以确保 S 形曲线的宽度等于穿越半影区所花费的时间，该地影方程是卫星和太阳地心位置矢量夹角的函数。M&G (2000) 的地影方程具有一定的物理意义，根据从卫星的角度可见的太阳圆盘的面积，由可见区域的面积除以太阳圆盘的总面积，即可计算出地影因子，该模型认为地球为一个圆球体，且不考虑周围大气的影响。

3. *考虑地球扁率的地影模型*

Adhya (2005b) 提出了一种相对简单的方法来计算卫星地影期的太阳光压摄动力，同时考虑地球的扁率。他根据卫星至太阳的连线与地球相交点的个数来判断卫星处于地影期的某个阶段：当无相交点时，卫星处于全光照；当有一个相交点时，卫星处于半影期；当有两个相交点时，卫星处于全影期。Vokrouhlicky 等 (1996) 通过太阳光线与地球、卫星的位置关系，重新定义了地心位置与半径，由此确定出地球的密切球面。Robertson (2015) 根据 Adhya (2005b) 和 Vokrouhlicky 等 (1996) 的方法，对地球扁率进行建模，并且对 Vokrouhlicky 等 (1996) 的公式的推导错误进行了修正。在他的研究中，假设地球是一个球体，但根据卫星的位置调整地球的半径，使球面与椭球地球局部吻合。Li 等 (2018) 根据透视投影的方法，求出了地球投影的曲线方程，并通过地球、太阳投影的重叠面积计算地球扁率对地影因子的影响。

4. *考虑大气效应的地影模型*

Robertson(2015) 在物理地影模型的基础上，根据 Hubaux (2012) 提出的地影因子可用切 S 型阴影函数进行拟合的方法，使用信赖域反射曲线拟合的方法，建立了考虑地球扁率与大气效应的地影模型。在原模型中，已充分考虑大气的消散效应，包括瑞利散射、气溶胶消光、分子吸收和云层消散。Li 等 (2018) 根据太阳投影与地球投影的相交关系，分别计算不同相交情况时的太阳辐射减少量，以此确定大气效应对地影因子的影响。

5.2 几种地影模型的建模方法

5.2.1 圆柱投影与圆锥投影

先前的地影模型将地球视为圆球体，因此地球阴影包括圆柱体和圆锥体。圆柱阴影是一个简单的模型，它不考虑半影，并且地影因子只等于 1 或 0。在这种情况下，图 5.1 中给出了轨道几何形状，并且判断条件如下：

$$\begin{cases} \boldsymbol{r}_{\text{sat}} \cdot \boldsymbol{r}_{\text{sun}} \geqslant 0, & \gamma = 1 \\ \boldsymbol{r}_{\text{sat}} \cdot \boldsymbol{r}_{\text{sun}} < 0, & \gamma = 0 \end{cases} \tag{5.1}$$

这里，$\boldsymbol{r}_{\text{sat}}$、$\boldsymbol{r}_{\text{sun}}$ 分别是卫星和太阳的坐标；γ 是地影因子。

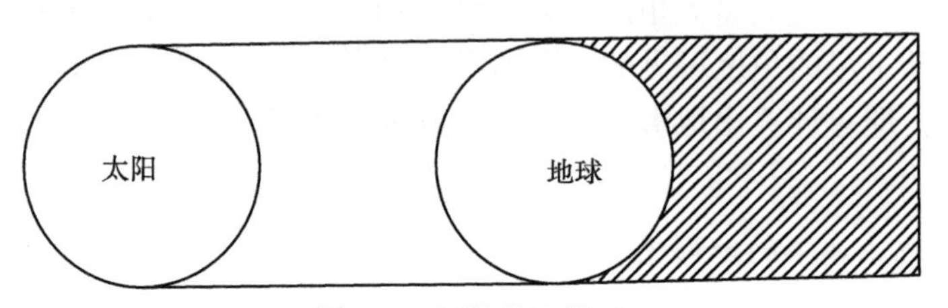

图 5.1　圆柱地影模型

圆锥地影模型具有明确的物理含义，其考虑了半影区域，在此期间，地影因子从 0 到 1 变化。图 5.2 说明了卫星、地球、太阳与月球的几何关系。图 5.3、图 5.4 给出了圆锥形阴影的几何形状。

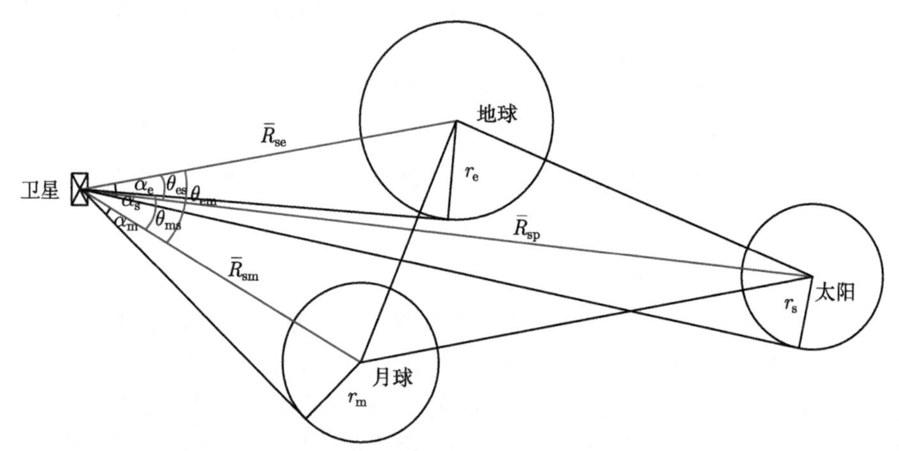

图 5.2　卫星、地球、太阳、月球的几何关系示意图

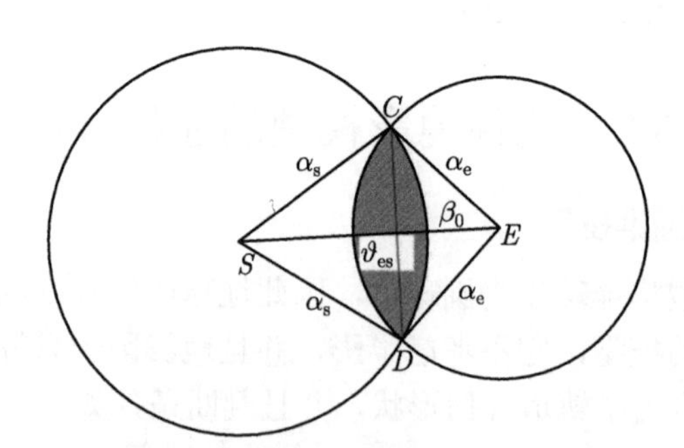

图 5.3　圆锥投影计算的几何示意图

在这种情况下，地影因子的计算方法是由太阳的受照区域面积除以太阳投影

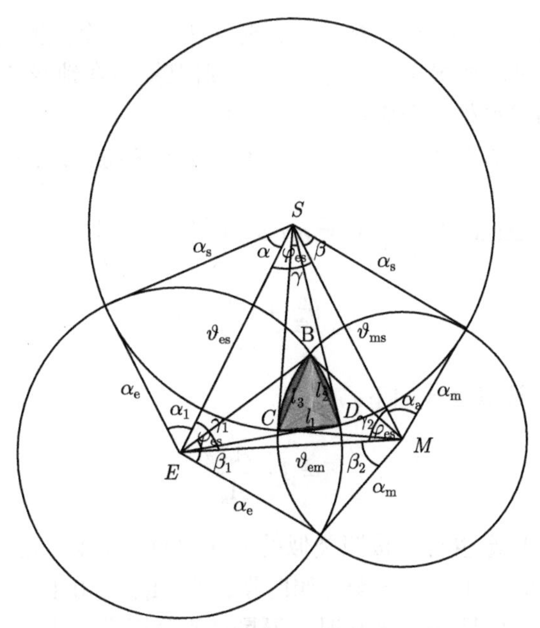

图 5.4 考虑月影的圆锥投影计算示意图

总面积。首先，卫星与太阳，卫星与地球，卫星与月球之间的视距为

$$\alpha_{\mathrm{s}}=\arcsin\left(\frac{r_{\mathrm{s}}}{\boldsymbol{R}_{\mathrm{sp}}}\right),\quad \alpha_{\mathrm{e}}=\arcsin\left(\frac{r_{\mathrm{e}}}{\boldsymbol{R}_{\mathrm{se}}}\right),\quad \alpha_{\mathrm{m}}=\arcsin\left(\frac{r_{\mathrm{m}}}{\boldsymbol{R}_{\mathrm{sm}}}\right) \tag{5.2}$$

其中，α_{s} 是卫星与太阳的视距；r_{s} 是太阳的半径；$\boldsymbol{R}_{\mathrm{sp}}$ 是从卫星到太阳的向量；α_{e} 是卫星与地球的视距；r_{e} 是地球的半径；$\boldsymbol{R}_{\mathrm{se}}$ 是卫星到地球的向量；α_{m} 是卫星与月球的视距；r_{m} 是月球的半径；$\boldsymbol{R}_{\mathrm{sm}}$ 是卫星到月球的向量。

然后，下面给出了地球与太阳 (θ_{es})、月球与太阳 (θ_{ms}) 和地球与月球 (θ_{em}) 的角距离：

$$\begin{aligned}&\theta_{\mathrm{es}}=\arccos\left(\frac{\boldsymbol{R}_{\mathrm{sp}}\cdot\boldsymbol{R}_{\mathrm{se}}}{|\boldsymbol{R}_{\mathrm{sp}}|\cdot|\boldsymbol{R}_{\mathrm{se}}|}\right),\quad \theta_{\mathrm{ms}}=\arccos\left(\frac{\boldsymbol{R}_{\mathrm{sm}}\cdot\boldsymbol{R}_{\mathrm{sp}}}{|\boldsymbol{R}_{\mathrm{sm}}|\cdot|\boldsymbol{R}_{\mathrm{sp}}|}\right)\\&\theta_{\mathrm{em}}=\arccos\left(\frac{\boldsymbol{R}_{\mathrm{sm}}\cdot\boldsymbol{R}_{\mathrm{se}}}{|\boldsymbol{R}_{\mathrm{sm}}|\cdot|\boldsymbol{R}_{\mathrm{se}}|}\right)\end{aligned} \tag{5.3}$$

设 A_{es} 为地影期间的遮挡面积，A_{e}、A_{s} 和 A_{m} 分别是卫星可见的地、日与月面积，则

$$A_{\mathrm{e}}=\pi\alpha_{\mathrm{e}}^{2},\quad A_{\mathrm{s}}=\pi\alpha_{\mathrm{s}}^{2},\quad A_{\mathrm{m}}=\pi\alpha_{\mathrm{m}}^{2} \tag{5.4}$$

从图中可以看出，当 $\boldsymbol{R}_{\mathrm{sp}} \cdot \boldsymbol{R}_{\mathrm{se}} \leqslant 0$ 时，卫星处于全光照时期，则 $A_{\mathrm{es}} = 0$；当 $\boldsymbol{R}_{\mathrm{sp}} \cdot \boldsymbol{R}_{\mathrm{se}} > 0$ 时，如果 $\theta_{\mathrm{es}} \geqslant \alpha_{\mathrm{e}} + \alpha_{\mathrm{s}}$，则卫星不在地影期，$A_{\mathrm{es}} = 0$；如果 $\theta_{\mathrm{es}} < |\alpha_{\mathrm{e}} - \alpha_{\mathrm{s}}|$，则卫星处于全影期，$A_{\mathrm{es}} = A_{\mathrm{s}}$；如果 $|\alpha_{\mathrm{e}} - \alpha_{\mathrm{s}}| < \theta_{\mathrm{es}} < \alpha_{\mathrm{e}} + \alpha_{\mathrm{s}}$，则卫星处于半影期。图 5.3 表示了卫星处于半影期的情况，A_{es} 的计算表达式如下：

$$A_{\mathrm{es}} = \alpha_{\mathrm{s}}^2 \arccos\left(\frac{\beta_0}{\alpha_{\mathrm{s}}}\right) + \alpha_{\mathrm{e}}^2 \arccos\left(\frac{\theta_{\mathrm{es}} - \beta_0}{\alpha_{\mathrm{e}}}\right) - \theta_{\mathrm{es}}\sqrt{\alpha_{\mathrm{s}}^2 - \beta_0^2} \tag{5.5}$$

$$\beta_0 = \frac{\theta_{\mathrm{es}}^2 + \alpha_{\mathrm{s}}^2 - \alpha_{\mathrm{e}}^2}{2\theta_{\mathrm{es}}} \tag{5.6}$$

所以地影因子 $\tilde{\gamma}$ 的计算公式如下：

$$\tilde{\gamma} = 1 - \frac{A_{\mathrm{es}}}{A_{\mathrm{s}}} \tag{5.7}$$

在圆锥投影中月影也可以按照类似的方法来计算。设 A_{ms} 是月影遮挡面积，当 $A_{\mathrm{es}} = A_{\mathrm{ms}} = 0$ 时，卫星处于全光照时期；当 $A_{\mathrm{ms}} = 0$ 且 $A_{\mathrm{es}} \neq 0$ 时，卫星处于地影期；当 $A_{\mathrm{es}} = 0$ 且 $A_{\mathrm{ms}} \neq 0$ 时，卫星处于月影期；A_{ms} 可按照 A_{es} 的计算方法：

$$A_{\mathrm{ms}} = \alpha_{\mathrm{s}}^2 \arccos\left(\frac{\beta_0}{\alpha_{\mathrm{s}}}\right) + \alpha_{\mathrm{m}}^2 \arccos\left(\frac{\theta_{\mathrm{ms}} - \beta_1}{\alpha_{\mathrm{m}}}\right) - \theta_{\mathrm{ms}}\sqrt{\alpha_{\mathrm{s}}^2 - \beta_{\mathrm{m}}^2} \tag{5.8}$$

$$\beta_{\mathrm{m}} = \frac{\theta_{\mathrm{ms}}^2 + \alpha_{\mathrm{s}}^2 - \alpha_{\mathrm{m}}^2}{2\theta_{\mathrm{ms}}} \tag{5.9}$$

当 $A_{\mathrm{ms}} \neq 0$ 且 $A_{\mathrm{es}} \neq$ 时，卫星处于地影与月影的相交区域；图 5.4 表示了卫星处于月影与地影共同区域的情况。设该区域的面积为 A_{con}，则 A_{con} 包括四部分面积：三块弧形区域 (红色部分) 和一个三角形面积 (蓝色部分)，A_1, A_2 和 A_3 表示弧形面积，A_Δ 表示三角形面积。

$$A_1 = A_{\widehat{SCD}} - A_{\Delta SCD} \tag{5.10}$$

其中，

$$A_{\widehat{SCD}} = \frac{1}{2}\varphi_{\mathrm{se}}\alpha_{\mathrm{s}}^2, \quad A_{\Delta SCD} = \frac{1}{2}\alpha_{\mathrm{s}}^2 \sin\varphi_{\mathrm{se}}, \quad \varphi_{\mathrm{se}} = \alpha + \beta - \gamma \tag{5.11}$$

$$\begin{gathered}\alpha = \arccos\frac{\theta_{\mathrm{es}}^2 + \alpha_{\mathrm{s}}^2 - \alpha_{\mathrm{e}}^2}{2\alpha_{\mathrm{s}}\theta_{\mathrm{es}}}, \quad \beta = \arccos\frac{\theta_{\mathrm{ms}}^2 + \alpha_{\mathrm{s}}^2 - \alpha_{\mathrm{m}}^2}{2\alpha_{\mathrm{s}}\theta_{\mathrm{ms}}} \\ \gamma = \arccos\frac{\theta_{\mathrm{es}}^2 + \theta_{\mathrm{ms}}^2 - \theta_{\mathrm{em}}^2}{2\theta_{\mathrm{ms}}\theta_{\mathrm{es}}}\end{gathered} \tag{5.12}$$

所以

$$A_1=\frac{1}{2}(\alpha+\beta-\gamma)\alpha_{\rm s}^2-\frac{1}{2}\alpha_{\rm s}^2\sin(\alpha+\beta-\gamma) \tag{5.13}$$

同理可得，

$$A_2=\frac{1}{2}(\alpha_1+\beta_1-\gamma_1)\alpha_{\rm e}^2-\frac{1}{2}\alpha_{\rm e}^2\sin(\alpha_1+\beta_1-\gamma_1) \tag{5.14}$$

$$A_3=\frac{1}{2}(\alpha_2+\beta_2-\gamma_2)\alpha_{\rm m}^2-\frac{1}{2}\alpha_{\rm m}^2\sin(\alpha_2+\beta_2-\gamma_2) \tag{5.15}$$

这里，

$$\begin{cases}\alpha_1=\arccos\dfrac{\theta_{\rm es}^2+\alpha_{\rm e}^2-\alpha_{\rm s}^2}{2\alpha_{\rm e}\theta_{\rm es}}\\ \alpha_2=\arccos\dfrac{\theta_{\rm ms}^2+\alpha_{\rm m}^2-\alpha_{\rm s}^2}{2\alpha_{\rm m}\theta_{\rm es}}\\ \beta_1=\arccos\dfrac{\theta_{\rm em}^2+\alpha_{\rm m}^2-\alpha_{\rm e}^2}{2\alpha_{\rm e}\theta_{\rm em}}\\ \beta_2=\arccos\dfrac{\theta_{\rm em}^2+\alpha_{\rm e}^2-\alpha_{\rm m}^2}{2\alpha_{\rm m}\theta_{\rm em}}\\ \gamma_1=\arccos\dfrac{\theta_{\rm es}^2+\theta_{\rm em}^2-\theta_{\rm ms}^2}{2\theta_{\rm ms}\theta_{\rm em}}\\ \gamma_2=\arccos\dfrac{\theta_{\rm ms}^2+\theta_{\rm em}^2-\theta_{\rm es}^2}{2\theta_{\rm ms}\theta_{\rm em}}\\ \varphi_{\rm es}=\alpha_1+\beta_1-\gamma_1\\ \varphi_{\rm ms}=\alpha_2+\beta_2-\gamma_2\end{cases} \tag{5.16}$$

下面求 A_Δ 的表达式，根据三角形面积计算公式：

$$A_\Delta=\frac{1}{2}l_1l_2\sin\varphi\arccos\frac{l_2^2+l_3^2-l_1^2}{2l_2l_3} \tag{5.17}$$

其中，

$$l_1=2\alpha_{\rm s}\sin\frac{\varphi_{\rm se}}{2},\quad l_2=2\alpha_{\rm e}\sin\frac{\varphi_{\rm es}}{2},\quad l_3=2\alpha_{\rm m}\sin\frac{\varphi_{\rm ms}}{2} \tag{5.18}$$

所以

$$A_{\rm con}=A_1+A_2+A_3+A_\Delta,\quad \tilde{\gamma}=1-\frac{A_{\rm con}}{A_{\rm s}} \tag{5.19}$$

5.2.2 考虑地球扁率与大气效应的地影模型

1. PPMatm 模型

Li (2019) 提出使用透视投影的方法对卫星地影期间卫星、地球和太阳的位置关系进行建模，该方法利用严格的数学法则求解几何问题，以此来确定地球扁率对卫星地影期的影响。此外，由于太阳辐射受大气层影响会减少，所以，Li (2019)

在对大气效应建模时，使用线性函数来描述这种大气效应所造成的辐射减少。

透视投影属于中心投影，它是从某个投射中心将物体投射到单一投影面上所得到的图形，透视图与观看物体时所产生的视觉效果非常接近，所以它能更加生动形象地表现物体之间的位置关系。在该模型中，以卫星中心位置为视角点，从视角点发出的视线穿过地球与太阳，将卫星与地球在视角点的方向投影至同一平面，通过空间几何求解卫星视角处被遮挡的太阳圆盘面积 (Zhang et al., 2022; 张言, 2020)。

首先要建立投影平面坐标系 (projection coordinate system, PCS)，由于卫星轨道的观测值常用地心地固坐标系，所以我们需要建立二者坐标系之间的转换关系。图 5.5 给出了 PCS 的示意图，坐标系原点位于太阳中心投影在投影面的位置，Z 轴从太阳指向卫星，X 轴从投影面原点指向地球质心的投影点，Y 轴与 X、Z 轴构成右手系。S 是太阳与卫星连线与投影平面的交点，E 是地球质心与卫星连线与投影平面的交点。

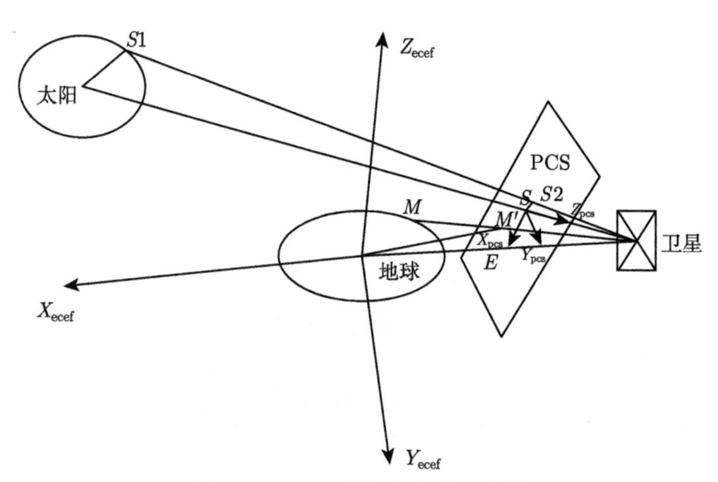

图 5.5　PCS 投影坐标系示意图

考虑地球是一个椭球体，太阳是一个圆球体，则两者的球体方程为

$$\frac{x_{\mathrm{e}}^2}{a^2}+\frac{y_{\mathrm{e}}^2}{b^2}+\frac{z_{\mathrm{e}}^2}{c^2}=1 \tag{5.20}$$

$$(x_{\mathrm{s}}-r_{\mathrm{s}x})^2+(y_{\mathrm{s}}-r_{\mathrm{s}y})^2+(z_{\mathrm{s}}-r_{\mathrm{s}z})^2=R^2 \tag{5.21}$$

其中，$(x_{\mathrm{e}}, y_{\mathrm{e}}, z_{\mathrm{e}})$ 为地球内任一点在 $ECEF$ 中的坐标值；$(x_{\mathrm{s}}, y_{\mathrm{s}}, z_{\mathrm{s}})$ 为太阳内任一点在 ECEF 中的坐标值；$(r_{\mathrm{s}x}, r_{\mathrm{s}y}, r_{\mathrm{s}z})$ 是太阳中心处的坐标值；R 为太阳半径。

由于地球椭球的长半轴和短半轴分别是赤道半径和极半径，设 $\boldsymbol{r}_{\mathrm{e}}$ 是椭球体表面上任一点，$\boldsymbol{r}_{\mathrm{s}}$ 为太阳球体表面上任一点，$\boldsymbol{R}_{\mathrm{s}}$ 为太阳中心，则上述方程可表

示为

$$\boldsymbol{r}_{\mathrm{e}}^{\mathrm{T}} A \boldsymbol{r}_{\mathrm{e}} = 1 \tag{5.22}$$

$$(\boldsymbol{r}_{\mathrm{s}} - \boldsymbol{R}_{\mathrm{s}})^{\mathrm{T}} (\boldsymbol{r}_{\mathrm{s}} - \boldsymbol{R}_{\mathrm{s}}) = R^2 \tag{5.23}$$

其中，$A = \begin{bmatrix} 1/a^2 & & \\ & 1/a^2 & \\ & & 1/b^2 \end{bmatrix}$。

设 PCS 坐标系的 Z 轴单位向量为 $\boldsymbol{u}$，X 轴为 $\boldsymbol{v}$，Y 轴为 $\boldsymbol{w}$，卫星的位置为 $\boldsymbol{r}_{\mathrm{sat}}$，则

$$\boldsymbol{u} = \frac{\boldsymbol{r}_{\mathrm{sat}} - \boldsymbol{R}_{\mathrm{s}}}{\|\boldsymbol{r}_{\mathrm{sat}} - \boldsymbol{R}_{\mathrm{s}}\|} \tag{5.24}$$

当地球位于太阳与卫星的连线上时，$\boldsymbol{v}$ 不存在；当卫星未被地球遮挡时，$\boldsymbol{v}$ 的求法可利用 $\boldsymbol{u}$ 与 $\boldsymbol{r}_{\mathrm{sat}}$ 的向量几何关系：

$$\boldsymbol{v} = \frac{\boldsymbol{r}_{\mathrm{sat}} - (\boldsymbol{u} \cdot \boldsymbol{r}_{\mathrm{sat}}) \cdot \boldsymbol{u}}{\|\boldsymbol{r}_{\mathrm{sat}} - (\boldsymbol{u} \cdot \boldsymbol{r}_{\mathrm{sat}}) \cdot \boldsymbol{u}\|} \tag{5.25}$$

由于 PCS 坐标系是右手系，所以 $\boldsymbol{w}$ 的表达式为

$$\boldsymbol{w} = \boldsymbol{u} \times \boldsymbol{v} \tag{5.26}$$

设投影平面与卫星的距离为 μ，则 PCS 坐标系的原点位置 $\boldsymbol{s}$ 为

$$\boldsymbol{s} = \boldsymbol{r}_{\mathrm{sat}} - \mu \boldsymbol{u} \tag{5.27}$$

考虑太阳是一个圆球体，投影面是一个圆，如图 5.6 所示，取太阳表面任一点 $S1$，投影点为 $S2$，坐标为 $\boldsymbol{r}_{S2}$，$SS2$ 距离为 d_{SS2}，根据相似三角形法则：

$$\frac{\mu}{\|\boldsymbol{r}_{\mathrm{sat}} - \boldsymbol{R}_{\mathrm{s}}\|} = \frac{d_{SS2}}{R} \tag{5.28}$$

将 $\boldsymbol{r}_{S2}$ 用 PCS 坐标系表示：

$$\boldsymbol{r}_{S2} = \boldsymbol{s} + a_1 \boldsymbol{v} + b_1 \boldsymbol{w} \tag{5.29}$$

$$d_{SS2} = \|\boldsymbol{r}_{S2} - \boldsymbol{s}\| \tag{5.30}$$

其中，a_1 和 b_1 是 $S2$ 在 PCS 中的横纵坐标，上式整理后可得

$$a_1^2 + b_1^2 + 2a_1 b_1 \boldsymbol{v}\boldsymbol{w} = \left(\frac{R\mu}{\|\boldsymbol{r}_{\mathrm{sat}} - \boldsymbol{R}_{\mathrm{s}}\|}\right)^2 \tag{5.31}$$

当把地球看作一个球体时，判断卫星是否处于全光照的方法通常是通过计算 $\mathrm{dot}(\boldsymbol{r}_{\mathrm{sat}} \cdot \boldsymbol{R}_{\mathrm{s}})$ 而得出。若 $\mathrm{dot}\,(\boldsymbol{r}_{\mathrm{sat}} \cdot \boldsymbol{R}_{\mathrm{s}}) > 0$，则卫星处于全光照时期。在使用透视投影方法充分考虑地球扁率时，当投影平面位于地球的前面时，卫星处于全光照，在这种情况下，透视投影并不适用。所以我们需要找出判断全光照时期、半影期和全影期的临界条件。如图 5.6 所示，$E1$、$E2$ 是地球椭球体表面切点，两点的切平面垂直于太阳卫星连线并交于 $Q1$ 和 $Q2$，当卫星处于 $Q1$ 之前时，卫星进入全日光阶段；当卫星在 $Q1$ 与 $Q2$ 之间时，卫星处于半影期；当卫星在 $Q2$ 之后时，还需要进一步的计算。

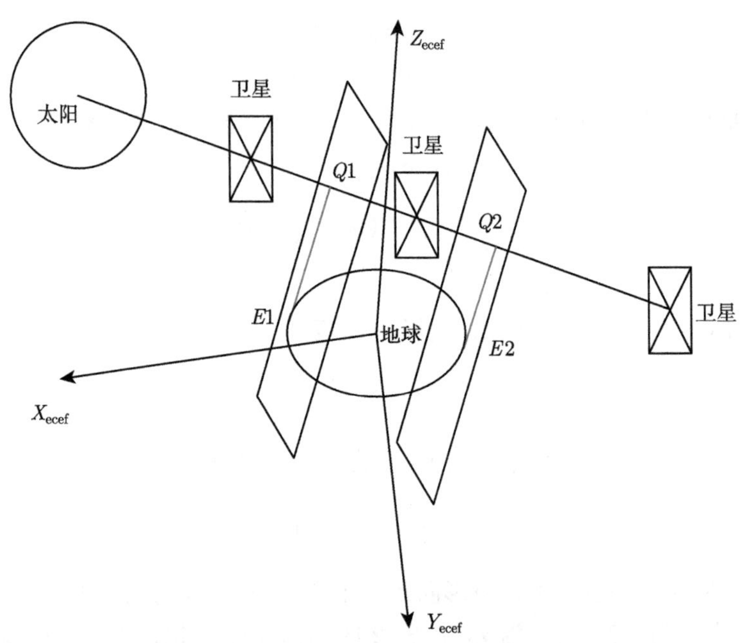

图 5.6　判断卫星处于地影某时期的示意图

设 $Q1$ 和 $Q2$ 的坐标为 $\boldsymbol{c}_{Q1}$,$\boldsymbol{c}_{Q2}$，$E1$ 和 $E2$ 的坐标为 $\boldsymbol{c}_{E1}$ 和 $\boldsymbol{c}_{E2}$，则 $\boldsymbol{c}_{Q1} = \boldsymbol{r}_{\mathrm{sat}} - t_1\boldsymbol{u}$, $\boldsymbol{c}_{Q2} = \boldsymbol{r}_{\mathrm{sat}} - t_2\boldsymbol{u}$, 这里 t_1、t_2 分别为卫星与 $Q1$ 和 $Q2$ 的距离。由于切平面与地球椭球面相切，与太阳卫星连线垂直，所以 $Q1E1 \perp Q1Q2$，$Q2E2 \perp Q1Q2$，$Q1Q2$ 平行于 $\boldsymbol{u}$，则可得下列表达式 (以 $Q1E1$ 为例，且 $Q1$ 和 $E1$ 为更靠近太阳的点，$Q2E2$ 与 $Q1E1$ 类似)：

$$(\boldsymbol{c}_{Q1} - \boldsymbol{c}_{E1})^{\mathrm{T}}\boldsymbol{u} = 0 \tag{5.32}$$

$$\boldsymbol{c}_{Q1} = m_0\boldsymbol{u} \tag{5.33}$$

其中，m_0 为未知数。

结合地球椭球体方程，由于 $E1$ 是椭球体一点，故

$$\boldsymbol{c}_{Q1}^{\mathrm{T}} A \boldsymbol{c}_{Q1} = 1 \tag{5.34}$$

将式两边同乘 A，得

$$A\boldsymbol{c}_{Q1} = Am_0\boldsymbol{u} \tag{5.35}$$

取 $m = Am_0$，所以

$$A\boldsymbol{c}_{Q1} = m\boldsymbol{u} \tag{5.36}$$

结合式 (5.36) 可得

$$\boldsymbol{c}_{Q1} = mA^{-1}\boldsymbol{u} \tag{5.37}$$

联立以上各式可求得

$$t_1 = \boldsymbol{R}_{\mathrm{s}} - \left(\boldsymbol{u}^{\mathrm{T}}\boldsymbol{u}\right)^{-1}\left[\boldsymbol{r}_{\mathrm{sat}}^{\mathrm{T}}\boldsymbol{u} - \left(\boldsymbol{u}^{\mathrm{T}}A^{-1}\boldsymbol{u}\right)^{1/2}\right]\boldsymbol{u} \tag{5.38}$$

同理可求得

$$t_2 = \boldsymbol{R}_{\mathrm{s}} - \left(\boldsymbol{u}^{\mathrm{T}}\boldsymbol{u}\right)^{-1}\left[\boldsymbol{r}_{\mathrm{sat}}^{\mathrm{T}}\boldsymbol{u} + \left(\boldsymbol{u}^{\mathrm{T}}A^{-1}\boldsymbol{u}\right)^{1/2}\right]\boldsymbol{u} \tag{5.39}$$

由此，我们可以根据 t_1 和 t_2 的值来判断卫星是否处于地影期，设 d 为卫星与太阳的距离，故 $d = \|\boldsymbol{r}_{\mathrm{sat}} - \boldsymbol{R}_{\mathrm{s}}\|$，所以

当 $d < t_1$ 时，卫星处于全日光时期；

当 $t_1 \leqslant d < t_2$ 时，卫星处于半影期；

当 $d \geqslant t_2$ 时，还需下面的计算。

下面开始计算日、地的投影面。设卫星到地球椭球体表面的任一点的单位向量是 $\boldsymbol{h}$，则该点坐标 $\boldsymbol{r}_n$ 是

$$\boldsymbol{r}_n = \boldsymbol{r}_{\mathrm{sat}} + g\boldsymbol{h} \tag{5.40}$$

代入椭球方程：

$$\left(\boldsymbol{r}_{\mathrm{sat}} + g\boldsymbol{h}\right)^{\mathrm{T}} A \left(\boldsymbol{r}_{\mathrm{sat}} + g\boldsymbol{h}\right) = 1 \tag{5.41}$$

由于卫星与该点连线和椭球面只有一个交点，所以以 g 为未知数的二元一次方程只有单解，故化简整理后可得

$$\boldsymbol{h}^{\mathrm{T}}\left(\boldsymbol{A}\boldsymbol{r}_{\mathrm{sat}}\boldsymbol{r}_{\mathrm{sat}}^{\mathrm{T}}\boldsymbol{A}^{\mathrm{T}} - \boldsymbol{r}_{\mathrm{sat}}^{\mathrm{T}}\boldsymbol{A}\boldsymbol{r}_{\mathrm{sat}}\boldsymbol{A} + \boldsymbol{A}\right)\boldsymbol{h} = 0 \tag{5.42}$$

如图 5.5 所示，设 M 是地球表面上一点，投影在平面上为 M'，M' 的坐标为 $\boldsymbol{r}_{M'}$，$\boldsymbol{r}_{M'}$ 与 $\boldsymbol{h}$ 平行。通过求解 M' 点的坐标，我们可以刻画出地球椭球体表

面点在投影面上的轨迹。由于 M' 在投影面上，则 M' 满足 PCS 坐标关系式，根据向量的几何关系，可得

$$\boldsymbol{r}_{M'} = a_0\boldsymbol{v} + b_0\boldsymbol{w} + \boldsymbol{s} = a_0\boldsymbol{v} + b_0\boldsymbol{w} + \boldsymbol{r}_{\text{sat}} - \mu\boldsymbol{u} \tag{5.43}$$

$$\boldsymbol{r}_{M'} - \boldsymbol{r}_{\text{sat}} = c_0\boldsymbol{h} \tag{5.44}$$

其中，c_0 为非零常数。

整理后可得

$$a_0\boldsymbol{v} + b_0\boldsymbol{w} - \mu\boldsymbol{u} = c_0\boldsymbol{h} \tag{5.45}$$

代入式 (5.42) 可得圆锥曲线的一般方程：

$$\lambda_0 a_0^2 + \lambda_1 a_0 b_0 + \lambda_2 b_0^2 + \lambda_3 a_0 + \lambda_4 b_0 + \lambda_5 = 0 \tag{5.46}$$

其中，

$$\begin{cases} \lambda_0 = \boldsymbol{v}^{\mathrm{T}}\left(\boldsymbol{A}\boldsymbol{r}_{\text{sat}}\boldsymbol{r}_{\text{sat}}^{\mathrm{T}}\boldsymbol{A}^{\mathrm{T}} - \boldsymbol{r}_{\text{sat}}^{\mathrm{T}}\boldsymbol{A}\boldsymbol{r}_{\text{sat}}\boldsymbol{A} + \boldsymbol{A}\right)\boldsymbol{v} \\ \lambda_1 = \boldsymbol{v}^{\mathrm{T}}\left(\boldsymbol{A}\boldsymbol{r}_{\text{sat}}\boldsymbol{r}_{\text{sat}}^{\mathrm{T}}\boldsymbol{A}^{\mathrm{T}} - \boldsymbol{r}_{\text{sat}}^{\mathrm{T}}\boldsymbol{A}\boldsymbol{r}_{\text{sat}}\boldsymbol{A} + \boldsymbol{A}\right)\boldsymbol{w} \\ \lambda_2 = \boldsymbol{w}^{\mathrm{T}}\left(\boldsymbol{A}\boldsymbol{r}_{\text{sat}}\boldsymbol{r}_{\text{sat}}^{\mathrm{T}}\boldsymbol{A}^{\mathrm{T}} - \boldsymbol{r}_{\text{sat}}^{\mathrm{T}}\boldsymbol{A}\boldsymbol{r}_{\text{sat}}\boldsymbol{A} + \boldsymbol{A}\right)\boldsymbol{w} \\ \lambda_3 = -2\mu\boldsymbol{v}^{\mathrm{T}}\left(\boldsymbol{A}\boldsymbol{r}_{\text{sat}}\boldsymbol{r}_{\text{sat}}^{\mathrm{T}}\boldsymbol{A}^{\mathrm{T}} - \boldsymbol{r}_{\text{sat}}^{\mathrm{T}}\boldsymbol{A}\boldsymbol{r}_{\text{sat}}\boldsymbol{A} + \boldsymbol{A}\right)\boldsymbol{u} \\ \lambda_4 = -2\mu\boldsymbol{w}^{\mathrm{T}}\left(\boldsymbol{A}\boldsymbol{r}_{\text{sat}}\boldsymbol{r}_{\text{sat}}^{\mathrm{T}}\boldsymbol{A}^{\mathrm{T}} - \boldsymbol{r}_{\text{sat}}^{\mathrm{T}}\boldsymbol{A}\boldsymbol{r}_{\text{sat}}\boldsymbol{A} + \boldsymbol{A}\right)\boldsymbol{u} \\ \lambda_5 = \mu^2\boldsymbol{u}^{\mathrm{T}}\left(\boldsymbol{A}\boldsymbol{r}_{\text{sat}}\boldsymbol{r}_{\text{sat}}^{\mathrm{T}}\boldsymbol{A}^{\mathrm{T}} - \boldsymbol{r}_{\text{sat}}^{\mathrm{T}}\boldsymbol{A}\boldsymbol{r}_{\text{sat}}\boldsymbol{A} + \boldsymbol{A}\right)\boldsymbol{u} \end{cases} \tag{5.47}$$

圆锥曲线表达式也可以变换为

$$\begin{bmatrix} x \\ y \\ 1 \end{bmatrix}^{\mathrm{T}} \begin{bmatrix} \lambda_0 & \lambda_1/2 & \lambda_3/2 \\ \lambda_1/2 & \lambda_2 & \lambda_4/2 \\ \lambda_3/2 & \lambda_4/2 & \lambda_5 \end{bmatrix} \begin{bmatrix} x \\ y \\ 1 \end{bmatrix} = 0 \tag{5.48}$$

下面将计算日地投影的相交点。联立日地投影点轨迹方程：

$$\begin{cases} a_1^2 + b_1^2 + 2a_1b_1\boldsymbol{v}\boldsymbol{w} = \left(\dfrac{R\mu}{\|\boldsymbol{r}_{\text{sat}} - \boldsymbol{R}_{\text{s}}\|}\right)^2 \\ \lambda_0 a_0^2 + \lambda_1 a_0 b_0 + \lambda_2 b_0^2 + \lambda_3 a_0 + \lambda_4 b_0 + \lambda_5 = 0 \end{cases} \tag{5.49}$$

对式 (5.49) 中圆和椭圆的方程进行坐标旋转和平移，设旋转角为 ζ，平移参数为 $(x_{\text{rot}}, y_{\text{rot}})$，取椭圆上一点 $(x_{\text{elipse}}, y_{\text{elipse}})$，则

$$\boldsymbol{C}_{\text{elipse}} = \begin{bmatrix} x_{\text{elipse}}^2 & 0 & 0 \\ 0 & y_{\text{elipse}}^2 & 0 \\ 0 & 0 & -1 \end{bmatrix} \tag{5.50}$$

$$\boldsymbol{P}_{\text{rot}}=\begin{bmatrix}\cos\zeta & \sin\zeta & 0\\ -\sin\zeta & \cos\zeta & 0\\ 0 & 0 & 1\end{bmatrix} \tag{5.51}$$

$$\boldsymbol{T}_{\text{rot}}=\begin{bmatrix}1 & 0 & -x_{\text{rot}}\\ 0 & 1 & -y_{\text{rot}}\\ 0 & 0 & 1\end{bmatrix} \tag{5.52}$$

$$\boldsymbol{C}_{\text{rot}}=\boldsymbol{T}_{\text{rot}}^{\text{T}}\cdot\boldsymbol{P}_{\text{rot}}^{\text{T}}\cdot\boldsymbol{C}_{\text{elipse}}\cdot\boldsymbol{P}_{\text{rot}}\cdot\boldsymbol{T}_{\text{rot}} \tag{5.53}$$

圆锥曲线的标准方程为

$$\begin{bmatrix}x\\ y\\ 1\end{bmatrix}^{\text{T}}\begin{bmatrix}\lambda_0 & \lambda_1/2 & \lambda_3/2\\ \lambda_1/2 & \lambda_2 & \lambda_4/2\\ \lambda_3/2 & \lambda_4/2 & \lambda_5\end{bmatrix}\boldsymbol{C}_{\text{rot}}\begin{bmatrix}x\\ y\\ 1\end{bmatrix}=0 \tag{5.54}$$

为简化表达，设椭圆方程为 $F(x_n,y_n)=0$。圆的旋转方式也可使用同样的旋转平移矩阵，故联立两方程：

$$\begin{cases}(x_n-x_{\text{s}})^2+(y_n-y_{\text{s}})^2=\left(\dfrac{R\mu}{\|\boldsymbol{r}_{\text{sat}}-\boldsymbol{R}_{\text{s}}\|}\right)^2\\ F\left(x_n,y_n\right)=0\end{cases} \tag{5.55}$$

其中，(x_n,y_n) 是相交点的二维坐标；$(x_{\text{s}},y_{\text{s}})$ 是太阳中心投影点的二维坐标，$(x_{\text{s}},y_{\text{s}})$ 可根据圆方程的旋转平移后求得。(x_n,y_n) 可表示成

$$\begin{cases}x_n=x_{\text{s}}+\dfrac{R\mu}{\|\boldsymbol{r}_{\text{sat}}-\boldsymbol{R}_{\text{s}}\|}\times\dfrac{1-\eta^2}{1+\eta^2}\\ y_n=y_{\text{s}}+\dfrac{R\mu}{\|\boldsymbol{r}_{\text{sat}}-\boldsymbol{R}_{\text{s}}\|}\times\dfrac{2\eta}{1+\eta^2}\end{cases} \tag{5.56}$$

代入式 (5.55) 可解出位置参数 η。方程中含有四次项，本书建议使用配方法求解，由 η 便可以求出交点的坐标。

接下来开始计算地球遮挡面积，也就是日地投影的重合区域。在此之前，我们先要判断地球投影后的圆锥曲线是属于椭圆还是双曲线。Li (2019) 认为，在地球投影时，抛物线情况只是状态量，故不作考虑。根据圆锥曲线的判别法，二次曲线的不变量是

$$\varDelta=\begin{vmatrix}\lambda_0 & \lambda_1 & \lambda_3\\ \lambda_1 & \lambda_2 & \lambda_4\\ \lambda_3 & \lambda_4 & \lambda_5\end{vmatrix} \tag{5.57}$$

$$\delta = \begin{vmatrix} \lambda_0 & \lambda_1 \\ \lambda_1 & \lambda_2 \end{vmatrix} \tag{5.58}$$

$$\sigma = \lambda_0 + \lambda_2 \tag{5.59}$$

当 $\delta > 0$，$\varDelta \neq 0$，$\varDelta\sigma < 0$ 时，圆锥曲线是椭圆；

当 $\delta < 0$，$\varDelta \neq 0$ 时，圆锥曲线是双曲线。

由图 5.7 所示，日地投影相交的情况有以下四种：图 (a) 是圆与椭圆相交，且圆心在交点连线的上侧；图 (b) 是圆与椭圆相交，且圆心在交点连线的下侧；图 (c) 是圆与双曲线相交，且圆心在交点连线的上侧；图 (d) 是圆与双曲线相交，且圆心在交点连线的下侧。图中 P_1、P_2 为两曲线的交点，P_s 为太阳中心的投影点。

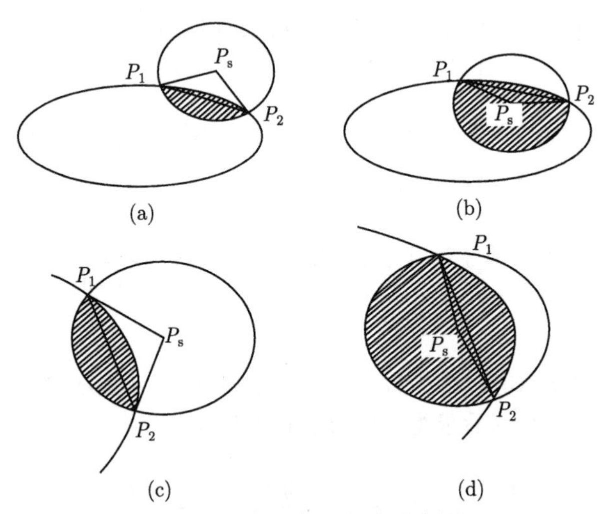

图 5.7　日地投影相交示意图

四种不同的情况，计算重叠面积的方法略有不同，如图所示：

图 (a)：

$$A_{\text{overlap}} = A_{\text{sector}} - A_{\Delta P_1 P_2 P_s} + A_{\text{elipse}} \tag{5.60}$$

图 (b)：

$$A_{\text{overlap}} = \pi \left(\frac{R\mu}{\|\boldsymbol{r}_{\text{sat}} - \boldsymbol{R}_{\text{s}}\|} \right)^2 - A_{\text{sector}} - A_{\Delta P_1 P_2 P_s} - A_{\text{elipse}} \tag{5.61}$$

图 (c)：

$$A_{\text{overlap}} = A_{\text{sector}} - A_{\Delta P_1 P_2 P_s} + A_{\text{hyperbola}} \tag{5.62}$$

图 (d)：

$$A_{\text{overlap}} = \pi\left(\frac{R\mu}{\|\boldsymbol{r}_{\text{sat}} - \boldsymbol{R}_{\text{s}}\|}\right)^2 - A_{\text{sector}} - A_{\Delta P_1 P_2 P_{\text{s}}} - A_{\text{hyperbola}} \tag{5.63}$$

其中，A_{overlap} 是椭圆与圆的重叠面积；A_{sector} 是扇形 $P_{\text{s}}P_1P_2$ 的面积；$A_{\Delta P_1 P_2 P_{\text{s}}}$ 是 $\Delta P_1P_2P_{\text{s}}$ 的面积；A_{elipse} 和 $A_{\text{hyperbola}}$ 是日地投影相交不同情况下交点分别与椭圆曲线和双曲线围成的面积。下面先判断圆心 P_{s} 与交点连线的位置关系，设交点 P_1、P_2 连线的直线方程为 $f(x,y)=0$，P_{s} 的坐标为 $(x_{P_{\text{s}}}, y_{P_{\text{s}}})$，

若 $f(x_{P_{\text{s}}}, y_{P_{\text{s}}}) > 0$，则圆心位于交点连线的上侧；

若 $f(x_{P_{\text{s}}}, y_{P_{\text{s}}}) < 0$，则圆心位于交点连线的下侧；

若 $f(x_{P_{\text{s}}}, y_{P_{\text{s}}}) = 0$，则圆心在交点连线上。

A_{elipse} 与 $A_{\text{hyperbola}}$ 可利用曲面积分的方法进行计算。设该部分面积为 A_{concial}，由圆锥曲线的积分方法，

$$A_{\text{concial}} = \int_{\theta_1}^{\theta_2} F(x,y)\mathrm{d}\theta \tag{5.64}$$

其中，θ_1、θ_2 是交点的水平角。

最后，A_{sector}、$A_{\Delta P_1 P_2 P_{\text{s}}}$ 可根据计算出的交点坐标进行计算，这里不再赘述。于是地球扁率部分计算的地影因子为

$$\tilde{\gamma}_1 = \frac{A_{\text{overlap}}}{\pi(R\mu)^2} \tag{5.65}$$

接下来开始对大气效应进行建模。Li (2019) 将大气效应对太阳辐射的影响考虑成一个线性变化的模型，将地球表面包含的大气层顶部看作椭圆，其与地球、太阳三者的位置关系如图 5.8 所示。

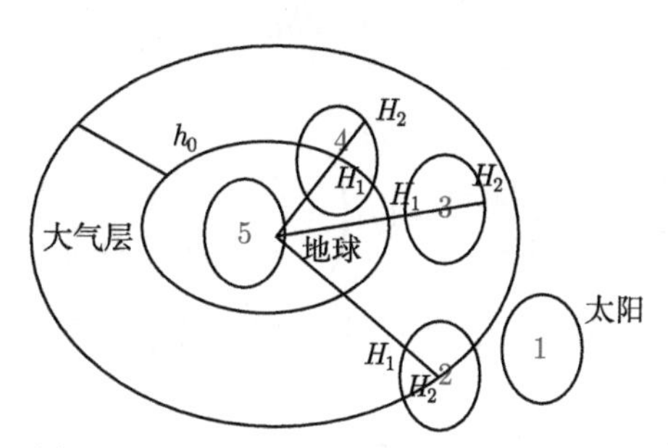

图 5.8 日、地、大气层位置关系示意图

首先太阳辐射的消散因子可表达为

$$\Gamma(h) = \frac{h}{h_0} \tag{5.66}$$

其中，h_0 为大气层顶部高度；h 为大气层高度。

第 1 种情况和第 5 种情况分别对应全光照时期和全影期。设位于大气层太阳投影的上边界和下边界分别为 $B1$ 和 $B2$，则平均的大气辐射的消散因子 $\Gamma(B)$ 为

$$\Gamma(B) = \frac{\Gamma(B1) + \Gamma(B2)}{2} = \frac{h_{B1} + h_{B2}}{2h_0} \tag{5.67}$$

其中，h_{B1} 和 h_{B2} 是地球质心到太阳圆盘上边界和下边界的距离。在这里，距离地球高度超过大气层顶部时 $\Gamma(B) = 1$，位于大气层底部时 $\Gamma(B) = 0$。

我们将整个太阳面积看作全部的太阳辐射通量，当太阳辐射通量受到大气层影响时，就是图中的第 2、3、4 种情况。通过计算太阳投影与大气层顶部重叠的面积或太阳投影与地球投影的面积 (具体的计算方法可使用上述透视投影的方法)，从而可得剩余太阳辐射通量的比例，这就是大气效应对地影因子影响的计算方法 (Zhang et al., 2022; 张言, 2020)。具体如下所述

第 1 种情况：

$$\tilde{\gamma}_0 = 1 \tag{5.68}$$

第 2 种情况：

$$\tilde{\gamma}_0 = \frac{(1 + h_{B2}) A_{\mathrm{atm2}} + A_{\mathrm{sun}}}{2h_0} \times 1 \Bigg/ \left(\pi \left(\frac{R\mu}{\|\boldsymbol{r}_{\mathrm{sat}} - \boldsymbol{R}_{\mathrm{s}}\|} \right)^2 \right) \tag{5.69}$$

其中，A_{atm2} 是太阳投影与大气层顶部的重叠面积；A_{sun} 是未与大气层顶部重叠的面积。

第 3 种情况：

$$\tilde{\gamma}_0 = \frac{h_{B1} + h_{B2}}{2h_0} \tag{5.70}$$

第 4 种情况：

$$\tilde{\gamma}_0 = \frac{h_{B1} A_{\mathrm{atm4}}}{2h_0} \times 1 \Bigg/ \left(\pi \left(\frac{R\mu}{\|\boldsymbol{r}_{\mathrm{sat}} - \boldsymbol{R}_{\mathrm{s}}\|} \right)^2 \right) \tag{5.71}$$

其中，A_{atm4} 是日地投影相交后，处于大气层部分的面积。

第 5 种情况：

$$\tilde{\gamma}_0 = 0 \tag{5.72}$$

2. SOLAARS-CF 模型

Robertson (2015) 利用地球的赤道半径和极半径以及卫星和太阳的位置重新计算地球的球半径，并调整卫星和太阳的位置，从而使近似球体与地球椭球局部

吻合。这种调整可以求出地球扁率对投影的影响。此外，SOLAARS-CF 模型是利用曲线拟合的方法，在 SOLAARS 模型 (Robertson,2015) 的基础上建立起来的。SOLAARS 模型是纯物理模型，其充分考虑了大气消散效应，包括瑞利散射、气溶胶消散、分子吸收和云层消散。

Adhya 等 (2004) 提出了确定地面测点高度 $\boldsymbol{G}$ 的方法，这个高度是建模的一个关键要素，它是光线从太阳经过固体地球上方的最低高度。Vokrouhlicky 等 (1996) 给出了建立新地心和地球半径的方法。图 5.9 给出了考虑扁率所涉及的空间几何图。

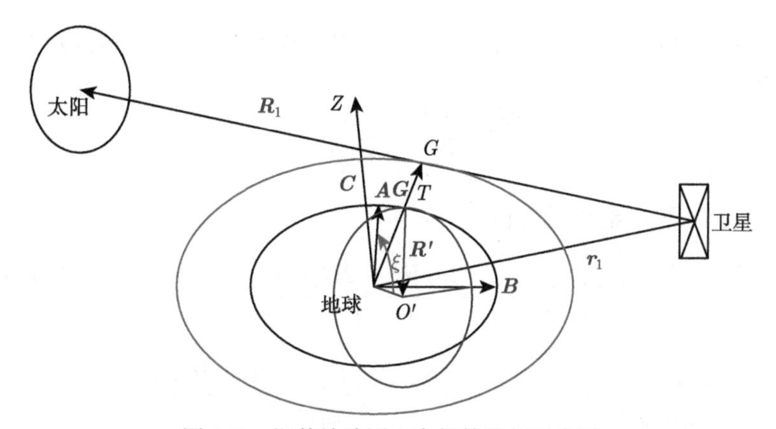

图 5.9 调整地球圆心半径的几何示意图

在地球椭球面外部模拟一个相似的椭球面，太阳和卫星的连线与模拟椭球面相切，切点为 G，则原点到 G 的向量就是 $\boldsymbol{G}$，$\boldsymbol{G}$ 与地球椭球交于 T。作地球椭球面的密切球面，圆心为 O'。下面我们先求 $\boldsymbol{G}$。设卫星的坐标为 $\boldsymbol{r}_1(r_x,r_y,r_z)$，卫星到太阳的方向向量为 $\boldsymbol{R}_1(R_x,R_y,R_z)$，则卫星到太阳的直线方程为

$$\frac{x-r_x}{R_x}=\frac{y-r_y}{R_y}=\frac{z-r_z}{R_z} \tag{5.73}$$

$$\boldsymbol{G}=\boldsymbol{r}_1+n\boldsymbol{R}_1 \tag{5.74}$$

其中，n 是非零常数。

设 $\boldsymbol{G}(G_x,G_y,G_z)$ 为 x、y 和 z 轴分量，则

$$\frac{G_x-r_x}{R_x}=\frac{G_y-r_y}{R_y}=\frac{G_z-r_z}{R_z} \tag{5.75}$$

整理后可得

$$G_y=\frac{(G_x-r_x)R_y}{R_x}+r_y \tag{5.76}$$

$$G_z = \frac{(G_x - r_x)R_z}{R_x} + r_z \tag{5.77}$$

地球椭球面的方程为

$$\frac{x^2 + y^2}{p^2} + \frac{z^2}{q^2} = 1 \tag{5.78}$$

其中，p、q 分别为地球的赤道半径和极半径。模拟椭球的方程为

$$\frac{x^2 + y^2}{(kp)^2} + \frac{z^2}{(kq)^2} = 1 \tag{5.79}$$

其中，k 为比例因子。由于 G 既在直线上，也在模拟椭球面上，故将 G 点坐标代入式 (5.79)：

$$\frac{G_x^2 + G_y^2}{(kp)^2} + \frac{G_z^2}{(kq)^2} = 1 \tag{5.80}$$

联立以上方程，整理后可得

$$\begin{aligned}&\left[\frac{R_x^2 + R_y^2}{(kpR_x)^2} + \frac{R_x^2 + R_z^2}{(kqR_x)^2}\right] G_x^2 + \left[\frac{-2r_xR_y^2 + 2R_yr_yR_x}{(kpR_x)^2} + \frac{-2r_xR_z^2 + 2R_zr_zR_x}{(kqR_x)^2}\right] G_x \\ &+ \frac{r_x^2R_y^2 + r_y^2R_x^2 - 2R_yr_yR_xr_x}{(kpR_x)^2} + \frac{r_x^2R_z^2 + r_z^2R_x^2 - 2R_zr_zR_xr_x}{(kqR_x)^2} - 1 = 0\end{aligned} \tag{5.81}$$

由于只有一个交点，故该一元二次方程的判别式为 0，即

$$\Delta = b^2 - 4ac = 0 \tag{5.82}$$

其中，

$$a = \frac{R_x^2 + R_y^2}{(kpR_x)^2} + \frac{R_x^2 + R_z^2}{(kqR_x)^2} \tag{5.83}$$

$$b = \frac{-2r_xR_y^2 + 2R_yr_yR_x}{(kpR_x)^2} + \frac{-2r_xR_z^2 + 2R_zr_zR_x}{(kqR_x)^2} \tag{5.84}$$

$$c = \frac{r_x^2R_y^2 + r_y^2R_x^2 - 2R_yr_yR_xr_x}{(kpR_x)^2} + \frac{r_x^2R_z^2 + r_z^2R_x^2 - 2R_zr_zR_xr_x}{(kqR_x)^2} - 1 \tag{5.85}$$

由此可解出 k 的表达式：

$$k = \sqrt{\frac{-\left[r_z^2p^2\left(R_x^2 + R_y^2\right) + 2r_zR_zp^2\left(R_xr_x + R_yr_y\right) + r_y^2\left(R_z^2p^2 + R_x^2q^2\right) - 2R_xR_yr_xr_yq^2 + r_x^2\left(R_z^2p^2 + R_y^2q^2\right)\right]}{R_z^2p^4 + R_x^2p^2q^2 + R_y^2p^2q^2}} \tag{5.86}$$

那么，

$$\begin{cases} G_x = \dfrac{-b}{2a} \\ G_y = \dfrac{\left(\dfrac{-b}{2a} - r_x\right) R_y}{R_x} + r_y \\ G_z = \dfrac{\left(\dfrac{-b}{2a} - r_x\right) R_z}{R_x} + r_z \end{cases} \tag{5.87}$$

下面开始求调整后地球的半径和圆心位置。首先，我们需要求出椭球平面内半长轴矢量 $\boldsymbol{A}$ 与半短轴矢量 $\boldsymbol{B}$。平面 Z 轴的单位向量 $\boldsymbol{C}$ 与 $\boldsymbol{G}$、$\boldsymbol{r}_1$ 垂直，故

$$\boldsymbol{C} = \frac{\boldsymbol{G} \times \boldsymbol{r}_1}{\|\boldsymbol{G} \times \boldsymbol{r}_1\|} \tag{5.88}$$

$\boldsymbol{C}$ 与半长轴 $\boldsymbol{A}$ 垂直，设 $\boldsymbol{C}(C_1, C_2, C_3)$，$\boldsymbol{A}(A_1, A_2, A_3)$，由于 $A_3 = 0$，故

$$A_1 C_1 + A_2 C_2 = 0 \tag{5.89}$$

化简后可得

$$A_2 = \frac{-A_1 C_1}{C_2} \tag{5.90}$$

代入椭圆方程

$$\frac{A_1^2 + \left(\dfrac{-A_1 C_1}{C_2}\right)^2}{p^2} = 1 \tag{5.91}$$

解出后得

$$A_1 = \frac{-C_2 p}{\sqrt{C_1^2 + C_2^2}} \tag{5.92}$$

$$A_2 = \frac{C_1 p}{\sqrt{C_1^2 + C_2^2}} \tag{5.93}$$

下面开始求半短轴矢量 $\boldsymbol{B}$。由于 $\boldsymbol{C}$ 是单位向量，$\boldsymbol{B}$ 与 $\boldsymbol{A}$、$\boldsymbol{C}$ 所在平面垂直，故

$$\boldsymbol{B} = k' \boldsymbol{C} \times \boldsymbol{A} \tag{5.94}$$

其中，k' 是非零常数。

由于 $\boldsymbol{B}$ 满足椭圆方程，故

$$\frac{B_1^2+B_2^2}{p^2}+\frac{B_3^2}{q^2}=1 \tag{5.95}$$

联立以上方程得

$$k'=\sqrt{C_3^2+\frac{p(C_1^2+C_2^2)}{q}} \tag{5.96}$$

ξ 是 $\boldsymbol{G}$ 与 $\boldsymbol{B}$ 的夹角，所以，

$$\xi=\arccos\left(\frac{\boldsymbol{G}\times\boldsymbol{B}}{\|\boldsymbol{G}\times\boldsymbol{B}\|}\right) \tag{5.97}$$

则密切球面的半径为

$$R_{\text{osc}}=b^2(\sin\xi)^2+a^2(\cos\xi)^2 \tag{5.98}$$

根据 Vokrouhlicky 等 (1996) 计算密切球面圆心的方法：

$$\boldsymbol{w}=\frac{\boldsymbol{G}}{k}+\frac{\boldsymbol{R}'R_{\text{osc}}}{\|\boldsymbol{R}'\|} \tag{5.99}$$

$$\begin{aligned}\boldsymbol{R}'=&\boldsymbol{A}\sin\xi\left(\frac{(a^2-b^2)(\cos\xi)^2}{\sqrt{[(\cos\xi)^2+b^2(\sin\xi)^2]^3}}-\frac{1}{\sqrt{(\cos\xi)^2+b^2(\sin\xi)^2}}\right)\\&+\boldsymbol{B}\cos\xi\left(\frac{(b^2-a^2)(\sin\xi)^2}{\sqrt{[(\cos\xi)^2+b^2(\sin\xi)^2]^3}}-\frac{1}{\sqrt{(\cos\xi)^2+b^2(\sin\xi)^2}}\right)\end{aligned} \tag{5.100}$$

调整后卫星的位置 $\boldsymbol{r}_1'$ 和太阳的位置 $\boldsymbol{r}_2'$ 为

$$\boldsymbol{r}_1'=\boldsymbol{r}_1-\boldsymbol{w} \tag{5.101}$$

$$\boldsymbol{r}_2'=\boldsymbol{r}_2-\boldsymbol{w} \tag{5.102}$$

由于 SOLAARS 模型参数和计算量过于庞大，为简化模型，Robertson 根据 Hubaux (2012) 提出的可用双曲正切 sigmoid 函数拟合地影期的卫星表现，针对大量的 SOLAARS 模型计算结果，进行曲线拟合，r_{E}' 是考虑地球扁率后卫星到地

心的距离，d 是卫星到地心距离在太阳–地球连线方向的投影长度。根据 Hubaux (2012)，地影因子 α 为

$$\alpha = \frac{1+a_1+a_2+a_1 \tan h\left[a_3\left(r'_{\mathrm{E}}-a_4\right)\right]+a_2 \tan h\left[a_5\left(r'_{\mathrm{E}}-a_6\right)\right]+\tan h\left[a_7\left(r'_{\mathrm{E}}-a_8\right)\right]}{2+2a_1+2a_2} \tag{5.103}$$

其中，$a_1 \sim a_8$ 是拟合参数；

$$r'_{\mathrm{E}} = \left\| \left(\boldsymbol{r}'_1 - \frac{\boldsymbol{r}'_2 \cdot \boldsymbol{r}'_1}{\|\boldsymbol{r}'_2\|} * \frac{\boldsymbol{r}'_2}{\|\boldsymbol{r}'_2\|} \right) \right\| \cdot \frac{p}{R_{\mathrm{osc}}} \tag{5.104}$$

$$d = -\frac{\boldsymbol{r}'_2 \cdot \boldsymbol{r}'_1}{\|\boldsymbol{r}'_2\|} \tag{5.105}$$

拟合参数见表 5.1。根据信赖域反射曲线拟合的方法拟合参数表为表 5.1。

表 5.1 SOLAARS-CF 模型拟合参数表

参数	b_1	b_2	b_3	b_4
$a_1= b_1e^{b_2d} + b_3e^{b_4d}$	0.1715	−0.1423	0.01061	−0.01443
$a_2 = b_1d + b_2$	0.008162	0.3401	–	–
$a_3 = b_1e^{b_2d} + b_3e^{b_4d}$	260.9	−0.4661	27.81	−0.009437
$a_4 = b_1d + b_3$	−0.006119	1.176	6.385	–
$a_5 = b_1e^{b_2d} + b_3e^{b_4d}$	87.56	−0.09188	19.30	−0.01089
$a_6 = b_1d + b_2$	0.002047	6.409	–	–
$a_7 = b_1e^{b_2d} + b_3e^{b_4d}$	61.98	−0.1629	27.87	−0.02217
$a_8 = b_1e^{b_2d} + b_3e^{b_4d}$	6.413	−0.0002593	−0.01479	−0.1318

5.3 针对北斗卫星的地影模型实验

本书根据北斗卫星 2019 年观测数据，进行全年精密定轨实验。为便于进行轨道检核，参照 ILRS 公布的装载激光反射镜的卫星，选取 C01、C08、C10、C11、C13、C19、C20、C21、C29 和 C30 卫星统计全年地影时期，具体分布如图 5.10 所示，横轴表示年积日 (DOY)，纵轴表示有地影发生 (Zhang et al., 2019)。

根据统计，各卫星进入地影的天数：C01 共计 101 天，C08 共计 47 天，C10 共计 58 天，C11 共计 89 天，C13 共计 48 天，C19 共计 56 天，C20 共计 56 天，C21 共计 57 天，C29 共计 93 天，C30 共计 93 天。

在精密定轨的计算中，使用 SRPM 光压模型 (赵群河, 2017)，地影期间使用相同的姿态方程，轨道拟合中不使用任何经验参数，只改变地影模型。

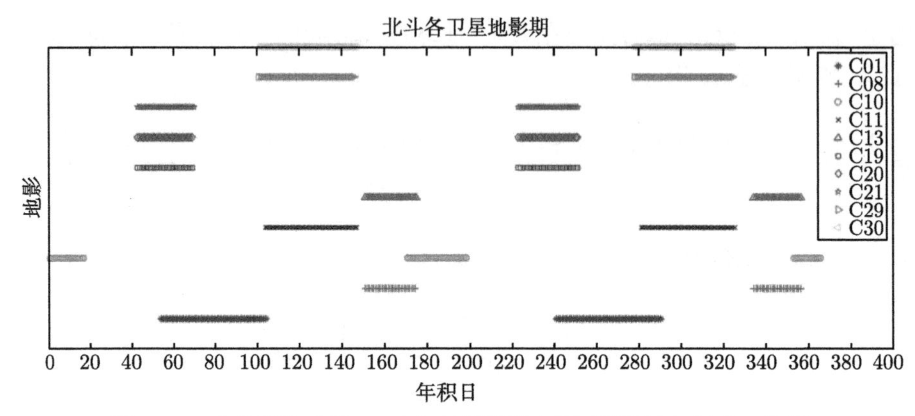

图 5.10　北斗部分卫星 2019 年地影期分布图 (彩图请扫封底二维码)

5.3.1　地影因子与光压加速度

本书共选用四个模型进行测试，分别是：考虑地影和月影的圆锥投影模型 3dishes；使用透视投影算法计算地球扁率的 PPM 模型；使用透视投影算法和线性变化大气效应模型的 PPMatm 模型，以及曲线拟合模型 SOLAARS-CF。

利用 2019 年北斗卫星观测数据，以单天为弧段，分别使用上述四个模型进行精密轨道计算，图 5.11 与图 5.12 分别以 C10 卫星在年积日 007 天和 C13 卫星在年积日 161 天进入地影期为例，分析地影因子的变化。

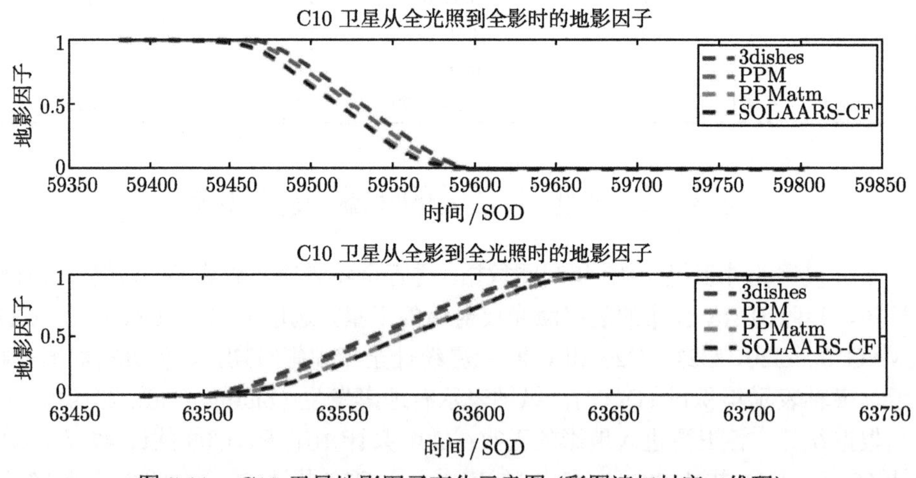

图 5.11　C10 卫星地影因子变化示意图 (彩图请扫封底二维码)

图中横纵轴分别代表天内秒 (second of day，SOD) 和地影因子。以 C10 卫星为例，使用 3dishes、PPM、PPMatm、SOLAARS-CF 四模型从全光照进入地影的时刻分别为：59465s，59459s，59442s，59381s，使用后三者模型较圆锥投影

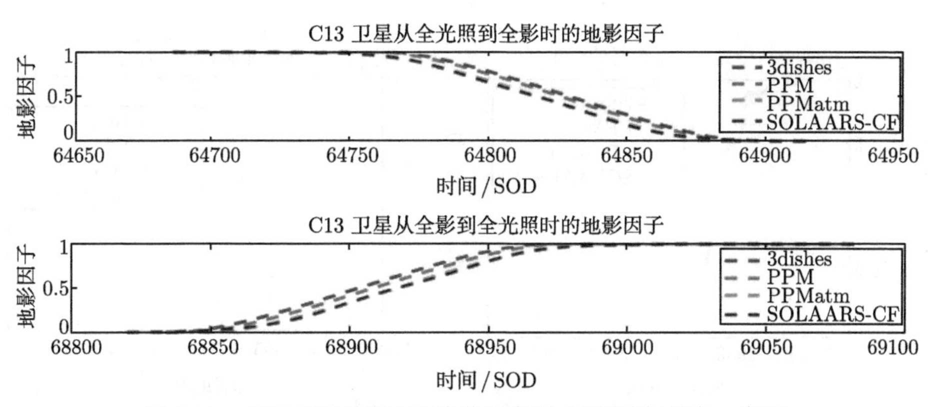

图 5.12 C13 卫星地影因子变化示意图 (彩图请扫封底二维码)

模型分别提前 6s，23s 和 84s 进入地影。C10 卫星使用四模型处于全影期的时间分别为 3866s，3909s，3909s，3864s。之后卫星开始从全影期进入全光照，C10 卫星使用四模型进入全光照的时刻分别为 63629s，63632s，63649s，63726s。表 5.2 中详细给出了卫星进出地影的重要时刻，其中 T_{enter} 是卫星进入地影的时刻，用 SOD 表示；T_{umbra} 是卫星进入全影的时刻，用 SOD 表示；T_{eclipse} 是卫星处于全影期的时长，单位是 s；T_{umbra2} 是卫星出全影期的时刻，用 SOD 表示；T_{out} 是卫星进入全日光的时刻，用 SOD 表示。

表 5.2 C10 与 C13 卫星地影期时刻

PRN	模型	T_{enter}	T_{umbra}	T_{eclipse}	T_{umbra2}	T_{out}
C10	3dishes	59465	59626	3866	63492	63629
	PPM	59459	59591	3909	63500	63632
	PPMatm	59442	59591	3909	63500	63649
	SOLAARS-CF	59381	59612	3864	63476	63726
C13	3dishes	64766	64894	3940	68834	68967
	PPM	64763	64889	3957	68846	68972
	PPMatm	64746	64889	3957	68846	68989
	SOLAARS-CF	64686	64915	3905	68820	69084

由上述图表可以看出，卫星从全光照进入全影和从全影进入全光照是一个近似对称变化的过程，由于考虑了地球扁率和大气效应的影响，较圆锥投影地影模型而言，使用后三者模型卫星将更早进入地影，并更晚出地影。此外，根据图中四种模型的地影因子变化的比较，PPMatm 与 SOLAARS-CF 模型的符合度最高。

下面分析地影期光压加速度的变化。图 5.13 和图 5.14 分别表示了 C10、C13 卫星从全光照到全影以及全影至全光照时期在沿迹 a 方向、轨道面法向 c 和径向 r 的加速度变化。从中可以看出，PPMatm 与 SOLAARS-CF 模型的光压加速度符合度最高，且与圆锥投影模型有明显差异 (Zhang et al., 2022)。

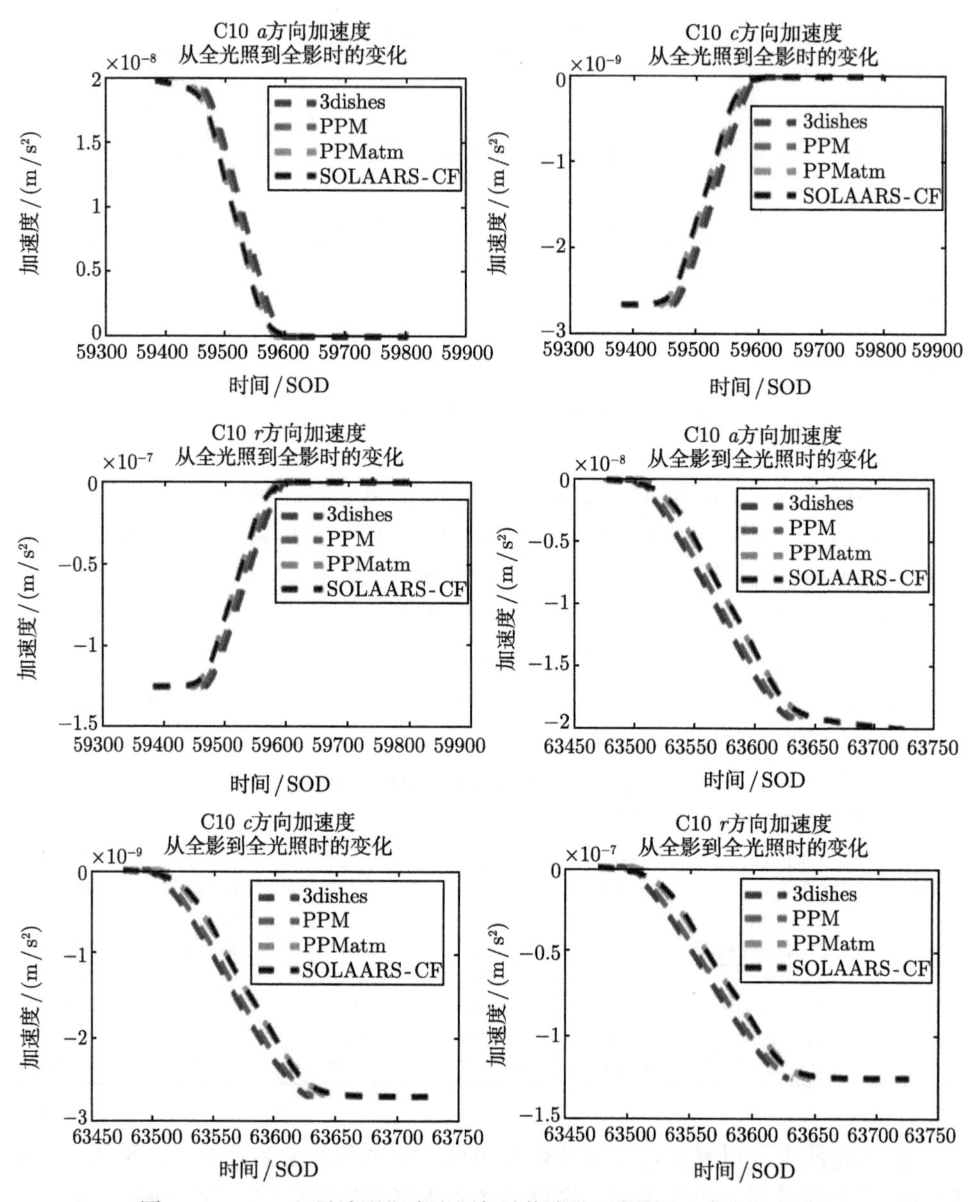

图 5.13　C10 卫星地影期内光压加速度变化 (彩图请扫封底二维码)

5.3.2　SLR 检核

为了更可靠地评估四种地影模型对北斗卫星地影期精密定轨的影响，本书采用 SLR(ILRS 提供) 的 full rate 数据分别对北斗卫星轨道进行了外部检核。在检核之前，首先对 SLR 原始观测数据进行系统误差改正，包括台站本身位置的潮汐

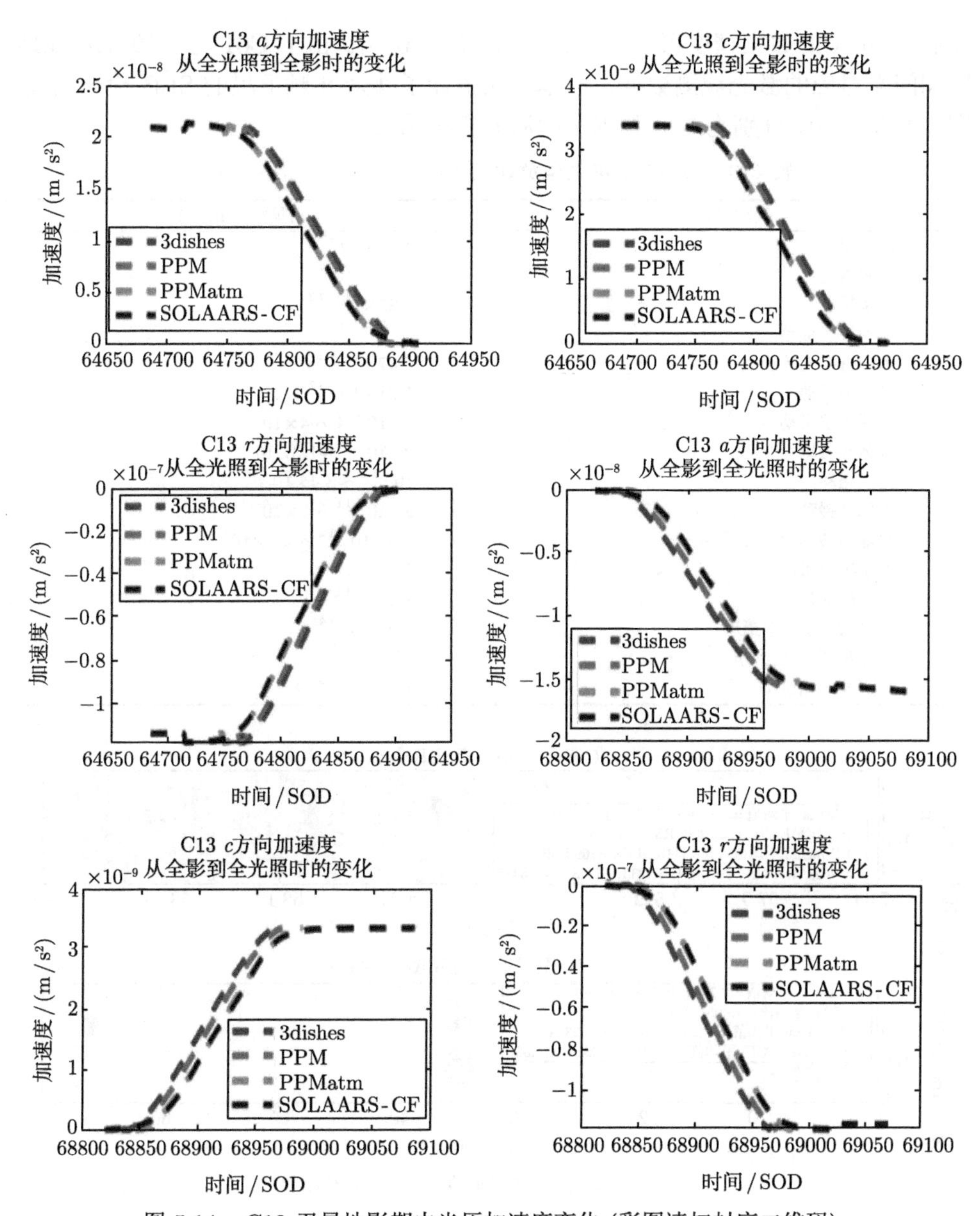

图 5.14 C13 卫星地影期内光压加速度变化 (彩图请扫封底二维码)

变化给测距带来的误差、光线在大气中的折射效应给测距带来的误差、光线在引力场中的广义相对论效应给测距带来的偏差、激光在卫星表面的反射点对质心的偏离以及台站本身观测的系统偏差，从原始观测得到的距离中扣除了这些系统误差后才是我们用于计算残差的距离值。其次，在已得到的距离值中，需要考虑各种摄动力的影响，具体的摄动力及摄动量级见表 5.3 (以 LAGEOS 卫星为例)，处理后的 SLR 的数据精度可达 1 ~ 2cm (邵璠，2019)。由于 C01 与 C19 卫星在地影期间无对应的激光观测数据，故本书共统计了其余 8 颗卫星的 SLR 检核结果。图 5.15(a)~(d) 分别为这 8 颗卫星的激光检核结果。

表 5.3 SLR 摄动类型及量级 (以 LAGEOS 卫星为例)

摄动名称	摄动量级/(m/s^2)
月球摄动	4.09×10^{-7}
太阳摄动	1.84×10^{-7}
木星摄动	1.25×10^{-12}
其他行星摄动	$< 10^{-13}$
太阳直接光压摄动	1.37×10^{-9}
类阻力摄动	1.21×10^{-12}
地球形状摄动	$6\times10^{-17} \sim 4\times10^{-4}$
固体潮摄动	$2\times10^{-9} \sim 1.3\times10^{-8}$
海潮摄动	$10^{-14} \sim 3.4\times10^{-10}$
大气潮摄动	$2\times10^{-11} \sim 5\times10^{-11}$
地球自转形变附加摄动	$2.5\times10^{-12} \sim 2.2\times10^{-10}$
光学辐射摄动	10^{-10}
红外辐射摄动	8×10^{-11}
月球 J_2' 项扁率摄动	9.9×10^{-14}
地球扁率间接摄动	10^{-11}
广义相对论摄动	1.08×10^{-9}

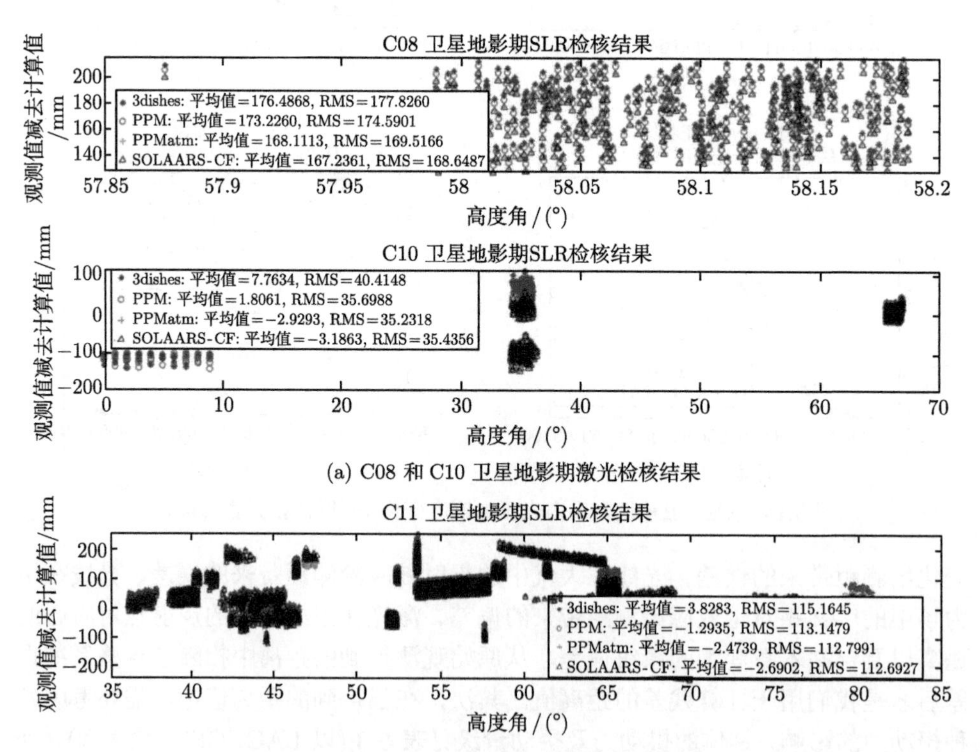

(a) C08 和 C10 卫星地影期激光检核结果

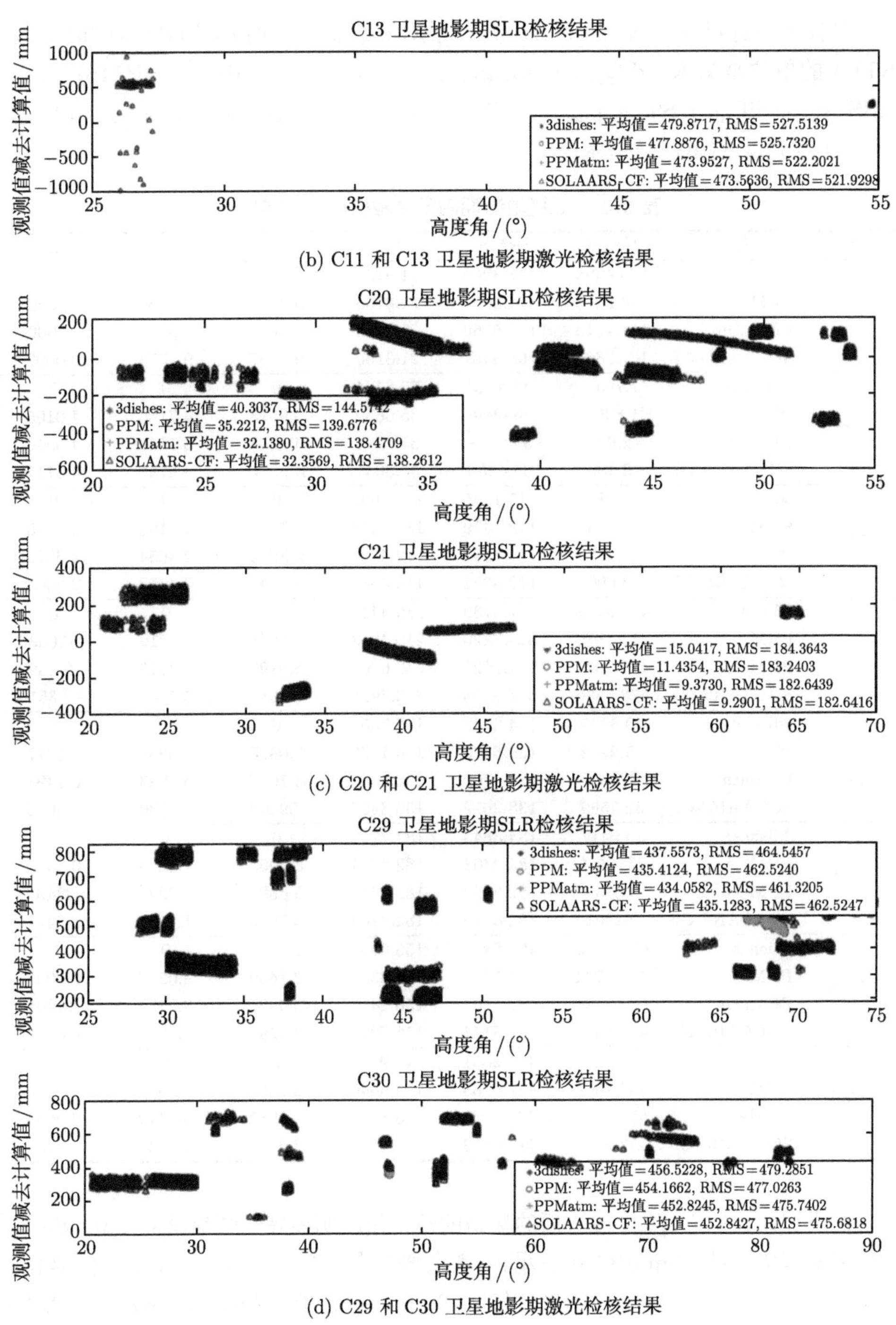

(b) C11 和 C13 卫星地影期激光检核结果

(c) C20 和 C21 卫星地影期激光检核结果

(d) C29 和 C30 卫星地影期激光检核结果

图 5.15 地影期激光检核结果 (彩图请扫封底二维码)

具体的统计结果如表 5.4 所示，其中平均值 (mean)、均方根 (RMS) 和标准差 (STD) 的单位是毫米，$\mathrm{dif_{mean}} = \mathrm{mean_{3dishes}} - \mathrm{mean_{others}}$，$\mathrm{dif_{rms}} = \mathrm{RMS_{3dishes}} - \mathrm{RMS_{others}}$，$\mathrm{dif_{std}} = \mathrm{STD_{3dishes}} - \mathrm{STD_{others}}$，others 表示另外三种模型，$\mathrm{dif_{mean}}$、$\mathrm{dif_{rms}}$ 与 $\mathrm{dif_{std}}$ 的单位是毫米。

表 5.4　卫星地影期内激光检核的统计结果

PRN	模型	平均值	RMS	STD	$\mathrm{dif_{mean}}$	$\mathrm{dif_{rms}}$	$\mathrm{dif_{std}}$
C08	3dishes	176.4868	177.8260	21.8132	0	0	0
	PPM	173.2260	174.5901	21.8135	3.2608	3.2359	−0.0003
	PPMatm	168.1113	169.5166	21.8133	8.3755	8.3094	−0.0001
	SOLAARS-CF	167.2361	168.6487	21.8130	9.2507	9.1773	0.0002
C10	3dishes	7.7634	40.4148	39.6764	0	0	0
	PPM	1.8061	35.6988	35.6659	5.9573	4.7160	4.0105
	PPMatm	−2.9293	35.2318	35.1224	10.6927	5.1830	4.5540
	SOLAARS-CF	−3.1863	35.4356	35.3047	10.9497	4.9792	4.3717
C11	3dishes	3.8283	115.1645	115.1633	0	0	0
	PPM	−1.2935	113.1479	113.0258	5.1218	2.0166	2.1375
	PPMatm	−2.4739	112.7991	112.4821	6.3022	2.3654	2.6812
	SOLAARS-CF	−2.6902	112.6927	112.3589	6.5185	2.4718	2.8044
C13	3dishes	479.8717	527.5139	219.4417	0	0	0
	PPM	477.8876	525.7320	219.4953	1.9841	1.7819	−0.0536
	PPMatm	473.9527	522.2021	219.6009	5.9190	5.3118	−0.1592
	SOLAARS-CF	473.5636	521.9298	219.7936	6.3081	5.5841	−0.3519
C20	3dishes	40.3037	144.5742	136.7553	0	0	0
	PPM	35.2212	139.6776	136.1336	5.0825	4.8966	0.6217
	PPMatm	32.1380	138.4709	136.6062	8.1657	6.1033	0.1491
	SOLAARS-CF	32.3569	138.2612	136.3468	7.9468	6.3130	0.4085
C21	3dishes	15.0417	184.3643	183.7710	0	0	0
	PPM	11.4354	183.2403	182.9044	3.6063	1.1240	0.8666
	PPMatm	9.3730	182.6439	182.4243	5.6687	1.7204	1.3467
	SOLAARS-CF	9.2901	182.6416	182.4263	5.7516	1.7227	1.3447
C29	3dishes	437.5573	464.5457	156.0368	0	0	0
	PPM	435.4124	462.5240	156.0308	2.1449	2.0217	0.0060
	PPMatm	434.0582	461.3205	156.2410	3.4991	3.2252	−0.2042
	SOLAARS-CF	435.1283	462.5147	156.7941	2.4290	2.0310	−0.7573
C30	3dishes	456.5228	479.2851	145.9436	0	0	0
	PPM	454.1662	477.0263	145.9040	2.3566	2.2588	0.0396
	PPMatm	452.8245	475.7402	145.8751	3.6983	3.5449	0.0685
	SOLAARS-CF	452.8427	475.6818	145.6279	3.6801	3.6033	0.3157

由上述统计结果可知，改进后的模型的检核精度明显高于圆锥投影模型，其中平均值提高最大可达 10mm(C10 卫星)，其余普遍提高在 3∼ 8mm；RMS 值提高最高可达 9mm(C08 卫星)，其余普遍在 2∼6mm。对比 PPMatm 和 SOLAARS-CF 模型的 SLR 检核结果，两者精度相当，且优于另外两种模型 (Zhang et al., 2022)。

5.3.3 星间链路检核

星间链路检核是本书提出的另外一种轨道外部检核手段。星间链路是指在卫星以及卫星之间，通过电磁波的方式能够实现互联，互联之后就能够对信息数据进行共享传输，并且还能够测距。对于北斗卫星来说，星间链路最主要的用途就是能够实现多颗北斗卫星之间的信息传输以及双向测量的功能，在地面运行控制系统不可用的情形下，利用星间测距维持卫星导航电文的自主更新，从而实现导航卫星的自主导航。相较于 GPS 的特高频 (ultra-high frequency, UHF) 频段低速宽波束星间链路和 GLONASS 的 S 频段低速宽波束星间链路，北斗卫星使用的则是 Ka 频段中速星间链路。

星间链路的测距精度可达 $0.1 \sim 0.3\text{ns}$ $(3 \sim 10\text{cm})$，本书使用精密定轨的结果与星间链路的测距结果之差来评估四种地影模型的精度。本节首先介绍星间链路的数据预处理，然后分析检核方法的具体公式，最后使用该方法检验地影模型。

星间链路中双向星间观测方程为

$$\begin{aligned} P_{AB} =& \rho_{AB}\left(t_A+\varDelta_{AB}\right)+C_B\left(t_A+\varDelta_{AB}\right)-C_A\left(t_A\right)+D_{RB}\left(t_A+\varDelta_{AB}\right) \\ &-D_{LA}(t_A)+\delta_{AB}+\varepsilon_{AB} \end{aligned} \tag{5.106}$$

$$\begin{aligned} P_{BA} =& \rho_{BA}\left(t_B+\varDelta_{BA}\right)+C_A\left(t_B+\varDelta_{BA}\right)-C_B\left(t_B\right)+D_{RA}\left(t_B+\varDelta_{BA}\right) \\ &-D_{LB}(t_B)+\delta_{BA}+\varepsilon_{BA} \end{aligned} \tag{5.107}$$

其中，

$$\delta_i=\delta_r+\delta_a \tag{5.108}$$

$$i=AB,BA \tag{5.109}$$

这里，P_{AB} 和 P_{BA} 分别指卫星双向观测距；ρ_{AB} 和 ρ_{BA} 是星间的伪距值；t_A 和 t_B 是卫星的发射时刻；$\varDelta_{AB}$ 和 $\varDelta_{BA}$ 是信号的传播时延；C_A 和 C_B 是卫星钟差；D_{RB} 和 D_{LB} 是卫星 B 的接收和发射时延；D_{RA} 和 D_{LA} 是卫星 A 的接收和发射时延；δ_{AB} 和 δ_{BA} 表示其他观测修正量，包括相对论效应改正 δ_r 和天线相位中心改正 δ_a；ε_{AB} 和 ε_{BA} 表示观测噪声。

经过预处理后，t 时刻瞬时星间距为

$$P(t)=(P_{AB}+P_{AB})/2 \tag{5.110}$$

结合卫星精密定轨的结果可得检核方法：

$$\omega(t)=|\boldsymbol{r}_B(t)-\boldsymbol{r}_A(t)|-P(t) \tag{5.111}$$

其中，$\omega(t)$ 是检核残差；$\boldsymbol{r}_B(t)$ 和 $\boldsymbol{r}_A(t)$ 是卫星的惯性系坐标。

本书利用北斗卫星 2019 年 032~120 天 (DOY) 的星间链路数据 (表 5.5)，用来检核在此期间处于地影期的卫星轨道精度。本书选取 C19，C21，C27 和 C30 卫星作为检核的对象，在此期间，其接收信号的卫星分别为 C23，C23，C22 和 C23。

表 5.5　地影期星间链路数据信息

时间段 (DOY)	发射信号	是否进入地影	接收信号	是否进入地影
043~070	C19	是	C23	否
043~070	C21	是	C23	否
102~118	C27	是	C22	否
102~118	C30	是	C23	否

经过精密轨道计算后，卫星的星间距与星间链路的星间距之差如图 5.16(a)~(d) 所示。

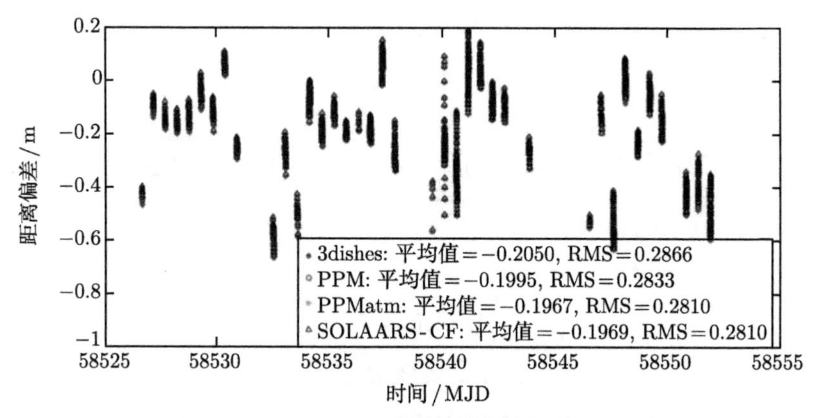

(a) C19-C23 星间链路检核结果

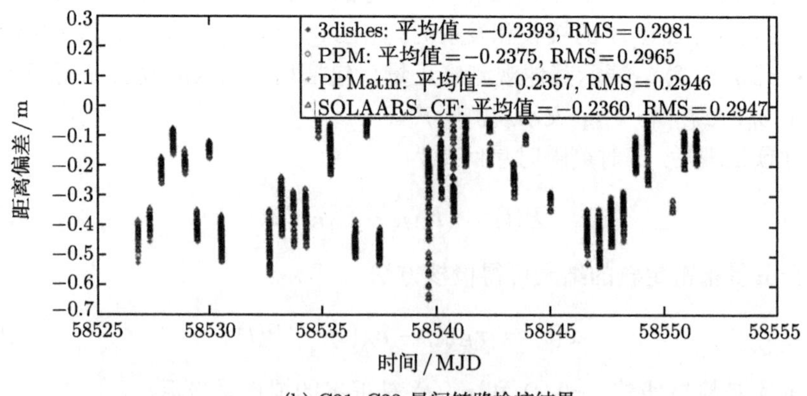

(b) C21-C23 星间链路检核结果

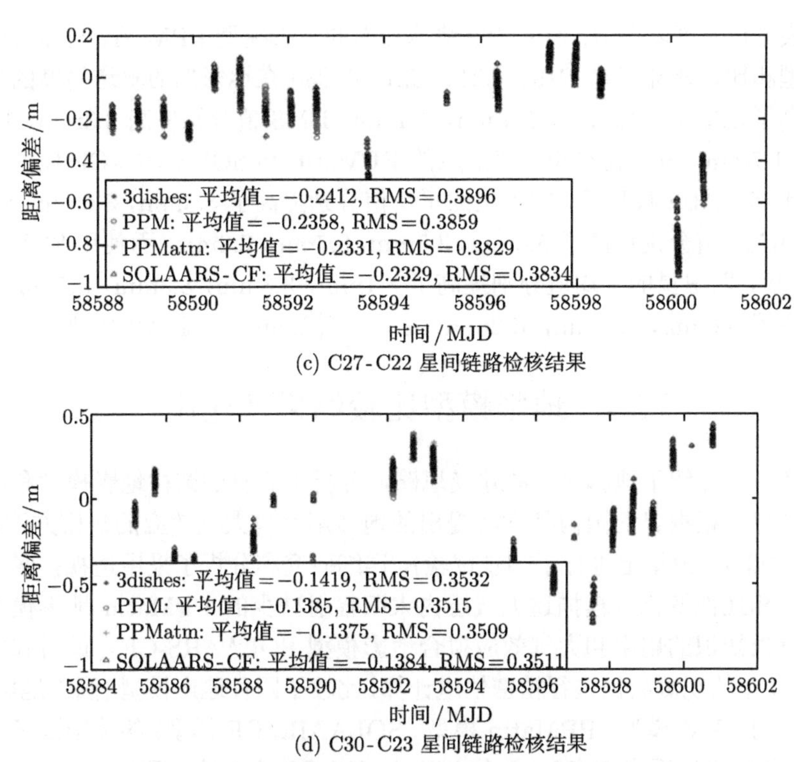

(c) C27-C22 星间链路检核结果

(d) C30-C23 星间链路检核结果

图 5.16 星间链路检核结果 (彩图请扫封底二维码)

具体的统计结果如表 5.6 所示 (Zhang et al., 2022)。

表 5.6 卫星地影期内星间链路检核的统计结果

星间链路	地影模型	平均值/m	RMS/m	$\mathrm{dif}_{\mathrm{mean}}$/m	$\mathrm{dif}_{\mathrm{RMS}}$/m
C19-C23	3dishes	−0.2050	0.2866	0	0
	PPM	−0.1995	0.2833	0.0055	0.0033
	PPMatm	−0.1967	0.2810	0.0083	0.0056
	SOLAARS-CF	−0.1969	0.2810	0.0081	0.0056
C21-C23	3dishes	−0.2393	0.2981	0	0
	PPM	−0.2375	0.2965	0.0018	0.0016
	PPMatm	−0.2357	0.2946	0.0036	0.0035
	SOLAARS-CF	−0.2360	0.2947	0.0033	0.0034
C27-C22	3dishes	−0.2412	0.3896	0	0
	PPM	−0.2358	0.3859	0.0054	0.0037
	PPMatm	−0.2331	0.3829	0.0081	0.0067
	SOLAARS-CF	−0.2329	0.3834	0.0083	0.0062
C30-C22	3dishes	−0.1419	0.3532	0	0
	PPM	−0.1385	0.3515	0.0034	0.0017
	PPMatm	−0.1375	0.3509	0.0044	0.0023
	SOLAARS-CF	−0.1384	0.3511	0.0035	0.0021

从表 5.6 中可以得出，使用考虑地球扁率的地影模型 PPM 后，与原有的圆锥投影模型相比，北斗卫星 C19、C21、C27 和 C30 在地影期的轨道精度的平均值分别提高了 5.5mm，1.8mm，5.4mm，3.4mm；RMS 值分别提高 3.3mm，1.6mm，3.7mm，1.7mm。考虑扁率和大气效应的 PPMatm 和 SOLAARS-CF 模型表现相当，使用 PPMatm 模型后，四卫星的平均值分别提高了 8.3mm，3.6mm，8.1mm，4.4mm，RMS 值分别提高了 5.6mm，3.5mm，6.7mm，2.3mm；而使用 SOLAARS-CF 模型后，四卫星的平均值分别提高了 8.1mm，3.3mm，8.3mm，3.5mm，RMS 分别提高了 5.6mm，3.4mm，6.2mm，2.1mm (Zhang et al., 2022; 张言, 2020)。

5.4　地影模型比较结果及建议

本章首先介绍了地影模型的建模思路，分析了原有的圆柱地影模型和圆锥地影模型，然后根据目前国内外学者提出的地球扁率与大气效应的建模方法 (已在 GPS 或 Galileo 卫星上进行了初步试验)，详细研究和分析了采用透视投影对地球扁率建模和线性变化方程描述大气层内太阳辐射减少的 PPMatm 地影模型、基于物理背景知识的扁率和大气效应拟合地影模型 SOLAARS-CF。最后利用北斗卫星 2019 年的观测数据进行精密轨道计算，比较了四种地影模型 (圆锥地影模型、考虑扁率的 PPM 模型、PPMatm 模型、SOLAARS-CF 模型) 的地影因子和加速度变化，从中可以看出 PPMatm 与 SOLAARS-CF 模型的一致性较高。为进一步验证模型的有效性，采用激光检核和星间链路检核对卫星地影期的轨道精度进行了比较和评估。结果表明 PPMatm 与 SOLAARS-CF 模型明显优于另外两种模型：激光检核结果显示轨道精度 RMS 值提升可达 9mm，普遍提高了 $3 \sim 6$mm；星间链路检核结果显示轨道精度 RMS 值普遍提升了 $2 \sim 7$mm。因此，建议在高精度 GNSS、SLR、DORIS 等卫星精密定轨及其应用中，采用考虑地球扁率和大气效应的地影模型。

第 6 章　地球辐射压建模理论与在轨测试

6.1　地球辐射压影响机理

在卫星所受的非保守摄动力中，太阳辐射压模型的研究已经进展迅速，而对地球辐射压摄动的研究相对缺乏，原因是过去的研究中认为中高轨卫星受地球辐射压摄动影响相对较小。但是，随着近几年导航卫星精密轨道精度的不断提高，人们发现地球辐射压摄动越来越不可忽略，经过这几年的研究，逐步将地球辐射压摄动引入 GPS 精密定轨中，发现其对轨道有改进。目前 SIO(Scripps Institution of Oceanography)、MIT(Massachusetts Institute of Technology)、TUM(Technical University of Munich)、GFZ (Deutsches GeoForschungsZentrum Potsdam) 等 IGS 分析中心已经在数据处理时考虑了 GPS 地球辐射压影响。地球辐射压摄动分为短波光学辐射和长波红外辐射两项，分别是由地球反射可见光和地球表面热红外辐射产生的辐射压，前者称作地球反照辐射压，后者是地球和表层大气向外空间发出的红外辐射对卫星产生的摄动力，称作地球红外辐射 (周善石等, 2010; 赵群河等, 2014)。反照辐射通过地球反照率来描述，红外辐射通过发射率来描述。由于其受到地面、海洋和空间云层等各种复杂物理因素的影响，所以建立其物理分析模型变得困难，通常根据大量的测量数据进行拟合 (Vokrouhlicky, 2006; Rodriguez-Solano et al., 2011a)。

光学地球反照辐射强度依赖于太阳的位置，当地表面辐射面积元受到太阳光垂直照射时，其光学辐射最大，其中镜面反射占 5%，漫反射占 95%；而当太阳照不到该面积元时，其光学辐射为零。低轨卫星典型的地球反照辐射压加速度量级为太阳直接辐射压的 10%～35%。光学辐射对卫星产生径向与横向摄动加速度，在量级上，前者是后者的 100 倍。当卫星处在光亮地球中心的上空时，径向加速度达到最大；当卫星在昼夜交界处时，横向加速度达到最大；当卫星处于黑夜地球那一面时，径向和切向的加速度都为零 (Hugentobler et al., 2009; Rodriguez-Solano et al., 2012c)。

热红外辐射是指地球吸收了太阳直射辐射后，以长波形式向空间发射的辐射，它是由地球发出的热辐射，它的辐射强度不依赖于太阳的位置，只依赖于发射表面的平均热力学温度，即依赖于发射点的纬度和发射时的季节。

与太阳辐射压不同的是，地球辐射压不仅与卫星的形状、姿态及光学特性有关，与海域地球辐射的变化也有关。同时，卫星所受加速度随高度升高而减小，这主要是由辐射压的平方反比率导致的。在高精度轨道确定中，地球辐射压摄动对于具有大面质比的导航卫星的影响不能忽略。对于中高轨的导航卫星来说，地球辐射压对轨道径向分量的影响最大，对横向、切向分量的影响较小。由于卫星和地球之间的距离很大，地球辐射 (可见光和红外线) 对 GNSS 的影响小于太阳辐射压对卫星轨道的影响，对 GPS 轨道的影响主要是在径向分量方向 1～ 2cm，在轨道切向和法向的影响较小。

(1) 地球反照率 A_{l} 定义为

$$A_{\mathrm{l}}=\frac{I_{\mathrm{op}}}{I_{\mathrm{s}}} \tag{6.1}$$

光学辐压计算模型最早是由 Cunninghan (1966) 提出的，但由于 A_{l} 模型不精确而一直无法反映卫星的实际受摄情况。之后许多人在 A_{l} 模型上做了不少工作：1978 年，Lala 利用法国 D-5-B 卫星上的太阳传感器得到的资料，提供了 $5^{\circ}\times5^{\circ}$ 面积元的地球反照率全球分布值；1981 年，Stephens 利用 14 年 (1964—1977) 卫星的太阳传感器得到的资料，提供了反映纬度和季节变化的 A_{l} 与红外辐流 I_{IR} 的表格值。对 A_{l} 提出分析表达式的有 Sehnal (1979)，他提出

$$A_{\mathrm{l}}=\begin{cases}0.1+0.3\sin|\phi|, & \text{对海洋}\\ 0.2+0.3\sin|\phi|, & \text{对陆地}\end{cases} \tag{6.2}$$

其中，ϕ 为地理纬度，但未体现出季节性变化。之后他根据 Lala 提供的 A_{l} 全球分布值，用球函数拟合，求得的 A_{l} 表达式为

$$A_{\mathrm{l}}=\sum_{n=0}^{12}A_nP_n(\sin\phi)+\sum_{n=0}^{12}\sum_{m=1}^{n}(A_{nm}\cos m\lambda+B_{nm}\sin m\lambda)P_{nm}(\sin\phi) \tag{6.3}$$

其系数对夏、冬季分别给出。上式未能用解析表达式体现出季节性变化。

我们认为比较好的是美国 CSR (Center for Space Research) 提供的分析表达式：

$$A_{\mathrm{l}}=0.34+0.1\cos\left[\frac{2\pi}{365.25}(t-t_0)\right]\sin\phi+0.29\left(\frac{3}{2}\sin^2\phi-\frac{1}{2}\right) \tag{6.4}$$

(2) 发射率 E_{m} 定义为

$$E_{\mathrm{m}}=\frac{I_{\mathrm{IR}}}{(I_{\mathrm{IR}})_0},\quad (I_{\mathrm{IR}})_0=340\mathrm{W/m^2} \tag{6.5}$$

其中，I_{IR} 为红外辐射流。1981 年，Sehnal 提出 I_{IR} 的如下模型：

$$I_{\text{IR}} = A_0 + A_2 P_2(\sin\phi)$$

但上式未能反映季节性变化。较好的是美国 CSR 提供的表达式：

$$E_{\text{m}} = 0.68 - 0.07\cos\left[\frac{2\pi}{365.25}(t-t_0)\right]\sin\phi - 0.18\left(\frac{3}{2}\sin^2\phi - \frac{1}{2}\right) \tag{6.6}$$

有了上面的推导，可以利用下面两式求得反照辐射压加速度以及红外辐射压加速度。

$$\boldsymbol{A}_{\text{AL}} = \iint\limits_{(w)} P_{\text{SR}}\left(\frac{AU}{R_{\text{S}}}\right)^2 \frac{1+\eta_{\text{S}}}{\pi}\left(\frac{A}{m}\right)\frac{A_1\cos\theta_{\text{S}}\cos\alpha}{\rho^2}\left(\frac{\boldsymbol{\rho}}{\rho}\right)\text{sgn}(\cos\theta_{\text{S}})\text{d}s \tag{6.7}$$

$$\boldsymbol{A}_{\text{EM}} = \iint\limits_{(w)} \frac{P_{\text{SR}}}{4}\left(\frac{AU}{R_{\text{S}}}\right)^2 \frac{1+\eta_{\text{S}}}{\pi}\left(\frac{A}{m}\right)\frac{E_{\text{m}}\cos\alpha}{\rho^2}\frac{\boldsymbol{\rho}}{\rho}\text{d}s \tag{6.8}$$

其中，η_{S} 为卫星表面反射率 (0.1129)。$\text{sgn}(x)$ 定义为：当 $x>0$ 时，$\text{sgn}(x)=1$；当 $x\leqslant 0$ 时，$\text{sgn}(x)=0$

$$\boldsymbol{A}_{\text{ER}} = \boldsymbol{A}_{\text{AL}} + \boldsymbol{A}_{\text{EM}}$$

显然上式的积分是相当麻烦的，特别是对测地工作，每处理一个观测就得积分一次运动方程，相应的积分就得积分多次 (每积分一步长间隔就得积分该两式一次)，显然相当费机时。这里采用 McCarthy 等 (1977) 提出的环元法。此方法把卫星所见表面分成若干个面积元，对每个面积元可计算出它们对卫星的反照率加速度和红外辐射加速度 (非积分形式)，即 $(\text{d}\boldsymbol{A}_{\text{AL}})_i$ 和 $(\text{d}A_{\text{EM}})_i$，然后用矢量加法代替积分而求得总的 $\boldsymbol{A}_{\text{AL}}$ 和 $\boldsymbol{A}_{\text{EM}}$：

$$\begin{cases} \boldsymbol{A}_{\text{AL}} = \sum\limits_{i\geqslant 1}(\text{d}\boldsymbol{A}_{\text{AL}})_i \\ \boldsymbol{A}_{\text{EM}} = \sum\limits_{i\geqslant 1}(\text{d}\boldsymbol{A}_{\text{EM}})_i \end{cases} \tag{6.9}$$

$$\boldsymbol{A}_{\text{ER}} = \boldsymbol{A}_{\text{AL}} + \boldsymbol{A}_{\text{EM}} \tag{6.10}$$

6.2 地球辐射压摄动建模

地球辐射压分为短波光学辐射和长波红外辐射两项，分别是由地球反射可见光和热红外辐射产生的辐射压。前者称作地球反照辐射压，后者是地球和表层大气向外空间发出的红外辐射对卫星产生的摄动力，称作地球红外辐射。在地球辐射压建模的过程，除了沿用太阳直接辐射压的建模策略外，还要利用地球表层的反照率和红外发射率的分布格网数据，建立精确的地球辐射压模型。这两种情况下，卫星所受加速度随高度升高而减小，这主要是由辐射压的平方反比率导致的。

6.2.1 点源地球辐射压模型及地球辐射压摄动在轨分析

光学地球反照辐射是由地球表面对太阳入射光的反射和散射产生的，此反射由反照因子 α 表述，定义为从地球反射到空间的短波辐射与入射的短波太阳辐射之比。全球平均反照率 $\alpha \approx 0.3$，相当于地球表面元 459 $\mathrm{W/m^2}$ 的辐射量 (Ziebart et al., 2003; Rodriguez-Solano et al., 2014)。光学地球反照辐射和太阳直接辐射压具有相同的谱分布，只有在地球的白天区域才有此辐射，而且由于地面特性和云层覆盖的不同，辐射值也会有很大不同。

与光学地球反照辐射相反，热红外辐射是由地球及大气层吸收太阳辐射后再向外各向同性发射的辐射。热红外辐射对卫星主要产生径向加速度，平均发射率 ε 近似为 0.68，研究人员通过试验发现，由热红外辐射导致的地球表面元的有效辐射为 0.17ϕ 或 $230\mathrm{W/m^2}$。

目前比较成熟的 GPS 卫星地球辐射压模型为慕尼黑工业大学 (Technical University of Munich，TUM) 的 Rodriguez-Solano 等 (2012c) 建立的分析型模型，该模型为点源分析型模型，其假设地球为均匀辐射体，将地球看作一个点源，反照率为常数，则高度为 h 处的地球辐照强度 E 为

$$\boldsymbol{E}_{\mathrm{ERPM1}}(\psi,h)=\frac{A_{\mathrm{E}}E_{\mathrm{sun}}}{(R_{\mathrm{E}}+h)^2}\left[\frac{2\alpha}{3\pi^2}\left((\pi-\psi)\cos\psi+\sin\psi\right)+\frac{(1-\alpha)}{4\pi}\right]\hat{r} \tag{6.11}$$

其中，地球截面积 $A_{\mathrm{E}}=\pi R_{\mathrm{E}}^2$；地球平均半径 R_{E}=6378km；太阳常数 $E_{\mathrm{sun}}=1357\mathrm{W/m^2}$；$h$ 表示卫星高度；α 表示地球反照率 (≈ 0.3)；ψ 为太阳–地球–卫星的夹角；$\hat{r}$ 为径向单位向量 (地球–卫星)；该模型标记为 ERPM1。

反射的可见光和红外辐射照射到卫星时产生的效应，包括照射的有效截面积和各部件反照率。反射的可见光对卫星的影响机理与太阳辐射压类似 (Rodriguez-Solano et al., 2011a)，太阳光入射到地球上时产生的效应，包括假设地球表面为朗伯体产生的漫反射以及镜面反射等 (Rodriguez-Solano, 2009)。

卫星由多个形状不同的部件组成，对于星体部件面积元，定义 ν 为反射率，吸收率部分为 $(1-\nu)$；定义 μ 为镜面反射系数，则 $\nu\mu$ 为镜面反射部分，$\nu(1-\mu)$ 为漫反射部分。则有关系式：$\mu\nu+(1-\mu)\nu+(1-\nu)=1$，那么该面积元受到的地球辐射压摄动力为

$$\boldsymbol{A}_{\mathrm{ERPM}} = -\lambda \frac{E_0}{mc} \sum_{i=1}^{8} A_i \cos\theta_i \left\{ 2\nu_i \left[\mu_i \cos\theta_i + \frac{(1-\mu_i)}{3} \right] \hat{n}_i + (1-\mu_i \nu_i) \hat{p}_i \right\} \tag{6.12}$$

式中，E_0 为卫星在卫星处的地球辐射流量；A_i 为面积元 i 的面积；$\hat{n}_i$、$\hat{p}_i$ 分别为面积元的法向矢量和卫星到太阳的方向矢量；θ_i 为面积元的法向与卫星到太阳方向之间的夹角；m 为卫星的质量；λ 为卫星的蚀因子；c 为光速。图 6.1 为卫星盒翼模型受地球辐射压示意图 (赵群河，2017)。

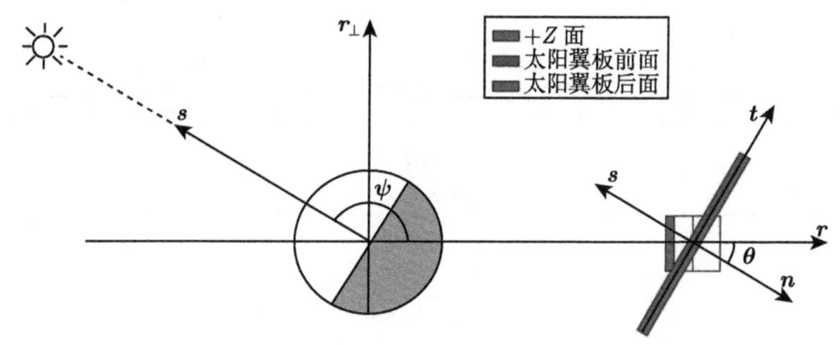

图 6.1 卫星盒翼模型受地球辐射压示意图 (彩图请扫封底二维码)

为了研究地球辐射压摄动，下面给出在轨北斗卫星受到地球辐射压摄动时的加速度变化情况，时间长度为 3 天。从图 6.2 可以看出，地球辐射压摄动加速度对北斗卫星在 R 方向影响最大，约为 10^{-10} m/s^2，并呈现周期变化；T 方向次之，N 方向最小，量级为 $10^{-12} \sim 10^{-11}$ m/s^2，其中 PRN C01 和 C11 卫星在 R 方向的摄动加速度还存在线性递减变化，C06 卫星无线性趋势项。

6.2.2 数值格网地球辐射压模型

在地球辐射压建模的过程，除了如前节中沿用太阳直接辐射压的建模策略建立点源地球辐射压模型 ERPM1 外，还可利用实测的地球表层反照率和红外发射率的格网数据，建立精确的地球辐射压模型，该模型标记为 ERPM2。地球辐射压模型的数学公式可以计算卫星接收到的地球辐射，包括反射的可见光和发射的红外线。假定地球均匀地反射太阳光和发射热红外辐射，建模的主要步骤如下所述。

(1) 确定地球的每个面积元素 (地球的每个面的 2.5° 格网) 上接收到的太阳辐射；

(2) 基于反照率和发射率系数计算卫星接收到的来自各地球面积元素的辐射；

(3) 根据卫星结构模型和部件的反射特性，计算卫星上的地球辐射压。

ERPM2 模型是以地球实测辐射数据为输入的数值模型，辐射数据根据公式计算得到地球格网的反射系数和热红外辐射系数，辐射数据来源于美国国家航空

航天局 (NASA) 的 CERES 数据，目前该模型也已经用于 GAMIT 新版本软件中 (Herring et al., 2018)。

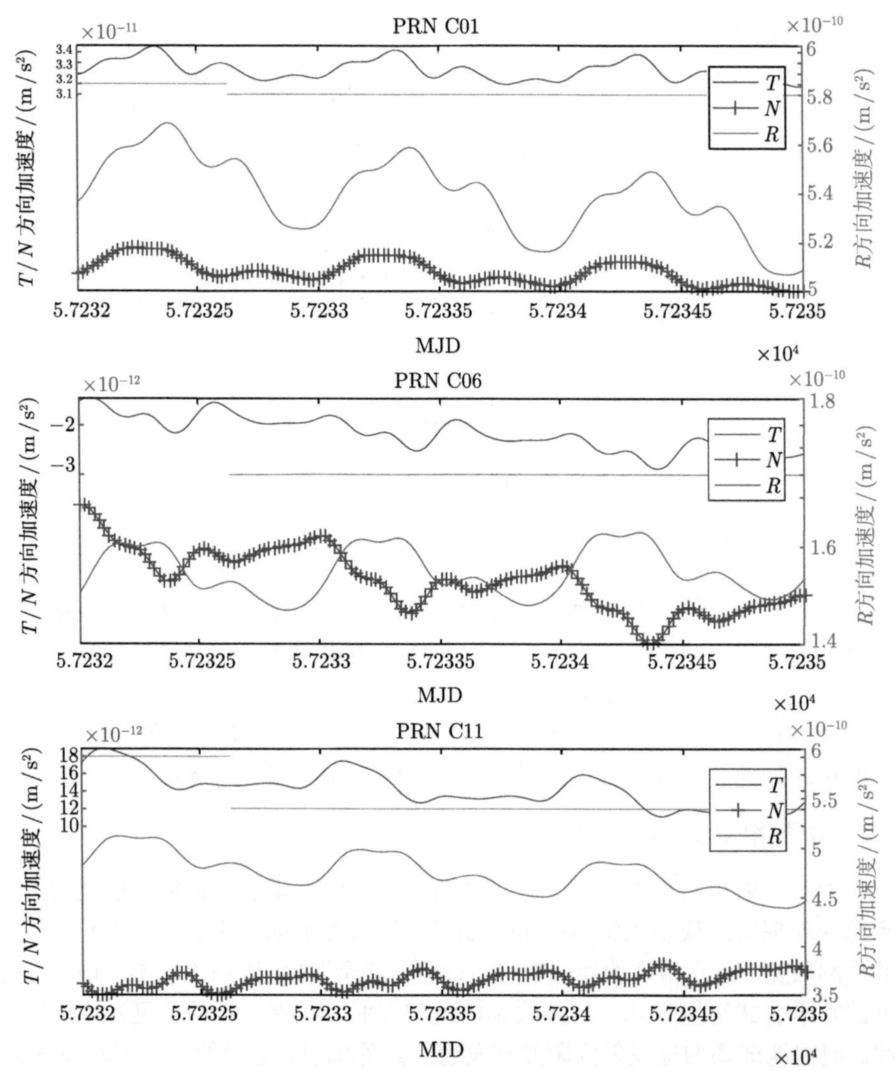

图 6.2　北斗三类卫星 (上：GEO，中：IGSO，下：MEO) 的地球辐射压摄动加速度在 RTN 方向的变化 (彩图请扫封底二维码)

ERPM2 数值模型计算公式为 (Rodriguez-Solano, 2009)

$$\boldsymbol{E}_{\mathrm{ERPM2}}|_{\hat{r}} = \int \mathrm{d}\boldsymbol{E}_{\mathrm{refl}} \cdot \hat{r} + \int \mathrm{d}\boldsymbol{E}_{\mathrm{emit}} \cdot \hat{r} \tag{6.13}$$

$$\boldsymbol{E}_{\text{ERPM2}}|_{\hat{r}_\perp} = \int \mathrm{d}\boldsymbol{E}_{\text{refl}} \cdot \hat{r}_\perp \tag{6.14}$$

其中，

$$\mathrm{d}\boldsymbol{E}_{\text{refl}} = \begin{cases} \dfrac{\alpha}{\pi d^2} \cos\theta \cos\gamma E_{\text{sun}} \mathrm{d}A\hat{e}, & \cos\theta \geqslant 0 \text{且} \cos\gamma \geqslant 0 \\ 0, & \text{其他情况} \end{cases}$$

$$\mathrm{d}\boldsymbol{E}_{\text{emit}} = \begin{cases} \dfrac{1-\alpha}{4\pi d^2} \cos\theta E_{\text{sun}} \mathrm{d}A\hat{e}, & \cos\theta \geqslant 0 \\ 0, & \text{其他情况} \end{cases}$$

$$\mathrm{d}a = R_{\mathrm{E}}^2 \sin\vartheta \mathrm{d}\vartheta \mathrm{d}\varphi$$

$$\vartheta = 0, \cdots, \pi, \quad \varphi = -\pi/2, \cdots, \pi/2, \quad 0 \leqslant \psi \leqslant \pi$$

其中，$\hat{r}_\perp$ 为与 $\hat{r}$ 垂直的向量；θ 为地球辐射/反射表面的单元法向向量与卫星之间的反射角；d 为表面单元到卫星的距离；$\hat{e}$ 为表面单元到卫星的方向向量；γ 为太阳入射光线与表面单元法向向量的夹角，即入射角；其他变量同前节。

在根据 ERPM2 模型求得卫星处的地球辐射流量后，可根据摄动力加速度公式计算盒翼模型卫星所受到的摄动力。模型试验方案标识情况说明见表 6.1。

表 6.1 地球辐射压摄动模型试验方案标识

摄动力类型	模型标识		备注
地球辐射压 (ERPM)	ERPM1	ERPM2	对比模型均为在使用 SRPM 或 BERN 光压模型的基础上加入 ERPM1 或 ERPM2 地球辐射压模型

6.3 GPS 卫星地球辐射压模型试验及精度分析

本测试采用 2013 年 GPS36 卫星的全球 GNSS 测站数据和 SLR 数据，利用 SLR 技术检核模型前后残差情况。试验中，ERPM2 模型为由 Rodriguez-Solano 建立的以地球实测辐射数据为基础的数值模型，辐射数据是根据公式计算得到地球格网的反射系数和红外辐射系数，辐射数据来源于 NASA 的 CERES 数据，不同季节的各种辐射数据分布情况见图 6.3 ~ 图 6.5(赵群河等，2018)。

图 6.6 显示了 SLR 对 GPS 应用地球辐射压模型前后的定轨结果的检核，从图中可以看到，应用了 ERPM2 模型后，GPS36(G06，2013 年 2 月) 卫星轨道部分天的精度有提高，但综合 12 天结果后精度平均降低 1.8mm，具体结果见表 6.2，这与国际上某些结论并不一致，原因有待进一步排查。

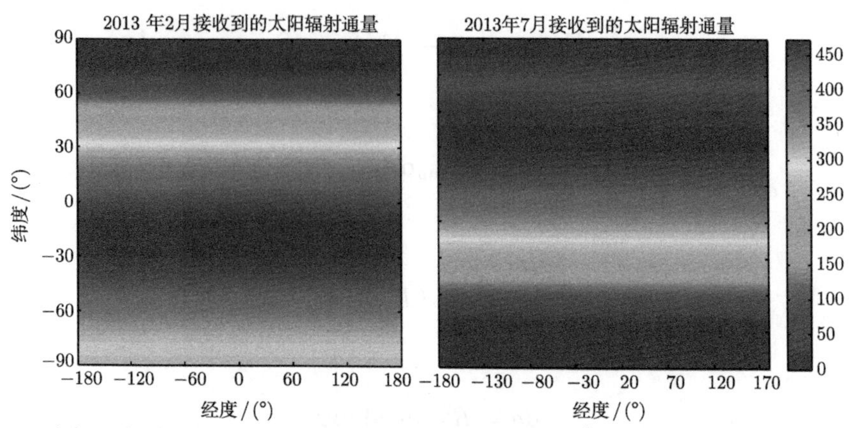

图 6.3　大气层表面 (+20km) 接收到的太阳辐射通量 (W/m^2)：二月 (左)，七月 (右)(彩图请扫封底二维码)

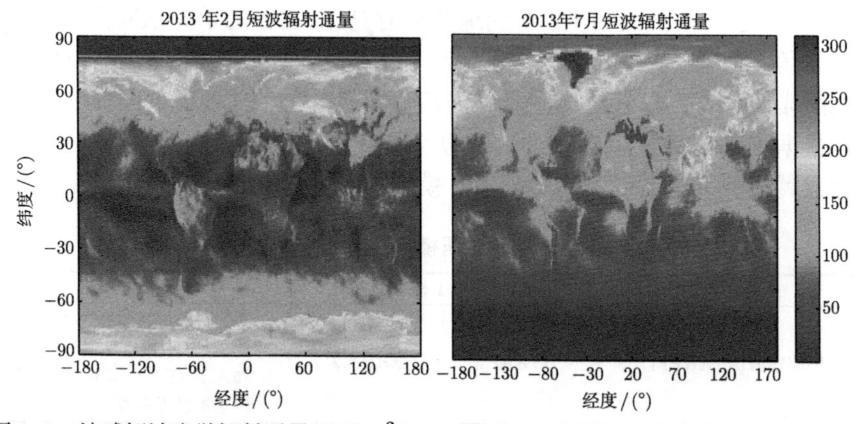

图 6.4　地球短波光学辐射通量 (W/m^2)：二月 (左)，七月 (右)(彩图请扫封底二维码)

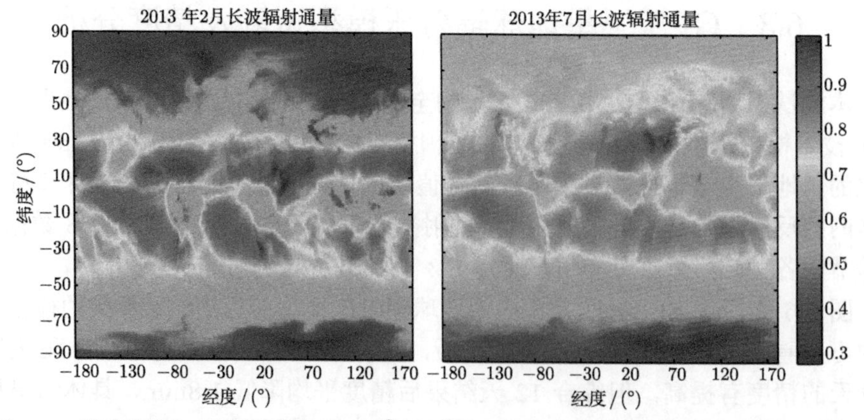

图 6.5　地球长波红外辐射通量 (W/m^2)：二月 (左)，七月 (右)(彩图请扫封底二维码)

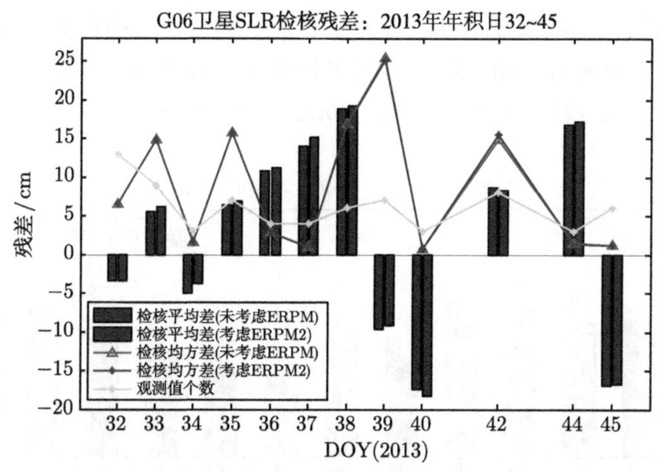

图 6.6 SLR 检验 GPS36 卫星轨道 (彩图请扫封底二维码)

表 6.2 SLR 检验 GPS36 卫星轨道

儒略日	观测值个数	不用 ERPM/cm		用 ERPM2/cm		提高精度/mm
		均值	均方差	均值	均方差	
56324	13	−3.34	6.51	−3.31	6.55	0.3
56325	9	5.57	14.88	6.19	14.92	−6.2
56326	3	−5	1.54	−3.71	1.59	12.9
56327	7	6.37	15.75	6.92	15.72	−5.5
56328	4	10.82	2.89	11.26	2.87	−4.4
56329	4	14.04	1.01	15.11	0.97	−10.7
56330	6	18.79	16.98	19.22	16.73	−4.3
56331	7	−9.65	25.46	−9.19	25.19	4.6
56332	3	−17.37	0.67	−18.27	0.65	−9
56334	8	8.64	14.83	8.35	15.53	2.9
56336	3	16.83	1.42	17.2	1.38	−3.7
56337	6	−16.91	1.23	−16.72	1.26	1.9

同时，将应用 ERPM2 模型前后定轨结果分别与 IGS 精密轨道进行比较，结果见图 6.7，以 PRN06 卫星为例，显示了利用 IGS 精密轨道检核地球辐射压模型的效果，轨道 3D 精度略有降低，为 $2\sim5$mm，在 ACR (Along, Cross, Track) 方向，地球辐射压对轨道法向几乎无影响，主要影响在切向和径向，影响幅度相差不大，约为 4mm。对所有 GPS 卫星轨道影响均稍有降低，具体原因可能为：格网模型由于边界的不连续性，附加了一个切向的“无形摄动力”，导致轨道切向误差增大，这也影响 5 参数的 BERN 模型估计参数的连续性，今后可能需要对格网参数进行三次样条插值平滑 ($2.5^\circ\times2.5^\circ$ 的格网)。从 PRN 06 卫星比较看，与之前结果评估一致，引入辐射压后结果变差。图 6.8 显示了此次测试中针对所有 GPS 卫星利用 IGS 轨道检验地球辐射压模型的径向统计结果，切向类似，结果显示引入地球辐射压后结果变差。图 6.9 显示了 2008 年年积日 80 不同地球辐射

压模型的测试结果，结果显示地球辐射压与卫星类型及结构有关，且 ERPM1(分析型模型) 对轨道略有提高，后续可利用长期的数据序列进行统计分析地球辐射压摄动的特性变化 (赵群河等，2018；Wang et al.,2018)。

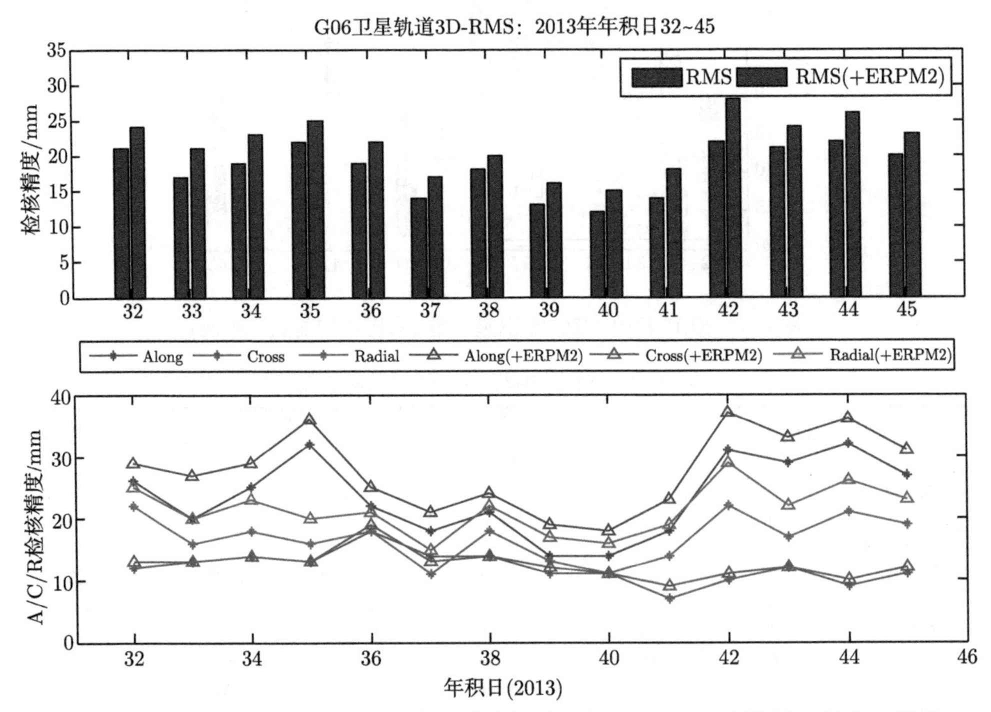

图 6.7 利用 IGS 轨道检核地球辐射压模型结果统计：PRN 06 (彩图请扫封底二维码)

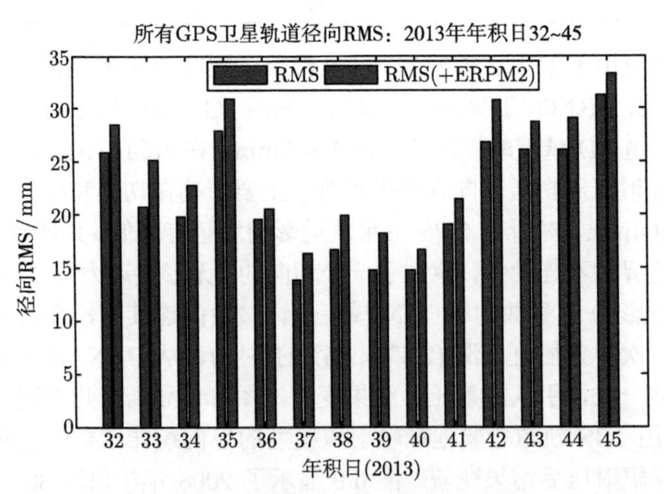

图 6.8 利用 IGS 轨道检核地球辐射压模型径向结果统计：所有 GPS 卫星

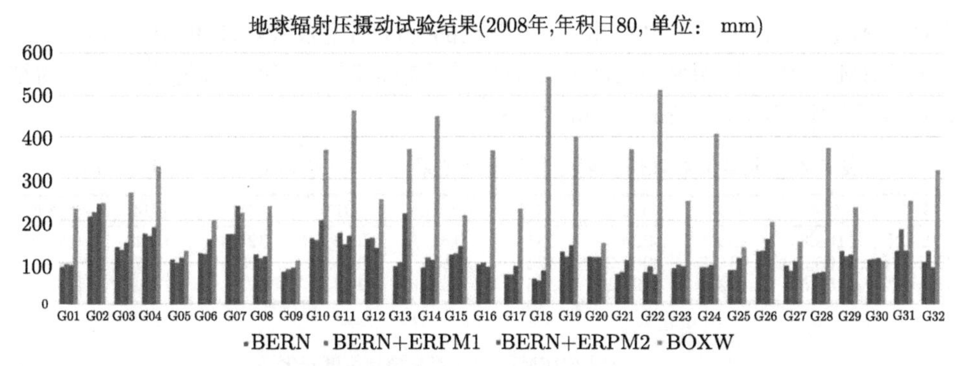

图 6.9 不同地球辐射压模型试验 (2008 年年积日 80) (彩图请扫封底二维码)

6.4 北斗卫星地球辐射压模型试验及精度分析

本书利用 2015 年的全球 IGS 站 MGEX 网观测数据进行北斗卫星的地球辐射压模型验证试验，测站分布同太阳辐射压试验。采用非差相位和伪距观测值，误差改正模型和解算参数可见前面章节，各试验异同见表 6.3。需要指出的是，由于北斗卫星为距离观测量，所以单独利用北斗卫星数据不能确定 UT1，而只能确定 DUT1(或者说是日长 (LOD))，因此在参数解算中对 UT1 进行了 0.1ms 强约束。而对 XPOLE、YPOLE、DXPOLE、DYPOLE 和 DUT1 施加了松约束，分别为 300mas，300mas，30mas/d，2ms/d，站坐标加了 1 倍中误差的强约束。考虑的误差改正模型有：绝对天线相位改正、相位缠绕改正、相对论效应、固体潮、极潮等，每天一个弧段进行解算，解算参数包括：卫星初始轨道根数、太阳光压参数 (BERN 模型估算 5 个 Bernese 光压参数)、卫星钟差、测站钟差、模糊参数、每站每小时一个对流层 ZTD 参数、EOP 参数。

表 6.3 北斗卫星地球辐射压对比实验方案概况

方案	模型 1	模型 2	数据时间	数据来源	GEO 参与解算
E1	ERPM1	BERN	2015 年 220∼ 229 天	MDEX(BDS)+JCZ	否
E2	ERPM2	BERN	2015 年 220∼ 229 天	MDEX(BDS)+JCZ	否
E3	ERPM1	SRPM	2015 年 210∼ 279 天	MDEX(BDS)+JCZ	是
E4	ERPM2	SRPM	2015 年 210∼ 279 天	MDEX(BDS)+JCZ	是

表 6.4 给出了北斗卫星地球辐射压试验的轨道统计结果，对比轨道为德国地学研究中心 (GFZ) 的 MGEX 精密轨道产品 (GBM)，在未加入地球辐射压模型的轨道平均 1D-RMS 为 175.3 mm，引入地球辐射压模型 ERPM1 和 ERPM2 后的轨道平均 1D-RMS 分别为 172.6 mm 和 171.2 mm，精度分别提高了 2.7 mm 和 4.1 mm。除了 C11 和 C12 卫星，其他 IGSO 和 MEO 卫星的轨道 1D-RMS

精度均有改善，且 C06、C09 和 C10 卫星的提高幅度较大。图 6.10～图 6.13 给出与 GBM 的比较结果和在 RTN 三方向的比较情况，可以直观地看出类似的结论 (赵群河等，2018；Wang et al.,2018)。

表 6.4　北斗卫星地球辐射压试验轨道结果对比　(方案 E1&E2，单位：mm)

模型	C06	C07	C08	C09	C10	C11	C12	C14	平均值
BERN	168.3	135.2	200.5	131.3	161.9	132.7	321.8	150.8	175.3
ERPM1	160.3	134.4	200.2	124.7	156	134.8	323.6	147	172.6
ERPM2	158.5	132.6	197.1	125.3	153.6	132.8	323.1	146.4	171.2

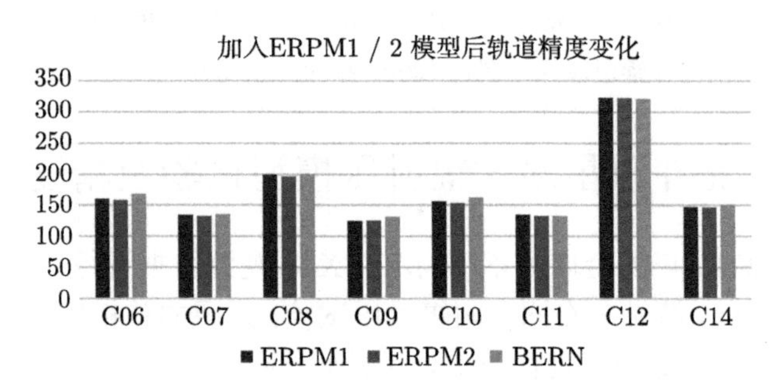

图 6.10　在 BERN 模型上加入地球辐射压试验轨道结果对比 (方案 E1&E2，单位：mm)

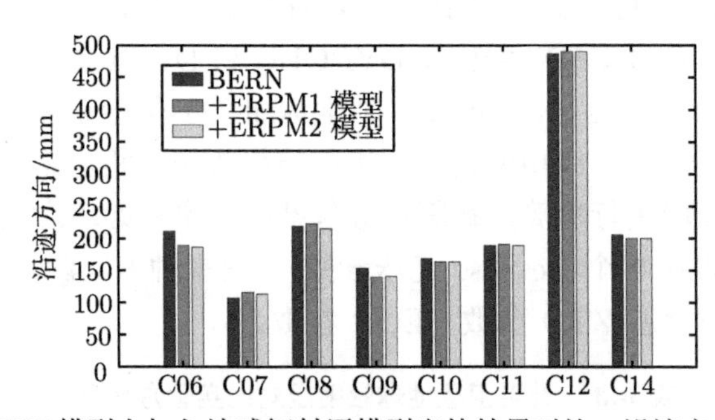

图 6.11　在 BERN 模型上加入地球辐射压模型定轨结果对比：沿迹方向 (方案 E1&E2)

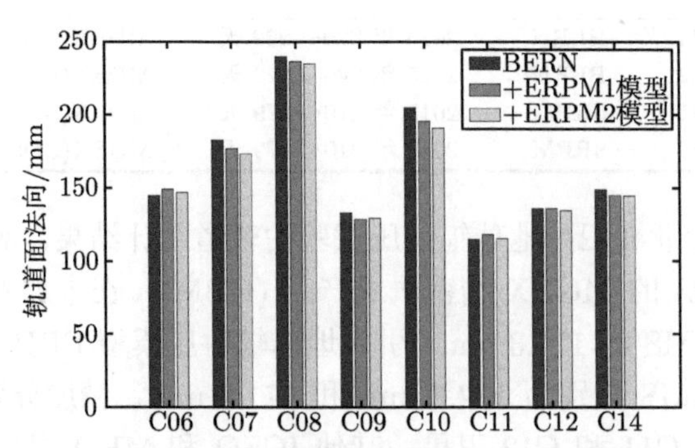

图 6.12　在 BERN 上加入地球辐射压模型轨道对比：轨道面法向 (方案 E1&E2)

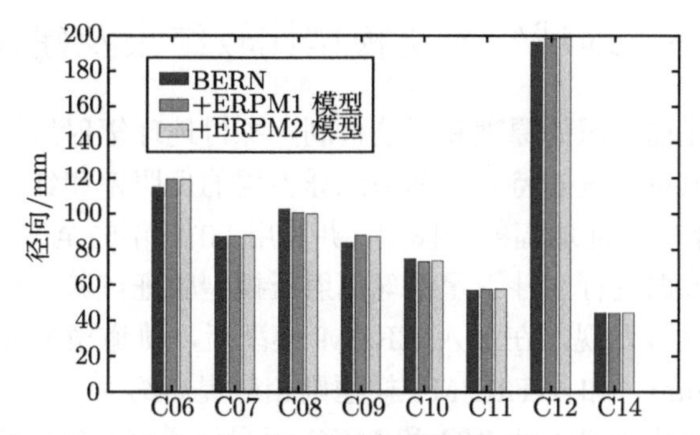

图 6.13 在 BERN 上加入地球辐射压模型轨道对比：径向 (方案 E1&E2)

另外，考虑到北斗 GEO 卫星的轨道特性，在 SRPM 光压模型上加入地球辐射压模型进行轨道比较。使用数据依然是 2015 年 210~279 天的 MGEX 网数据和区域网的测站数据，解算策略不变，结果如表 6.5 所示。从表中可以发现，ERPM1 和 ERPM2 对 GEO 卫星、IGSO 卫星均有改善，分别将 GEO 卫星的平均 1D-RM 精度提高了 0.321m、0.432m，IGSO 卫星的平均 1D-RM 精度提高了 0.001m、0.001m。对于 MEO 卫星，两种模型使定轨精度平均 1D-RMS 降低了 3mm 和 1mm(赵群河等，2018；Wang et al., 2018)。

表 6.5 在 SRPM 上加入 ERP1 模型后轨道精度统计(方案 E3&E4，单位：m)

GEO 卫星	C01	C02	C03	C04	C05	平均值
SRPM	8.384	9.315	3.996	14.239	5.76	8.339
+ERPM1	7.756	8.928	3.983	13.769	5.653	8.018
+ERPM2	7.669	8.808	4.011	13.687	5.358	7.907
IGSO 卫星	C06	C07	C08	C09	C10	平均值
SRPM	0.196	0.203	0.21	0.207	0.246	0.212
+ERPM1	0.197	0.202	0.205	0.212	0.238	0.211
+ERPM2	0.196	0.204	0.207	0.209	0.24	0.211
MEO 卫星	C11	C12	C13			平均值
SRPM	0.16	0.209	0.178			0.182
+ERPM1	0.161	0.21	0.183			0.185
+ERPM2	0.159	0.208	0.182			0.183

以上基于地球反照辐射压的原理和机理，探讨了地球反照辐射压摄动建模的方法，针对我国北斗卫星导航系统建立了地球反照辐射压模型，并引入精密定轨程序进行试验验证和精度评估。结果表明，地球辐射压摄动对轨道影响较小，大概可以提高轨道精度 2~ 4 mm，部分卫星轨道精度修正量可达 5~ 10 mm。综合前面两组对比试验，发现地球辐射压模型的加入能够一定程度提高定轨精度，可以尝试结合光压模型一起服务于北斗导航卫星系统的精密定轨。

6.5　地球辐射压模型比较结果及建议

通过研究地球辐射压的原理和影响机制，探讨地球辐射压摄动建模方法，针对我国北斗导航卫星系统的特点，利用地球表层的反照率和红外发射率的分布格网数据，建立了精确的地球辐射压模型，并利用 2015 年的全球 MGEX 站观测数据和区域网测站数据进行北斗卫星地球辐射压模型验证试验，检验其正确性和可靠性。通过试验分析发现，在加入 ERPM 模型后，轨道精度比不加入地球辐射压模型提高约 4 mm，加入 ERPM1 模型则相应提高约 2 mm，反映了加入地球辐射压模型后对北斗 MEO、IGSO 和 MEO 卫星轨道有一定的精度提升，但量级都较小。而 GPS 测试结果显示，加入地球辐射压模型后，轨道精度有所降低。这些结果意味着地球辐射压模型还有待改进，除了需要考虑卫星的精细化结构，其反照率和发射率实测数值格网模型也有待提高，不但其测量精度，还包括其时空分辨率，都有待提升。高精度的 GNSS、SLR、DORIS 等数据处理及其应用都需要考虑地球辐射压对卫星轨道的影响，特别是毫米级精度要求，因此，建议我国需建立类似 NASA CERES 的卫星测量及反演科学数据库，可提供高精度、高时空分辨率的全球地球反射率和红外发射率数据、卫星平台结构信息等，改变我国精细化的摄动力模型依赖国外卫星测量数据、国内自主测量能力和设施不足的现状，满足我国更高科学目标、长足自主实际应用和发展需要。

第 7 章　卫星热辐射压建模理论与在轨测试

7.1　星体热辐射压摄动建模

7.1.1　卫星热辐射压的物理机制

卫星表面由于有不同的材料，卫星吸收太阳能之后会存在一定的温差，特别是阳照面和背影面，存在较大的温差，从而引起各面向外辐射存在较大的差异。这种红外热辐射造成的力在航天时代发展的初期没有引起人们的注意，随着 GPS 精密定轨技术的发展，其逐步得到重视，人们根据卫星表面特性材料的不同热表面特性，建立热辐射的力学模型，并结合卫星的热辐射有限元分析的结果，对这种力模型进行了计算分析。

辐射来自于卫星与环境的相互作用，其中主要有两种能量交换作用与之相关：辐射与传导，而与流体相关的对流在外太空条件下不存在。当辐射与物体相互作用时，有三种可能的结果：反射、透射、吸收。当能量被反射或者透射时，物体的热能就不会受到影响；如果被吸收，就转换为物体的热能，通常造成一定的物体材料的温升，而实际上以上过程是复杂的，是几种现象的综合，而且通常与辐射的功率谱频率分布有很大关联。这也是在进行卫星热辐射建模时必须考虑的一些因素 (Adhya, 2005a; Duha et al., 2006; Andrés et al., 2014)。

物体本身也存在辐射，能量通常在长波红外以及远红外 (5~ 1000μm) 的频谱上，单位为 W/m^2，表示单位面积辐射的热功率。其功率上限可根据 Stefan-Boltzmann 定义的全频谱段黑体辐射积分定律计算。物体的辐射能量 E_r 与温度 T 的关系为

$$E_r = \sigma T^4 \tag{7.1}$$

式中，σ 为 Stefan-Boltzmann 常量，然而实际物体一般要小一些，则用下式表达：

$$E_r = \varepsilon \sigma T^4 \tag{7.2}$$

其中，ε 为物体的表面辐射系数，与物体的固有属性有关，一般的材料都具有标称的测量值。

而根据爱因斯坦狭义相对论，在质量与能量之间存在等效性，这就意味着光子的辐射同样具有动量。若动量守恒定律适用于环境与物体组成的大系统的，那么光

子动量的持续辐射就会给物体表面形成一个反向的力，这就是热致辐射压 (thermal reradiation) 的来源，即为近年来的卫星热辐射压。

通常情况下，近地轨道航天器与深空航天器有较大的差异，近地轨道条件下，太阳、地球乃至月球为主要的辐射源；深空条件则可以仅考虑太阳，以及最近的行星或卫星。不同姿态控制的卫星也存在较大的差异，自旋稳定的卫星，通过不断地变换受照的表面，其总体上达到热平衡后，存在较小的温差；而一些三轴稳定控制的卫星由于存在长时间的阳照面与背阴面，存在较大的温差。以 GPS 为例，其 $+Z$ 面始终朝向地球，而太阳能帆板和本体的旋转式帆板长期正对太阳，这样不同的部件得到了不同的辐射，依赖于太阳当时相对于卫星本体的方位，材料的光学反射与吸收特性又有所不同，这最终必然导致辐射的综合效果，即净作用力。

对于采用偏航机动模式运行的 GPS 卫星，由于具有固定的不受太阳照晒的表面，Y 面上当不影响其他的部件时，通常开有较大的散热面，散热面的不对称分布，使得 Y 向上存在较大的温度差。人们在精密定轨处理时引入了 Y 向的热致力 (图 7.1)，但通常是通过数据处理的方式获得的，还有一些是通过经验力的模型来吸收这种摄动力的影响 (Ziebart, 2001; Vokrouhlicky, 2006; Rodriguez-solano et al., 2012)。

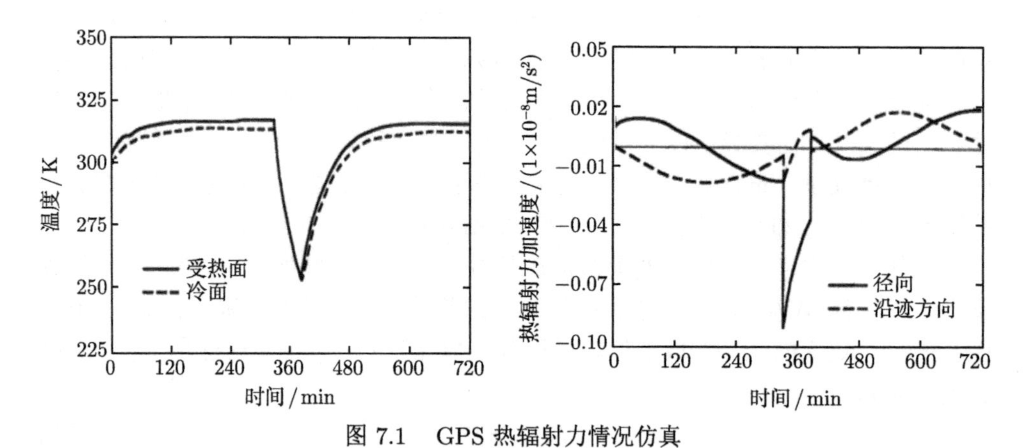

图 7.1　GPS 热辐射力情况仿真

7.1.2　热辐射致力的基本模型

爱因斯坦相对论描述粒子的能量为

$$E = \left[(cp)^2 + \left(m_0c^2\right)^2\right]^{1/2} \tag{7.3}$$

其中，E 为粒子的能量；p 为粒子的动量；m_0 为静止质量，而对于光子来说，不存在静止质量 $m_0 = 0$，那么光子的能量与动量的关系为

$$E = cp \tag{7.4}$$

那么，一个表面在单位时间内由表面的出射光子带走的动量就是该物体表面获得的动量：

$$\frac{\mathrm{d}p}{\mathrm{d}t} = \frac{E}{c} = \frac{\varepsilon\sigma T^4}{c} \tag{7.5}$$

上式得到的动量变化率取负号后就是物体的作用力。

如果这个物体可以作为一个散射辐射器来对待的话 (对于大部分的表面都可以作为这种近似，见图 7.2)，朗伯定律就可以适用这种情况：经过某个特定点的散射辐射体的能流密度同该点与面元的中心夹角的余弦成正比，同时与距离的平方成反比：

$$E_P = \frac{I\cos\theta}{r^2} \tag{7.6}$$

其中，E_P 为经过考察点 P 的能流密度。I 为单位表面积、单位立体角在该面法线上的能流密度，在朗伯辐射中是一个常数。

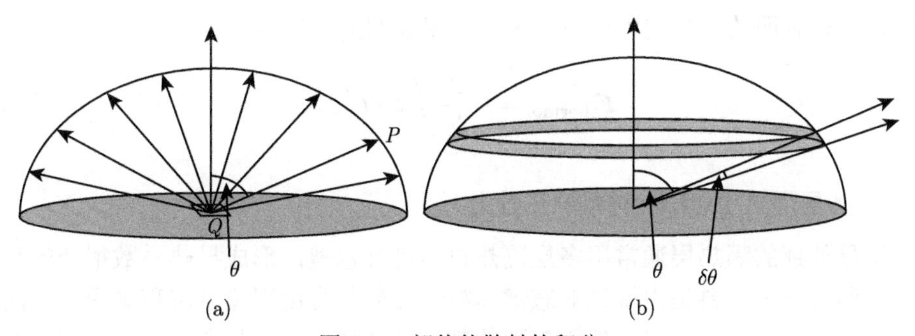

图 7.2 朗伯体散射的积分

在如图 7.2 所示的半球上，其中 Q 为考察辐射面元的中心，经过半球上任一点 P 的能量为

$$E_P = I\cos\theta \tag{7.7}$$

虽然热辐射致力可以按照局部直角坐标的三个轴向进行分解，如局部法线上分量、平面内分量，但是对于朗伯体辐射，由于辐射是旋转对称的，如图 7.2(b) 所示，在同高度仰角的条带上，经过旋转一周后，方位向上的积分为零，单位时间经过的能量为

$$E_{\text{strip}} = 2\pi I\sin\theta\cos^2\theta\delta\theta \tag{7.8}$$

如果对于半边辐射，对半球与 θ 相关的部分进行积分，则有

$$E_{\text{perp}} = \int_0^{\frac{\pi}{2}} 2\pi I \sin\theta \cos^2\theta \mathrm{d}\theta = \frac{2\pi}{3} I \tag{7.9}$$

如果是对于双边——整个立体角进行积分，则

$$E_{\text{perp}} = \int_0^{\pi} 2\pi I \sin\theta \cos^2\theta \mathrm{d}\theta = \pi I \tag{7.10}$$

两式相除，可以得到在法线方向上，热辐射出的能量占整个辐射能量的比为 2/3，因此在单位表面上的法向作用的能量为

$$E_{\text{norm}} = \frac{2}{3}\varepsilon\sigma T^4 \tag{7.11}$$

相应具有法向定义的面元 $\mathrm{d}\boldsymbol{A}$ 辐射能带走的动量变化 $\mathrm{d}\boldsymbol{p}_{\text{rad}}$ 为

$$\mathrm{d}\boldsymbol{p}_{\text{rad}} = \frac{2\varepsilon\sigma T^4}{3c}\mathrm{d}\boldsymbol{A} \tag{7.12}$$

根据动量守恒，面元给物体造成的动量上的贡献就是热致辐射力，即上式的负值，进行表面的积分就可以得到整个卫星表面的作用力

$$\boldsymbol{F}_{\text{thermo}} = -\frac{2}{3c}\int_A \varepsilon\sigma T^4 \mathrm{d}\boldsymbol{A} \tag{7.13}$$

7.1.3　多层隔热 (MLI) 材料的热致力

卫星外部的隔热层通常用多层隔热材料进行包覆，形成导热系数很低的热阻挡层，通常这些材料是由聚酰亚胺薄膜材料在外部利用铝蒸气沉积单面镀膜的方法制成的，当前大部分卫星外部包裹的都是这种材料，而且通常不止一层，经过包覆层内部的热传输是一种辐射、固体间热传导的综合过程。

通过表面的皱纹，星体内部固体表面的热交换压缩到很小的范围，隔热层表面的铝通常与固体的连接仅仅是在离散的接触点上，而同时辐射的热交换在通过附加多层的隔热材料后，其效果也大大降低。然而为了使空间环境条件下包裹在多层材料内部的气体在真空下有一定的渠道释放，通常每层的材料上具有一定的孔洞，不同层间的 MLI 材料的孔洞尽可能错开，减少外部热流进入航天器。

由于 MLI 材料与其内部的星体表面具有的复杂特性，MLI 的热传导通常与温度、密度、内部部件表面的材料物性等参数相关，因此，在分析计算时通常将其效果进行等效，要么等效成传导率，要么等效成发射率，这些参数通常是利用实验进行综合分析得到的。根据 Gilmore 的经验，GPS 卫星表面的等效发射率 ε_{eff} 参数在 0.015~0.03(Gilmore D, 1994)。

实际上等效发射率可以根据理想的 MLI 层数进行确定；如果单层的发射率为 ε ，则可给出 n 层理想材料的等效发射率计算公式为

$$\varepsilon_{\text{eff}} = \frac{\varepsilon}{(n+1)(2-\varepsilon)} \tag{7.14}$$

然而实际上由于褶皱的存在以及不同层间的接触降低了热阻，所以理想的等效发射率的距离实际情况偏小，通常通过实验的方法进行发射率的确定，计算等效发射率的步骤如下所述。

1. 解析计算 MLI 特性的假设

为了便于计算 MLI 的表面整体温度特性，进行了以下假设：

(1) 在铺设 MLI 的平面上，平行于平面方向的热交换不予考虑。

(2) 这是由于 MLI 的厚度很薄，在数微米至数十微米的厚度，加上多层的布局时仅有小间距的间断性的接触，所以沿铺设平面的热交换基本可忽略不计。

(3) 在 MLI 以下星体的部件表面的温度范围在 300~320K。为了保证部件的可靠性与长寿命，通常星体内部载荷的工作温度有一定的范围，通常在室温的范围，具体选择多大的范围，我们在之后的章节进行分析。这部分的影响即使有上下 20℃ 的波动，由于 MLI 表面特性对内部的温度不敏感，则这种几十摄氏度的波动引起的热致力计算的误差还不到 1‰。

(4) MLI 表面对外的热辐射也是以朗伯体形式向外释放的，不考虑由 MLI 的褶皱引起的局部的微弱效应，仅考虑整个铺设面的平均效应。

(5) 卫星进入地影时，其温度将快速直接下降到低点温度，通常在内热源与外部零输入的情况可以估计为几十开尔文的温度，这是因为 MLI 本身在设计时就不是按照热汇进行设计的。

(6) 典型的 MLI 等效的辐射率在解析计算中独立于温度、阳照角等参数，为一个常数。

在一定的姿态与轨道情况下，需要计算太阳对于各面的照射情况，从而确定卫星铺设 MLI 表面的温度分布情况。虽然有各种软件利用光线追踪方法，按一定的密度设定光束，逐个光束或者表面的密布的像素进行光线追踪，从而精确地计算各个表面间相互的遮挡关系，按一定的密度设定光束，逐光束或逐像素进行光线追踪。但是规则星体表面的外形，使得这些按光线进行追踪的必要性大大降低。在大多数导航卫星中，星体具有长方形的规则外形，如 GPS Block Ⅱ 与 ⅡR 等 (图 7.3)，虽然 UHF 军用天线具有特殊的形状，但是这些部分对表面上的整体遮挡十分有限。如果需要精确的话，则对于底面的天线阵需要进行必要的形状的处理 (赵群河，2017)。

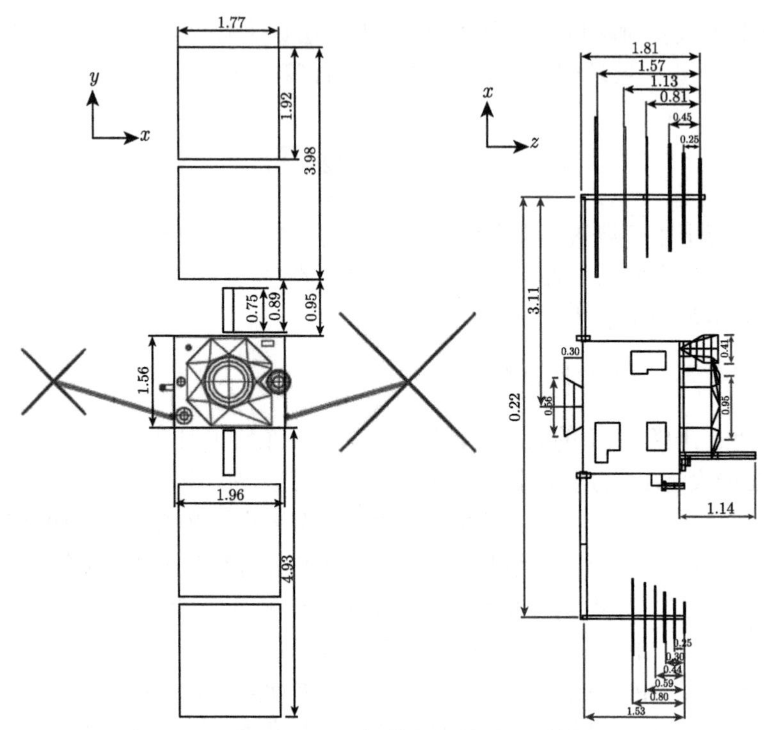

图 7.3　GPS Block ⅡR 的外部构型图 (单位：m)

2. MLI 表面的温度分析计算模型

根据之前的假设，MLI 表面是平面或者是分区域近似的平面的组合，每个平面就是一个朗伯体，其计算就可以直接用公式：

$$\boldsymbol{F} = -\frac{2\sigma}{3c} A\varepsilon_{\mathrm{MLI}} T_{\mathrm{MLI}}^{4} \hat{n} \tag{7.15}$$

其中，$\hat{n}$ 代表 MLI 表面或者是局部表面的法向单位矢量。然而，为了计算 MLI 的温度，则我们必须要考虑以下的因素：

(1) 太阳入射的热流；

(2) 对太阳热流的吸收与反射，这取决于 MLI 材料特性的吸收率；

(3) 在吸收的能量中，大部分重新辐射出去，而很少的一部分进入 MLI 材料下的航天器部件，后面的透射能量就是由 MLI 材料的等效发射率决定的。

对于偏航控制的导航卫星，太阳帆板的太阳光照入射角是固定的，而其他表面 MLI 材料具有较大的光照角，这里假设为 θ ，则入射到表面的热流为

$$q = \alpha W \cos\theta \tag{7.16}$$

对于星体内部温度 T_{sc} 也达到平衡的情况下，对于铺设的 MLI 面元，入射到内部的能量 E_{cond} 为

$$E_{\mathrm{cond}} = \varepsilon_{\mathrm{eff}}\sigma\left(T_{\mathrm{MLI}}^4 - T_{\mathrm{sc}}^4\right) \tag{7.17}$$

则此时的能量的收支平衡条件为

$$\alpha\cos\theta W = \varepsilon_{\mathrm{MLI}}\sigma T_{\mathrm{MLI}}^4 + \varepsilon_{\mathrm{eff}}\sigma\left(T_{\mathrm{MLI}}^4 - T_{\mathrm{sc}}^4\right) \tag{7.18}$$

整理上式，我们可以得到

$$T_{\mathrm{MLI}}^4 = \frac{\alpha\cos\theta W + \varepsilon_{\mathrm{eff}}\sigma T_{\mathrm{sc}}^4}{\sigma\left(\varepsilon_{\mathrm{MLI}} + \varepsilon_{\mathrm{eff}}\right)} \tag{7.19}$$

将式 (7.19) 代入力计算公式，可以得到结果：

$$\boldsymbol{F} = -\frac{2}{3}\frac{\varepsilon_{\mathrm{MLI}}}{\varepsilon_{\mathrm{MLI}} + \varepsilon_{\mathrm{eff}}}\cdot\frac{\alpha\cos\theta W + \varepsilon_{\mathrm{eff}}\sigma T_{\mathrm{sc}}^4}{c} \tag{7.20}$$

对于散热面的热致力，卫星未包裹 MLI 的星体结构部分一般作为星体的散热面，同时经过热管连接内部星体部件热源，向外太空辐射星体内部部件的多余热耗，从而达到星体内部整体的温度平衡。这种开窗设计需要根据卫星的内部部件的布局情况、运行的姿态等联合决定，当前大多是在表面粘贴一层结构，这种结构材料具有很强的红外吸收特性，同时对于入射的可见光具有很强的反射特性。在已有的 GPS 卫星计算中，大多没有考虑这种由辐射面结构特殊变化情况引起的辐射致力贡献，因此也带来了一定的误差。而解析分析方法为了全面地建立相关模型，专门对与散热面相关的结构面进行了建模。

7.2 基于数值积分的有限元分析方法建模

本书利用工程分析中常用的热分析软件，对星体各个部分进行建模，然后代入轨道和姿态环境中进行建模。对于 IGSO 卫星采用工程热分析软件 (如 SindaF) 进行建模，选取表面的各部分的材料特性参数。考虑到边界条件，55° 倾角的 IGSO 轨道，在入轨的相对南北 “8” 字形星间相位不确定情况下，与太阳的最大夹角为 78° 左右，最小的夹角为 0°；对于 MEO 卫星，所建立的模型的情况也是类似的，但在设置的散热面上，有一定区别。

在卫星入轨之前，先使用解析分析方法获取相对准确的初始标称值，再使用有限元分析方法得到各个面元的辐射力积分结果，从而不但可以分析各个表面的平均温度得到的力，而且可以确定各部分力的相对误差。

7.3 星体热辐射压建模试验结果与比较分析

本书根据星体各表面的热情况，代入实际的热工况环境，进行了有限元分析与表面热平衡方法的平均温度分析，用于计算由温差导致的热辐射压摄动力，使用的模型、观测网、数据弧段见表 7.1，定轨结果见图 7.4 和表 7.2(赵群河，2017)。

表 7.1 卫星自身热辐射模型对比试验方案概况

方案	模型 1	模型 2	数据时间	数据来源	GEO 参与解算
T1	TRRM	BERN	2015 年 230∼ 239 天	MDEX(BDS)+JCZ	否
T2	TRRM	SRPM	2015 年 210∼ 279 天	MDEX(BDS)+JCZ	是

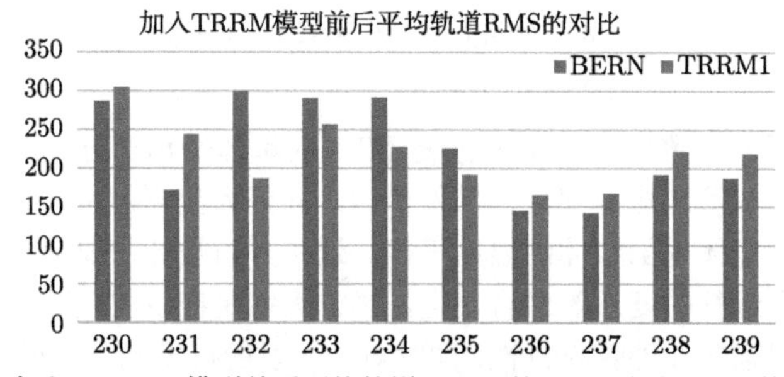

图 7.4 加入 TRRM 模型前后平均轨道 RMS 的对比 (方案 T1，单位：mm)

表 7.2 加入 TRRM 模型前后平均轨道 RMS 的对比 (方案 T1，单位：mm)

年积日	BERN	+TRRM	Diff
230	287	305	18
231	172	244	72
232	300	187	−113
233	291	257	−34
234	292	228	−64
235	226	192	−34
236	145	165	20
237	142	167	25
238	192	222	30
239	187	219	32
平均值	223.4	218.6	−4.8

加入 TRRM 模型后各卫星轨道精度如表 7.3 所示。

从试验结果看出，加入 TRRM 模型后，除了 C08 和 C12 卫星外，其他卫星都略有提升 (负号表示 RMS 减小)，轨道 1D–RMS 平均提高 4.97mm。

表 7.3 加入 TRRM 模型前后的精度比对 (方案 T1，单位：mm)

年积日	C06	C07	C08	C09	C10	C11	C12	C14	平均值
230	26	25	51	15	−9	27	22	−15	17.75
231	25	34	237	31	93	56	63	33	71.5
232	−121	−41	4	−172	−186	−172	−82	−132	−112.75
233	−5	50	37	−33	−49	34	−157	−152	−34.37
234	−26	−173	−61	−28	−167	−28	−47	11	−64.87
235	24	−138	−101	−16	0	−149	−32	142	−33.75
236	1	35	24	-15	27	5	71	11	19.87
237	4	11	64	13	31	4	65	8	25
238	12	6	72	30	13	27	93	−11	30.25
239	44	34	53	−16	−18	31	89	36	31.62
平均值	−1.6	−15.7	38	−19.1	−26.5	−16.5	8.5	−6.9	−4.97

另外，考虑到北斗 GEO 卫星的轨道特性，在 SRPM 光压模型上加入星体热辐射摄动模型进行轨道比较。使用数据依然是 2015 年 210~279 天的 MGEX 网数据和区域网的测站数据，其他解算策略不变，计算结果如图 7.5~ 图 7.8 所示。从表 7.4 中可以看出，TRRM 模型对 GEO 卫星 (C03 卫星除外)、IGSO 卫星 (C06 卫星) 均有轨道精度的改善，GEO 卫星的平均 1D-RMS 精度提高了 0.983m(+12%)，IGSO 卫星的平均 1D-RMS 精度提高了 0.009m(+4%)。对于 MEO 卫星，TRRM 模型使定轨精度平均 1D-RMS 降低了 7mm(−4%)(赵群河，2017)。

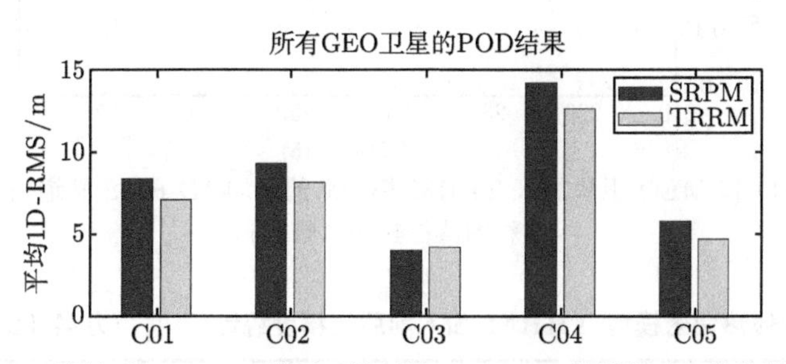

图 7.5 GEO 卫星加入 TRRM 模型后的平均 1D-RMS 轨道精度 (柱状图，方案 T2)

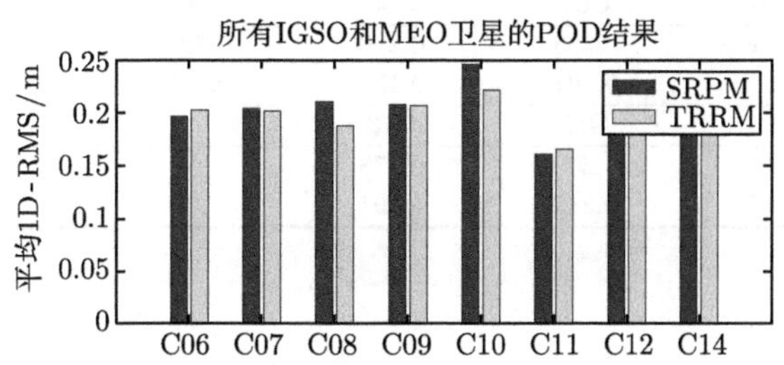

图 7.6 IGSO 和 MEO 卫星加入 TRRM 模型后的平均 1D-RMS 轨道精度 (柱状图，方案 T2)

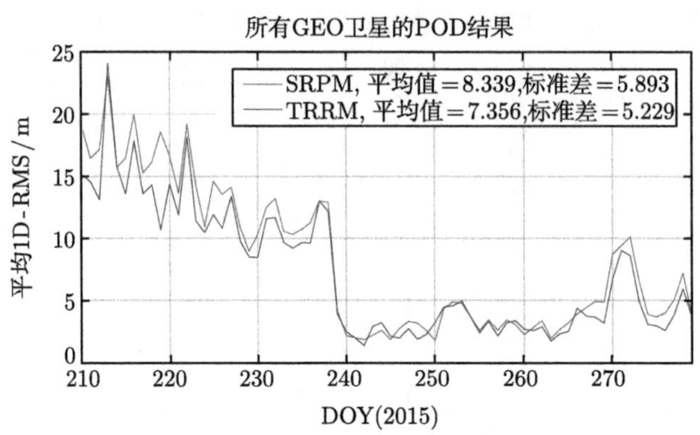

图 7.7　GEO 卫星加入 TRRM 模型后的平均 1D-RMS 轨道精度 (方案 T2)
(彩图请扫封底二维码)

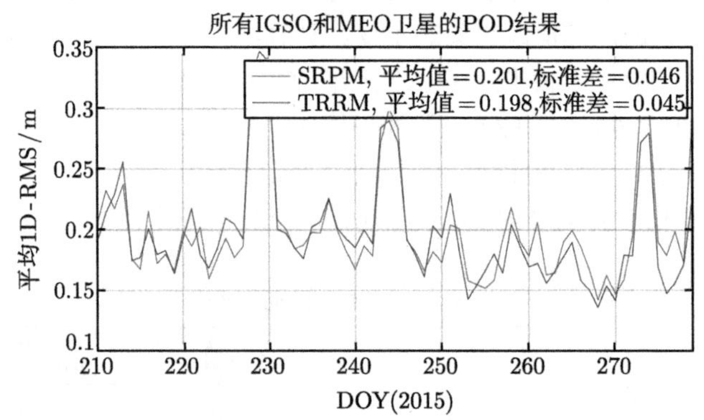

图 7.8　IGSO 和 MEO 卫星加入 TRRM 模型后的平均 1D-RMS 轨道精度 (方案 T2)
(彩图请扫封底二维码)

表 7.4　星体热辐射模型 TRRM 加入前后的精度统计　　(方案 T2，单位：m)

GEO 卫星	C01	C02	C03	C04	C05	平均值
SRPM	8.384	9.315	3.996	14.239	5.760	8.339
TRRM	7.073	8.181	4.173	12.670	4.681	7.356
IGSO 卫星	C06	C07	C08	C09	C10	平均值
SRPM	0.196	0.203	0.210	0.207	0.246	0.212
TRRM	0.202	0.201	0.187	0.206	0.221	0.203
MEO 卫星	C11	C12	C13			平均值
SRPM	0.160	0.209	0.178			0.182
TRRM	0.165	0.211	0.191			0.189

7.4 卫星热辐射压建模影响因素讨论

以上通过对卫星热辐射压建模，探讨了模型的物理机制和热辐射致力的朗伯散射基本模型。根据卫星所用的材料和热结构布局，给出正常卫星工况下，卫星的表面温度分布、温度梯度分布，根据有限元分析就可得到温度分布，从而计算卫星的热辐射压。然而由于多种误差因素的存在，热分析通常存在一定的误差。在分析温度场分布时，需要分析温度场的计算误差，根据计算误差，可进一步分析热辐射压的模型误差。通过研究北斗卫星热辐射压及其对卫星摄动加速度和轨道精度的影响，为我国北斗导航卫星自身热辐射压建模提供了参考。这也是目前高精度导航卫星精密定轨需要考虑的摄动力之一。

第 8 章　卫星天线电磁辐射压建模理论与在轨测试

8.1　卫星天线电磁辐射压模型

8.1.1　影响物理机制

直发的 L 波段的赋形天线，是由一系列按一定规则排布的螺旋天线合成的，在理论的相位中心处，特定频段的射频信号按照一定的功率分布要求，经过功率放大单元等，形成具有一定形状、一定功率分布的发射波束。从量子观点看，这些调制的信号实际上是以特定波长的光子形式，向外部空间进行辐射，而每个光子的动量为

$$p = h\nu \tag{8.1}$$

由于光子动量的存在，光子离开卫星天线时，会对卫星产生一个反向的动量。此时引起卫星动量的变化，因此就会产生对应的辐射反力 (外部文献称为 antenna thrust) (Rodriguez-Solano et al., 2012; Prange et al., 2016)。

实际远场天线的辐射反力的建模需要实验手段进行测量，不同的方向有不同的响应，围绕这一个功率电平有一定范围的波动，有些时候还要考虑地球的球形效应，将几何中心的辐射电平降低，抬高边缘处的辐射电平，从而在波束的要求范围内，接收机接收的信号不会有较大的差异；严格的天线方向图的测试需要在实验室条件或者远场的外场试验条件下测得。

对理想的天线辐射反力建模，这时可以假设天线的辐射在规定的波束内是均匀的。

对于直发天线，在立体角的微小分划内，如果在单频天线赋形波束的立体角范围内的能量密度为 e_{den}，则直发天线具有的发射功率为

$$\mathrm{d}E = e_{\mathrm{den}}\mathrm{d}\Omega \tag{8.2}$$

在立体角微元对应的方向 $\boldsymbol{n}$ 上，其辐射反力为

$$\mathrm{d}\boldsymbol{f} = -\frac{\mathrm{d}E}{c}\boldsymbol{n} = -e_{\mathrm{den}}\mathrm{d}\Omega\boldsymbol{n} \tag{8.3}$$

若天线的波束的半锥角为 θ_h，在以上给定的半波束角范围内，对主波束进行积分，则可以得到天线辐射反力的模型为

$$\boldsymbol{f} = \iint\limits_{\Omega} -e_{\text{den}}\text{d}\Omega\boldsymbol{n} \tag{8.4}$$

对于旋转对称且功率分布均匀的天线，如果天线理论中心方向为地心方向 $\boldsymbol{n}_{\text{nadir}}$，则可以得到其积分的解析形式:

$$\boldsymbol{f} = -\boldsymbol{n}_{\text{nadir}}\int_0^{2\pi}\text{d}\varphi\int_0^{\theta_h} e_{\text{den}}\cos\theta\sin\theta\text{d}\theta \tag{8.5}$$

在主波束的范围内，远场功率分布密度假设为恒定值，主波束的总功率为 E，则主波束范围内的平均功率分布可以采用解析的形式给出：

$$e_{\text{den}} = E/\left[\int_0^{2\pi}\text{d}\varphi\int_0^{\theta_h}\sin\theta\text{d}\theta\right] \tag{8.6}$$

将式 (8.6) 代入式 (8.5)，有

$$\boldsymbol{f} = -\frac{E}{c}\cdot\frac{1-\cos(2\theta_h)}{4\left(1-\cos\theta_h\right)}\boldsymbol{n}_{\text{nadir}} \tag{8.7}$$

如果与 GPS 类似，IGSO 卫星覆盖也要求覆盖地表 1000km 以上的范围，那么半波束角为 10.07°；式 (8.7) 中的仅仅与半波束角有关的因子就可以进行计算，解析值得到 0.992；对于 24000km 高度的北斗与伽利略卫星，同样地面几何覆盖要求的半波束角为 14.6°，此时对应几何项因数为 0.985。辐射功率为 300W 的直发天线载荷，其摄动加速度为 0.12 ng(Rodriguez-Solano et al., 2012)。

8.1.2 天线方向图数据的应用

在卫星的研制过程中，其天线的配套单位在研制天线的过程中会进行相关实验。然而由于天线最终的辐射特性与星体最终组合状态相关，无法直接测量获取，但集成或部分与辐射相关的部分会在一定阶段通过远场实验测量或者微波暗室进行测量，从而得到天线在各个方向、各个方位的远场辐射特性。在假设入轨前后辐射特性变化很小时，我们可以利用天线方向图数据，进行逐点处理，从而得到相对真实的辐射反力结果。之所以说相对真实，是由于测量过程并不是遍历了所有方向与方位，通常仰角与方位角的取值数目是有限的，加上测量误差因素的存在，所以这种结果本身存在一定的误差因素；但相比于理想情况的分析模型，可以得到更接近实际情况的辐射反力均值及分布范围，可以为精密定轨提供较为真实的参考依据。

8.1.3　天线辐射反力模型误差与处理

实际上天线在主波束的边缘区域也有能量的损失，同时还有天线旁瓣效应的存在，这都会造成一定的能量损失。由于工程上不存在严格的轴对称以及姿态的控制残差，所以天线辐射反力在其他的轴向也有微弱的分量，只是相比于对地的辐射反力，其他的轴向会很小，其大小取决于天线主波束功率占整体发射功率的比值。因此天线对地辐射的反力的作用，可以用一个标量因子进行估计，这个因子实际上也可以通过地面天线测量来最终决定。

由于旁瓣与主波束外能量不大，经过实验测量，该标量因子的误差一般来说不会超出 3%～5%的范围。如果辐射功率为 100～300W，那么对应一个带有 $15\mathrm{m}^2$ 的帆板的卫星，天线辐射反力不会超出光压力的 1.5%。从物理模型的量级比较上可以看出，由于存在着光压本身的建模误差，则对于轴对称设计的天线辐射反力，在偏航轴之外的两个轴 (俯仰轴、滚动轴) 上的分量，其量级本身预计比对地偏航轴要低至少一个量级，可以基本忽略，仅考虑影响对地偏航轴的辐射反力即可。GPS 卫星天线辐射功率如表 8.1 所示。

表 8.1　GPS 卫星天线辐射功率

GPS 卫星类型	最小射频功率	发射功率统计	z 方向总功率	IGS 模型总功率
IIA	L1 P(Y) = −161.5 dBW	10.89 W	35.93 W	76 W
	L1 C/A =−158.5 dBW	21.73 W		
	L2 P(Y) =− 164.5 dBW	3.31 W		
IIR	L1 P(Y) = −161.5 dBW	12.27 W	40.49 W	85 W
	L1 C/A = −158.5 dBW	24.49 W		
	L2 P(Y) = −164.5 dBW	3.73 W		
IIR-M	L1 P(Y) = −161.5 dBW	10.16 W	no M: 45.32 W	no M: 108 W
	L1 C/A = −158.5 dBW	20.28 W		
	L1 M = −158.0 dBW	23.00 W +		
	L2 P(Y) = −161.5 dBW	6.17 W	w/M: 82.00 W +	w/M: 198 W
	L2 C = −160.0 dBW	8.71 W		
	L2 M = −158.0 dBW	14.00 W +		
IIF	L1 P(Y) = −161.5 dBW	10.76 W	no M:68.04 W	no M:154 W
	L1 C/A = −158.5 dBW	21.48 W		
	L1 M = −158.0 dBW	24.00 W +		
	L2 P(Y) = −161.5 dBW	6.53 W	w/M:107.00 W +	w/M:249 W
	L2 C = −160.0 dBW	9.23 W		
	L2 M = −158.0 dBW	15.00 W +		
	L5 I = −157.9 dBW	20.04 W		
	L5 Q = −157.9 dBW			

如果与 GPS 类似，北斗 IGSO 卫星也要求覆盖地表 1000km 以上的范围，那么半波束角为 10.07°，可通过有关参数计算获得对应几何因子为 0.992；对于 24000km 高度的北斗与伽利略卫星，同样地面几何覆盖要求的半波束角为 14.6°，

此时对应几何因子为 0.985。辐射功率为 300W 的直发天线，其摄动加速度为 $0.12ng$，对于轨道的影响如图 8.1～图 8.2 所示。

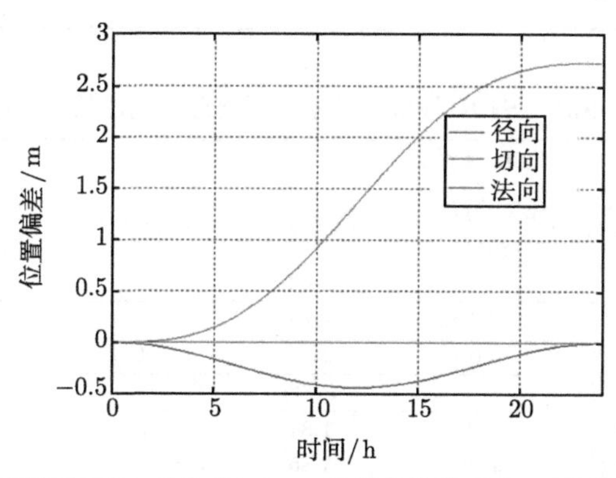

图 8.1 天线电磁辐射反力对北斗 MEO 卫星的轨道影响 (彩图请扫封底二维码)

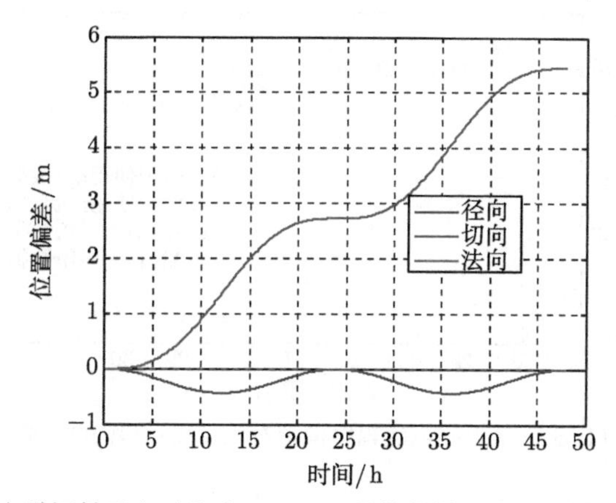

图 8.2 天线电磁辐射反力对北斗 IGSO 卫星的轨道影响 (彩图请扫封底二维码)

8.2 GPS 卫星天线电磁辐射压模型试验及结果分析

卫星天线电磁辐射压模型试验数据采用 2013 年 010 天全球网 GPS 数据，参考模型为 BERN 五参数模型，对比模型为半经验 SHASRP 光压模型，对比试验方案概况见表 8.2，最后采用 SLR 观测数据进行 GNSS 卫星轨道检核。通过试验发现，卫星天线电磁辐射模型改正对于 GPS 轨道没有明显改善，如表 8.3 所示，原因可能是卫星天线电磁辐射压物理机制还不够完善，也有可能是 GPS 其他误差的影响掩盖了卫星天线电磁辐射压的影响。图 8.3～图 8.5 给出了两种模型的对比结果 (赵群河，2017)。

表 8.2　卫星电磁热辐射模型对比试验方案概况

摄动力类型	模型标识	备注
卫星电磁辐射 (ANTM)	ANTP/ANTM	对比模型 SHASRP 为半经验半分析光压模型

表 8.3　SLR 检核 GPS 卫星电磁辐射压模型精度

模型	Fullrate 数据			标准点数据		
	观测值个数	SLR 检核残差均值/cm	标准差/cm	观测值个数	SLR 检核残差均值/cm	标准差/cm
G035						
SHASRP	532	−16.56	2.26	4	−33.87	3.03
ANTM	532	−16.77	2.28	4	−34.07	3.07
G036						
SHASRP	1680	0.31	1.84	7	−30.36	2.67
ANTM	1680	0.41	1.85	7	−30.27	2.7

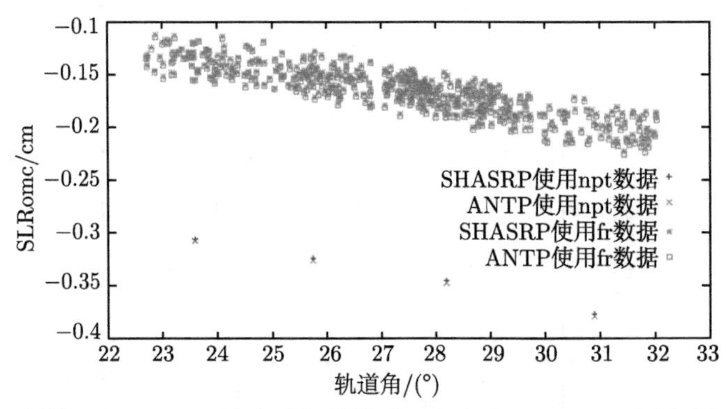

图 8.3　SLR 检核 GPS 卫星天线电磁辐射模型对比试验：GPS35 (彩图请扫封底二维码)

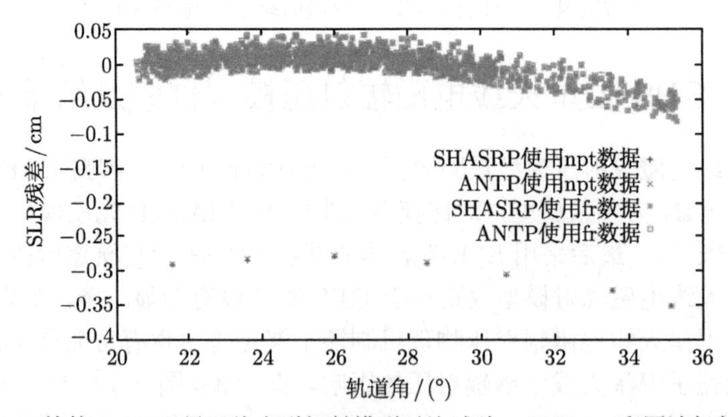

图 8.4　SLR 检核 GPS 卫星天线电磁辐射模型对比试验：GPS36 (彩图请扫封底二维码)

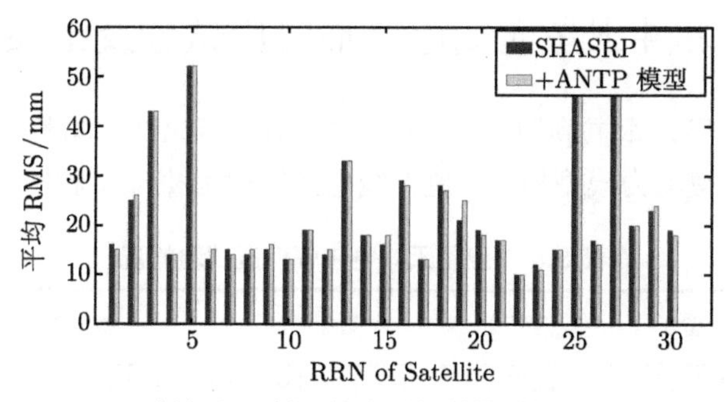

图 8.5 GPS 卫星加入卫星天线电磁辐射模型轨道对比：010 2013

在加入卫星天线电磁辐射摄动模型改正后，如图 8.6 所示，轨道平均 1D-RMS 精度变化不大，部分天变差，且在 RTN 方向看出，在法向和径向影响较明显，总体影响在毫米量级。

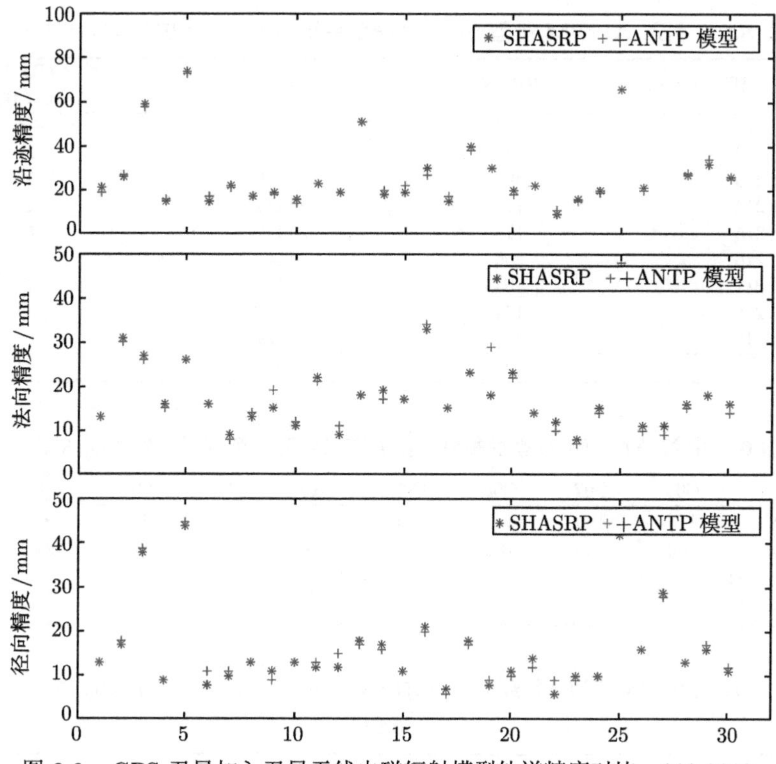

图 8.6 GPS 卫星加入卫星天线电磁辐射模型轨道精度对比：010 2013

8.3　北斗卫星天线电磁辐射压试验及结果分析

针对北斗卫星，本书利用 2015 年 211~219 天北斗观测数据进行定轨试验，加入地球辐射压摄动力模型后，卫星天线电磁辐射力摄动试验概况如表 8.4 所示。

表 8.4　卫星天线电磁辐射压试验概况

方案	模型 1	模型 2	数据时间	数据来源	GEO 参与解算
A1	ANTM	BERN	2015 年 210~ 219 天	MDEX(BDS)+JCZ	否
A2	ANTM	SRPM	2015 年 210~ 279 天	MDEX(BDS)+JCZ	是

试验结果见表 8.5~8.7。通过对比试验结果分析发现，对于北斗卫星，加入卫星天线辐射模型后，所有卫星平均提高了 8 mm，切向和法向轨道精度分别降低 13 mm 和 7 mm，径向提高了 4 mm，从图 8.7 可以看出，IGSO 卫星在切向和法向轨道精度降低更大 (赵群河，2017)。

表 8.5　引入 ANTM 模型后的轨道精度平均 RMS　(方案 A1，单位：mm)

年积日	BERN	ANTM	差异 (BERN 和 ANTM 模型)
211	224	220	−4
212	151	154	3
213	92	94	2
214	110	112	2
215	114	119	5
216	206	205	−1
217	204	136	−68
218	151	142	−9
219	92	92	0
平均值	149	142	−8

表 8.6　引入 ANTM 模型后每颗卫星轨道精度变化情况 (方案 A1，单位：mm)

模型	C06	C07	C08	C09	C10	C11	C12	C14	平均值
BERN	178	186	191	121	218	104	101	97	150
ANTM	160	169	184	119	208	100	103	91	142
差异 (BERN 和 ANTM 模型)	−19	−18	−7	−2	−9	−4	2	−6	−8

表 8.7　引入 ANTM 模型后每颗卫星轨道精度在 A/C/R 方向变化情况 (方案 A1，单位：mm)

卫星	C06	C07	C08	C09	C10	C11	C12	C14	平均值
切向	27	33	14	0	19	7	−8	16	13
法向	24	10	4	12	2	3	4	0	7
径向	−4	−2	−5	−10	−1	−1	−4	−1	−4

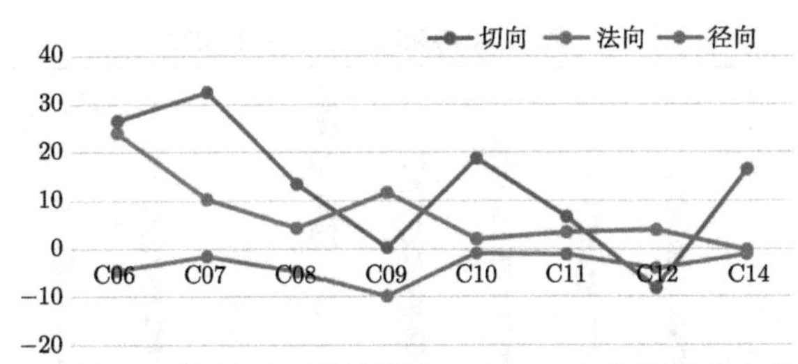

图 8.7 引入 ANTM 模型后的每颗卫星轨道在 A/C/R 方向的精度变化情况 (单位：mm) (彩图请扫封底二维码)

另外，考虑到北斗 GEO 卫星的轨道特性，在 SRPM 光压模型上加入卫星天线辐射摄动模型进行轨道比较，GEO 卫星数据也一起计算。使用数据是 2015 年 210~279 天的 MGEX 网数据和区域网的测站数据。解算策略不变。结果如图 8.8~图 8.11 和表 8.8 所示，可以发现，ANTM 模型对 GEO 卫星、IGSO 卫星轨道

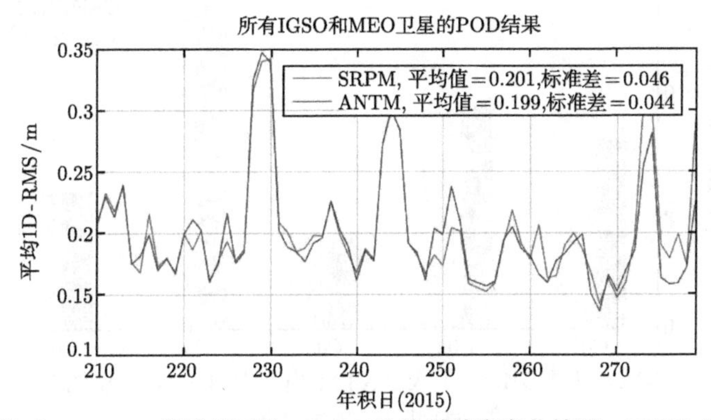

图 8.8 卫星加入 ANTM 模型后平均 1D-RMS 轨道精度变化情况：IGSO 和 MEO(方案 A2)(彩图请扫封底二维码)

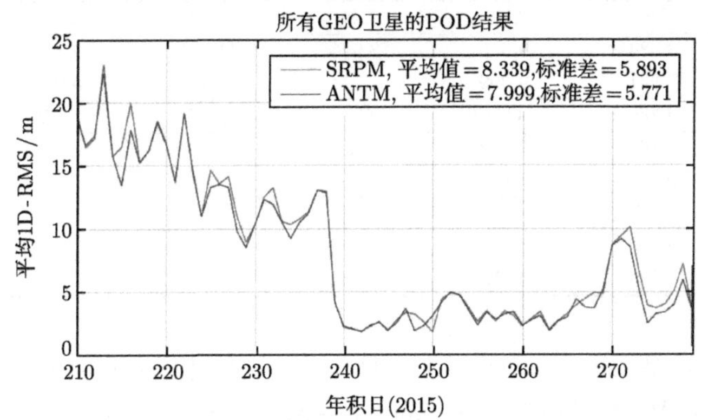

图 8.9 卫星加入 ANTM 模型后平均 1D-RMS 轨道精度变化情况：GEO(方案 A2)(彩图请扫封底二维码)

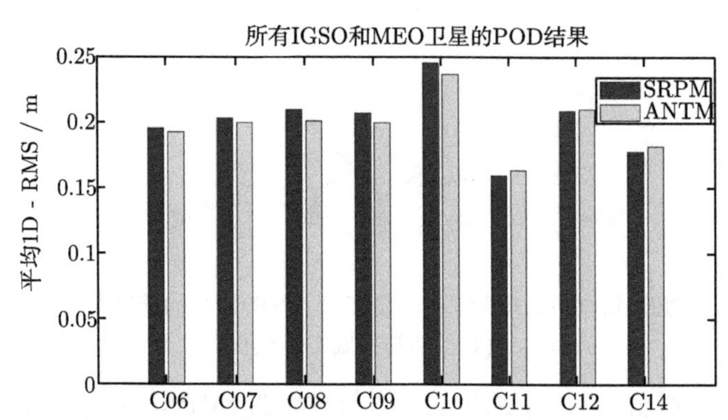

图 8.10　IGSO 和 MEO 卫星未加入/加入 ANTM 模型平均 1D-RMS 轨道精度比较(柱状图，方案 A2)

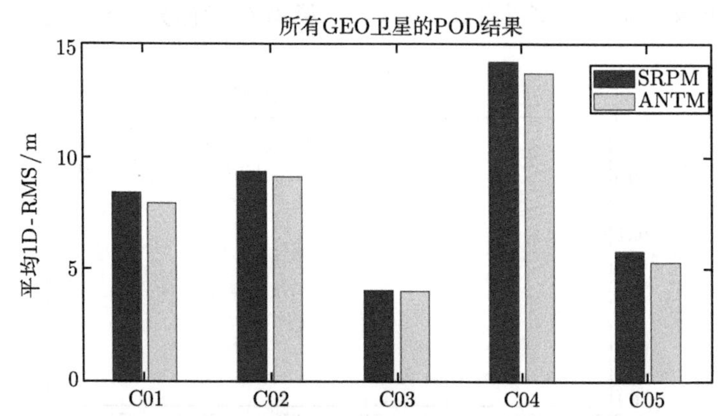

图 8.11　GEO 卫星未加入/加入 ANTM 模型平均 1D-RMS 轨道精度比较(柱状图，方案 A2)

表 8.8　加入 ANTM 模型后轨道精度统计　　(方案 A2，单位：m)

GEO 卫星	C01	C02	C03	C04	C05	平均值
SRPM	8.384	9.315	3.996	14.239	5.76	8.339
ANTM	7.931	9.099	3.971	13.725	5.268	7.999
IGSO 卫星	C06	C07	C08	C09	C10	平均值
SRPM	0.196	0.203	0.21	0.207	0.246	0.212
ANTM	0.193	0.2	0.202	0.2	0.237	0.206
MEO 卫星	C11	C12	C13			平均值
SRPM	0.16	0.209	0.178			0.182
ANTM	0.164	0.21	0.183			0.186

精度均有改善，将 GEO 卫星的平均 1D-RMS 精度提高了 0.340m(+4%)，IGSO 卫星的平均 1D-RMS 精度提高了 0.006m(+3%)。对于 MEO 卫星，TRRM 模型使定轨精度平均 1D-RMS 降低了 4mm(−2%)。

8.4 卫星天线电磁辐射压建模讨论

一般情况下，天线的电磁辐射特性可以通过射频仿真的手段给出其基本的方向特性，结合地面的试验条件可以确定天线的方向图，按照积分的累加原则可以初步地估计直发天线辐射压特性。对于直发天线，在立体角的微小分划内，根据单频天线赋形波束的立体角范围内的能量密度可计算直发天线具有的发射功率，在前面给定的半波束角范围内，对主波束进行积分，可以得到天线电磁辐射反力的结果。对于旋转对称且功率分布均匀的天线，如果天线理论中心方向为地心方向，可以得到其积分的解析形式。针对 IGS 提供的 GPS 卫星天线电磁辐射已有参数值进行了分析，建立了根据电磁辐射功率变化的卫星天线电磁辐射压摄动模型，分别对 GPS 和北斗卫星进行了在轨数据的定轨测试和精度评估，验证建模方法可行性及有效性，对北斗卫星需要进一步标定卫星天线的辐射相关参数，进一步精化北斗卫星的天线电磁辐射压模型。

第 9 章　综合辐射压建模与试验分析

本章对太阳光压、地球反照辐射压、卫星自身热辐射压和卫星天线电磁辐射压这四个部分的摄动力进行综合辐射压建模和试验分析。

9.1　综合辐射压建模背景

首先确定综合辐射压模型的联合建模策略，考虑估计参数及其个数，对太阳光压、地球辐射压、卫星自身热辐射压和卫星天线电磁辐射压这四个部分的摄动力进行综合，针对北斗卫星三类不同轨道 GEO/IGSO/MEO 进行综合辐射压建模和测试，分析其精度。进行综合辐射压数学建模与试验，应考虑的因素如图 9.1 所示。

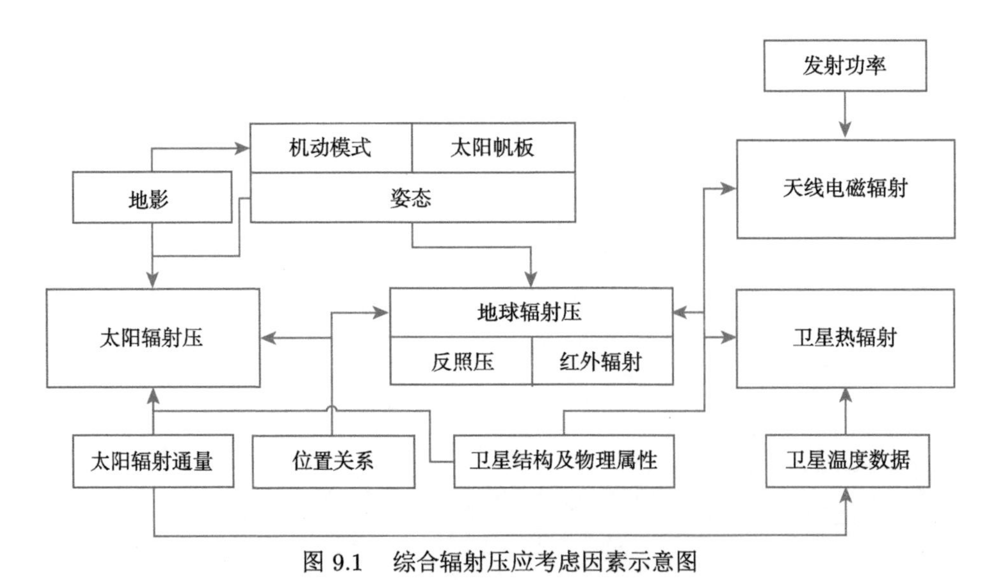

图 9.1　综合辐射压应考虑因素示意图

9.2　试验数据与方案

这里采用的 SLR 数据是 ILRS 提供的全球 SLR 观测数据，GNSS 数据同前面章节，利用中国科学院上海天文台 SHORDE 软件和 MGNSS 定轨软件，遵照轨道统计学原理，对卫星进行精密定轨。摄动力模型简称如表 9.1 所示。

表 9.1 摄动力模型试验标识

摄动力类型	模型标识		备注
太阳辐射压 (SRPM)	BERN	SRPM	BERN 模型采用五参数
地球辐射压 (ERPM)	ERPM1	ERPM2	
卫星天线电磁辐射 (SATM)	ANTM		
卫星自身热辐射 (TRRM)	TRRM		
综合 ERPM2 辐射压模型	SHASRP		地球辐射压模型采用 ERPM2 模型，此处未考虑卫星自身热辐射影响，加入后精度下降明显
综合 4 种摄动力模型	SRPA		SRPM+ERPM2+TRRM+ANTM

9.3 GPS 综合辐射压模型试验结果及分析

GPS 数据采用全球网数据，时间为 2016 年 10 月，采用经验增强模型 SHASRP，其中一天的定轨精度如图 9.2 所示，且 ACR 三方向轨道精度如图 9.3 所示。

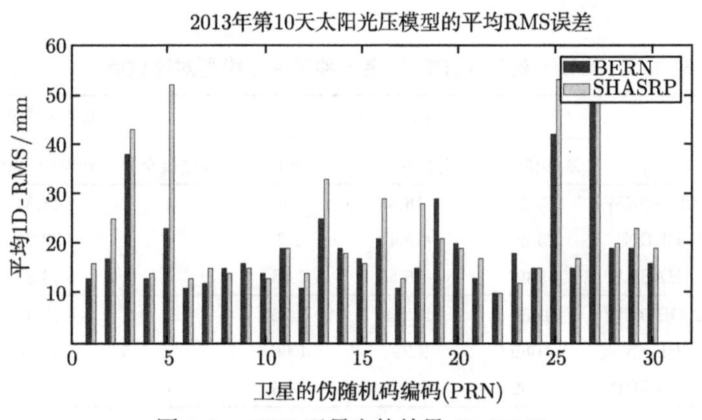

图 9.2 GPS 卫星定轨结果 1D-RMS

利用 SLR 检核 GNSS (GPS) 轨道，激光数据来自 ILRS 全球网的标准点数据 (Normal Point 格式的 CRD 数据)。所用模型设置同前面章节试验。检核结果如表 9.2 所示。

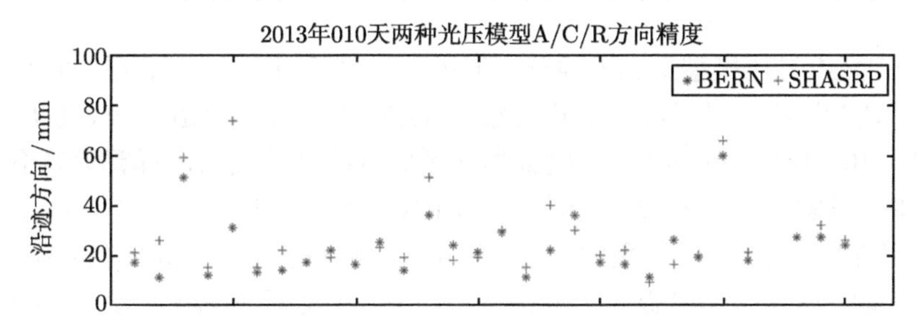

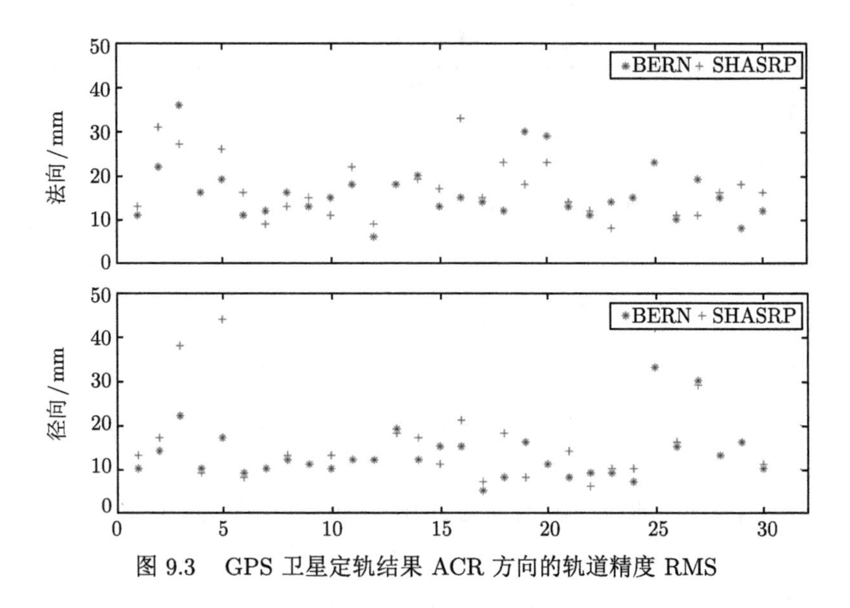

图 9.3　GPS 卫星定轨结果 ACR 方向的轨道精度 RMS

表 9.2　SLR 检核 GPS 卫星三种辐射压模型对比试验　(单位：cm)

	模型	Full rate 数据			标准点数据		
		观测值个数	残差平均值	STD	观测值个数	残差平均值	STD
G035	ADBOXW	532	−16.56	2.26	4	−43.34	5.59
	BERN	532	−15.42	2.2	4	−32.72	2.93
	SHASRP	532	−16.56	2.26	4	−33.87	3.03
G036	ADBOXW	1680	11.33	3.22	7	−20.47	5.19
	BERN	1680	2.29	1.66	7	−28.16	2.26
	SHASRP	1680	0.31	1.84	7	−30.36	2.67

分析结果发现，对于 GPS 035/036 号卫星，综合辐射压模型比 BERN 模型的轨道精度略差一些，总体精度水平相当。

9.4　北斗卫星综合辐射压模型试验结果及分析

在 SRPM 光压模型上加入地球辐射压摄动模型 (ERPM2)、星体热辐射摄动改正 (TRRM) 和卫星天线辐射摄动模型 (ANTM) 进行轨道比较。使用数据是 2015 年 210~279 天的 MGEX 网数据和区域网的测站数据，解算策略不变。从表 9.3 中可以发现，SRPA 模型相较于 BERN 模型对 GEO 卫星、IGSO 卫星均有轨道精度改善，将 GEO 卫星的平均 1D-RMS 精度提高了 0.453m(+6%)，IGSO 卫星的平均 1D-RM 精度提高了 0.055m(+18%)。对于 MEO 卫星，SRPA 模型使定轨精度平均 1D-RMS 降低 5mm(−3%)。各种 GEO、IGSO/MEO 卫星统计结果见图 9.4 和图 9.5，实验期间每天平均结果见图 9.6 和图 9.7(赵群河，2017)。

利用 SLR 数据检核北斗卫星，评估辐射压摄动模型的精度，数据处理方法同前。从图 9.8 可以看出，C01 卫星采用 BERN 模型和 SRPA 模型时残差 RMS 均值分别为 0.500m 和 0.509m，精度降低了 9mm；C08 卫星采用 BERN 模型和 SRPA 模型时残差 RMS 均值分别为 0.530m 和 0.462m，精度提高了 6.8cm；C11 卫星采用 BERN 模型和 SRPA 模型时残差 RMS 均值分别为 0.571m 和 0.528m，精度提高了 4.3cm(赵群河，2017)。

表 9.3 三种模型综合后精度统计 (单位：m)

GEO 卫星	C01	C02	C03	C04	C05	平均值
BERN	8.589	7.957	4.416	14.084	5.521	8.113
SRPM	8.384	9.315	3.996	14.239	5.760	8.339
SRPA	7.594	8.180	4.420	13.177	4.931	7.660
IGSO 卫星	C06	C07	C08	C09	C10	平均值
BERN	0.258	0.282	0.394	0.251	0.348	0.307
SRPM	0.196	0.203	0.210	0.207	0.246	0.212
SRPA	0.238	0.237	0.264	0.242	0.277	0.252
MEO 卫星	C11	C12	C13			平均值
BERN	0.155	0.212	0.179			0.182
SRPM	0.160	0.209	0.178			0.182
SRPA	0.158	0.212	0.190			0.187

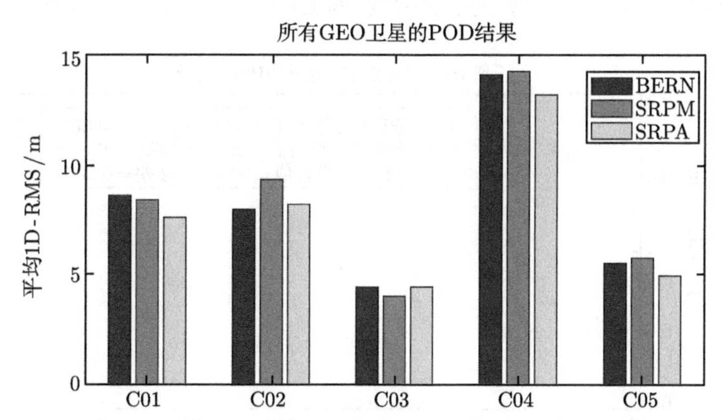

图 9.4 三种光压模型的北斗卫星轨道精度 (与 GBM 相比，柱状图)：GEO

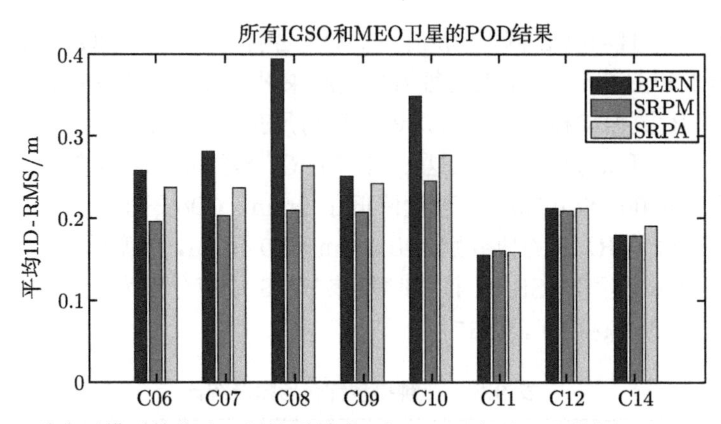

图 9.5　三种光压模型的北斗卫星轨道精度 (与 GBM 相比，柱状图)：IGSO 和 MEO

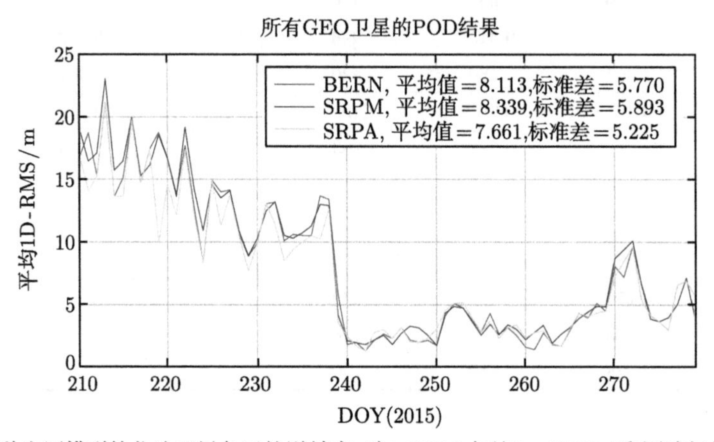

图 9.6　三种光压模型的北斗卫星各天轨道精度 (与 GBM 相比)：GEO (彩图请扫封底二维码)

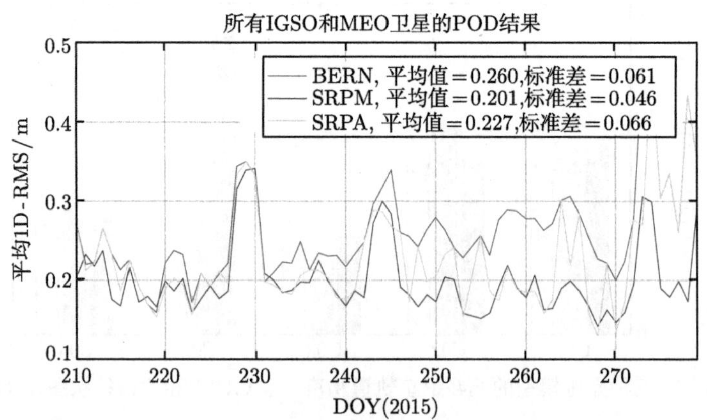

图 9.7　三种光压模型的北斗卫星各天轨道精度 (与 GBM 相比)：IGSO 和 MEO (彩图请扫封底二维码)

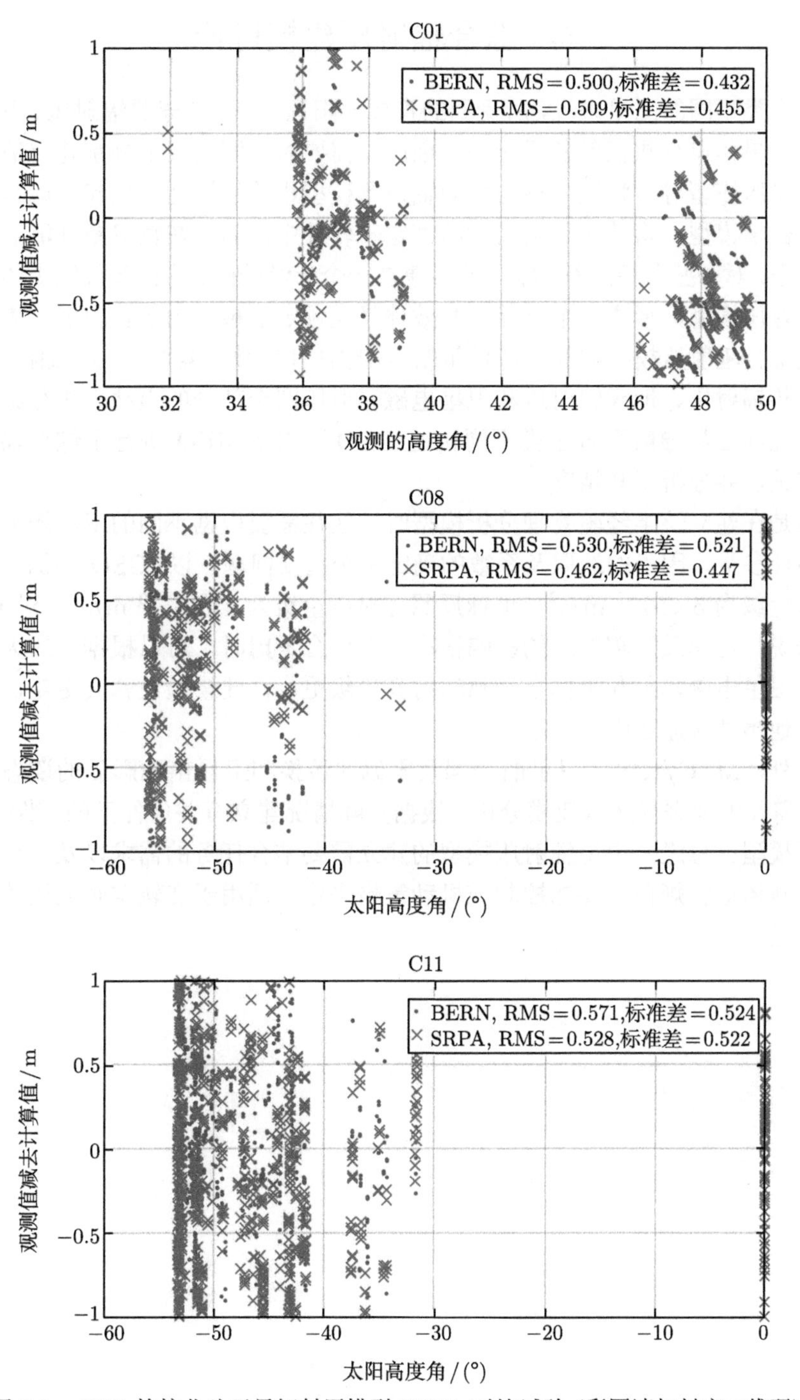

图 9.8 SLR 检核北斗卫星辐射压模型 SRPA 对比试验 (彩图请扫封底二维码)

9.5 综合辐射压建模讨论

对三类不同的卫星来说，所受到的直接太阳辐射压、地球照辐射压、卫星电磁辐射以及星体自身热辐射各不相同，因此，需要对不同的卫星分别建立适用的物理分析光压模型等。将这四种与太阳辐射压模型相关的摄动力加起来就是综合辐射压的数学模型，将其应用到实际精密定轨软件中，通过在轨卫星观测数据精密定轨验证，对一些参数进行估计，就可建立一个半经验的、估计参数较少的高精度综合辐射压模型，形成一个既保证时效性又兼顾定轨精度的综合辐射压模型。本章确定综合辐射压模型的联合建模策略，考虑估计参数及其个数，对太阳光压、卫星自身热辐射压、地球辐射压和卫星电磁辐射压四个部分的摄动力进行综合，针对我国北斗卫星导航系统三类不同轨道 GEO/IGSO/MEO 进行了综合辐射压建模和测试，并分析了其精度。

但是在建立该半经验物理分析模型时，往往需要根据不同的卫星增减调节因子即估计参数，因子的选取及系数的确定是个重要问题。以 IGSO 为例，太阳直射光压量级为 5×10^{-7} m/s^2，地球反照辐射压量级为 4×10^{-10} m/s^2，对于 GEO 卫星来说，地球反照辐射压的影响很小，在综合考虑时，可以根据量级大小而略掉，而卫星电磁辐射和星体自身热辐射其量级更小，建模验证就会更难，容易湮没在其他摄动误差之中。

另外，MEO/IGSO 卫星的动偏及零偏的转换和卫星出地影后的姿态恢复期间，都需要单独进行光压建模分析，根据实际情况建立有关条件下的 (半) 经验光压分析模型。总之，卫星辐射压模型的建立需要结合任务的需求以及卫星自身的特点、轨道运行规律、姿态控制或机动策略来建立适用于在轨实时应用的综合辐射压模型。

参 考 文 献

陈俊平, 王解先. 2006. GPS 定轨中的太阳辐射压模型. 天文学报, 47(3): 10.

陈润静, 彭碧波, 高凡, 等. 2013. GRACE 卫星太阳光照与地球反照辐射压力模型的效果分析. 武汉大学学报 (信息科学版),38(2):127-130, 243.

丁月蓉, 郑大伟. 1990. 天文测量数据的处理方法. 南京: 南京大学出版社.

董大南. 2012. 北斗卫星光压模型改进研究. 卫星与网络, 10: 34-35.

葛茂荣. 1995. GPS 卫星精密定轨理论及软件研究. 武汉: 武汉测绘科技大学.

郭靖. 2014. 姿态、光压和函数模型对导航卫星精密定轨影响的研究. 武汉: 武汉大学.

郭睿, 胡小工, 唐波, 等. 2010. 多种测量技术条件下的 GEO 卫星定轨研究. 科学通报, 55(6): 428-434.

郭睿, 刘利, 李晓杰, 等. 2012. 卫星与测站钟差支持条件下的 GEO 卫星精密定轨. 空间科学学报, 32(3): 405-411.

胡小工. 1998. 太阳辐射压摄动计算的新进展. 天文学进展, 16(1): 8-16.

胡志刚. 2013. 北斗卫星导航系统性能评估理论与试验验证. 武汉: 武汉大学.

姜国俊. 1998. GPS 卫星太阳光压模型的比较和 GPS 区域网定轨问题的研究. 上海: 中国科学院上海天文台.

蒋虎. 2013. 太阳光压模型中面质比误差对 IGSO 卫星轨道预报的影响分析. 天文研究与技术, 10(2): 4.

刘基余. 2013. 北斗卫星导航系统的现况与发展. 遥测遥控, 34: 3-10.

邵璠. 2019. 高精度 SLR 天文测地应用研究. 北京: 中国科学院大学.

宋小勇, 毛悦, 贾小林. 2009. BERNESE 光压模型参数的统计分析. 测绘科学, 34: 3.

谭述森. 2008. 北斗卫星导航系统的发展与思考. 宇航学报, 29: 7-12.

王炳忠, 申彦波. 2016. 太阳常数的研究沿革和进展 (下). 太阳能, 4:7-10.

王绍武. 2009. 太阳常数. 气候变化研究进展, 05: 61-62.

王小亚. 2002. GPS 在地球物理方面的应用. 上海: 中国科学院研究生院 (上海天文台).

王小亚, 胡小工, 蒋虎, 等. 2017. 导航卫星精密定轨技术. 北京: 科学出版社.

杨洋, 董绪荣, 柳丽, 等. 2012. 基于光压宏观模型的导航卫星地基定轨研究. 装备学院学报, 23: 5.

杨元喜. 2010. 北斗卫星导航系统的进展、贡献与挑战. 测绘学报, 39: 1-6.

杨元喜, 李金龙, 王爱兵, 等. 2014. 北斗区域卫星导航系统基本导航定位性能初步评估. 中国科学: 地球科学, 1: 72-81.

张卫星, 刘万科, 龚晓颖, 等. 2013. 导航卫星自主定轨中光压模型精化方法及其影响研究. 武汉大学学报 (信息科学版), 38: 700-704.

张言. 2020. 太阳光压模型精化研究. 北京: 中国科学院大学 (上海天文台).

赵群河. 2017. 北斗卫星高精度太阳辐射压模型确定研究. 北京: 中国科学院大学 (上海天文台).

赵群河, 王小亚, 何冰, 等. 2014. 高轨卫星的太阳辐射压模型建立//第五届中国卫星导航学术年会论文集-S3 精密定轨与精密定位.

赵群河, 王小亚, 胡小工, 等. 2018. 北斗卫星地球辐射压摄动建模研究. 天文学进展, 36(1): 1-13.

周建华, 陈刘成, 胡小工, 等. 2010. GEO 导航卫星多种观测资料联合精密定轨. 中国科学: 物理学 力学 天文学, 5: 520-527.

周善石, 胡小工, 吴斌. 2010. 区域监测网精密定轨与轨道预报精度分析. 中国科学: 物理学力学天文学, 6: 800-808.

Abbot C G.1925. Solar variation and the weather. Science, 62(1605)：307,308.

Adhya S. 2005a. Thermal re-radiation modelling for the precise prediction and determination of spacecraft orbits. London: University of London: 1-8.

Adhya S. 2005b. Thermal re-radiation modelling for the precise prediction and determination of spacecraft orbits. Parasites & Vectors. DOI:10.1186/s13071-015-0988-x.

Adhya S, Sibthorpe A, Ziebart M, et al. 2004. Oblate earth eclipse state algorithm for low-earth-orbiting satellites. Journal of Spacecraft & Rockets, 41(1): 157-159. https://doi.org/10.2514/1.1485.

Andrés J I, Noomen R. 2014. Enhanced Modelling of the Non-Gravitational Forces Acting on LAGEOS. New York: John Wiley & Sons, Inc.: 155-165.

Barkstrom B R, Harrison E F, Lee R B, et al. 1990.Earth radiation budget experiment. Eos Trans. AGU, 71(9): 297-304.

Bar-Sever Y, Kuang D. 2005. New empirically derived solar radiation pressure model for global positioning system satellites during eclipse seasons. Interplanetary Network Progress Report, 42-160: 1-4.

Beutler G, Brockmann E, Gurtner W, et al. 1994. Extended orbit modeling techniques at the CODE processing center of the international GPS service for geodynamics (IGS): theory and initial results. European Respiratory Journal. DOI:10.1183/09031936.94.07071350.

Beutler G, Schildknecht T, Hugentobler U, et al. 2003. Orbit determination in satellite geodesy. Integrated Space Geodetic Systems and Satellite Dynamics, 31: 1853-1868.

Böhm J, Niell A, Tregoning P, et al. 2006. Global mapping function (GMF): A new empirical mapping function based on numerical weather model data. Geophysical Research Letters, 33(7). https://doi.org/10.1029/2005GL025546.

Chen J S, Tan W, Li C, et al. 2014. History, present and future of solar radiation pressure theory//第五届中国卫星导航学术年会, 305: 41-53.

Crommelynck D, Domingo V, Fichot A, et al. 1994. Total solar irradiance observations from the EURECA and ATLAS experiments//Invited Papers from IAU Colloquium 143: The Sun as a Variable Star: Solar and Stellar Irradiance Variations: 63.

Cunninghan D E. 1966. The NASA Western University Conference Summary Report (No. NASA-SP-122).

Dach R, Brockmann E, Schaer S, et al. 2009. GNSS processing at CODE: status report. Journal of Geodesy, 83: 353-365.

Dach R, Lutz S, Meindl M, et al. 2010. Combining the observations from different GNSS//EGU General Assembly.

Dai X L, Ge M R, Lou Y D, et al. 2015. Estimating the yaw-attitude of BDS IGSO and MEO satellites. Journal of Geodesy, 89: 1005-1018.

Dewitte S, Crommelynck D, Joukoff A. 2004. Total solar irradiance observations from DIARAD/VIRGO. J. Geophys. Res., 109: A02102. doi: 10.1029/2002JA009694.

Dow J M, Neilan R E, Weber R, et al. 2007. Galileo and the IGS: Taking advantage of multiple GNSS constellations. Advances in Space Research, 39: 1545-1551.

Duha J, Afonso G B, Ferreira L D D. 2006. Thermal re-emission effects on GPS satellites. Journal of Geodesy, 80: 665-674.

Feng W D, Guo X Y, Qiu H X, et al. 2014. A study of analytical solar radiation pressure modeling for BeiDou navigation satellites based on raytracing method. China Satellite Navigation Conference (CSNC) 2014 Proceedings, 304: 425-435.

Ferraz-Mello S. 1964. Sur le problme de la pression de radiation dans la théorie des satellites artificiels. Comptes Rendus Hebdomadaires des Séances de l'Académie des Sciences, Paris: 258.

Ferraz-Mello S. 1972. Analytical study of the Earth's shadowing effects on satellite orbits. Celestial Mechanics, 5: 80-101.

Fitzpatrick R. 2018. An Introduction to Celestial Mechanics. Cambridge: Cambridge University Press.

Fliegel H F, Gallini T E. 1996. Solar force modeling of block IIR global positioning system satellites. Journal of Spacecraft and Rockets, 33: 863-866.

Fliegel H F, Gallini T E, Swift E R. 1992. Global positioning system radiation force model for geodetic applications. Journal of Geophysical Research-Solid Earth, 97: 559-568.

Fröhlich C. 2010. Possible influence of aperture heating on VIRGO radiometry on SOHO //AGU Fall Meeting Abstracts, GC21B-0874.

Froehlich H A, Miles D W R. 1986. A freezing technique for sampling skeletal, structureless forest soils. Soil Science Society of America Journal, 50(6)：1640-1642. doi: 10.2136/sssaj1986.03615995005000060050x.

Froideval L O. 2009. A study of solar radiation pressure acting on GPS satellites. Austin: University of Texas at Austin.

Gilmore D. 1994. Satellite Thermal Control Handbook. ISBN 1-884989-00-4. In particular, Chapter 4, Section 3, Multilayer Insulation and Barriers. California: The Aerospace Corporation Press.

Gurtner W, Noomen R, Pearlman M R. 2005. The international laser ranging service: Current status and future developments. Advances in Space Research, 36: 327-332.

Herring T A, King R W, Floyd M A, et al. 2018. GAMIT Reference Manual Release 10.7. Department of Earth, Atmospheric and Planetary Sciences, Massachusetts Institute of Technology.

Hickey J, Alton B, Leekyle H , et al.1988. Total solar irradiance measurements by ERB/Nimbus-7. A review of nine years. Space Science Reviews, 48(3-4): 321-334.

Hubaux C, Lemaitre A, Delsate N, et al. 2012. Symplectic integration of space debris motion considering several Earth's shadowing models. Advances in Space Research, 49: 1472-1486.

Hugentobler U, Ineichen D, Beutler G. 2003. GPS satellites: Radiation pressure, attitude and resonance. Integrated Space Geodetic Systems and Satellite Dynamics, 31: 1917-1926.

Hugentobler U, Rodriguez-Solano C, Steigenberger P, et al. 2009. Impact of albedo modeling on GNSS satellite orbits and geodetic time series// AGU Fall Meeting Abstracts, 2009: GIIC-0654.

Kopp G. 2013. PICARD contributions to the 35-year total solar irradiance record// 3rd PICARO workshop CNFS.

Kopp G, Lawrence G, Rottman G. 2005. The total irradiance monitor (TIM): Science results. Solar Physics, 230(1) : 129-140.

Kozai Y. 1963. Effects of solar radiation pressure on the motion of an artificial satellite. Smithsonian Contributions to Astrophysics, 6: 109.

Lee R B, Barkstrom B R, Cess R D. 1987. Characteristics of the earth radiation budget experiment solar monitors. Applied Optics, 26: 3090-3096.

Li M H, Yang H, Yuan L F, et al. 2014. Analysis of effect about solar radiation pressure for satellite yaw attitude//China Satellite Navigation Conference (CSNC) 2014 Proceedings: 77-87.

Li Z, Ziebart M, Bhattarai S, et al. 2018. A shadow function model based on perspective projection and atmospheric effect for satellites in eclipse. Advances in Space Research, 63(3): 1347-1359.

Li Z, Ziebart M, Bhattarai S, et al. 2019. Ashadow function model based on perspective projection and atmospheric effect for satellites in eclipse. Advances in Space Research, 63(3):1347-1359.

Liu J, Chen X, Sun J, et al. 2017. An analysis of GPT2/GPT2w+ Saastamoinen models for estimating zenith tropospheric delay over Asian area. Advances in Space Research, 59(3): 824-832. https://doi.org/10.1016/j.asr.2016.09.019.

Lou Y, Liu Y, Shi C, et al. 2015. Precise orbit determination of BeiDou constellation: Method comparison. GPS Solutions , 20: 259-268.

McCarthy D W, Low F J, Howell R. 1977. Design and operation of an infrared spatial interferometer. Optical Engineering, 16(6): 569-574.

Montenbruck O, Gill E. 2000. Satellite Orbits - Models, Methods and Applications. Berlin, Heidelberg, New York:Springer-Verlag.

Montenbruck O, Schmid R, Mercier F, et al. 2015. GNSS satellite geometry and attitude models. Advances in Space Research, 56: 1015-1029.

Montenbruck O, Steigenberger P. 2013. The BeiDou Navigation Message//IGNSS Symposium. Qld, Australia, 1-12. 10.5081/jgps.12.1.1.

Otsubo T, Appleby G M, Gibbs P. 2001. GLONASS laser ranging accuracy with satellite signature effect. Surveys in Geophysics, 22: 509-516.

Petit G, Luzum B. 2010. IERS conventions (2010). Bureau International des Poids et mesures sevres (France). https://www.iers.org/IERS/EN/Publications/Technical Notes/tn36.html-1.htm?nn=94912.

Prange L, Orliac E, Dach R, et al. 2016. CODE's five-system orbit and clock solution—the challenges of multi-GNSS data analysis. Journal of Geodesy, 91(4): 1-16.

Robertson R. 2015. Highly physical solar radiation pressure modeling during penumbra transitions. Blacksburg: Virginia Polytechnic Institute and State University.

Rodriguez-Solano C. 2009. Impact of albedo modelling on GPS orbits. Munich: Technische Universität München.

Rodriguez-Solano C. 2014. Impact of non-conservative force modeling on GNSS satellite orbits and global solutions. Munich: Technische Universität München.

Rodriguez-Solano C, Hugentobler U, Steigenberger P. 2010. Estimating on-orbit optical properties for GNSS satellites//Cospar Scientific Assembly:4.

Rodriguez-Solano C, Hugentobler U, Steigenberger P. 2011a. Earth radiation pressure model for GNSS satellites//EGU.

Rodriguez-Solano C, Hugentobler U, Steigenberger P. 2011b. Precise GNSS orbit determination using an adjustable box-wing model for solar radiation pressure//Iugg.

Rodriguez-Solano C, Hugentobler U, Steigenberger P, et al. 2012a. Non-conservative GNSS satellite modeling: long-term orbit behavior//EGU General Assembly:5017.

Rodriguez-Solano C, Hugentobler U, Steigenberger P. 2012b. Adjustable box-wing model for solar radiation pressure impacting GPS satellites. Advances in Space Research, 49: 1113-1128.

Rodriguez-Solano C, Hugentobler U, Steigenberger P. 2012c. Impact of Albedo Radiation on GPS Satellites//Geodesy for Planet Earth: Proceedings of the 2009 IAG Symposium:113-119. 10.1007/978-3-642-20338-1_14.

Rodriguez-Solano C, Hugentobler U, Steigenberger P, et al. 2012d. Impact of earth radiation pressure on GPS position estimates. Journal of Geodesy, 86: 309-317.

Rodriguez-Solano C, Hugentobler U, Steigenberger P, et al. 2013a. Improving the orbits of GPS block IIA satellites during eclipse seasons. Advances in Space Research, 52: 1511-1529.

Rodriguez-Solano C, Hugentobler U, Steigenberger P, et al. 2013b. Improving the orbits of eclipsing GPS satellites//EGU General Assembly.

Rodriguez-Solano C, Hugentobler U, Steigenberger P, et al. 2014. Reducing the draconitic errors in GNSS geodetic products. Journal of Geodesy, 88: 559-574.

Rottman G. 2005. The SORCE mission. Solar Physics, 230: 7-25.

Schmutz W, Fehlmann A, Finsterle W, et al. 2013. Total solar irradiance measurements with PREMOS/PICARD//Radiation Processes in the Atmosphere and Ocean (IRS 2012):624-627. 10.1063/1.4804847.

Seeber G. 2003. Setallite geodesy: Foundations,Methods and Applications. Berlin: Walter de Gruyter.

Sehnal L.1979.The earth albedo model in spherical harmonics.Bulletin of the Astronomical Institutes of Czechoslovakia, 30(4): 199-204.

Smith E A, Vonder Haar T H, Hickey J R, et al. 1983. The nature of the short period fluctuations in solar irradiance received by the earth. Climatic Change, 5: 211-235.

Springer T A, Beutler G, Rothacher M. 1999a. Improving the orbit estimates of GPS satellites. Journal of Geodesy, 73: 147-157.

Springer T A, Beutler G, Rothacher M. 1999b. A new solar radiation pressure model for GPS. Satellite Dynamics, Orbit Analysis and Combination of Space Techniques, 23: 673-676.

Steigenberger P, Dach R, Prange L, et al. 2015a. Galileo satellite antenna modeling. Human Molecular Genetics, 20: 3386-3400.

Steigenberger P, Hugentobler U, Loyer S, et al. 2015b. Galileo orbit and clock quality of the IGS multi-GNSS experiment. Advances in Space Research, 55: 269-281.

Steigenberger P, Hugentobler U, Prange L, et al. 2013a. Quality assessment of Galileo orbit and clock products of the IGS multi-GNSS experiment (MGEX)//AGU Fall Meeting.

Steigenberger P, Montenbruck O, Weber R, et al. 2013b. Status and perspective of the IGS multi-GNSS experiment (MGEX)//European Geosciences Union General Assembly, 2013: 2558.

Steigenberger P, Montenbruck O. 2016. Galileo status: orbits, clocks, and positioning. GPS Solutions, 21:319-331.

Steigenberger P, Rothacher M, Fritsche M, et al. 2009. Quality of reprocessed GPS satellite orbits. Journal of Geodesy, 83: 241-248.

Tang C P, Hu X G, Zhou S S, et al. 2016. Improvement of orbit determination accuracy for BeiDou Navigation Satellite System with two-way satellite time frequency transfer. Advances in Space Research, 58: 1390-1400.

Urschl C, Gurtner W, Hugentobler U, et al. 2005. Validation of GNSS orbits using SLR observations. Advances in Space Research, 36: 412-417.

Vigue Y, Abusali P, Schutz B E.1994. Thermal force modeling for global positioning system using the finite element method. Journal of Spacecraft & Rockets, 31(5): 855-859.

Vokrouhlicky D. 2006. Yarkovsky effect on a body with variable albedo. Astronomy & Astrophysics, 459: 275-282.

Vokrouhlicky D, Farinella P, Mignard F. 1996. Solar radiation pressure perturbations for Earth satellites: IV. effects of the Earth's polar flattening on the shadow structure and the penumbra transitions. Astronomy and Astrophysics, 307: 635-644.

Wang X Y, Zhao Q H, Hu X G, et al. 2016. The validation and accuracy analysis of BDS solar radiation pressure models// Proceedings of the 29th International Technical Meeting of the Satellite Division of the Institute of Navigation (ION GNSS+ 2016): 2045-2057.

Wang X Y, Zhao Q H, Xi K W, et al. 2018. The earth radiation pressure modelling for beidou satellites. Proceedings of the 31st International Technical Meeting of The Satellite Division of the Institute of Navigation (ION GNSS+ 2018), Miami, Florida, September: 1703-1709.

Willson R C. 1981. Solar total irradiance observations by active cavity radiometers. Solar Physics, 74: 217-229.

Willson R C. 2003. ACRIM3 observations and variations of total solar irradiance during solar cycles 21-23// SORCE Science Team Mtg 04/28/03.

Willson R C, Helizon R S. 1999. EOS/ACRIM Ⅲ instrumentation. Proceedings of SPIE, 3750: 233-242.

Willson R C, Mordvinov A V, Pap J. 2004.The 25 year composite record of total solar irradiance observations resolves a secular + 0.04 percent/decade trend// Cospar.

Xi K W, Wang X Y. 2021. Higher order ionospheric error correction in BDS precise orbit determination. Advances in Space Research, 67(12): 4054-4065. https://doi.org/10.1016/j.asr.2021.02.002.

Xi K W, Wang X Y, Zhao Q H. 2018. Study on solar radiation pressure model considering the yaw attitude of the BDS// China Satellite Navigation Conference (csnc) 2018 Proceedings. Singapore: Springer Singapore: 265-274. https://doi.org/10.1007/978-981-13-0014-1_23.

Xu G. 2004. GPS: Theory, Algorithms and Applications// New York: Springer Publishing Company.

Zhang Y, Wang X Y, Xi K W, et al. 2019. Impact analysis of solar irradiance change on pre-cision orbit determination of navigation satellites. 南京航空航天大学学报（英文版), 36(6)：889-901.

Zhang Y, Wang X Y, Xi K W, et al. 2022. Comparison of shadow models and their impact on precise orbit determination of BeiDou satellites during eclipsing phases. Earth, Planets and Space, 74:126. https://doi.org/10.1186/s40623-022-01684-5.

Zhao Q L, Guo J, Li M, et al. 2013. Initial results of precise orbit and clock determination for COMPASS navigation satellite system. Journal of Geodesy, 87: 475-486.

Ziebart M. 2001. High precision analytical solar radiation pressure modelling for GNSS spacecraft. London: University of East London.

Ziebart M, Adhya S, Cross P. 2003. High precision analytical modelling of the solar non-conservative force field//EGS - AGU - EUG Joint Assembly.

Ziebart M, Adhya S, Sibthorpe A, et al. 2005. Combined radiation pressure and thermal modelling of complex satellites: Algorithms and on-orbit tests. Satellite Dynamics in the Era of Interdisciplinary Space Geodesy, 36: 424-430.

Ziebart M, Edwards S, Adhya S, et al. 2004. High precision GPS IIR orbit prediction using analytical non-conservative force models//Proceedings of the 17th International Technical Meeting of the Satellite Division of The Institute of Navigation (ION GNSS 2004):1764-1770.

缩略语

BIH	Bureau International de l'Heure	国际时间局
CGCS2000	China Geodetic Coordinate System 2000	2000 国家大地坐标系
CIO	Conventional International Origin	国际协议原点
ECEF	Earth-Centered Earth-Fixed	地心地固坐标系
EOP	Earth Orientation Parameter	地球定向参数
GEO	Geostationary Earth Orbit	地球静止轨道
GLONASS	Global Navigation Satellite System	格洛纳斯导航卫星系统
GNSS	Global Navigation Satellite System	全球导航卫星系统
GPS	Global Positioning System	全球定位系统
GPST	GPS Time	GPS 时
IAU	International Astronomical Union	国际天文学联合会
IERS	International Earth Rotation and Reference System Service	国际地球自转和参考系服务
IGS	International GNSS Service	国际导航卫星系统服务
IGSO	Inclined Geostationary Orbit	倾斜地球同步轨道
ITRF	International Terrestrial Reference Frame	国际地球参考架
MDS	Mean of Date Equatorial System	瞬时平赤道坐标系
MEO	Medium Earth Orbit	地球中高轨道
PNT	Positioning Navigation Timing	定位导航授时
RMS	Root Mean Square	均方根
SLR	Satellite Laser Ranging	卫星激光测距
ST	Sidereal Time	恒星时
TAI	International Atomic Time	国际原子时
TDB	Barycentric Dynamic Time	质心力学时
TDS	True of Date Equatorial System	瞬时真赤道坐标系
TDT	Terrestrial Dynamic Time	地球动力学时
UHF	Ultra-High Frequency	特高频
UT	Universal Time	世界时
UTC	Universal Time Coordinated	协调世界时
URE	User Range Error	用户距离误差

附　　录*

太阳光压模型估计参数随卫星轨道太阳高度角变化情况 1

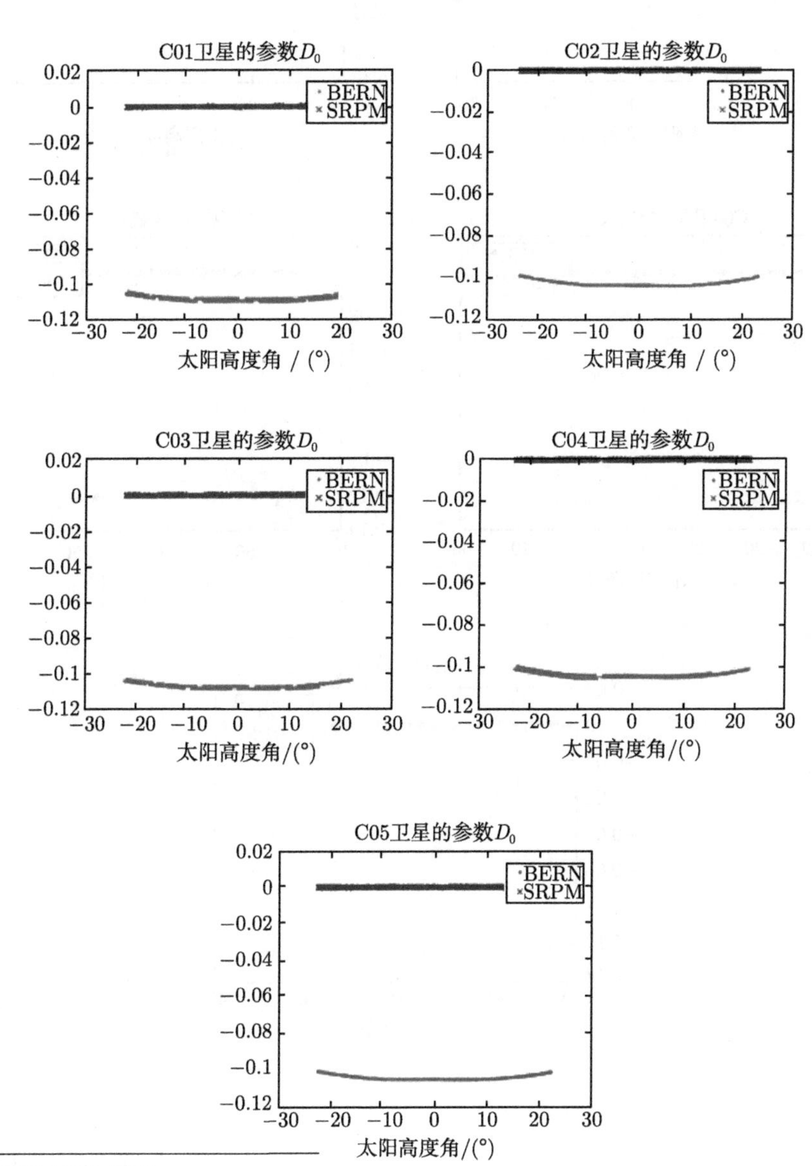

* 彩图见封底二维码。

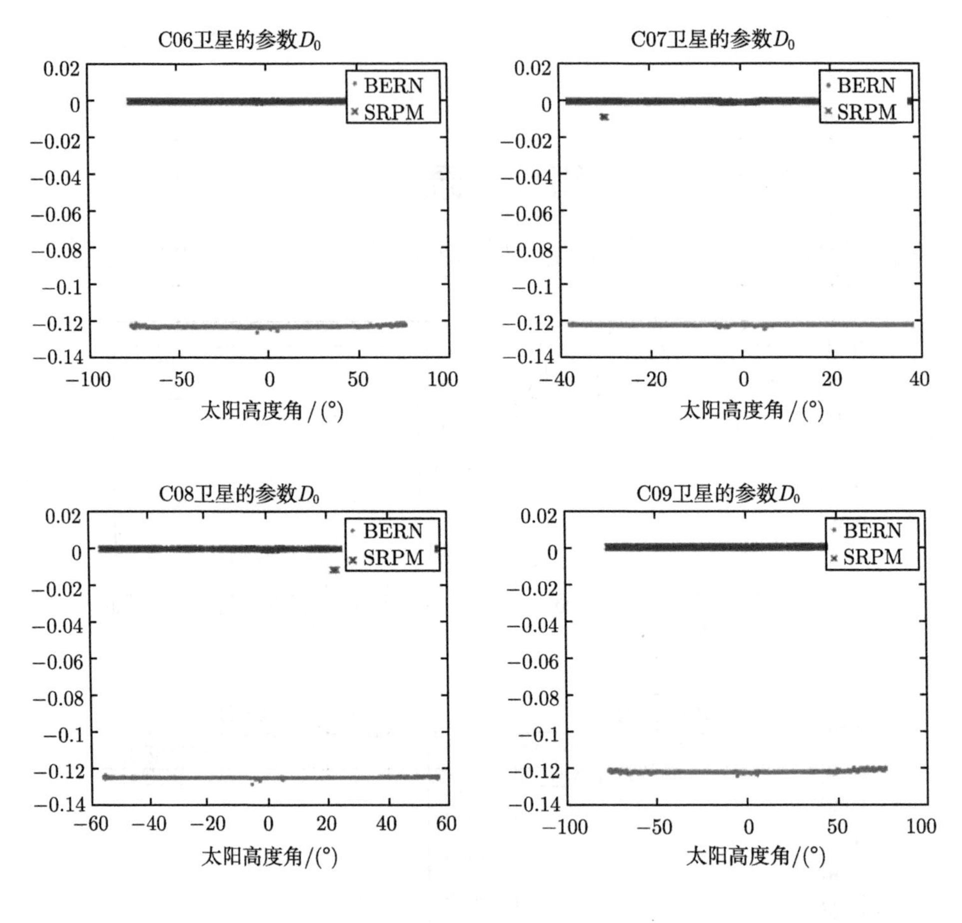
C06卫星的参数D_0
0.02
0
−0.02
−0.04
−0.06
−0.08
−0.1
−0.12
−0.14
−100
−50
0
50
100
BERN
SRPM
太阳高度角/(°)
C07卫星的参数D_0
−40
−20
20
40
C08卫星的参数D_0
−60
60
C09卫星的参数D_0

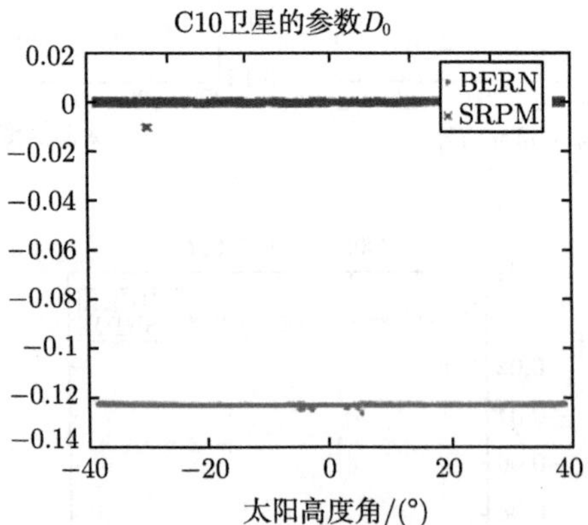
C10卫星的参数D_0
0.02
0
−0.02
−0.04
−0.06
−0.08
−0.1
−0.12
−0.14
−40
−20
0
20
40
BERN
SRPM
太阳高度角/(°)

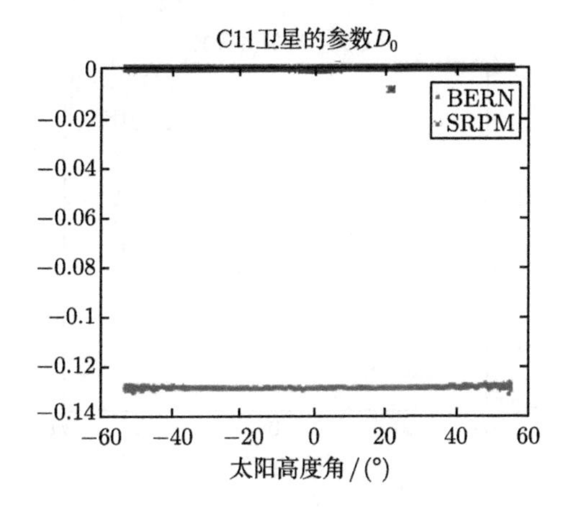
C11卫星的参数D_0
BERN
SRPM
0
−0.02
−0.04
−0.06
−0.08
−0.1
−0.12
−0.14
−60
−40
−20
0
20
40
60
太阳高度角/(°)

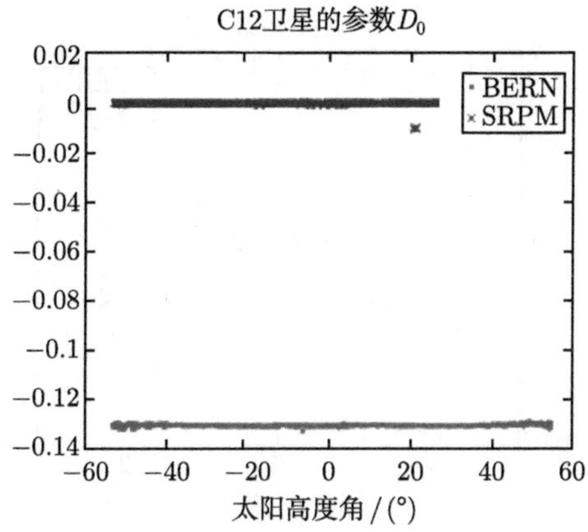
C12卫星的参数D_0
BERN
SRPM
0.02
0
−0.02
−0.04
−0.06
−0.08
−0.1
−0.12
−0.14
−60
−40
−20
0
20
40
60
太阳高度角/(°)

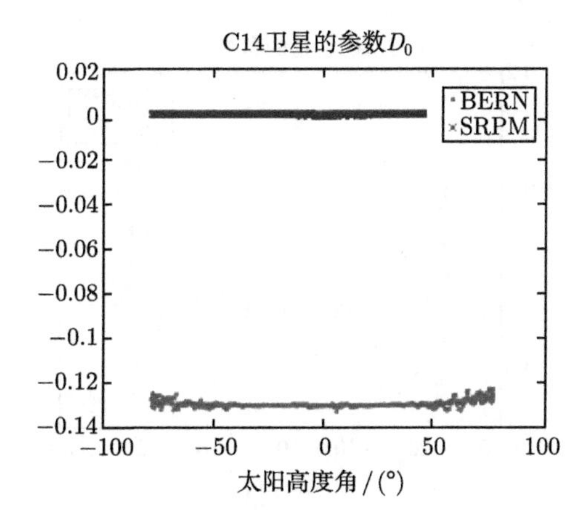
C14卫星的参数D_0
BERN
SRPM
0.02
0
−0.02
−0.04
−0.06
−0.08
−0.1
−0.12
−0.14
−100
−50
0
50
100
太阳高度角/(°)

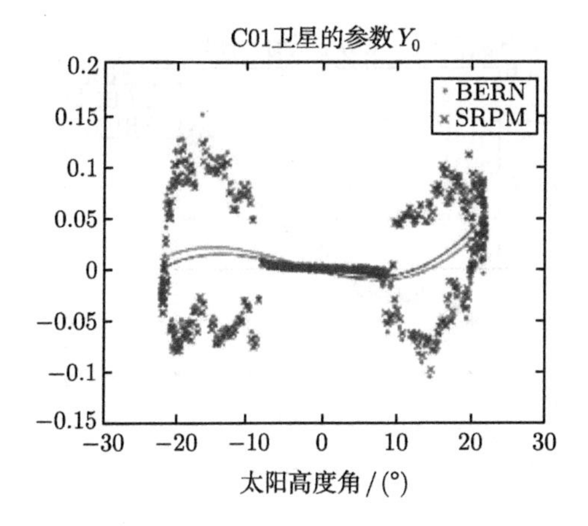
C01卫星的参数Y_0
BERN
SRPM
0.2
0.15
0.1
0.05
0
−0.05
−0.1
−0.15
−30
−20
−10
0
10
20
30
太阳高度角/(°)

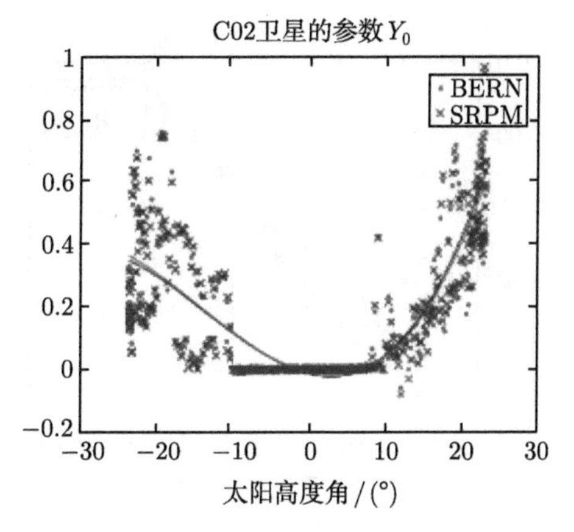
C02卫星的参数Y_0
BERN
SRPM
1
0.8
0.6
0.4
0.2
0
−0.2
−30
−20
−10
0
10
20
30
太阳高度角/(°)

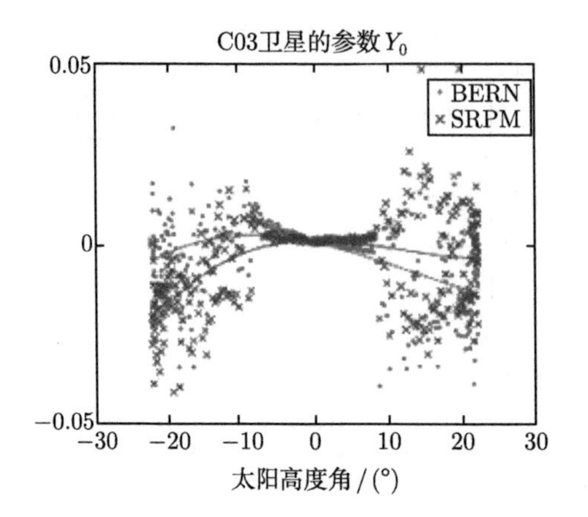
C03卫星的参数Y_0
BERN
SRPM
0.05
0
−0.05
−30 −20 −10 0 10 20 30
太阳高度角 / (°)

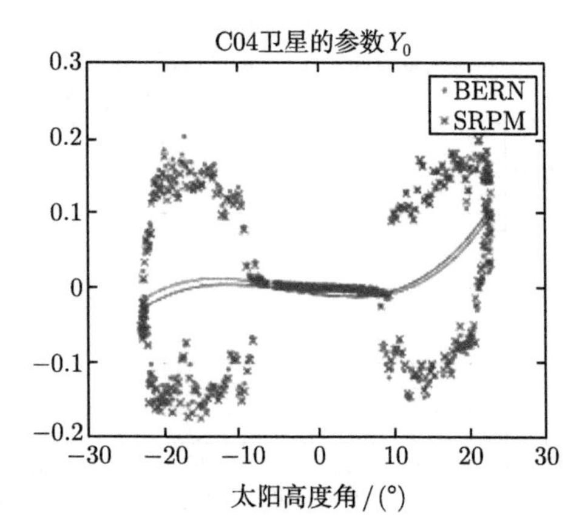
C04卫星的参数Y_0
BERN
SRPM
0.3
0.2
0.1
0
−0.1
−0.2
−30 −20 −10 0 10 20 30
太阳高度角 / (°)

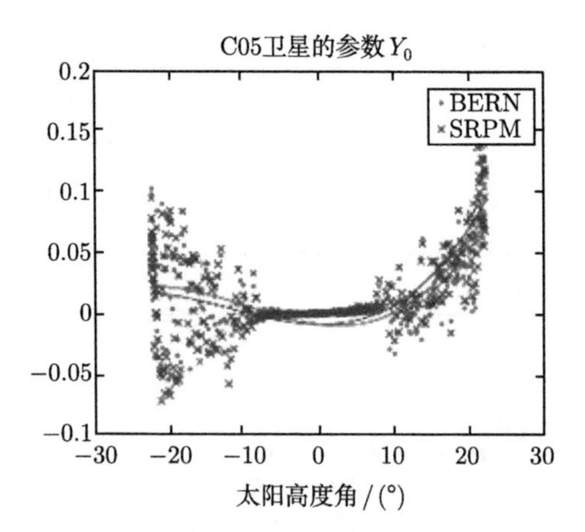
C05卫星的参数Y_0
BERN
SRPM
0.2
0.15
0.1
0.05
0
−0.05
−0.1
−30 −20 −10 0 10 20 30
太阳高度角 / (°)

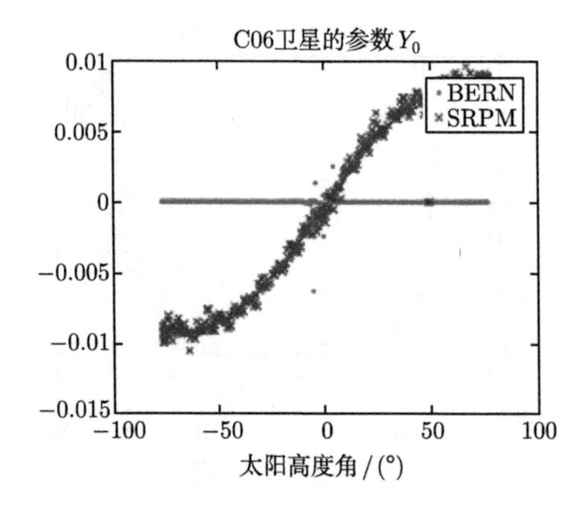
C06卫星的参数Y_0
BERN
SRPM
0.01
0.005
0
−0.005
−0.01
−0.015
−100 −50 0 50 100
太阳高度角 / (°)

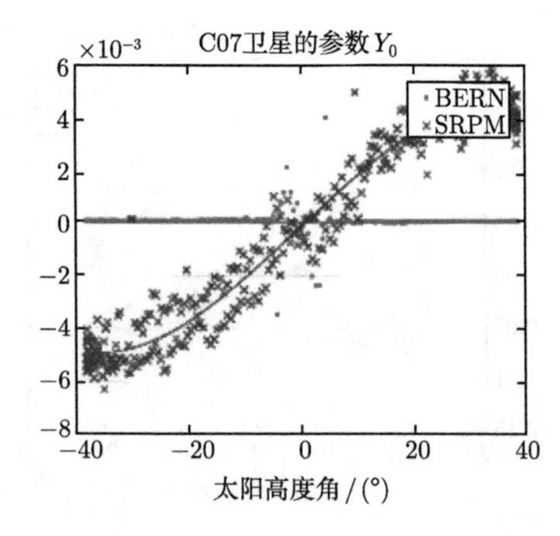
C07卫星的参数Y_0
$\times 10^{-3}$
BERN
SRPM
6
4
2
0
−2
−4
−6
−8
−40 −20 0 20 40
太阳高度角 / (°)

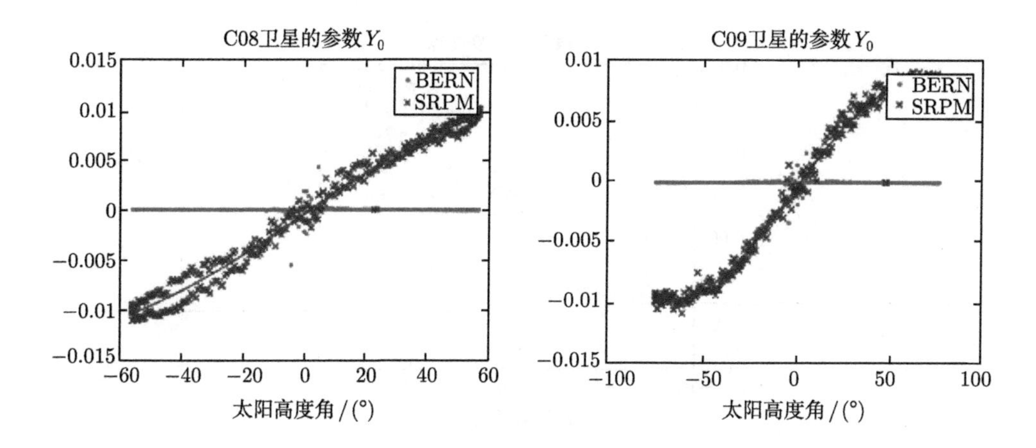
C08卫星的参数Y_0
BERN
SRPM
太阳高度角 / (°)
C09卫星的参数Y_0
BERN
SRPM
太阳高度角 / (°)

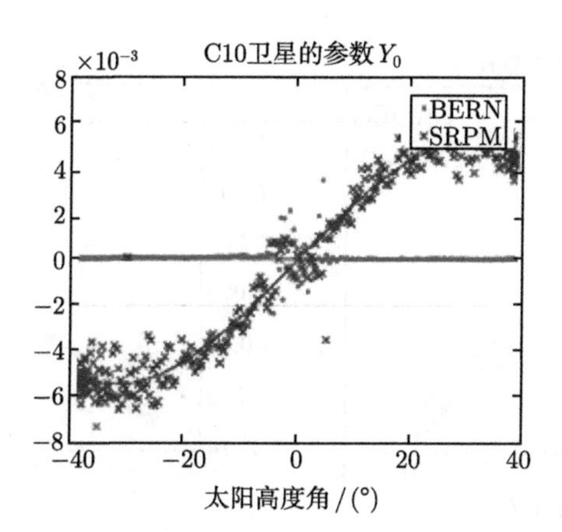
C10卫星的参数Y_0
$\times 10^{-3}$
BERN
SRPM
太阳高度角 / (°)

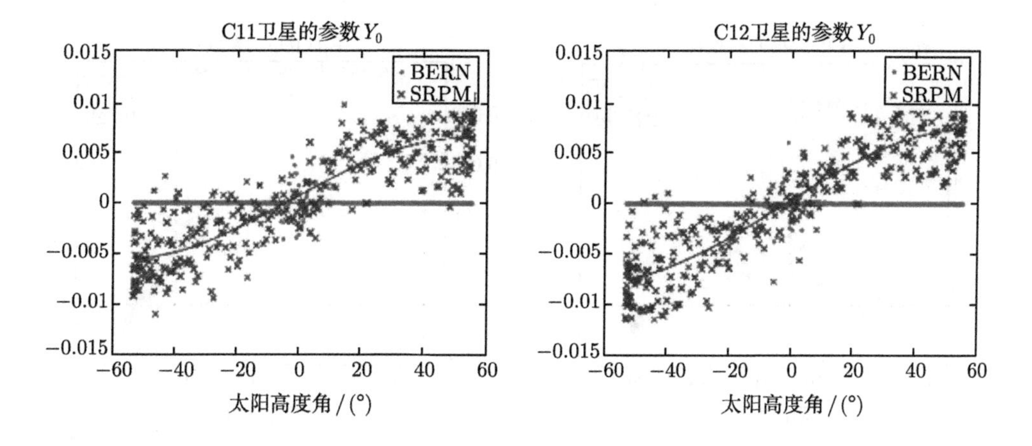
C11卫星的参数Y_0
BERN
SRPM
太阳高度角 / (°)
C12卫星的参数Y_0
BERN
SRPM
太阳高度角 / (°)

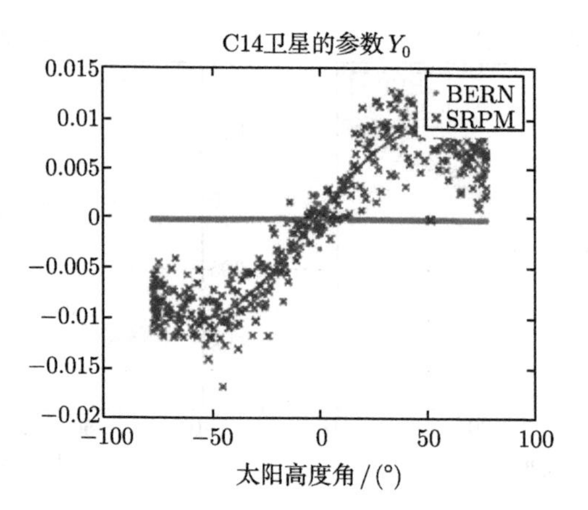
C14卫星的参数Y_0
BERN
SRPM
0.015
0.01
0.005
0
−0.005
−0.01
−0.015
−0.02
−100
−50
0
50
100
太阳高度角 / (°)

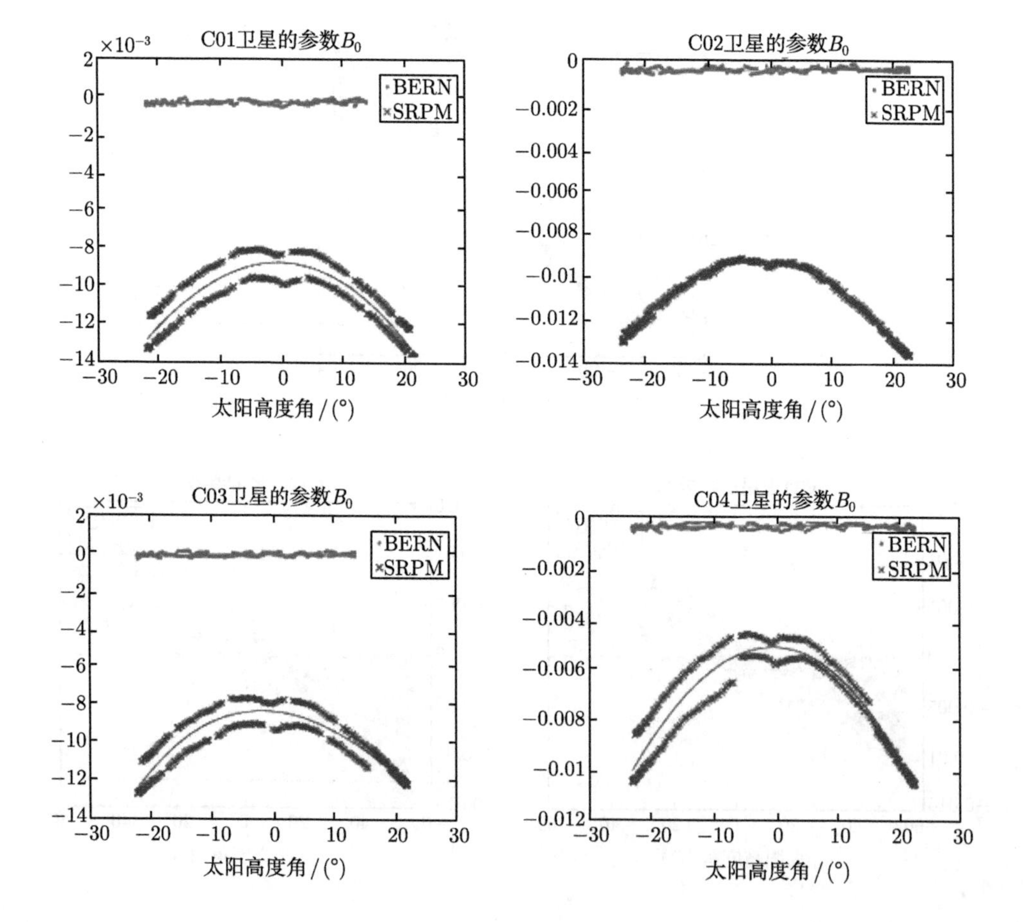
C01卫星的参数B_0
×10⁻³
BERN
SRPM
2
0
−2
−4
−6
−8
−10
−12
−14
−30
−20
−10
0
10
20
30
太阳高度角 / (°)
C02卫星的参数B_0
BERN
SRPM
0
−0.002
−0.004
−0.006
−0.008
−0.01
−0.012
−0.014
太阳高度角 / (°)
C03卫星的参数B_0
×10⁻³
BERN
SRPM
太阳高度角 / (°)
C04卫星的参数B_0
BERN
SRPM
0
−0.002
−0.004
−0.006
−0.008
−0.01
−0.012
太阳高度角 / (°)

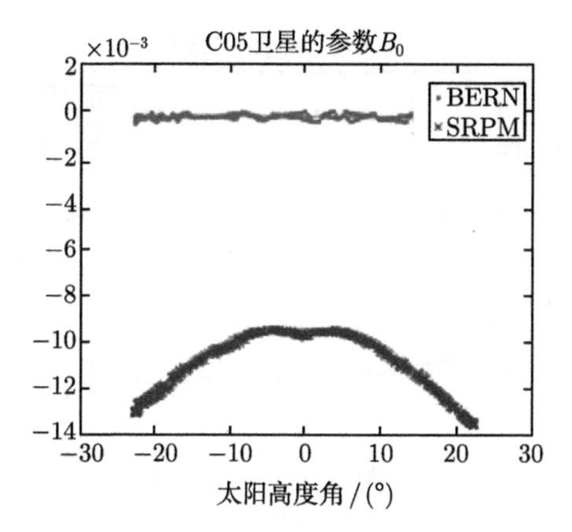
C05卫星的参数B_0
$\times10^{-3}$
BERN
SRPM
太阳高度角 / (°)

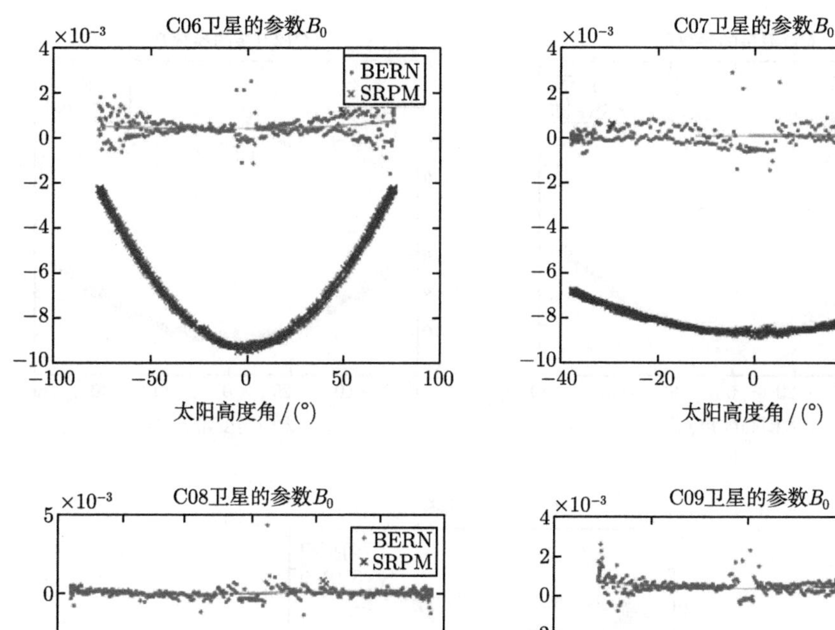
C06卫星的参数B_0
$\times10^{-3}$
BERN
SRPM
太阳高度角 / (°)
C07卫星的参数B_0
$\times10^{-3}$
BERN
SRPM
太阳高度角 / (°)

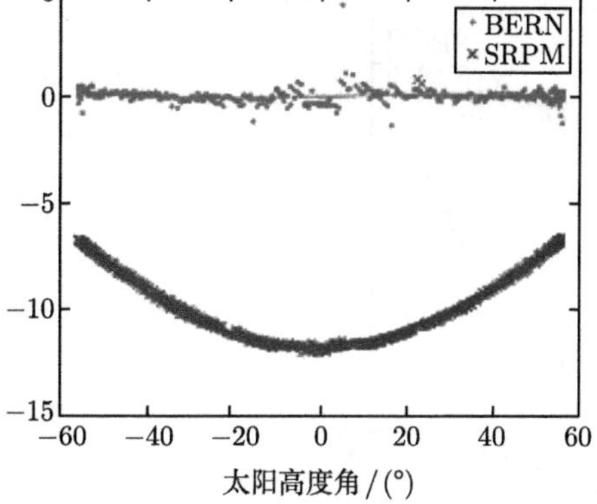
C08卫星的参数B_0
$\times10^{-3}$
BERN
SRPM
太阳高度角 / (°)

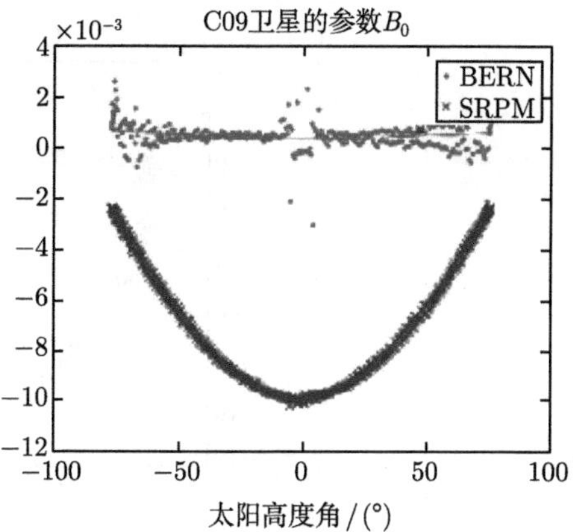
C09卫星的参数B_0
$\times10^{-3}$
BERN
SRPM
太阳高度角 / (°)

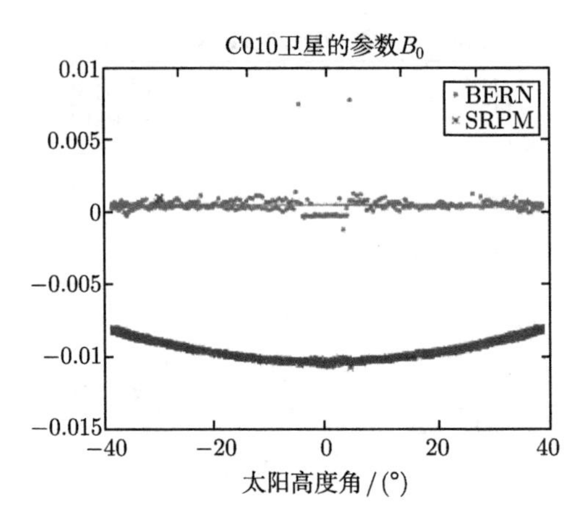
C010卫星的参数B_0
BERN
SRPM
0.01
0.005
0
−0.005
−0.01
−0.015
−40
−20
0
20
40
太阳高度角 / (°)

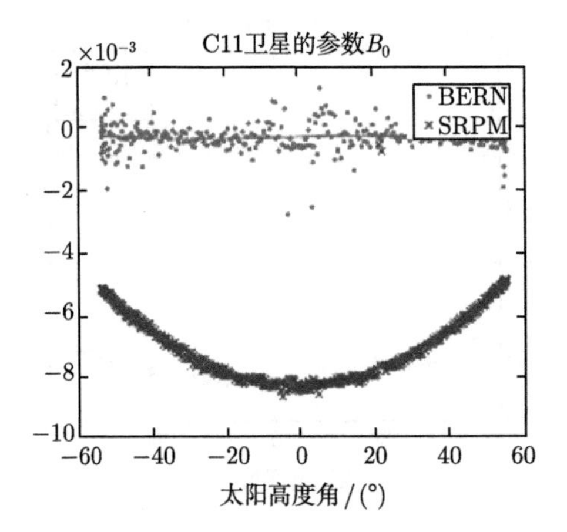
C11卫星的参数B_0
×10⁻³
BERN
SRPM
2
0
−2
−4
−6
−8
−10
−60
−40
−20
0
20
40
60
太阳高度角 / (°)

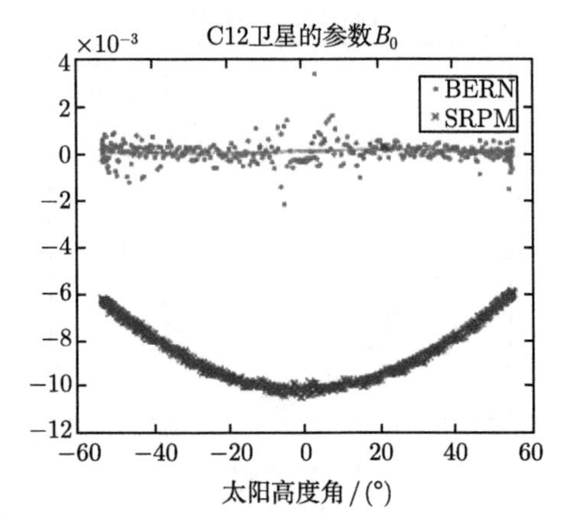
C12卫星的参数B_0
×10⁻³
BERN
SRPM
4
2
0
−2
−4
−6
−8
−10
−12
−60
−40
−20
0
20
40
60
太阳高度角 / (°)

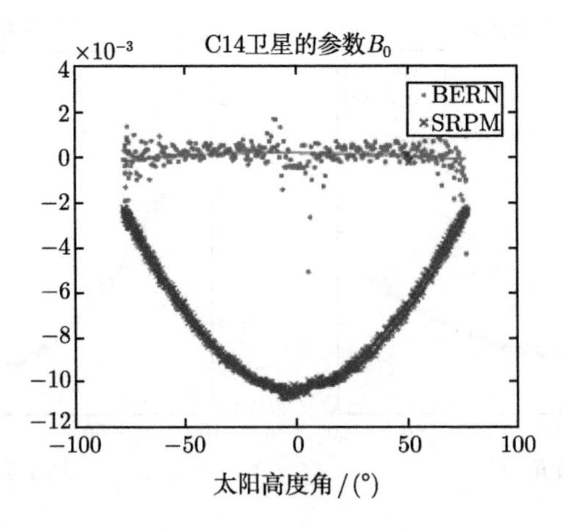
C14卫星的参数B_0
×10⁻³
BERN
SRPM
4
2
0
−2
−4
−6
−8
−10
−12
−100
−50
0
50
100
太阳高度角 / (°)

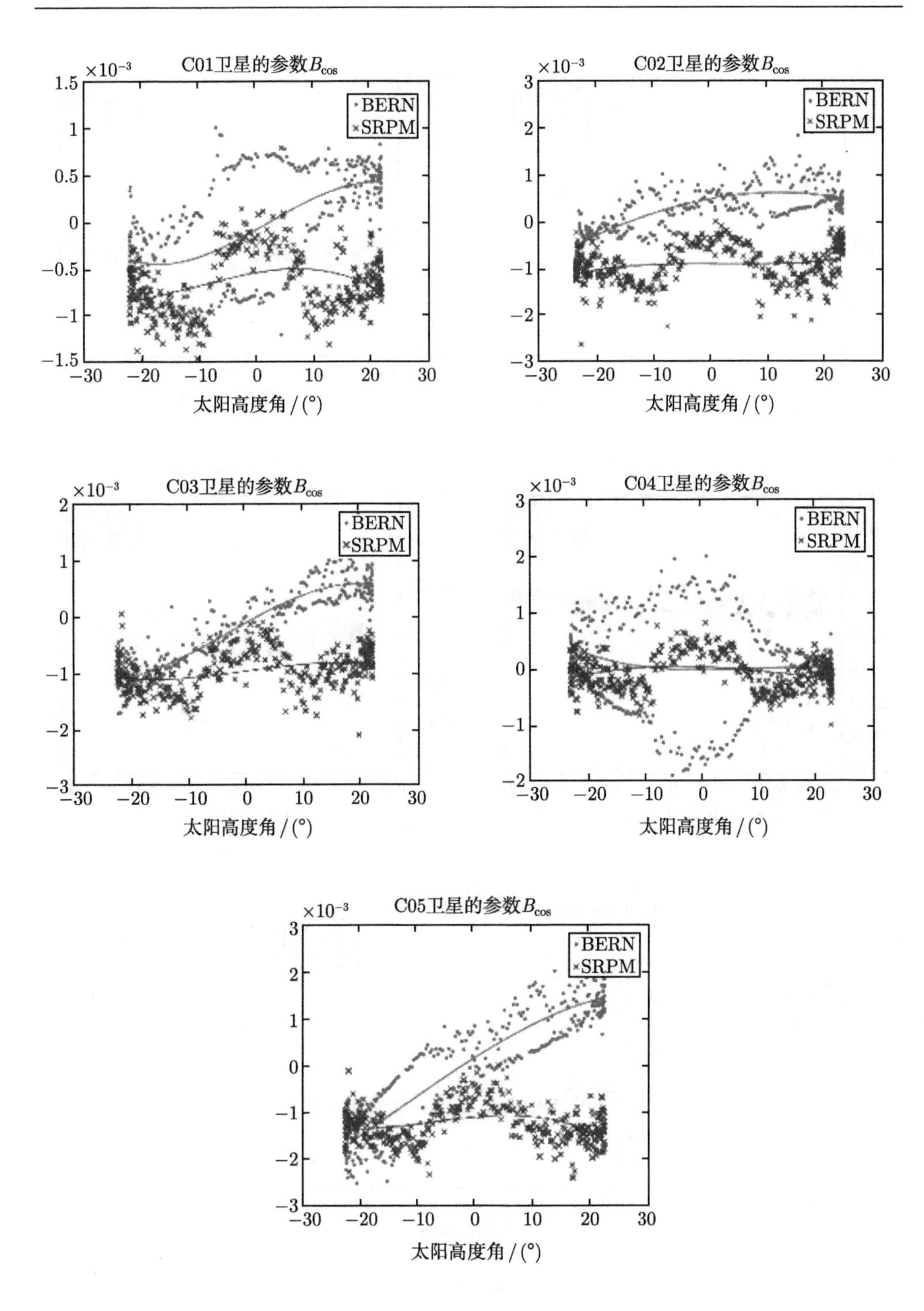
C01卫星的参数B_{cos}
×10⁻³
BERN
SRPM
太阳高度角 / (°)
C02卫星的参数B_{cos}
×10⁻³
BERN
SRPM
太阳高度角 / (°)
C03卫星的参数B_{cos}
×10⁻³
BERN
SRPM
太阳高度角 / (°)
C04卫星的参数B_{cos}
×10⁻³
BERN
SRPM
太阳高度角 / (°)
C05卫星的参数B_{cos}
×10⁻³
BERN
SRPM
太阳高度角 / (°)

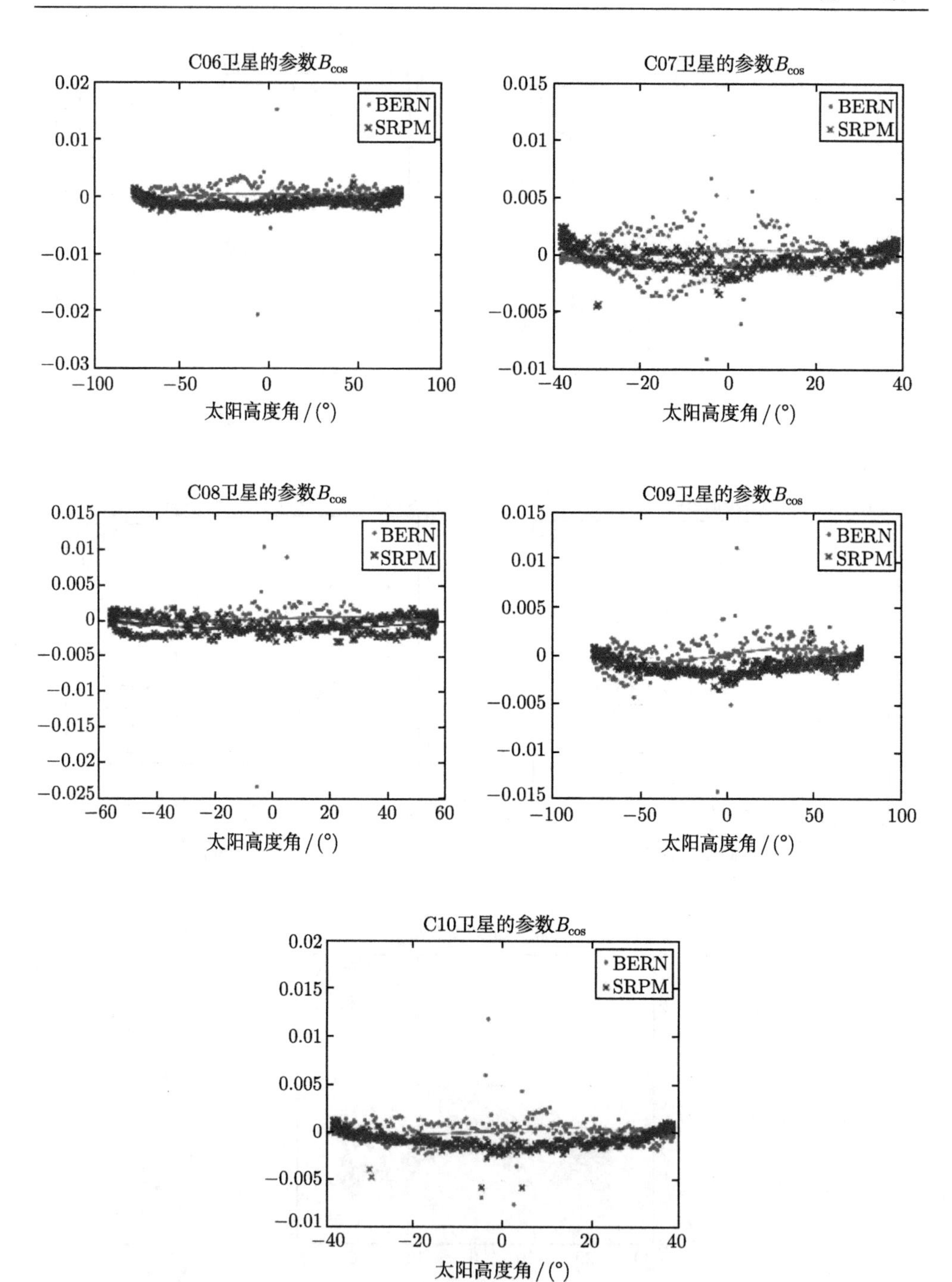

C06卫星的参数B_{cos}
BERN
SRPM
太阳高度角 / (°)
C07卫星的参数B_{cos}
BERN
SRPM
太阳高度角 / (°)
C08卫星的参数B_{cos}
BERN
SRPM
太阳高度角 / (°)
C09卫星的参数B_{cos}
BERN
SRPM
太阳高度角 / (°)
C10卫星的参数B_{cos}
BERN
SRPM
太阳高度角 / (°)

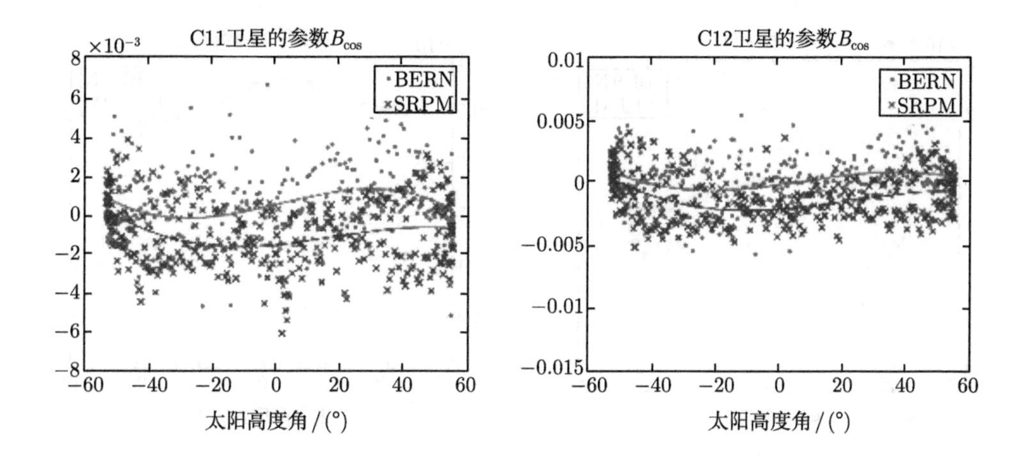
C11卫星的参数$B_{\cos}$
×10⁻³
BERN
SRPM
太阳高度角 / (°)
C12卫星的参数$B_{\cos}$
BERN
SRPM
太阳高度角 / (°)

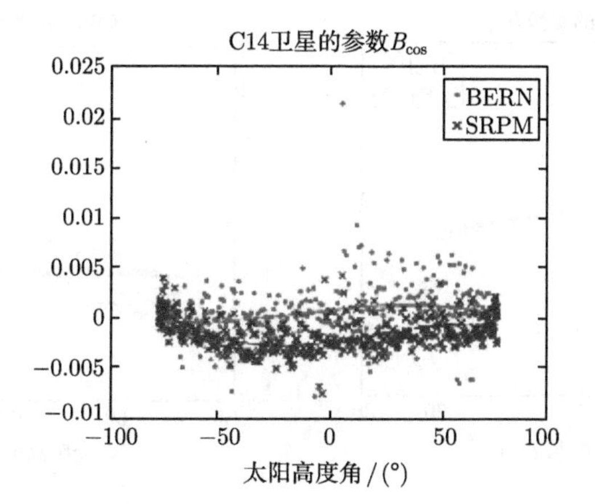
C14卫星的参数$B_{\cos}$
BERN
SRPM
太阳高度角 / (°)

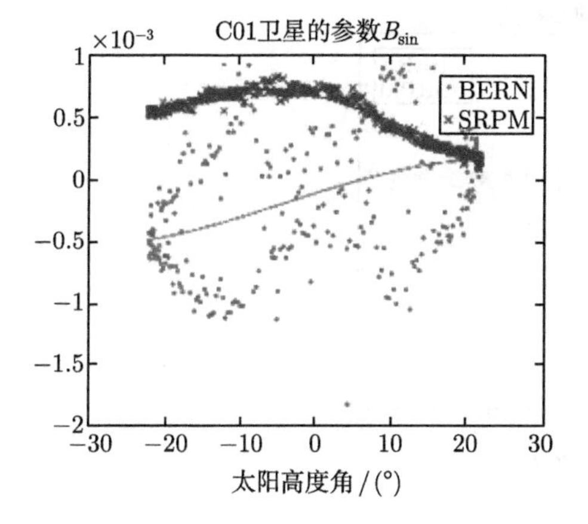
C01卫星的参数$B_{\sin}$
×10⁻³
BERN
SRPM
太阳高度角 / (°)

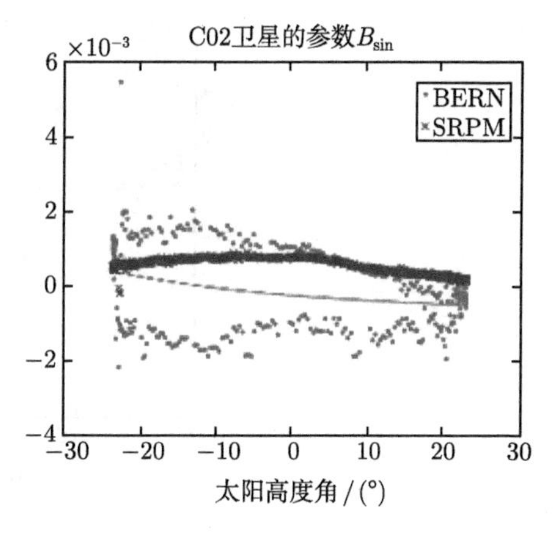
C02卫星的参数$B_{\sin}$
×10⁻³
BERN
SRPM
太阳高度角 / (°)

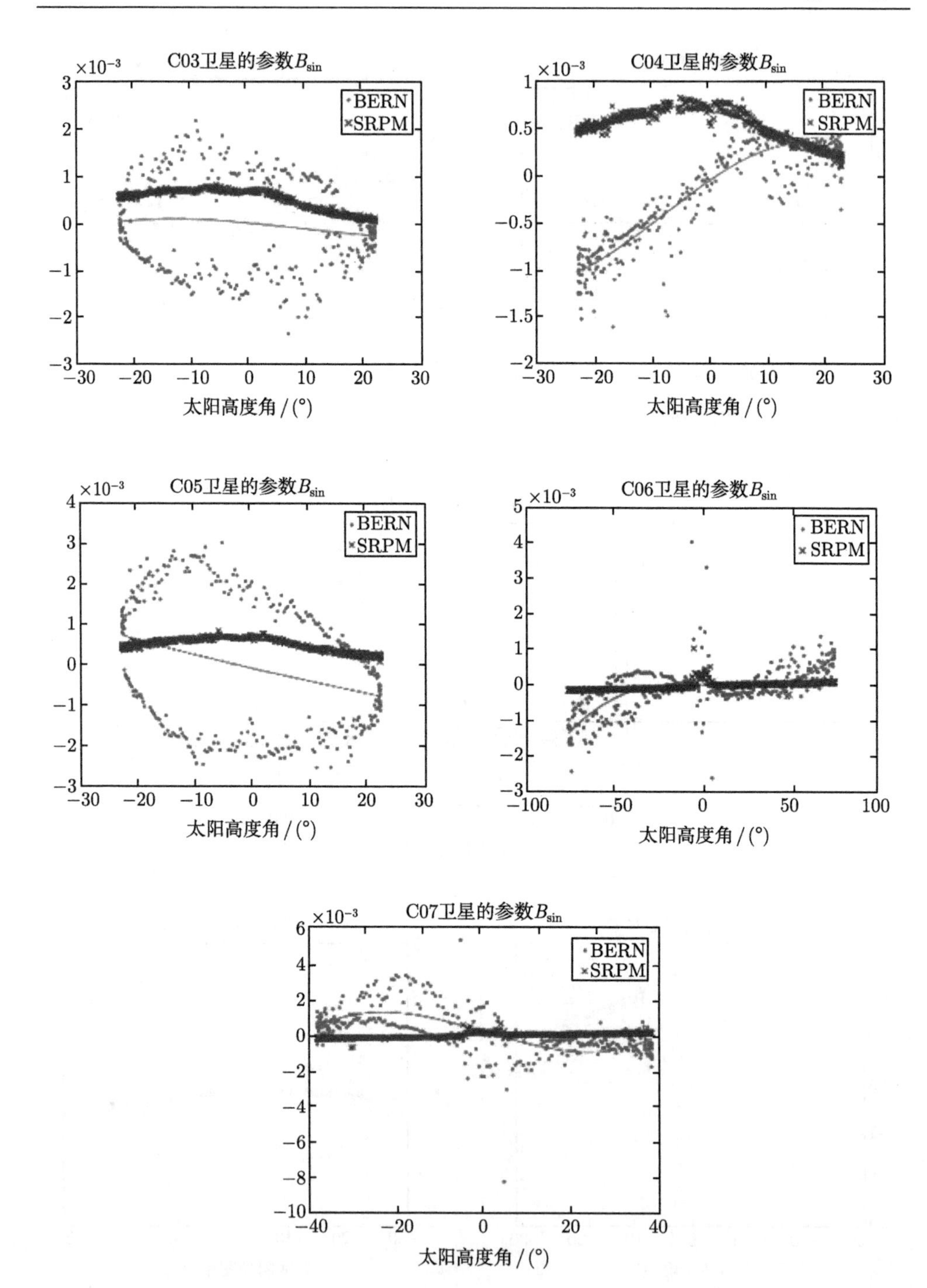
C03卫星的参数$B_{\sin}$
×10⁻³
BERN
SRPM
太阳高度角 / (°)
C04卫星的参数$B_{\sin}$
×10⁻³
BERN
SRPM
太阳高度角 / (°)
C05卫星的参数$B_{\sin}$
×10⁻³
BERN
SRPM
太阳高度角 / (°)
C06卫星的参数$B_{\sin}$
×10⁻³
BERN
SRPM
太阳高度角 / (°)
C07卫星的参数$B_{\sin}$
×10⁻³
BERN
SRPM
太阳高度角 / (°)

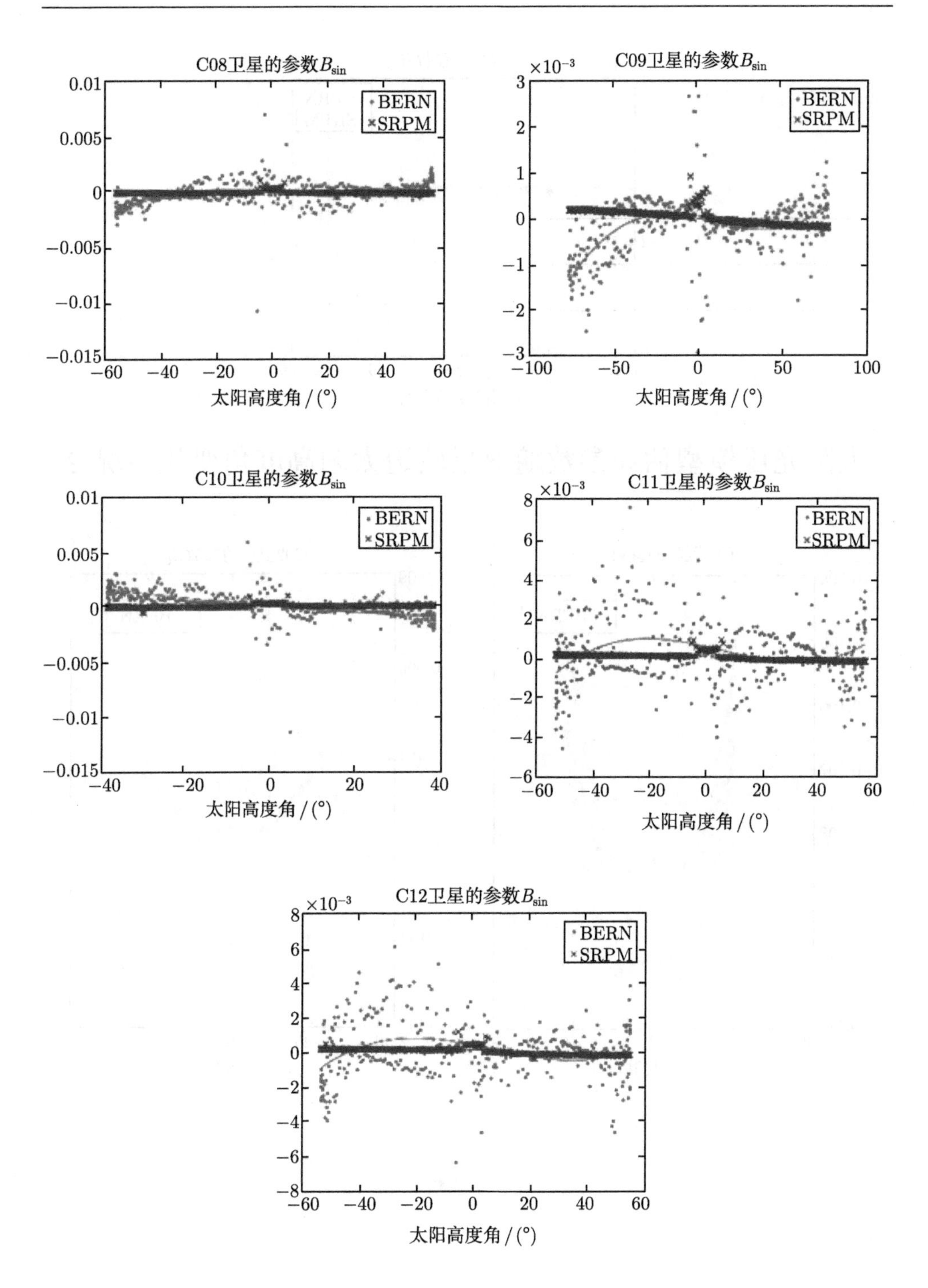

C08卫星的参数$B_{\sin}$
BERN
SRPM
0.01
0.005
0
−0.005
−0.01
−0.015
−60
−40
−20
0
20
40
60
太阳高度角 / (°)
C09卫星的参数$B_{\sin}$
$\times10^{-3}$
BERN
SRPM
3
2
1
0
−1
−2
−3
−100
−50
0
50
100
太阳高度角 / (°)
C10卫星的参数$B_{\sin}$
BERN
SRPM
0.01
0.005
0
−0.005
−0.01
−0.015
−40
−20
0
20
40
太阳高度角 / (°)
C11卫星的参数$B_{\sin}$
$\times10^{-3}$
BERN
SRPM
8
6
4
2
0
−2
−4
−6
−60
−40
−20
0
20
40
60
太阳高度角 / (°)
C12卫星的参数$B_{\sin}$
$\times10^{-3}$
BERN
SRPM
8
6
4
2
0
−2
−4
−6
−8
−60
−40
−20
0
20
40
60
太阳高度角 / (°)

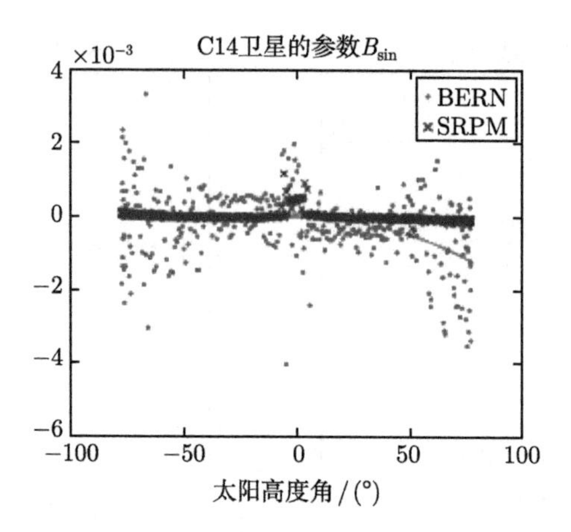

太阳光压模型估计参数随卫星轨道太阳高度角变化情况 2

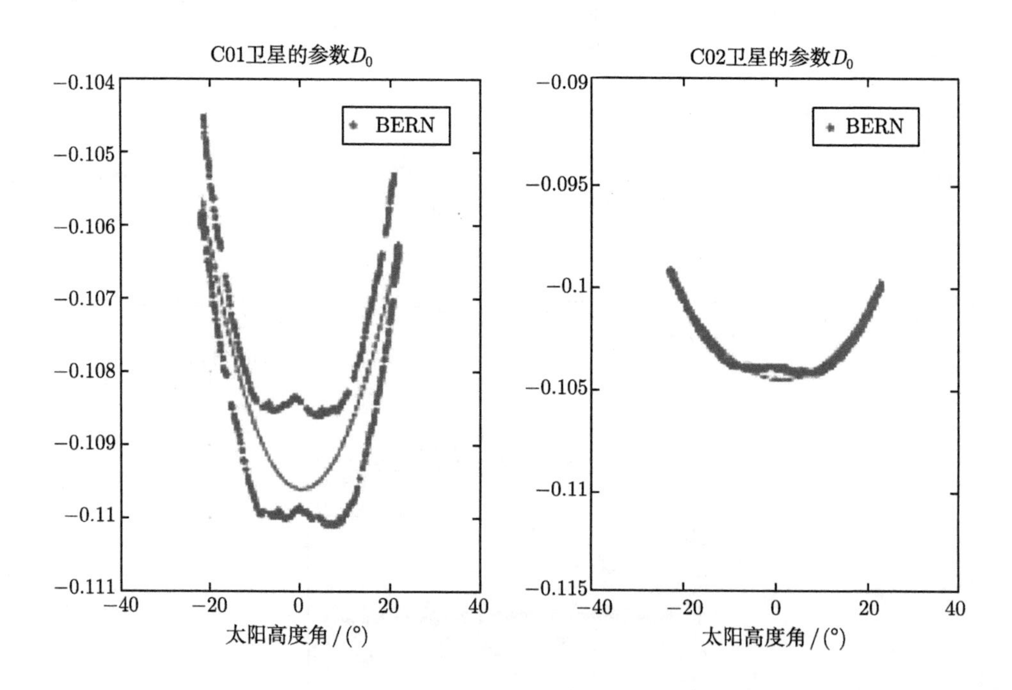

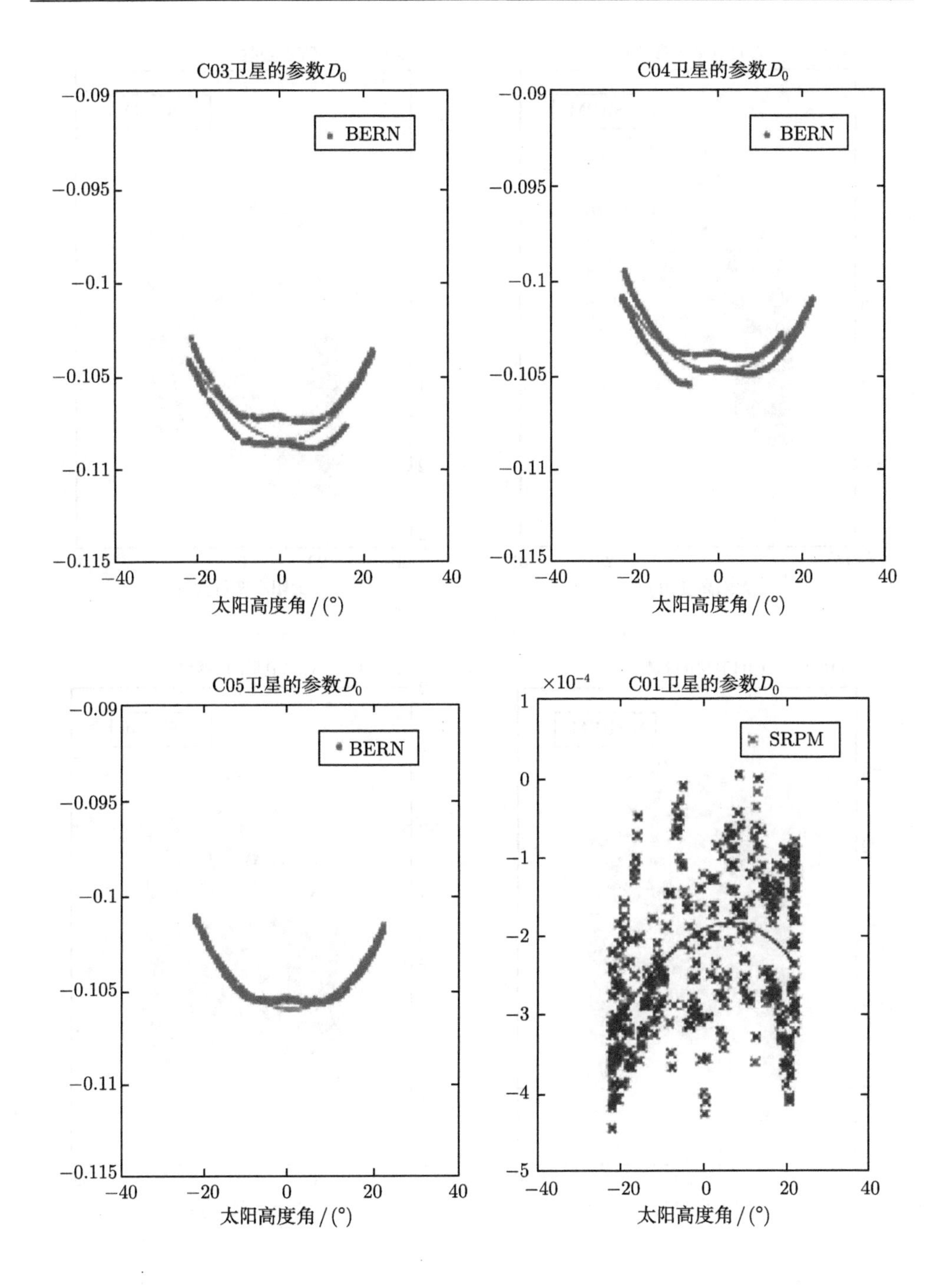
C03卫星的参数D_0
BERN
−0.09
−0.095
−0.1
−0.105
−0.11
−0.115
−40
−20
0
20
40
太阳高度角 / (°)
C04卫星的参数D_0
BERN
太阳高度角 / (°)
C05卫星的参数D_0
BERN
太阳高度角 / (°)
$\times 10^{-4}$
C01卫星的参数D_0
SRPM
1
0
−1
−2
−3
−4
−5
太阳高度角 / (°)

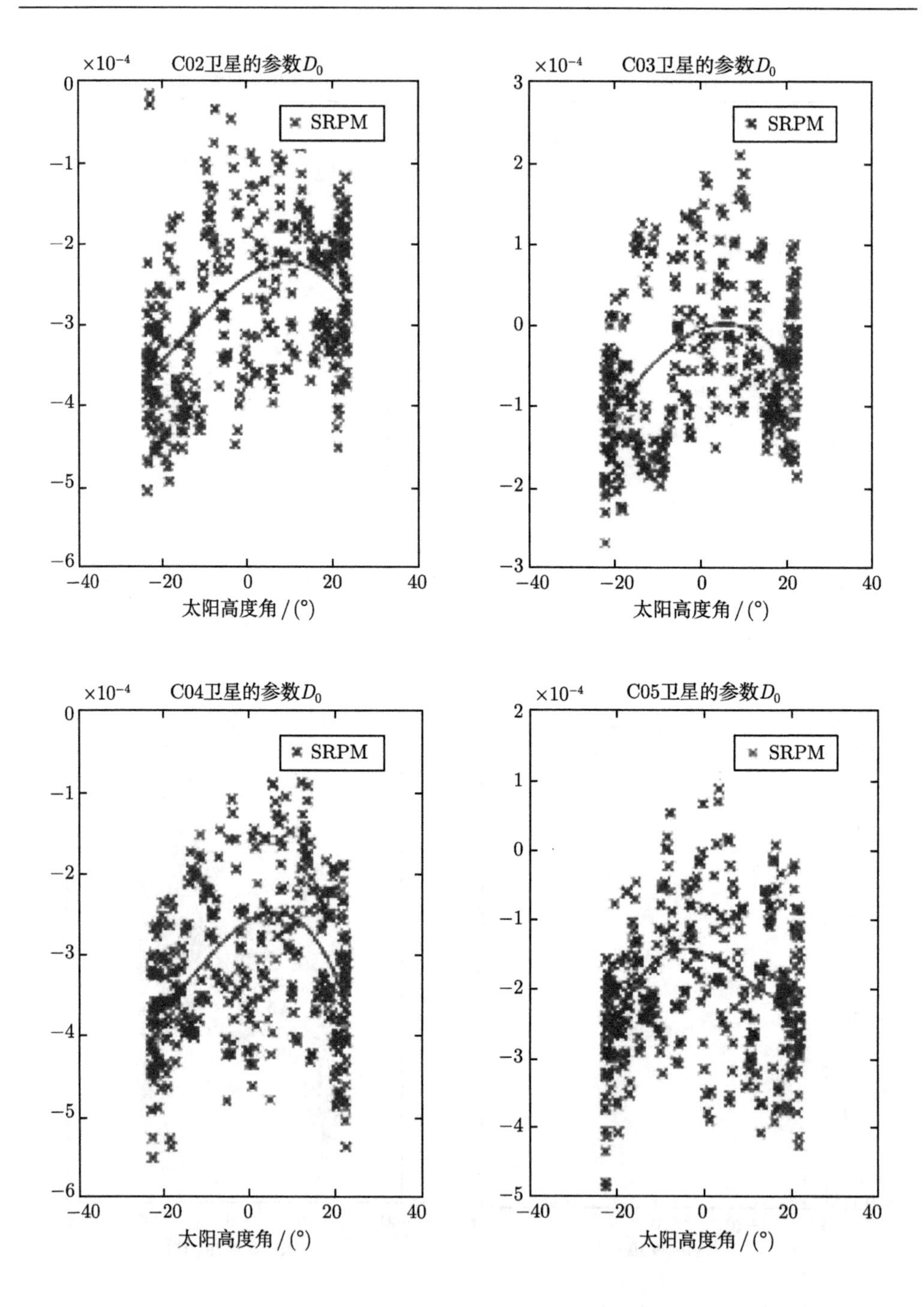

×10⁻⁴
C02卫星的参数D_0
SRPM
太阳高度角 / (°)
×10⁻⁴
C03卫星的参数D_0
SRPM
太阳高度角 / (°)
×10⁻⁴
C04卫星的参数D_0
SRPM
太阳高度角 / (°)
×10⁻⁴
C05卫星的参数D_0
SRPM
太阳高度角 / (°)

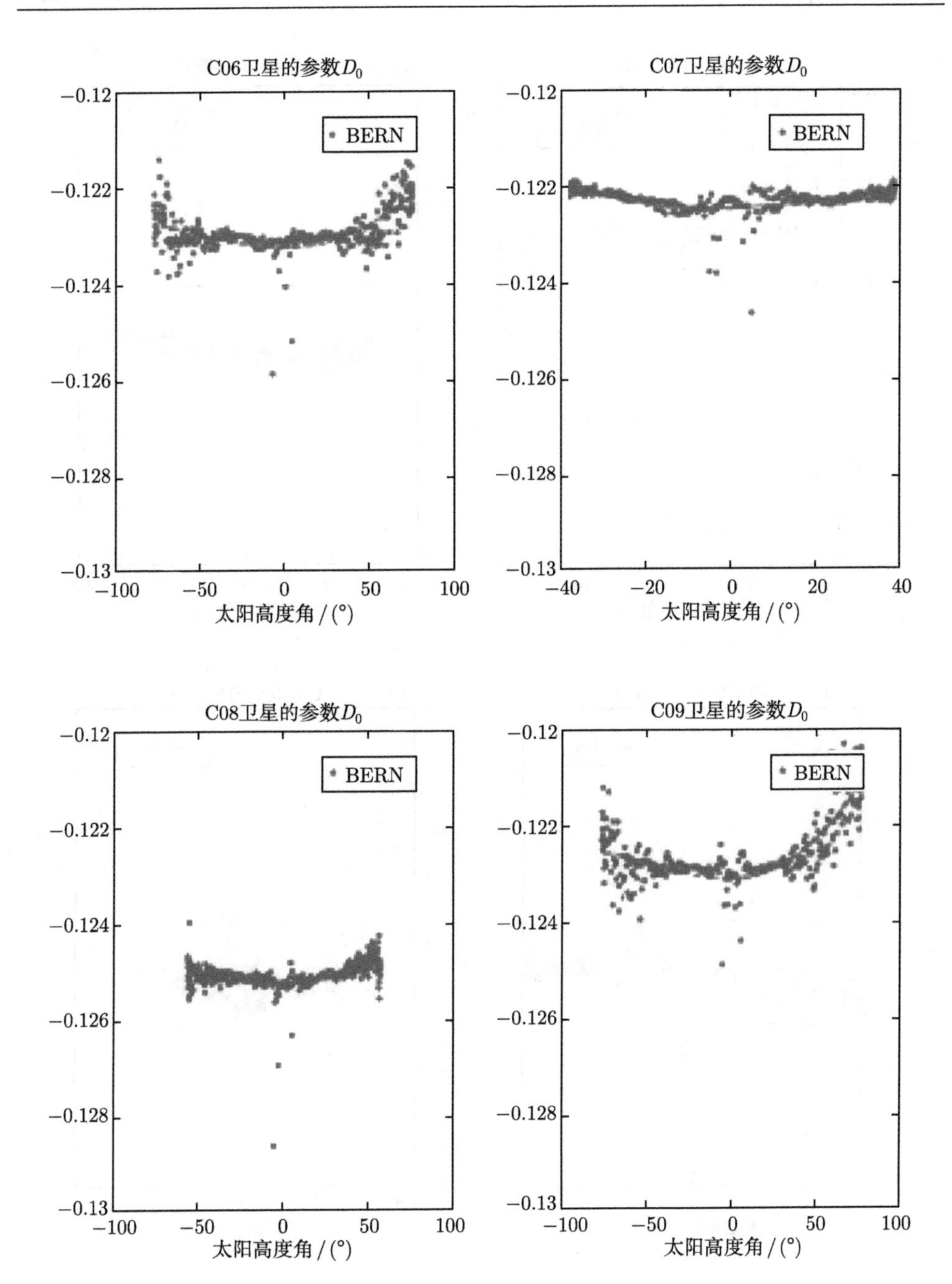
C06卫星的参数D_0
BERN
−0.12
−0.122
−0.124
−0.126
−0.128
−0.13
−100
−50
0
50
100
太阳高度角 / (°)
C07卫星的参数D_0
BERN
−40
−20
0
20
40
太阳高度角 / (°)
C08卫星的参数D_0
BERN
太阳高度角 / (°)
C09卫星的参数D_0
BERN
太阳高度角 / (°)

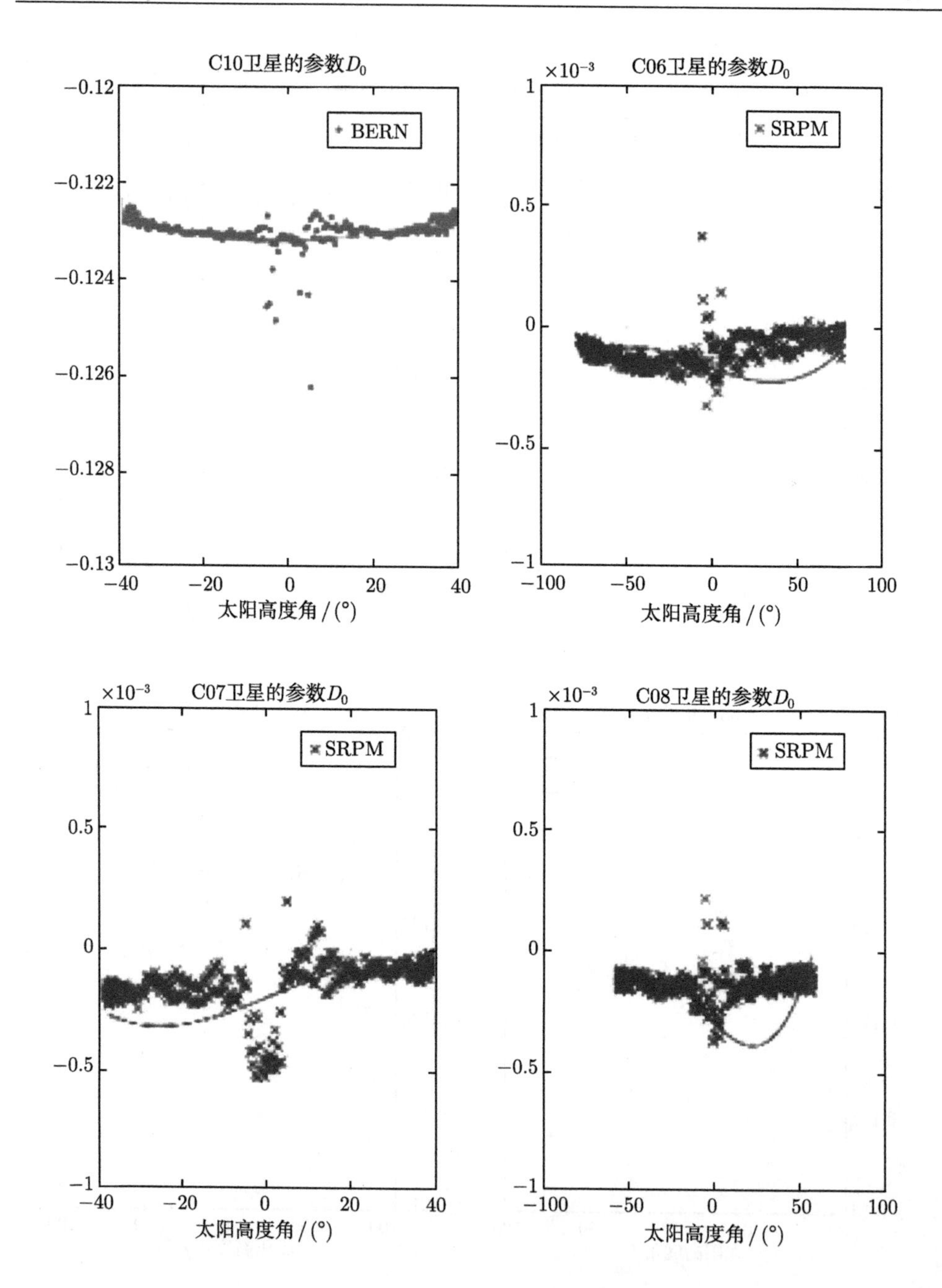
C10卫星的参数D_0
BERN
太阳高度角 / (°)
$\times 10^{-3}$ C06卫星的参数D_0
SRPM
太阳高度角 / (°)
$\times 10^{-3}$ C07卫星的参数D_0
SRPM
太阳高度角 / (°)
$\times 10^{-3}$ C08卫星的参数D_0
SRPM
太阳高度角 / (°)

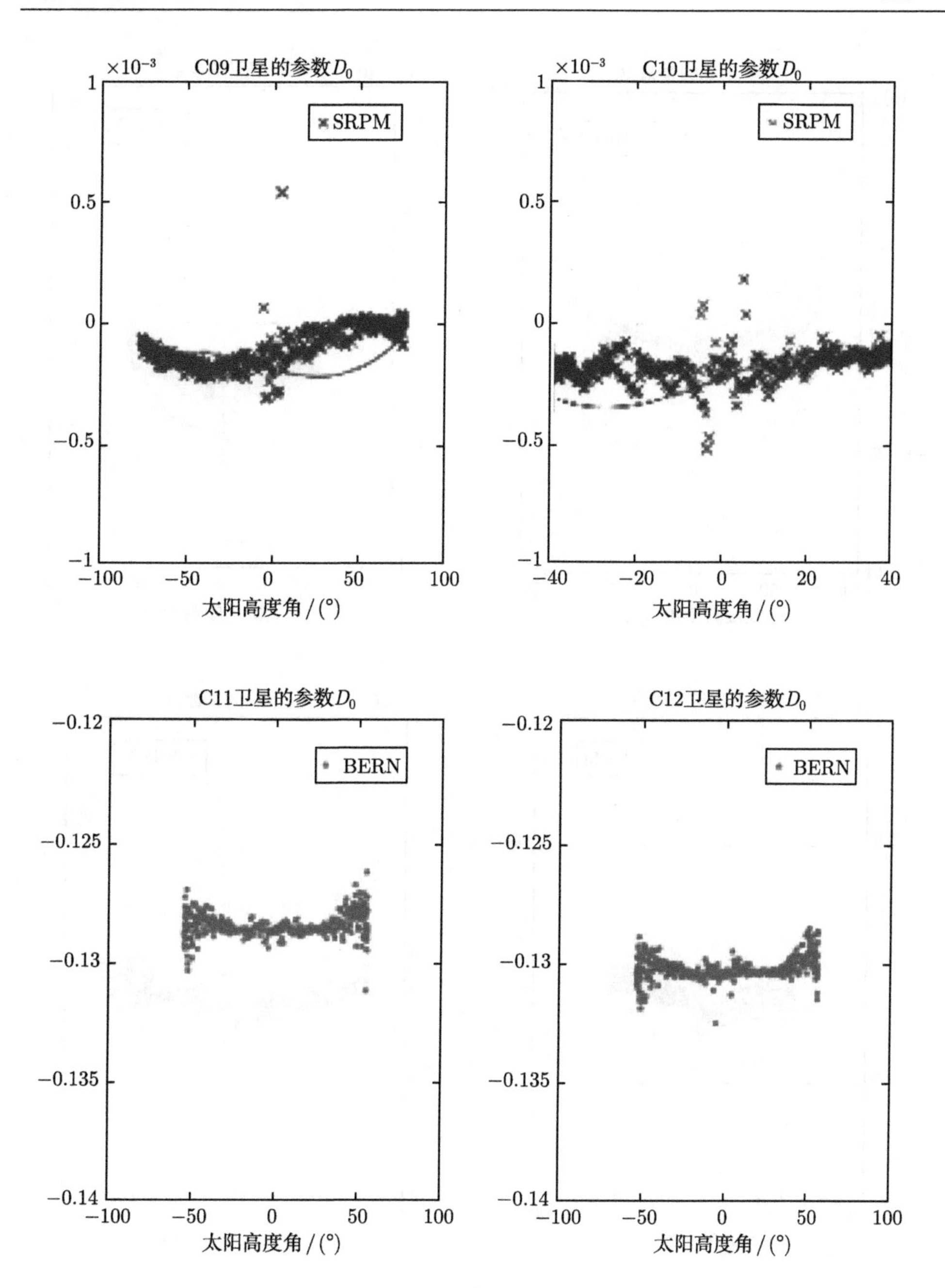

×10⁻³
C09卫星的参数D_0
SRPM
1
0.5
0
−0.5
−1
−100
−50
0
50
100
太阳高度角 / (°)
×10⁻³
C10卫星的参数D_0
SRPM
1
0.5
0
−0.5
−1
−40
−20
0
20
40
太阳高度角 / (°)
C11卫星的参数D_0
BERN
−0.12
−0.125
−0.13
−0.135
−0.14
−100
−50
0
50
100
太阳高度角 / (°)
C12卫星的参数D_0
BERN
−0.12
−0.125
−0.13
−0.135
−0.14
−100
−50
0
50
100
太阳高度角 / (°)

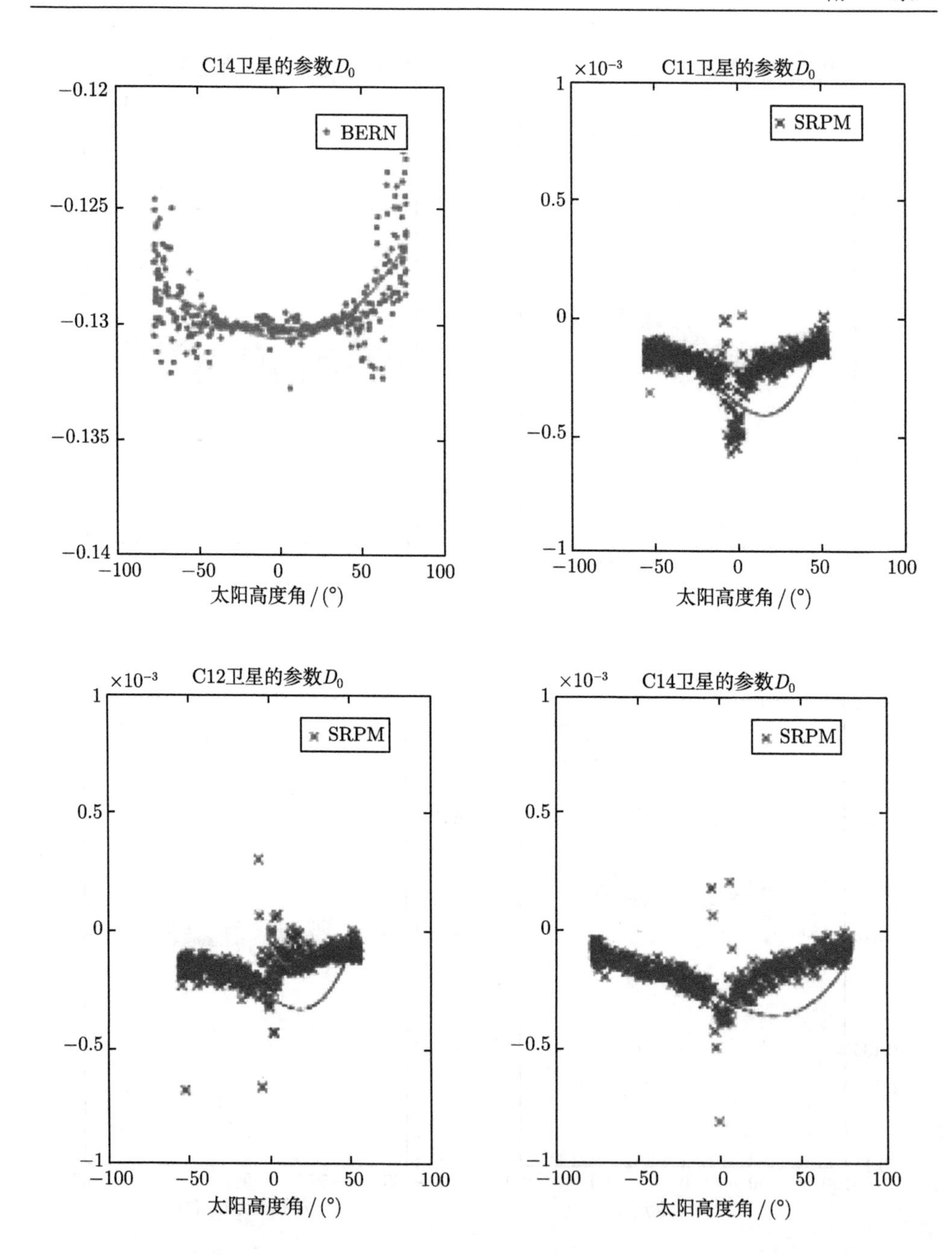
C14卫星的参数D_0
BERN
太阳高度角 / (°)
C11卫星的参数D_0
×10⁻³
SRPM
太阳高度角 / (°)
C12卫星的参数D_0
×10⁻³
SRPM
太阳高度角 / (°)
C14卫星的参数D_0
×10⁻³
SRPM
太阳高度角 / (°)

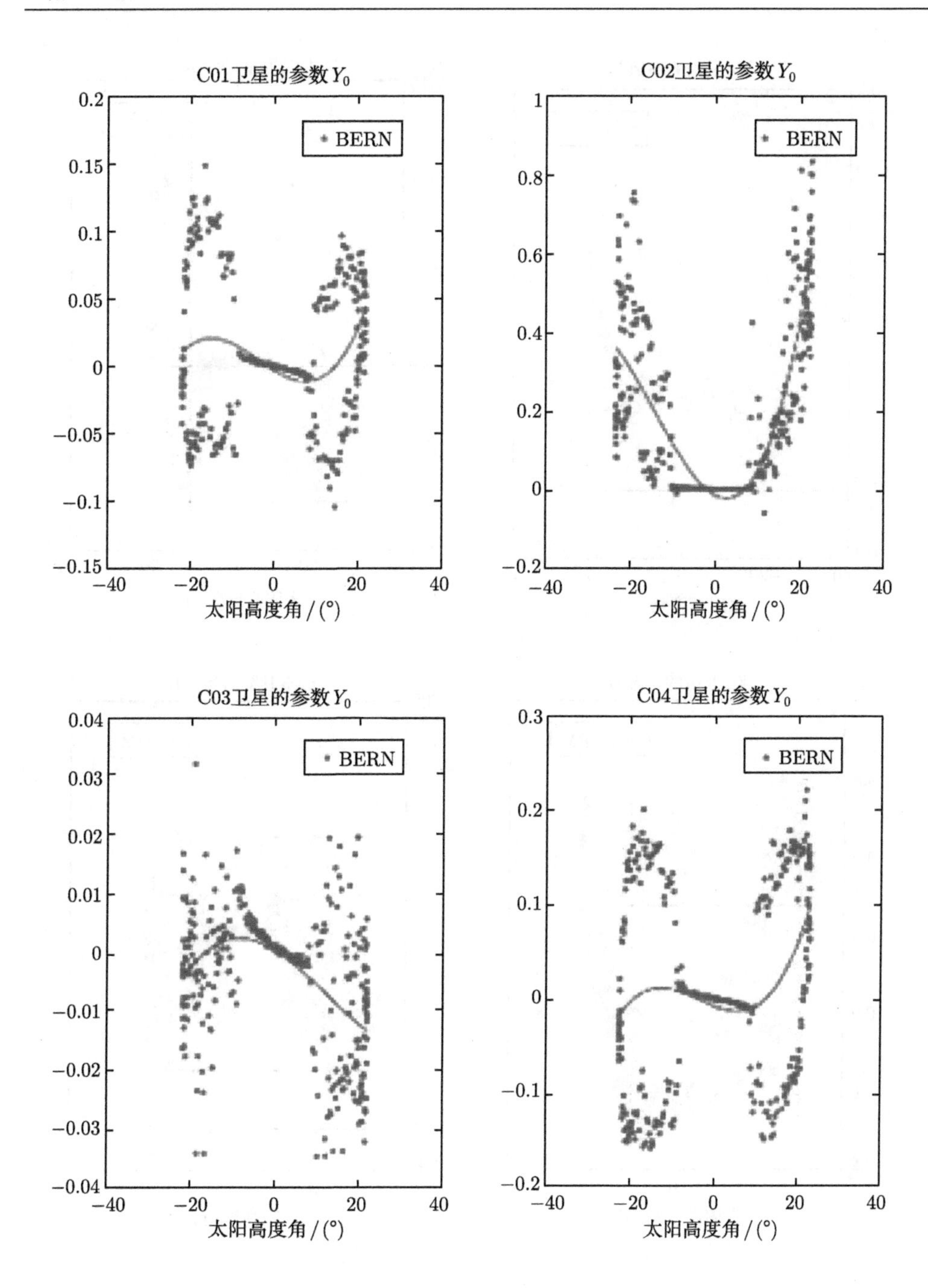
C01卫星的参数Y_0
BERN
太阳高度角 / (°)
C02卫星的参数Y_0
BERN
太阳高度角 / (°)
C03卫星的参数Y_0
BERN
太阳高度角 / (°)
C04卫星的参数Y_0
BERN
太阳高度角 / (°)

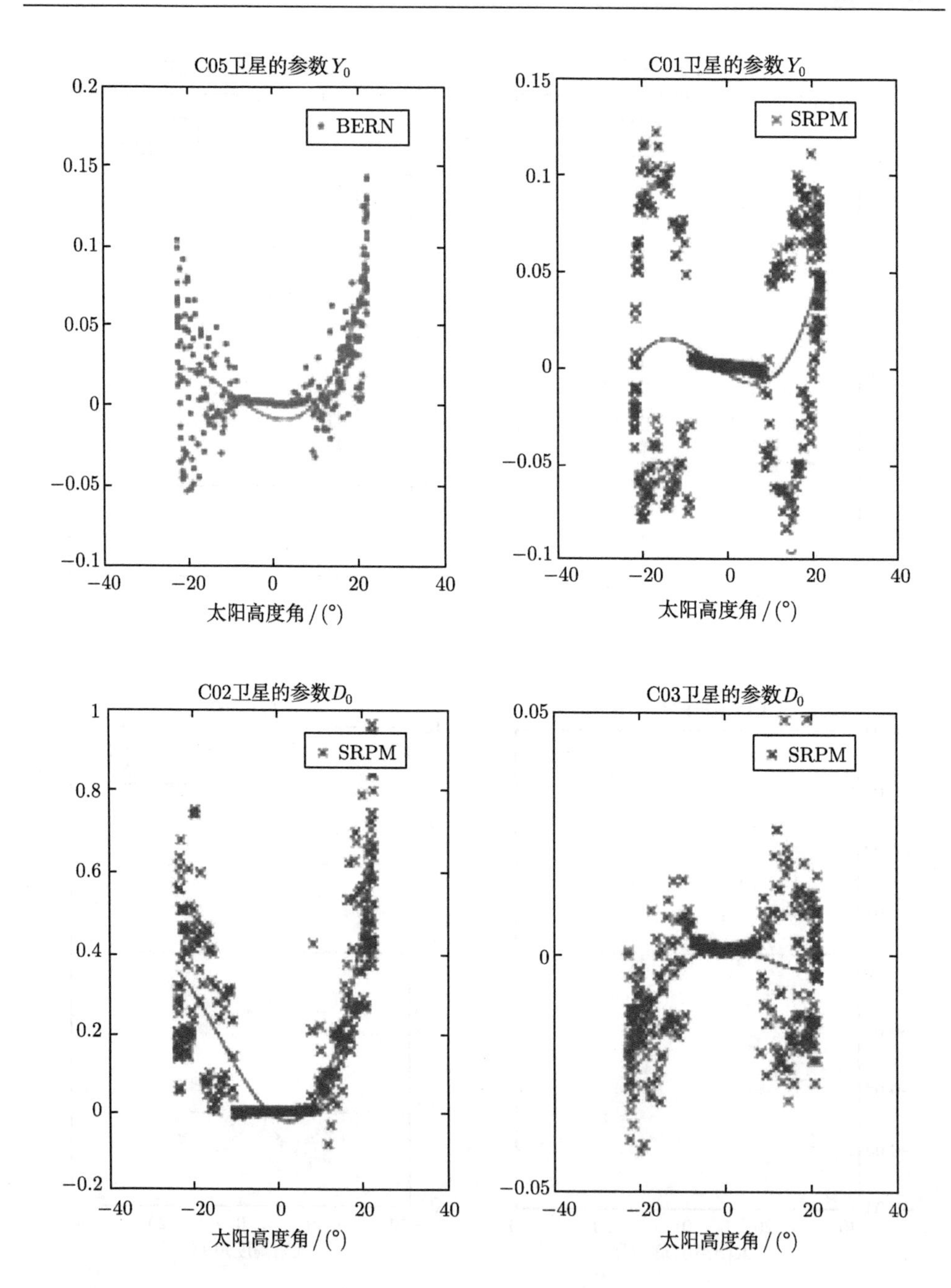
C05卫星的参数Y_0
BERN
0.2
0.15
0.1
0.05
0
−0.05
−0.1
−40
−20
0
20
40
太阳高度角 / (°)
C01卫星的参数Y_0
SRPM
0.15
0.1
0.05
0
−0.05
−0.1
−40
−20
0
20
40
太阳高度角 / (°)
C02卫星的参数D_0
SRPM
1
0.8
0.6
0.4
0.2
0
−0.2
−40
−20
0
20
40
太阳高度角 / (°)
C03卫星的参数D_0
SRPM
0.05
0
−0.05
−40
−20
0
20
40
太阳高度角 / (°)

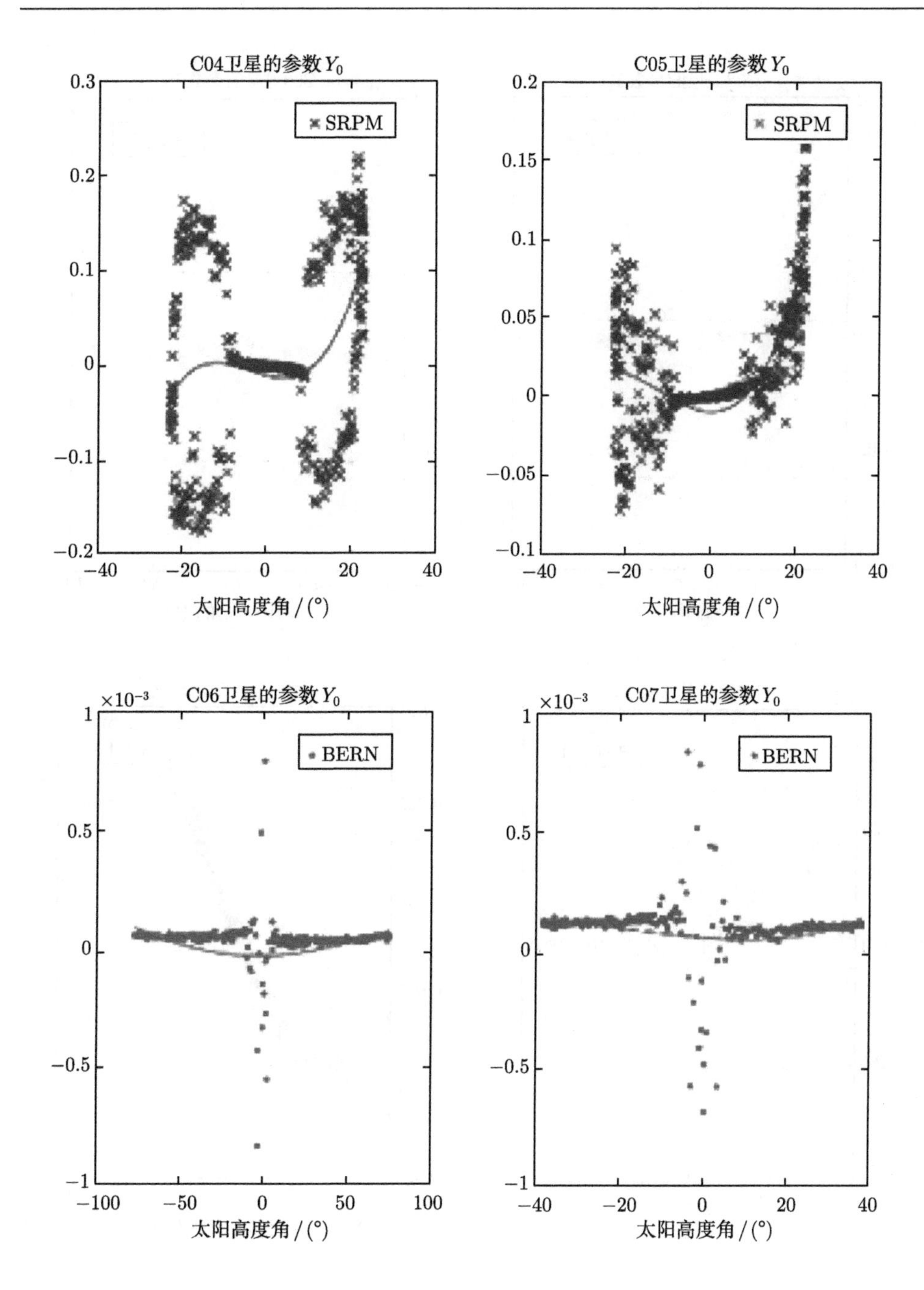
C04卫星的参数Y_0
SRPM
太阳高度角 / (°)
C05卫星的参数Y_0
SRPM
太阳高度角 / (°)
C06卫星的参数Y_0
$\times10^{-3}$
BERN
太阳高度角 / (°)
C07卫星的参数Y_0
$\times10^{-3}$
BERN
太阳高度角 / (°)

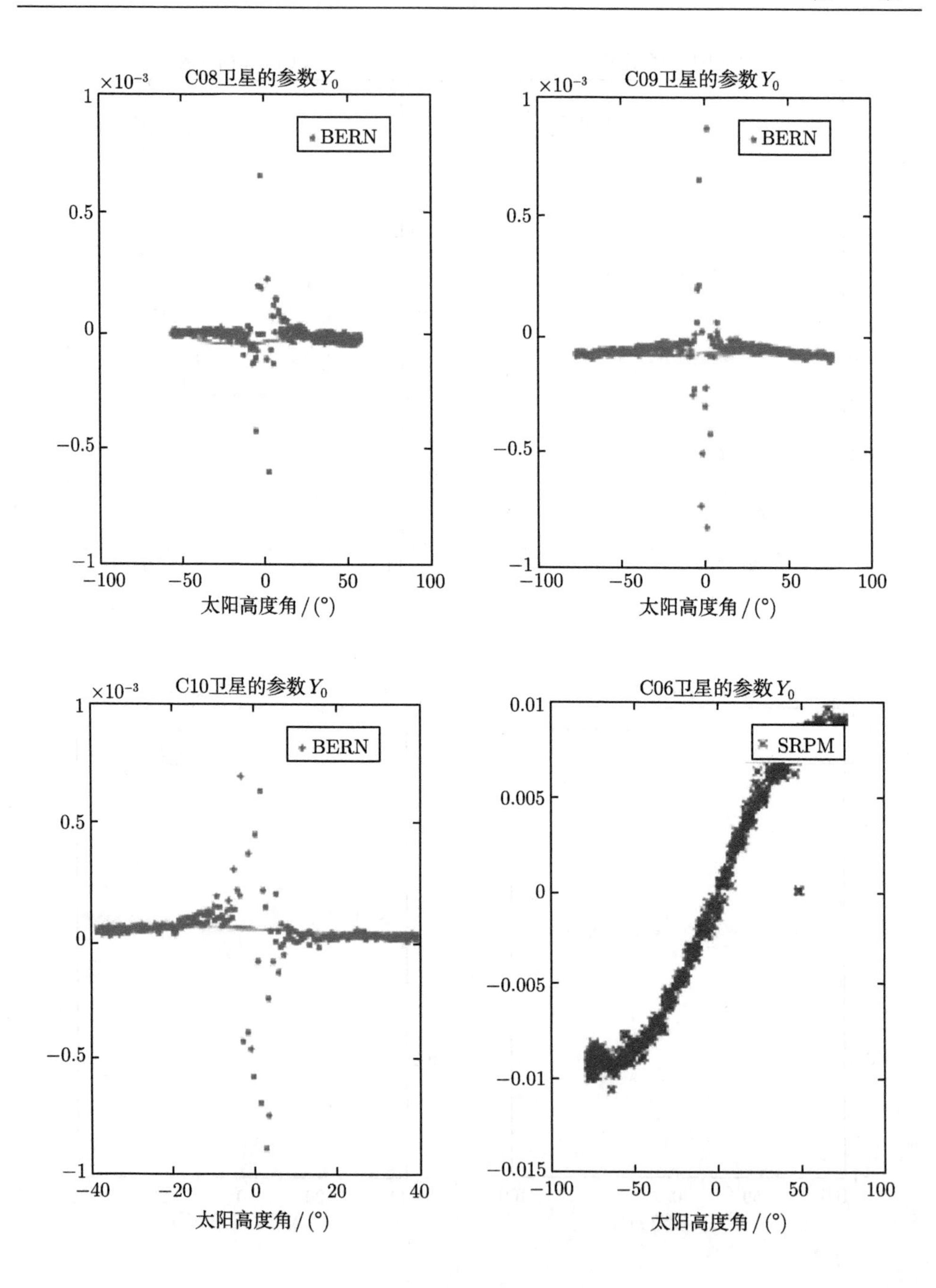
×10⁻³
C08卫星的参数 Y_0
BERN
1
0.5
0
−0.5
−1
−100
−50
0
50
100
太阳高度角 / (°)
×10⁻³
C09卫星的参数 Y_0
BERN
1
0.5
0
−0.5
−1
−100
−50
0
50
100
太阳高度角 / (°)
×10⁻³
C10卫星的参数 Y_0
BERN
1
0.5
0
−0.5
−1
−40
−20
0
20
40
太阳高度角 / (°)
C06卫星的参数 Y_0
SRPM
0.01
0.005
0
−0.005
−0.01
−0.015
−100
−50
0
50
100
太阳高度角 / (°)

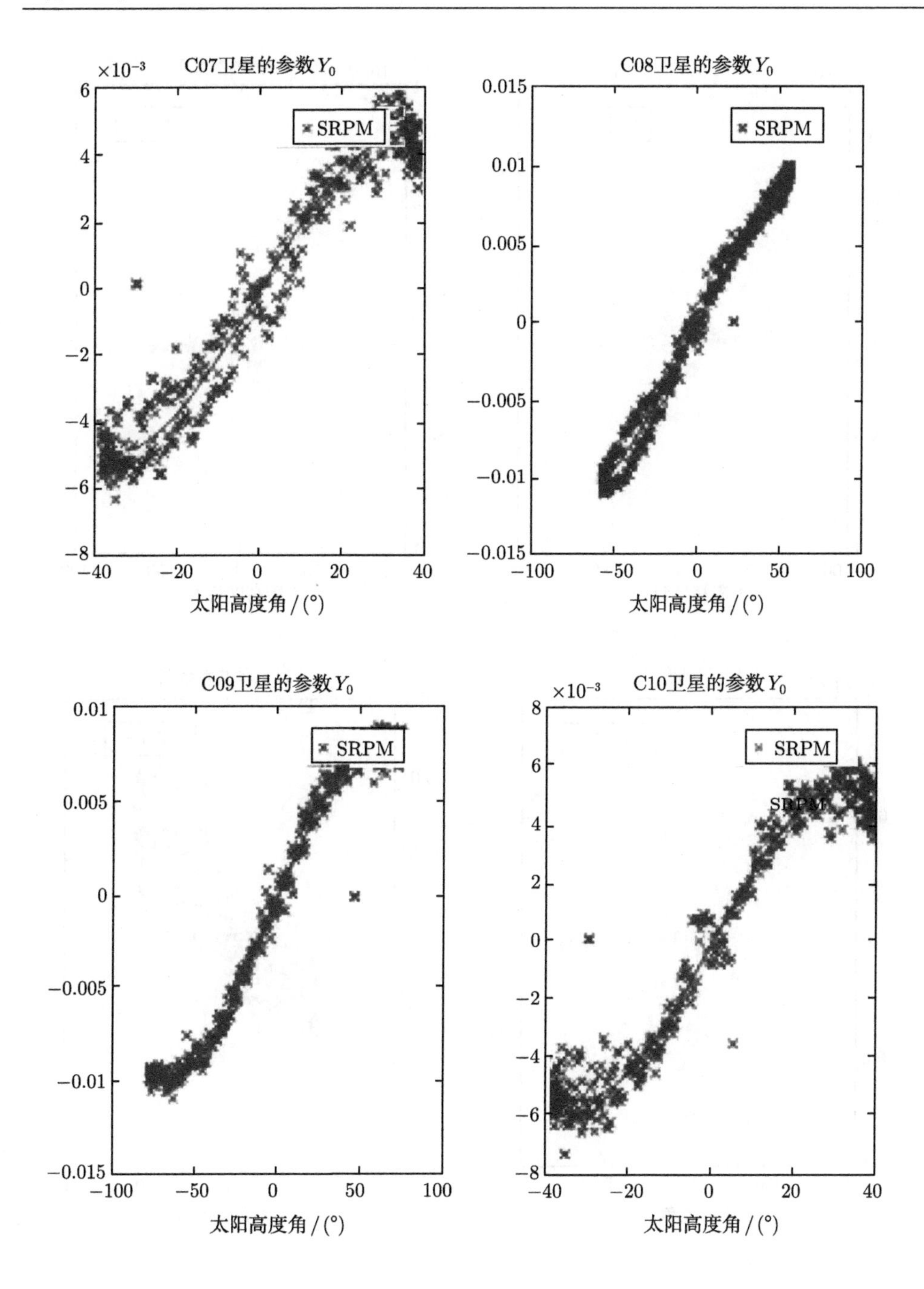

C07卫星的参数Y_0
$\times10^{-3}$
SRPM
太阳高度角 / (°)
C08卫星的参数Y_0
SRPM
太阳高度角 / (°)
C09卫星的参数Y_0
SRPM
太阳高度角 / (°)
C10卫星的参数Y_0
$\times10^{-3}$
SRPM
太阳高度角 / (°)

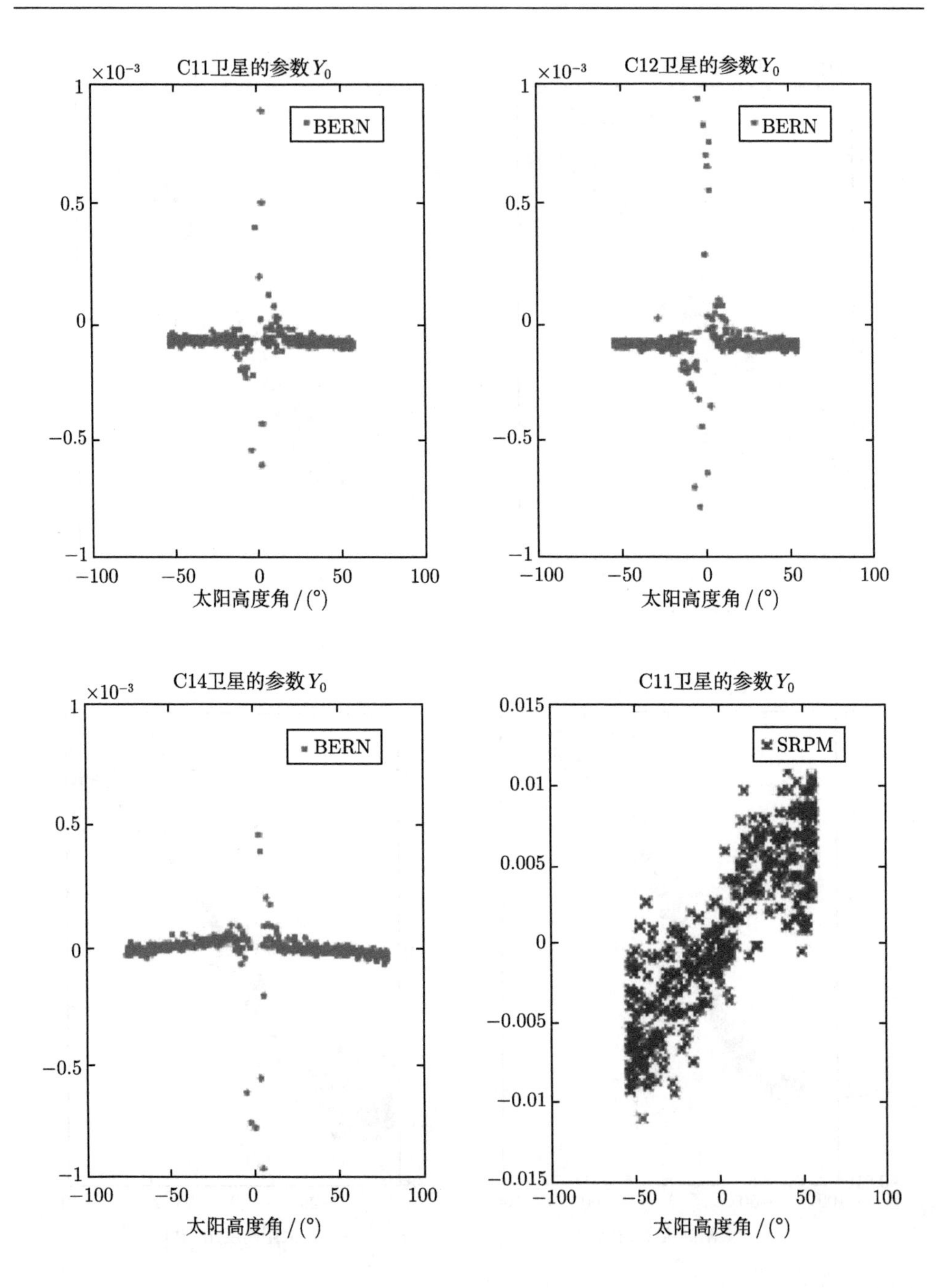
C11卫星的参数Y_0
×10⁻³
BERN
太阳高度角 / (°)
C12卫星的参数Y_0
×10⁻³
BERN
太阳高度角 / (°)
C14卫星的参数Y_0
×10⁻³
BERN
太阳高度角 / (°)
C11卫星的参数Y_0
SRPM
太阳高度角 / (°)

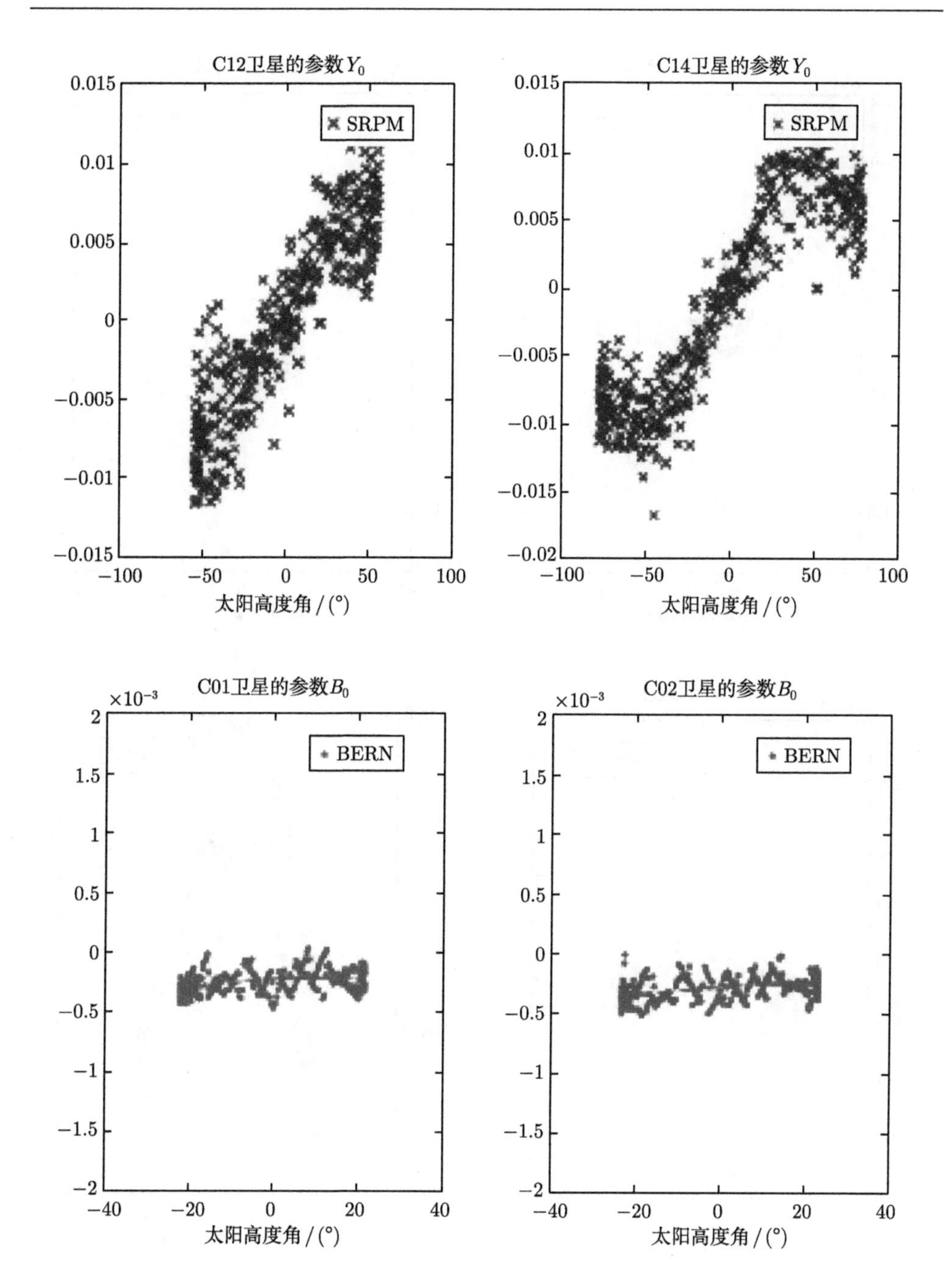

C12卫星的参数Y_0
SRPM
0.015
0.01
0.005
0
−0.005
−0.01
−0.015
−100
−50
0
50
100
太阳高度角 / (°)
C14卫星的参数Y_0
SRPM
0.015
0.01
0.005
0
−0.005
−0.01
−0.015
−0.02
−100
−50
0
50
100
太阳高度角 / (°)
C01卫星的参数B_0
$\times10^{-3}$
BERN
2
1.5
1
0.5
0
−0.5
−1
−1.5
−2
−40
−20
0
20
40
太阳高度角 / (°)
C02卫星的参数B_0
$\times10^{-3}$
BERN
2
1.5
1
0.5
0
−0.5
−1
−1.5
−2
−40
−20
0
20
40
太阳高度角 / (°)

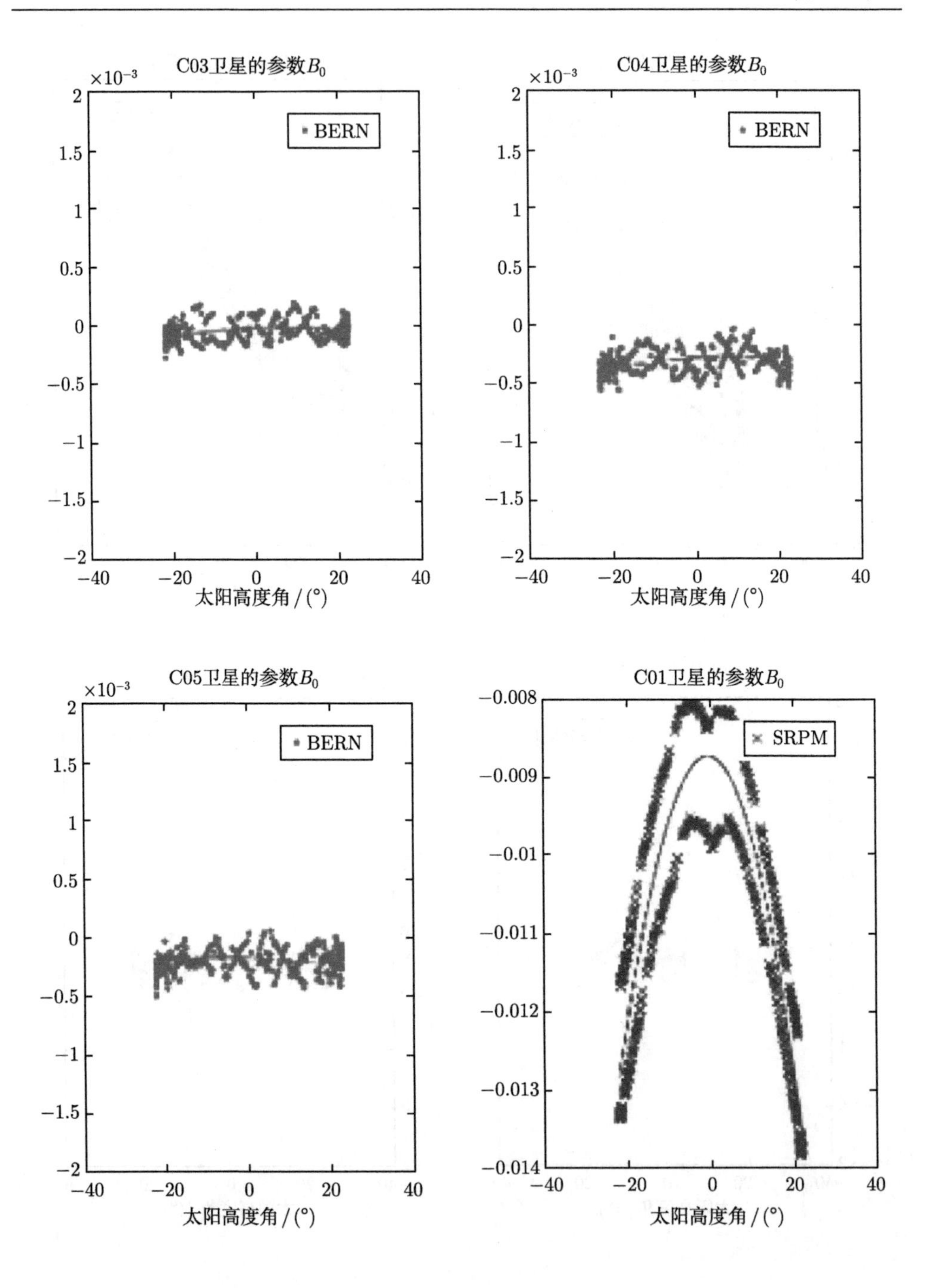
C03卫星的参数B_0
$\times10^{-3}$
BERN
太阳高度角 / (°)
C04卫星的参数B_0
$\times10^{-3}$
BERN
太阳高度角 / (°)
C05卫星的参数B_0
$\times10^{-3}$
BERN
太阳高度角 / (°)
C01卫星的参数B_0
SRPM
太阳高度角 / (°)

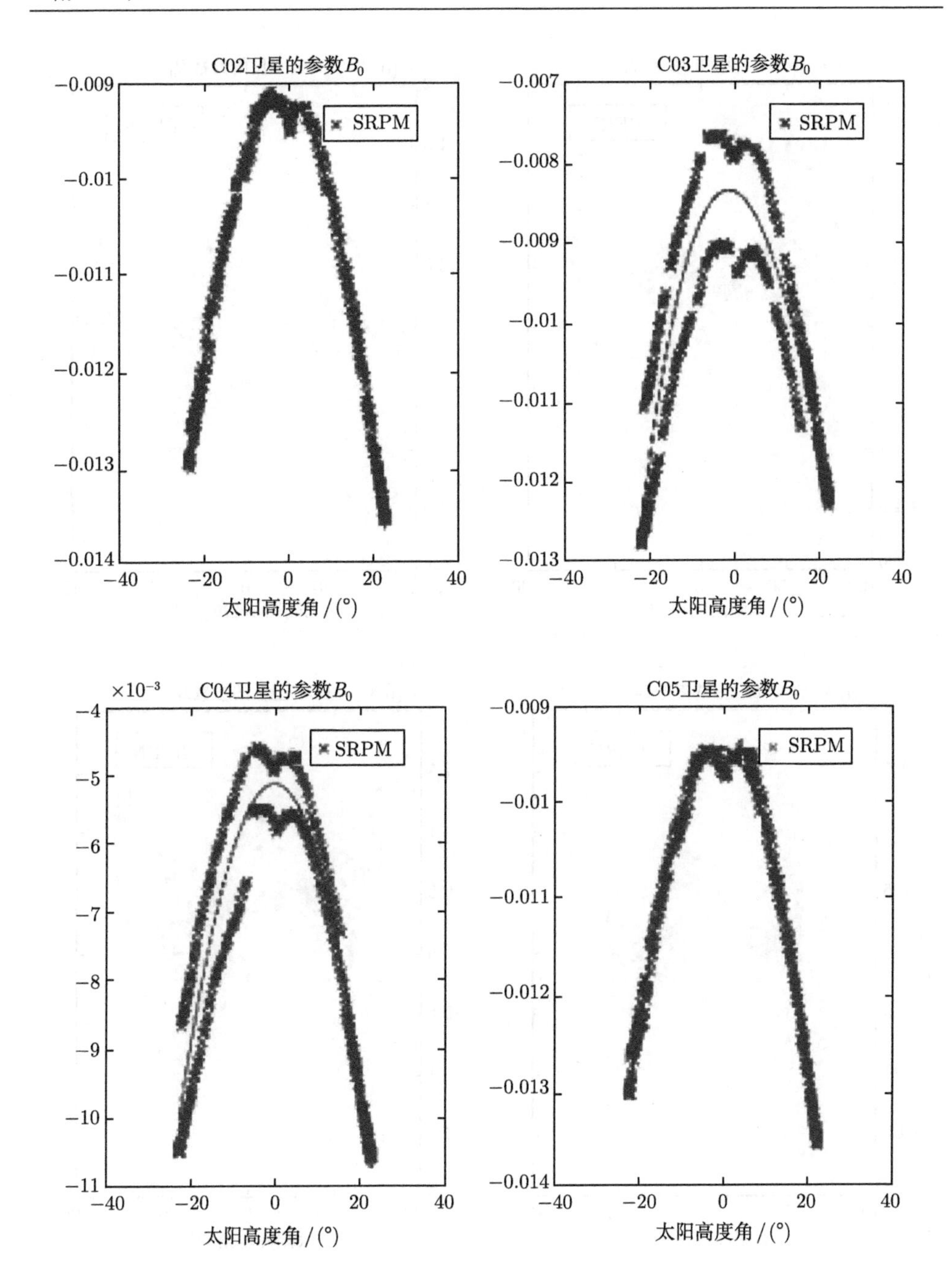
C02卫星的参数B_0
SRPM
−0.009
−0.01
−0.011
−0.012
−0.013
−0.014
−40 −20 0 20 40
太阳高度角 / (°)
C03卫星的参数B_0
SRPM
−0.007
−0.008
−0.009
−0.01
−0.011
−0.012
−0.013
−40 −20 0 20 40
太阳高度角 / (°)
×10⁻³ C04卫星的参数B_0
SRPM
−4
−5
−6
−7
−8
−9
−10
−11
−40 −20 0 20 40
太阳高度角 / (°)
C05卫星的参数B_0
SRPM
−0.009
−0.01
−0.011
−0.012
−0.013
−0.014
−40 −20 0 20 40
太阳高度角 / (°)

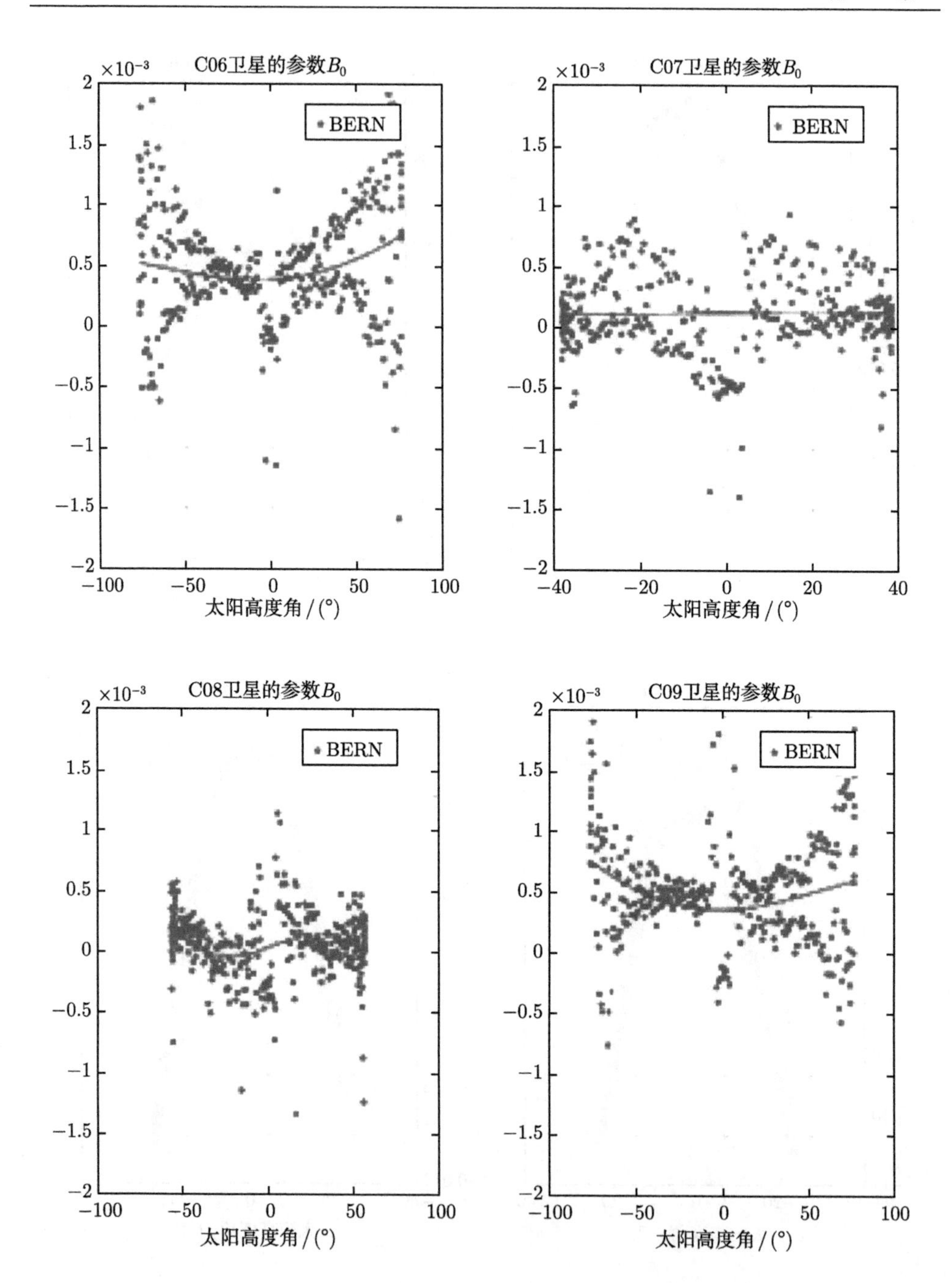

C06卫星的参数B_0
×10⁻³
BERN
太阳高度角 / (°)
C07卫星的参数B_0
×10⁻³
BERN
太阳高度角 / (°)
C08卫星的参数B_0
×10⁻³
BERN
太阳高度角 / (°)
C09卫星的参数B_0
×10⁻³
BERN
太阳高度角 / (°)

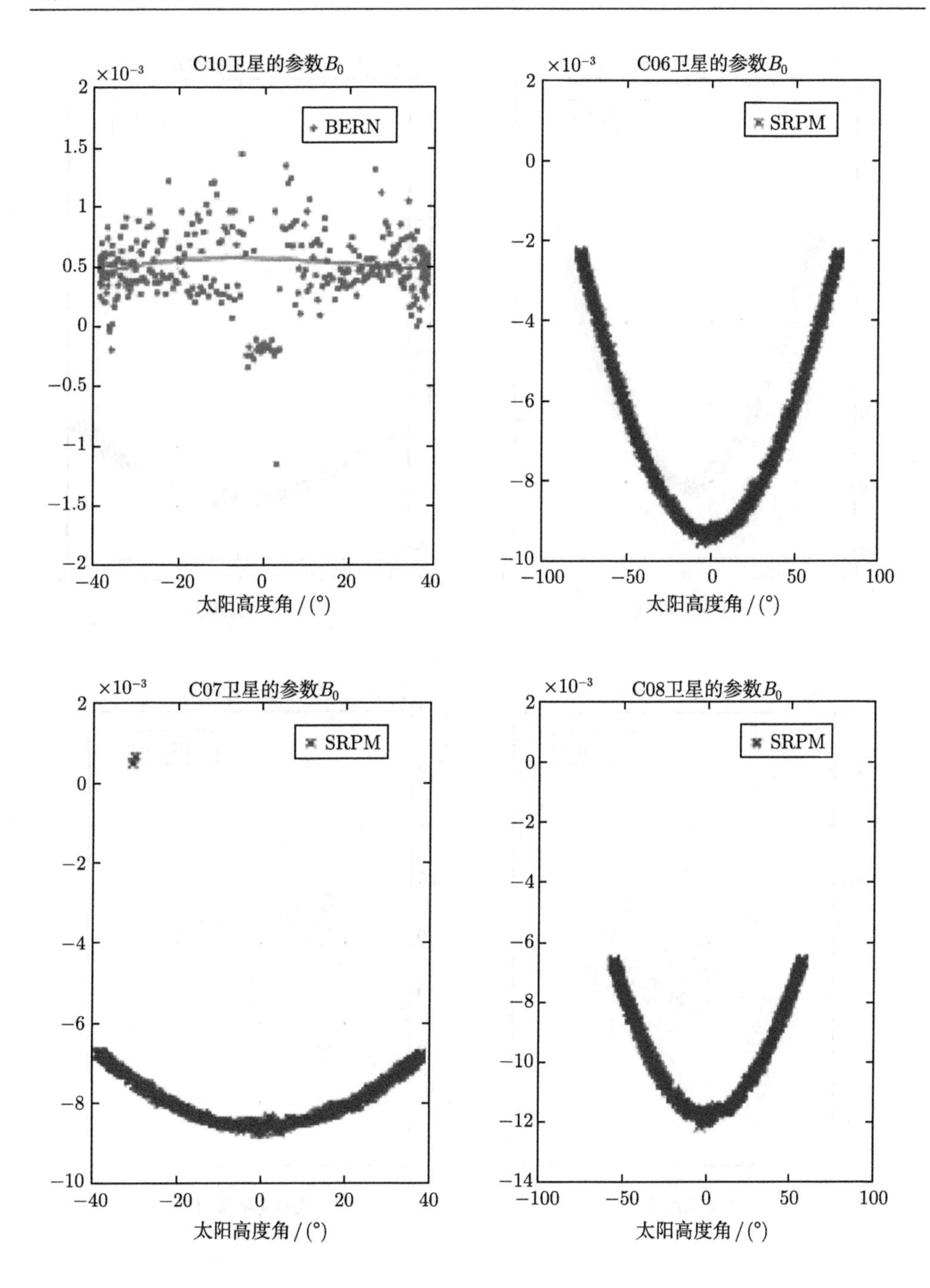
C10卫星的参数B_0
×10⁻³
BERN
太阳高度角 / (°)
C06卫星的参数B_0
×10⁻³
SRPM
太阳高度角 / (°)
C07卫星的参数B_0
×10⁻³
SRPM
太阳高度角 / (°)
C08卫星的参数B_0
×10⁻³
SRPM
太阳高度角 / (°)

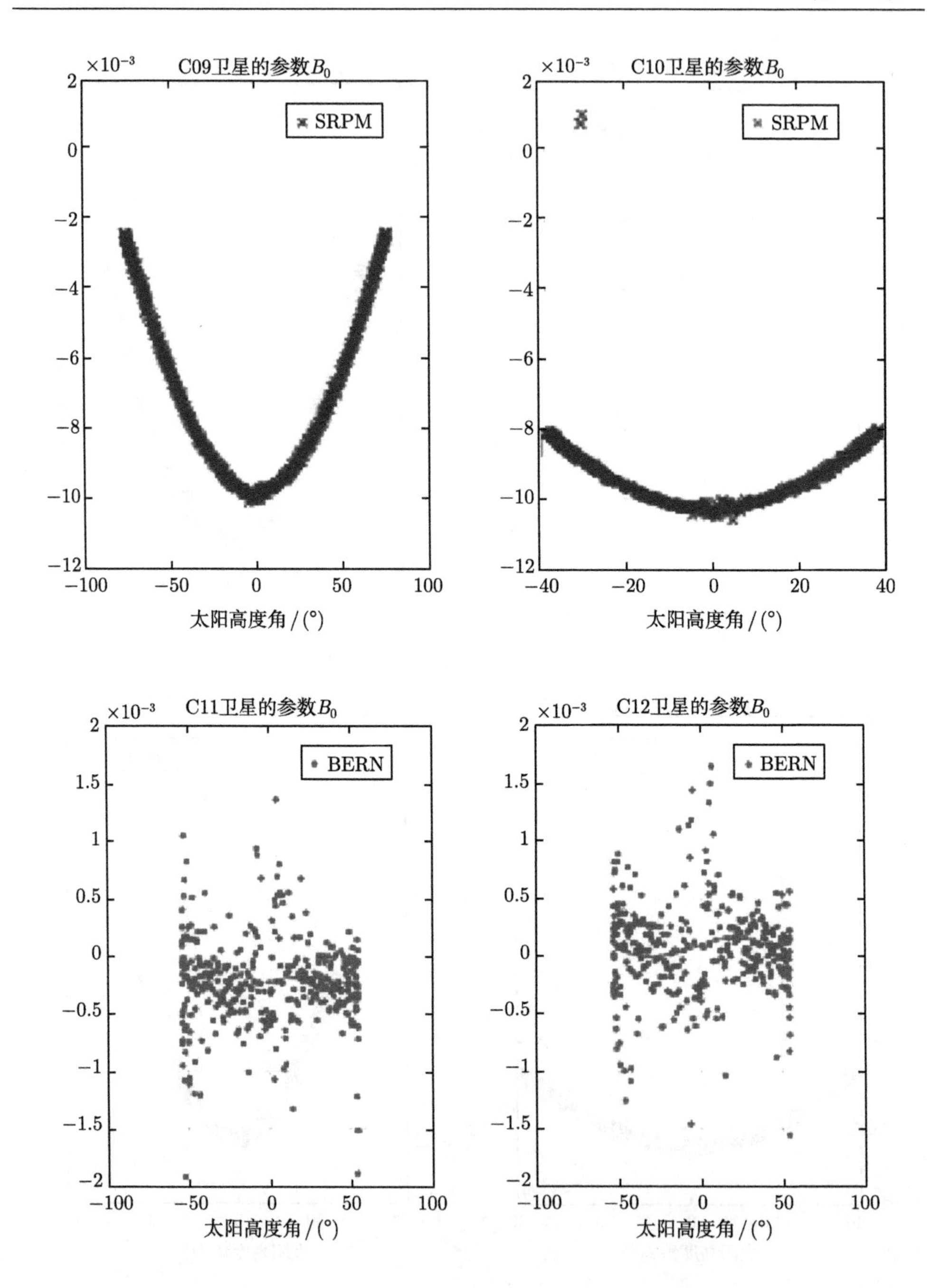
C09卫星的参数B_0
C10卫星的参数B_0
C11卫星的参数B_0
C12卫星的参数B_0
×10⁻³
SRPM
BERN
太阳高度角 / (°)

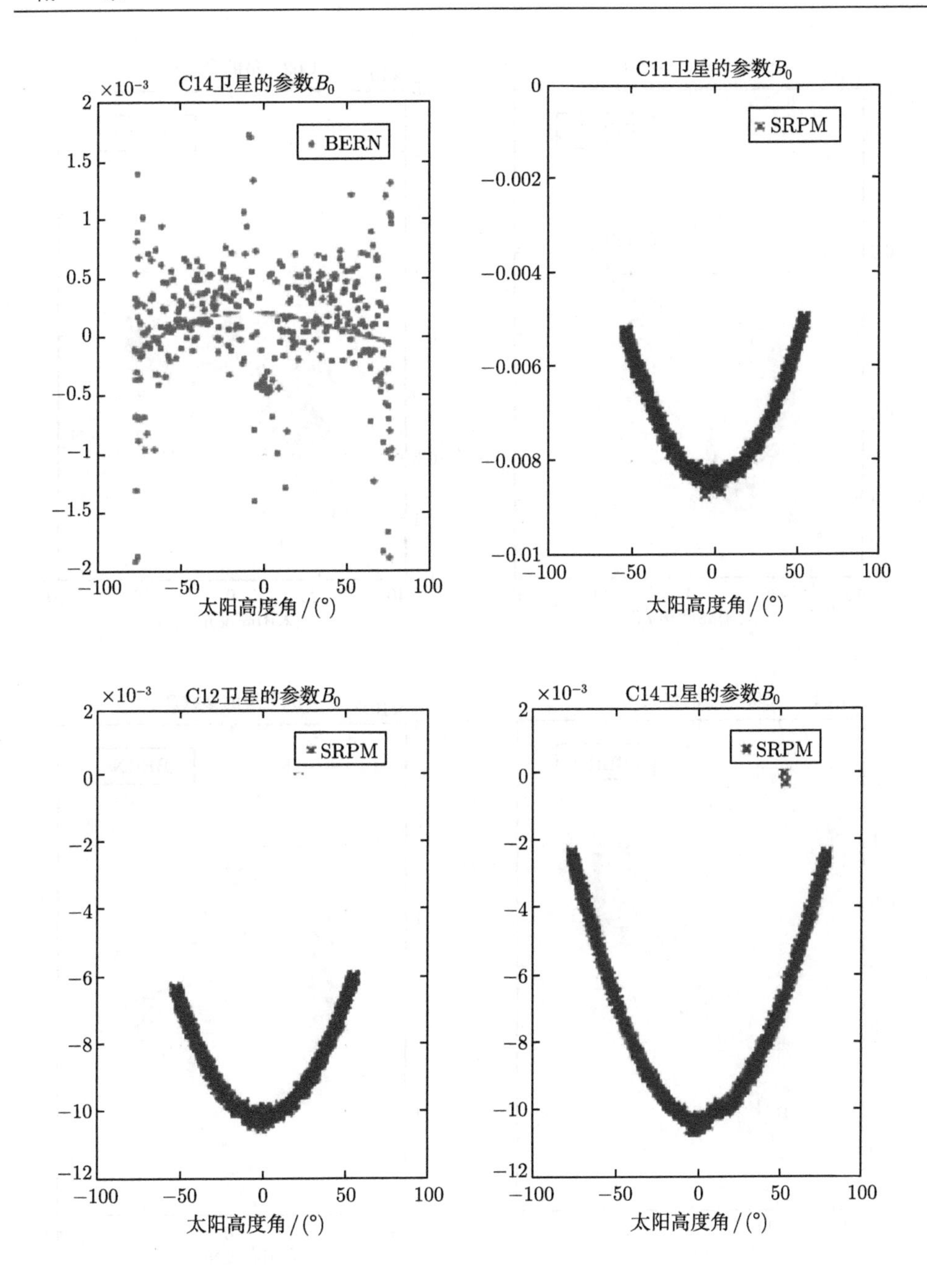

C14卫星的参数B_0
$\times10^{-3}$
BERN
太阳高度角 / (°)
C11卫星的参数B_0
SRPM
太阳高度角 / (°)
C12卫星的参数B_0
$\times10^{-3}$
SRPM
太阳高度角 / (°)
C14卫星的参数B_0
$\times10^{-3}$
SRPM
太阳高度角 / (°)

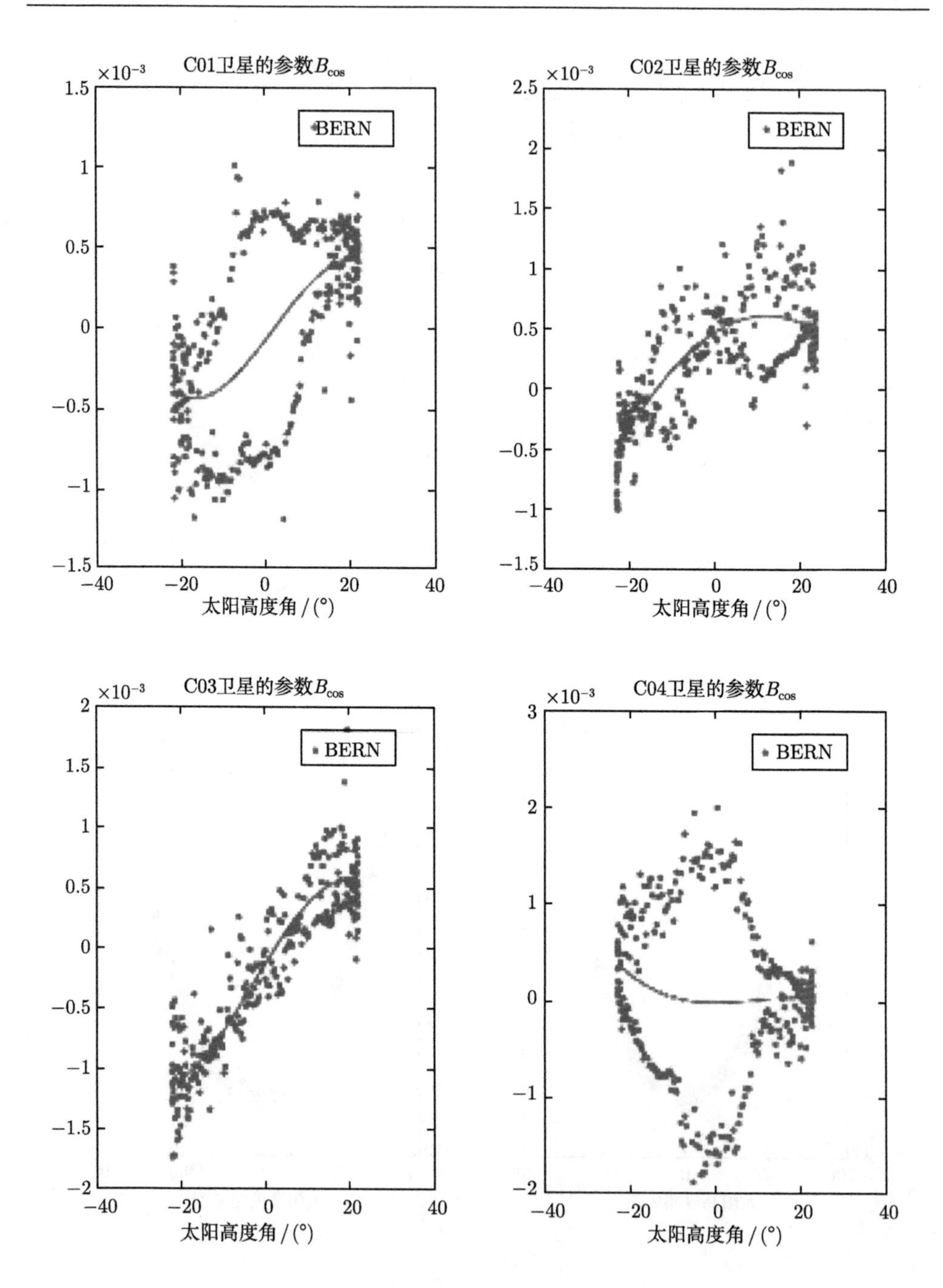
C01卫星的参数B_{cos}
×10⁻³
BERN
太阳高度角 / (°)
C02卫星的参数B_{cos}
×10⁻³
BERN
太阳高度角 / (°)
C03卫星的参数B_{cos}
×10⁻³
BERN
太阳高度角 / (°)
C04卫星的参数B_{cos}
×10⁻³
BERN
太阳高度角 / (°)

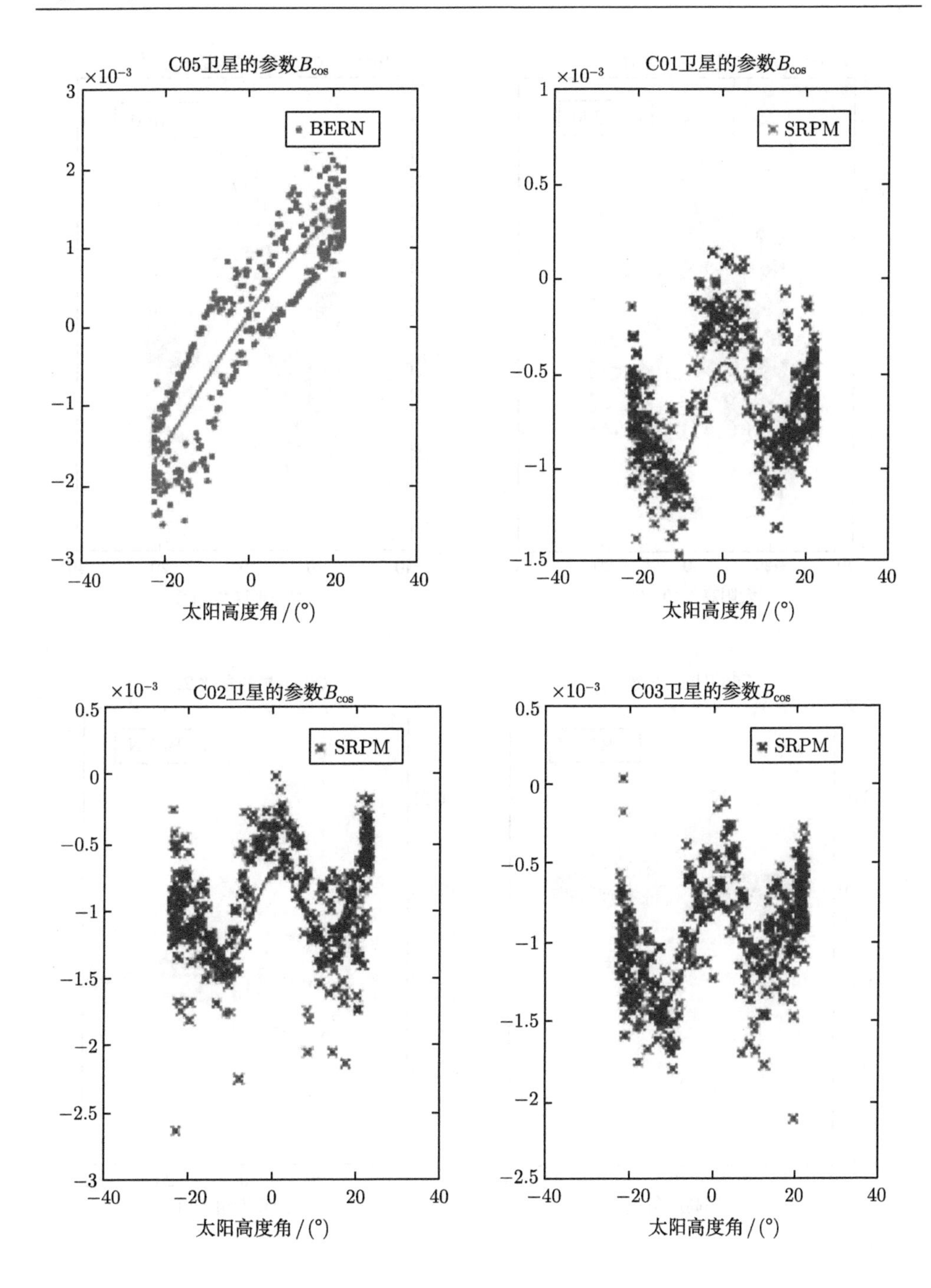
C05卫星的参数$B_{\cos}$
$\times10^{-3}$
BERN
太阳高度角 / (°)
C01卫星的参数$B_{\cos}$
$\times10^{-3}$
SRPM
太阳高度角 / (°)
C02卫星的参数$B_{\cos}$
$\times10^{-3}$
SRPM
太阳高度角 / (°)
C03卫星的参数$B_{\cos}$
$\times10^{-3}$
SRPM
太阳高度角 / (°)

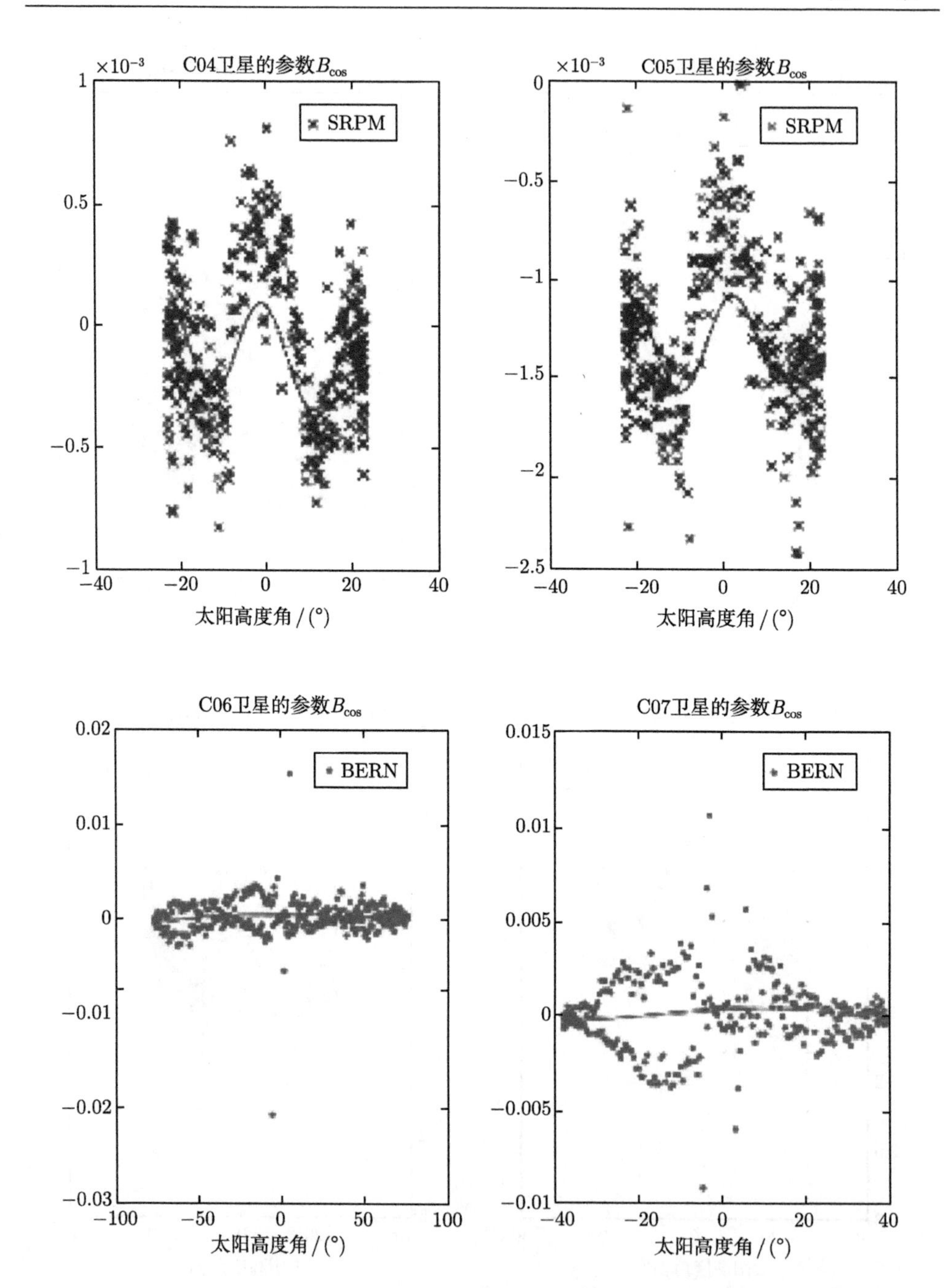
×10⁻³
C04卫星的参数$B_{\cos}$
SRPM
1
0.5
0
−0.5
−1
−40
−20
0
20
40
太阳高度角 / (°)
×10⁻³
C05卫星的参数$B_{\cos}$
SRPM
0
−0.5
−1
−1.5
−2
−2.5
−40
−20
0
20
40
太阳高度角 / (°)
C06卫星的参数$B_{\cos}$
BERN
0.02
0.01
0
−0.01
−0.02
−0.03
−100
−50
0
50
100
太阳高度角 / (°)
C07卫星的参数$B_{\cos}$
BERN
0.015
0.01
0.005
0
−0.005
−0.01
−40
−20
0
20
40
太阳高度角 / (°)

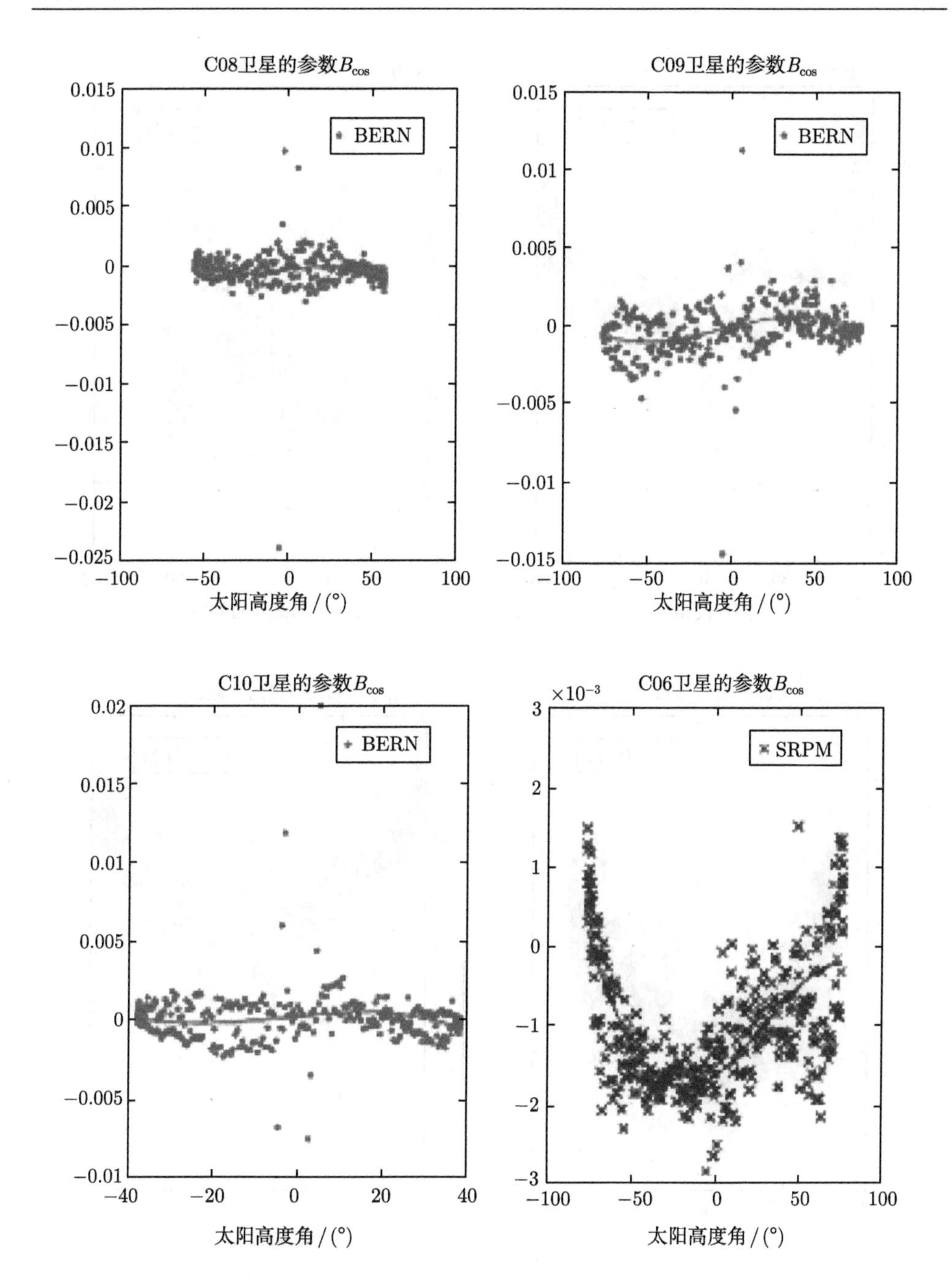

C08卫星的参数B_{cos}
BERN
0.015
0.01
0.005
0
−0.005
−0.01
−0.015
−0.02
−0.025
−100
−50
0
50
100
太阳高度角 / (°)
C09卫星的参数B_{cos}
BERN
0.015
0.01
0.005
0
−0.005
−0.01
−0.015
−100
−50
0
50
100
太阳高度角 / (°)
C10卫星的参数B_{cos}
BERN
0.02
0.015
0.01
0.005
0
−0.005
−0.01
−40
−20
0
20
40
太阳高度角 / (°)
C06卫星的参数B_{cos}
$\times 10^{-3}$
SRPM
3
2
1
0
−1
−2
−3
−100
−50
0
50
100
太阳高度角 / (°)

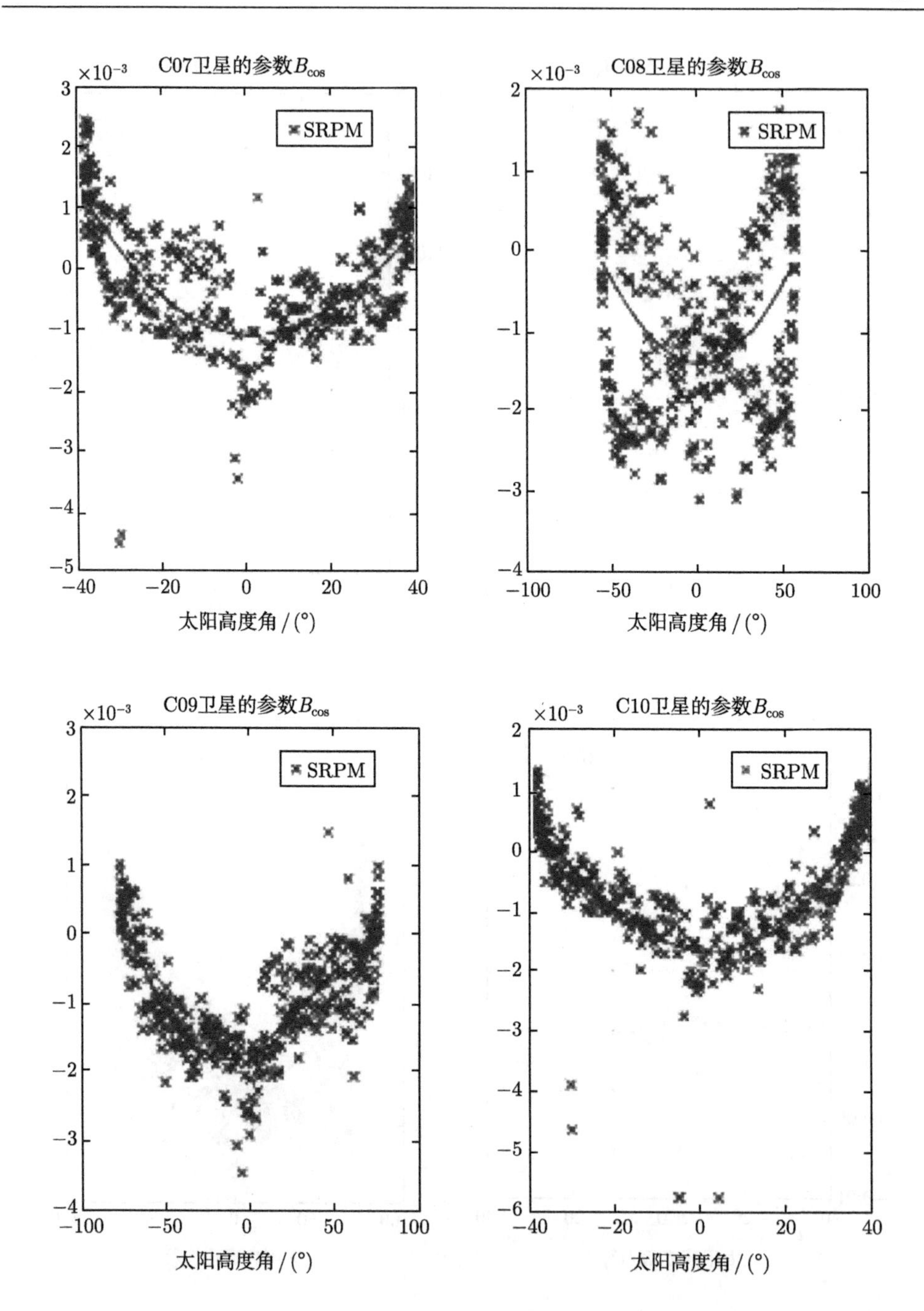
C07卫星的参数B_{cos}
×10⁻³
SRPM
太阳高度角 / (°)
C08卫星的参数B_{cos}
×10⁻³
SRPM
太阳高度角 / (°)
C09卫星的参数B_{cos}
×10⁻³
SRPM
太阳高度角 / (°)
C10卫星的参数B_{cos}
×10⁻³
SRPM
太阳高度角 / (°)

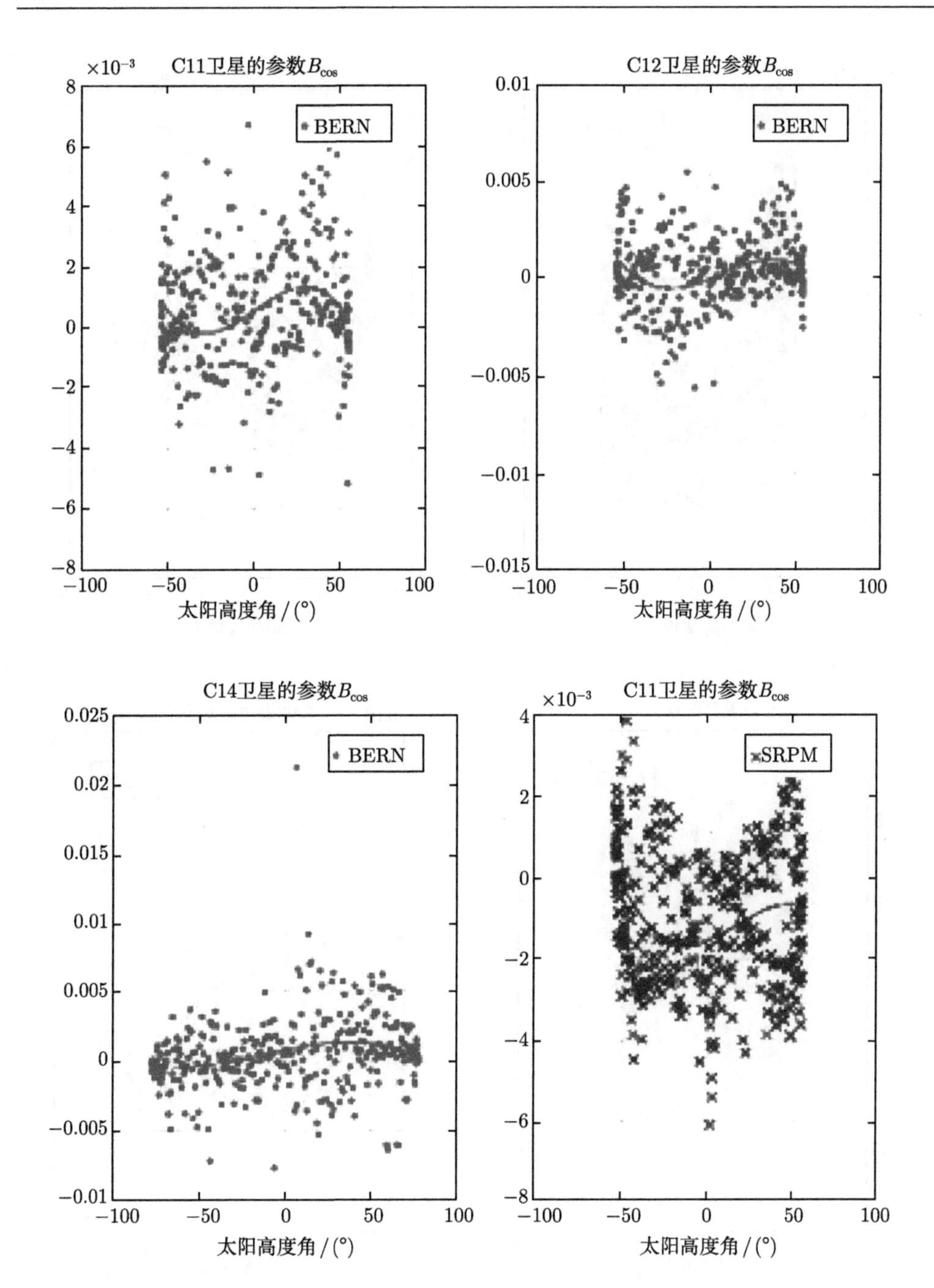
×10⁻³
C11卫星的参数$B_{\cos}$
BERN
8
6
4
2
0
−2
−4
−6
−8
−100
−50
0
50
100
太阳高度角 / (°)
C12卫星的参数$B_{\cos}$
BERN
0.01
0.005
0
−0.005
−0.01
−0.015
−100
−50
0
50
100
太阳高度角 / (°)
C14卫星的参数$B_{\cos}$
BERN
0.025
0.02
0.015
0.01
0.005
0
−0.005
−0.01
−100
−50
0
50
100
太阳高度角 / (°)
×10⁻³
C11卫星的参数$B_{\cos}$
SRPM
4
2
0
−2
−4
−6
−8
−100
−50
0
50
100
太阳高度角 / (°)

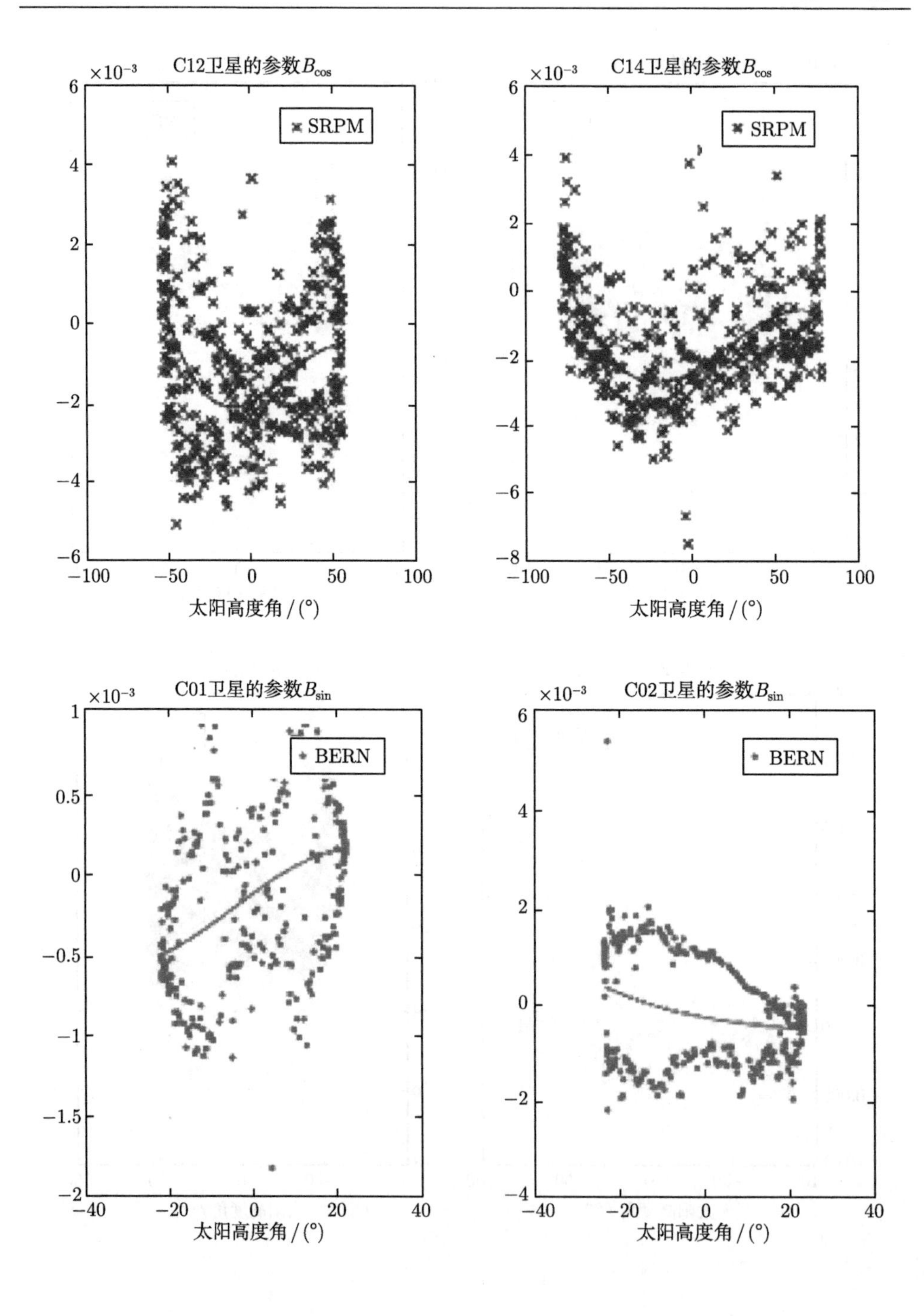
C12卫星的参数B_{cos}
×10⁻³
SRPM
太阳高度角 / (°)
C14卫星的参数B_{cos}
×10⁻³
SRPM
太阳高度角 / (°)
C01卫星的参数B_{sin}
×10⁻³
BERN
太阳高度角 / (°)
C02卫星的参数B_{sin}
×10⁻³
BERN
太阳高度角 / (°)

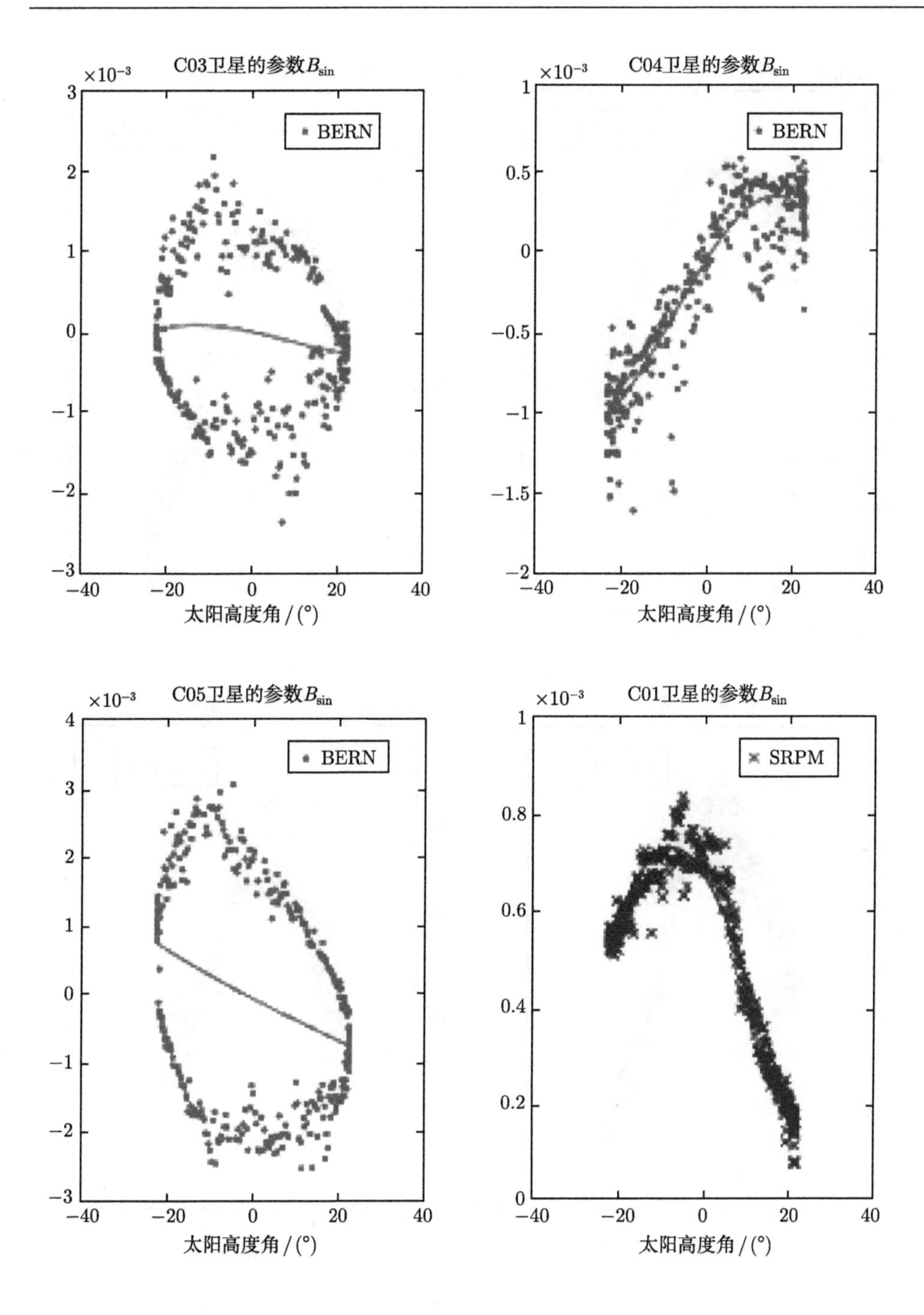

C03卫星的参数B_{sin}
×10⁻³
BERN
太阳高度角/(°)
C04卫星的参数B_{sin}
×10⁻³
BERN
太阳高度角/(°)
C05卫星的参数B_{sin}
×10⁻³
BERN
太阳高度角/(°)
C01卫星的参数B_{sin}
×10⁻³
SRPM
太阳高度角/(°)

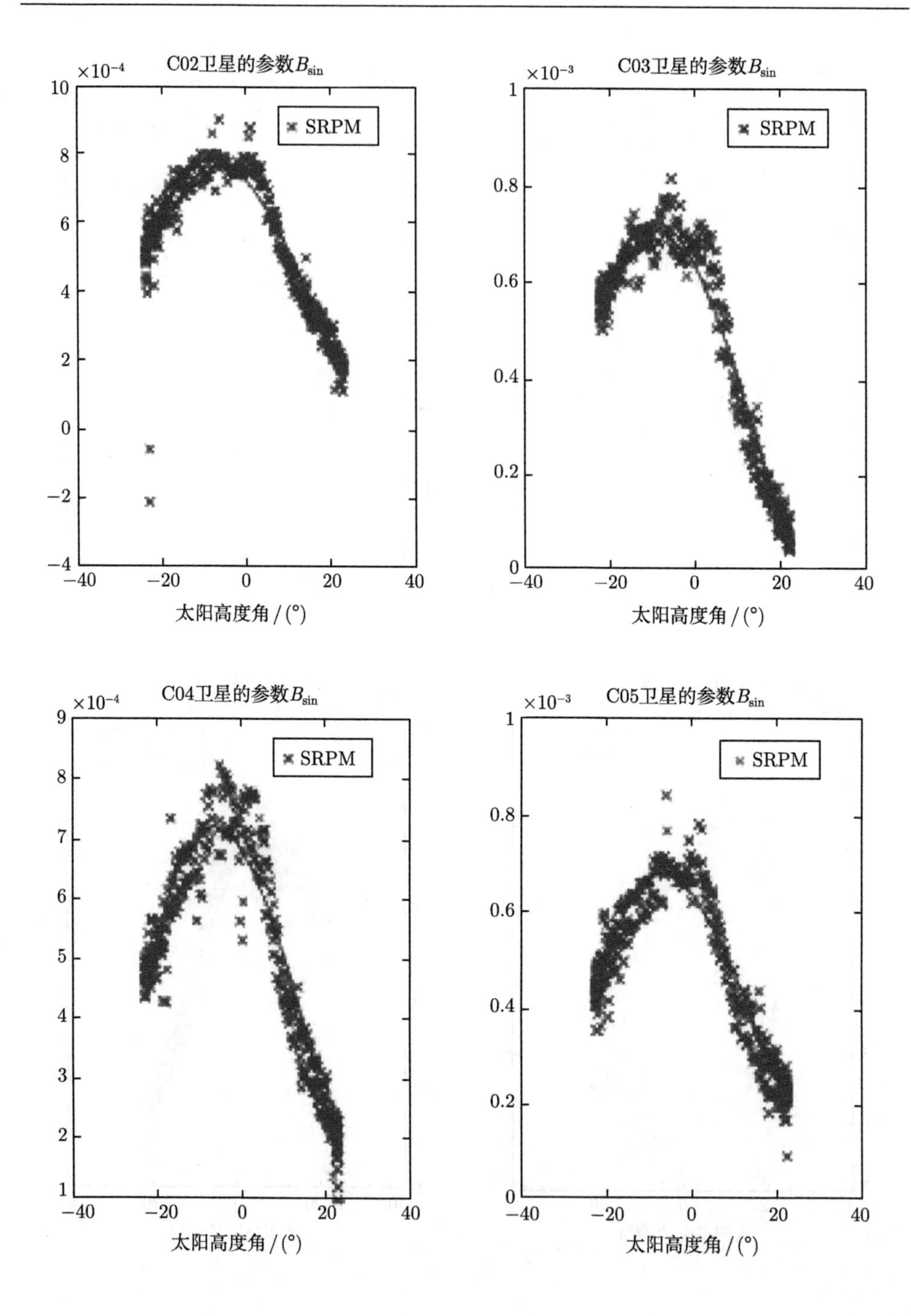
C02卫星的参数B_{sin}
×10⁻⁴
SRPM
太阳高度角 / (°)
C03卫星的参数B_{sin}
×10⁻³
SRPM
太阳高度角 / (°)
C04卫星的参数B_{sin}
×10⁻⁴
SRPM
太阳高度角 / (°)
C05卫星的参数B_{sin}
×10⁻³
SRPM
太阳高度角 / (°)

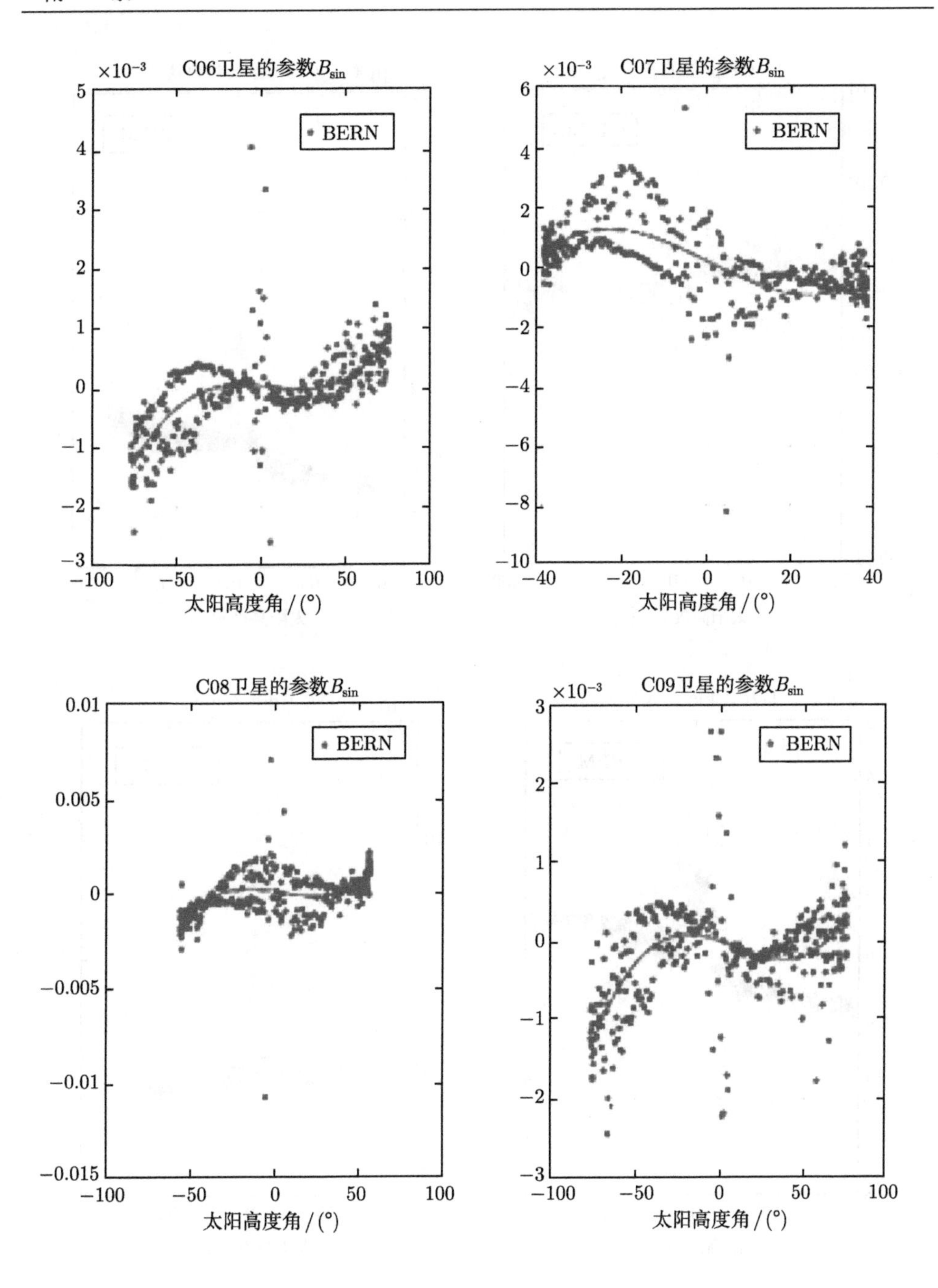

×10⁻³ C06卫星的参数B_{sin}
BERN
太阳高度角 / (°)
×10⁻³ C07卫星的参数B_{sin}
BERN
太阳高度角 / (°)
C08卫星的参数B_{sin}
BERN
太阳高度角 / (°)
×10⁻³ C09卫星的参数B_{sin}
BERN
太阳高度角 / (°)

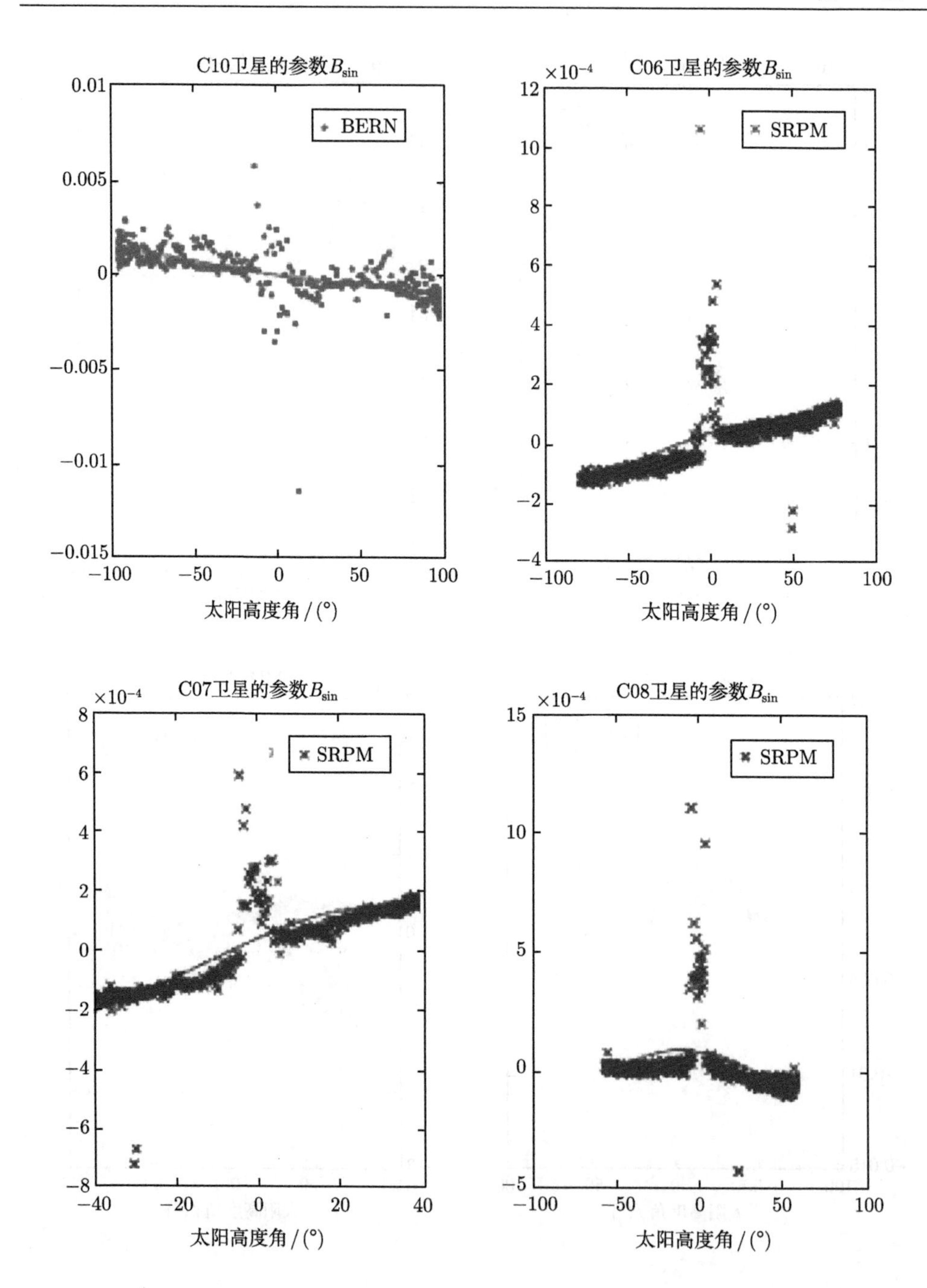
C10卫星的参数B_{sin}
BERN
0.01
0.005
0
−0.005
−0.01
−0.015
−100
−50
0
50
100
太阳高度角 / (°)
C06卫星的参数B_{sin}
×10⁻⁴
SRPM
12
10
8
6
4
2
0
−2
−4
−100
−50
0
50
100
太阳高度角 / (°)
C07卫星的参数B_{sin}
×10⁻⁴
SRPM
8
6
4
2
0
−2
−4
−6
−8
−40
−20
0
20
40
太阳高度角 / (°)
C08卫星的参数B_{sin}
×10⁻⁴
SRPM
15
10
5
0
−5
−100
−50
0
50
100
太阳高度角 / (°)

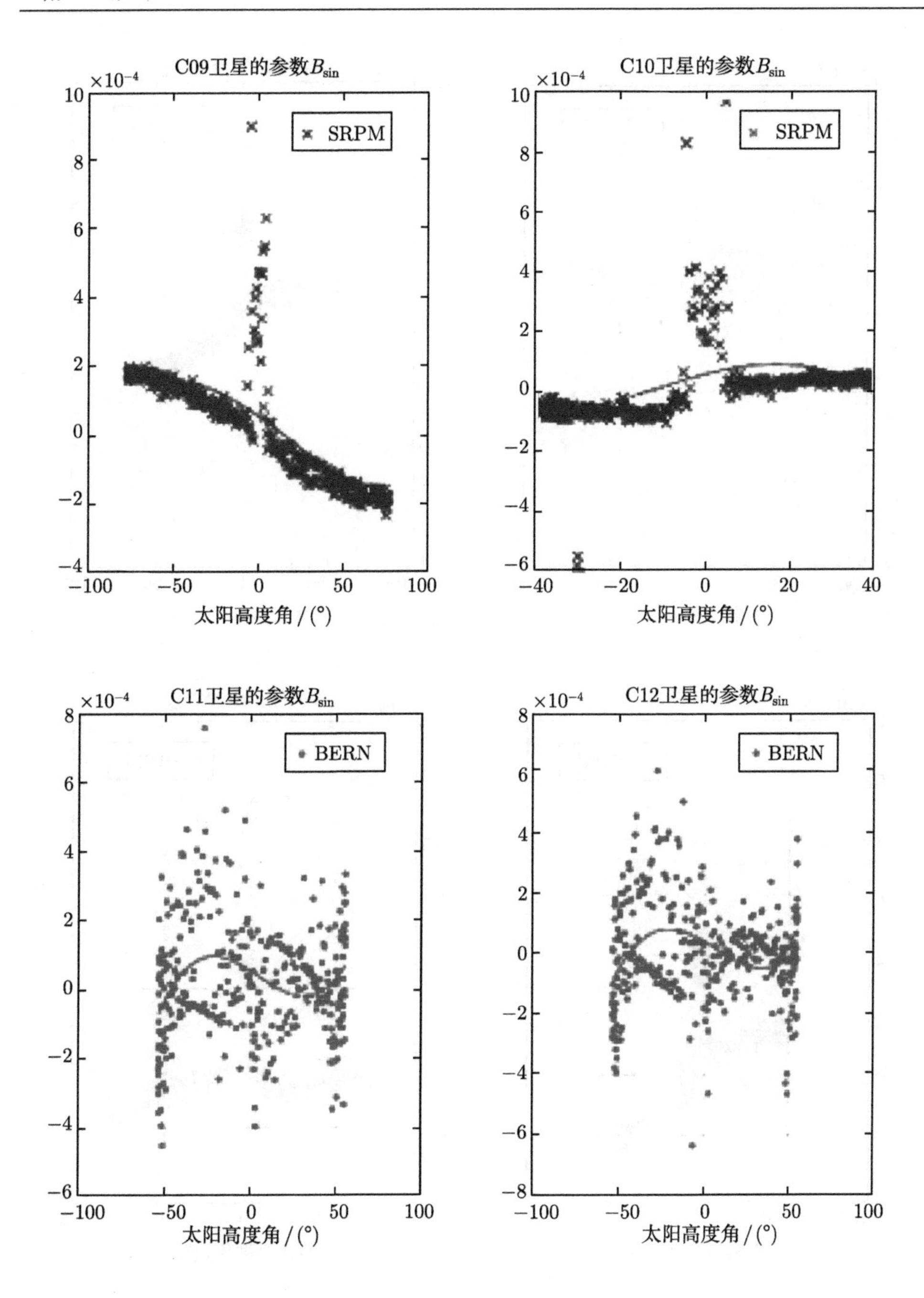
C09卫星的参数B_{sin}
×10⁻⁴
SRPM
太阳高度角 / (°)
C10卫星的参数B_{sin}
×10⁻⁴
SRPM
太阳高度角 / (°)
C11卫星的参数B_{sin}
×10⁻⁴
BERN
太阳高度角 / (°)
C12卫星的参数B_{sin}
×10⁻⁴
BERN
太阳高度角 / (°)

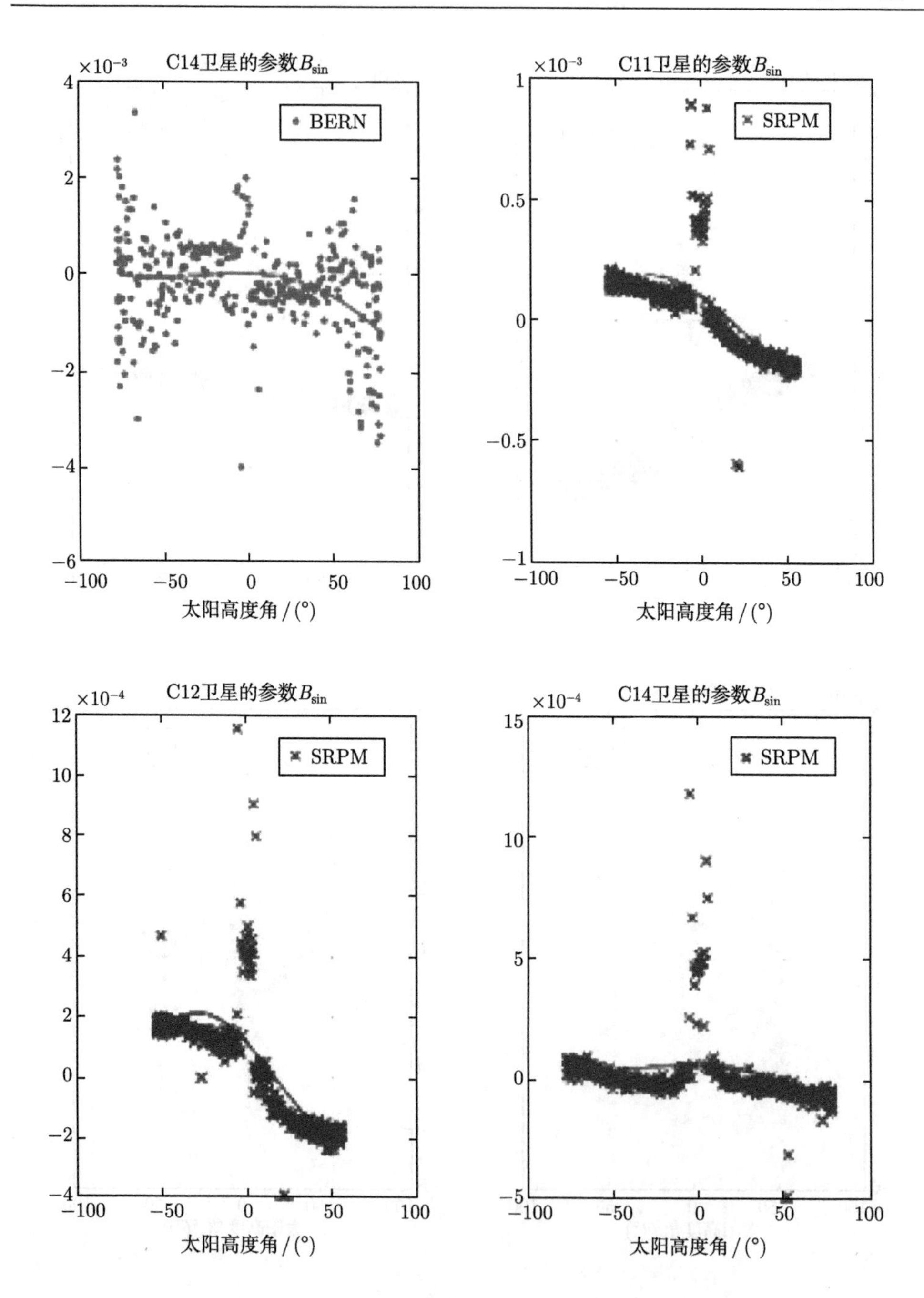
C14卫星的参数$B_{\sin}$
$\times 10^{-3}$
BERN
太阳高度角 / (°)
C11卫星的参数$B_{\sin}$
$\times 10^{-3}$
SRPM
太阳高度角 / (°)
C12卫星的参数$B_{\sin}$
$\times 10^{-4}$
SRPM
太阳高度角 / (°)
C14卫星的参数$B_{\sin}$
$\times 10^{-4}$
SRPM
太阳高度角 / (°)